"十四五"普通高等教育本科部委级规划教材

纺织机械原理与设计

陈　革　主编

中国纺织出版社有限公司

内 容 提 要

本书介绍了化纤机械、纺纱机械、织造机械、针织机械、非织造机械、染整机械、服装机械、纺织器材与仪器中关键技术和共性机构（装置或系统）的设计原理和设计方法，主要包括化纤纺丝装置、梳理机构、罗拉牵伸机构、自调匀整系统、圈条机构、纱线卷绕机构、针织成圈机构、织机引纬机构、织机打纬机构、织机的传动系统设计、纺织机械张力控制、多电动机同步控制、纺织机械中的气流、纺织机械的节能设计等原理和方法，并融入了机电一体化技术在纺织机械上的应用设计，反映了纺织机械设计的主要成果。此外，还有纺织机械设计导论的相关内容。

本书适合作为高等院校纺织机械和纺织工程专业的研究生和本科生的教材，也可作为纺织行业相关研究人员和工程技术人员的参考用书。

图书在版编目（CIP）数据

纺织机械原理与设计 / 陈革主编. --北京：中国纺织出版社有限公司，2023.12
"十四五"普通高等教育本科部委级规划教材
ISBN 978-7-5180-6626-1

Ⅰ. ①纺… Ⅱ. ①陈… Ⅲ. ①纺织机械—高等学校—教材 Ⅳ. ①TS103

中国国家版本馆 CIP 数据核字（2024）第 014972 号

责任编辑：孔会云　　特约编辑：由笑颖　　责任校对：高　涵
责任印制：王艳丽

中国纺织出版社有限公司出版发行
地址：北京市朝阳区百子湾东里 A407 号楼　邮政编码：100124
销售电话：010—67004422　传真：010—87155801
http://www.c-textilep.com
中国纺织出版社天猫旗舰店
官方微博 http://weibo.com/2119887771
三河市宏盛印务有限公司印刷　各地新华书店经销
2023 年 12 月第 1 版第 1 次印刷
开本：787×1092　1/16　印张：19.75
字数：412 千字　定价：58.00 元

前　言

随着纺织机械科学技术的发展和纺织高等院校专业设置的改革，我国纺织类高校对纺织机械设计的教材有了新的需求。本书是在2020年出版的《纺织机械设计基础》的基础上编写的，新增了纺织机械设计导论、织机的传动系统设计、纺织机械张力控制、纺织机械的节能设计等内容；在原来“纺丝成型装置”一章中补充了“长丝卷绕装置”的内容，并将本章改为“化纤纺丝装置”；在“织机引纬机构”一章中补充了“GA747型剑杆织机引纬机构”的内容。

因课程和教材内容的调整，将本书更名为《纺织机械原理与设计》，在每章的开头设置了“引导语”和“学习目标”，在每章的末尾附有“思维导图”和“参考文献”。本书还配套了数字资源，通过扫描相应位置的二维码即可观看。

《纺织机械原理与设计》从化纤机械、纺纱机械、织造机械、针织机械、非织造机械、染整机械、服装机械、纺织器材与仪器中提炼出关键技术和共性机构（装置或系统），介绍了关键技术和共性机构（装置或系统）的设计原理和设计方法，主要包括化纤纺丝装置、梳理机构、罗拉牵伸机构、自调匀整系统、圈条机构、纱线卷绕机构、针织成圈机构、织机引纬机构、织机打纬机构、织机的传动系统设计、纺织机械张力控制、多电动机同步控制、纺织机械中的气流、纺织机械的节能设计等原理和方法，此外，还增加了纺织机械设计导论的内容。

本书由东华大学陈革主编。各章编写人员及分工如下：

第一章由陈革编写；

第二章由冯培、王永兴编写；

第三、第四章由孙志宏、李栋梁编写；

第五、第六、第七章由陈革、肖雷编写；

第八、第九章由孙志宏、李栋梁编写；

第十章由孙志宏、李姝佳编写；

第十一章由张振奇编写；

第十二章由周其洪编写；

第十三章由陈革编写；

第十四章由裴泽光编写；

第十五章由李姝佳、张振奇编写。

纺织机械门类繁多，性能各异，纺织工艺和装备技术的发展十分迅速，由于编者水平有限，本书在反映新工艺、新技术、新装备方面可能会有所疏漏或错误，不当之处恳请读者指正。

本书在编写过程中参考了其他相关教材和论文的内容，配套的数字资源有少量来自互联网，仅用于教学，编者谨在此表示诚挚的感谢。

编　者

2023年10月

课程设置指导

本课程设置意义

本课程可使学生掌握纺织机械具有代表性的关键技术和共性机构（装置或系统）的设计原理和设计方法，了解机电一体化技术在纺织机械上的应用和实践案例，以纺织机械关键技术和共性机构（装置或系统）为设计载体，锻炼学生综合运用纺织工艺、机械设计、机电一体化技术、控制技术的工程设计能力。

本课程教学建议

《纺织机械原理与设计》可作为纺织机械专业方向的专业课教材，建议设置48课时，教学内容包括本教材全部内容，每课时讲授字数建议控制在5000字以内；如果采用36课时，可适当减少部分内容。

本课程还可作为纺织工程专业的选修课，建议设置36课时，每课时讲授字数建议控制在5000字以内，可选择与专业有关的内容进行教学。

本课程要求学生已学习纺织机械概论或纺织工程概论、机械原理、机械设计和机电一体化技术等相关课程，已了解一般机械的设计和驱动的相关知识。

本课程教学目的

现代纺织机械是集现代纺织工艺、现代设计方法及光机电控制于一体的机电一体化产品。通过“纺织机械原理与设计”课程的学习，可使学生了解现代纺织机械典型共性机构（装置或系统）的设计原理和设计方法，并通过从特殊到一般的学习方法，使学生结合纺织机械这一载体，掌握一般机械和机电产品的分析和设计方法。

目 录

第一章　纺织机械设计导论

引导语： 19世纪后期，随着缫丝和棉纺等机器工业先后出现，我国的纺织机械器材制造业在上海、江苏等地逐步建立起来，在中华人民共和国成立前夕，半个多世纪没有得到发展，纺织机械器材制造业仍然以从事修配业务和制造纺织业辅助设备为主。中华人民共和国成立后，在中国共产党的领导下，不到半个世纪，中国纺织机械制造业形成完整的工业体系，具备了较强的纺织机械及器材制造能力，成为中国纺织工业持续发展的坚实支撑。进入新时代，中国纺织工业成为全球领先的行业，纺织机械产业取得飞速进步。2022年，中国纺织机械在国内市场的占有率约为75%。作为未来的纺织机械设计工程师，除了学习掌握先进的纺织机械专业知识，还要深刻理解工程伦理，遵循职业规范。

学习目标：

1. 了解中国纺织机械工业的发展历程。
2. 掌握纺织机械的八大分类及各类的设备组成。
3. 了解工程和工程伦理的概念。
4. 了解学习工程伦理的现实意义和工程伦理的原则。
5. 掌握纺织机械设计的工程伦理。

第一节　中国纺织机械工业的发展历程

一、中国近代纺织机械工业概况

中国的手工机器纺织业在明代就已相当发达。在鸦片战争前夕，手工纺织生产中所使用的轧棉机、丝机、纺车、织机、络纱和整经等工具已比较完善，束综提花与多综多蹑相结合的提花机和多锭大纺车，是在动力机器普及之前达到的技术高峰。这些纺织机器和工具都是木制的，一般由木工根据需要临时制造，以满足家庭副业和手工作坊的要求。随着手工作坊的发展，有些地区也出现了专业性的木工作坊，专门制造手工纺织机械。在鸦片战争前后，我国有些地区的纺织机械以式样新、质量好而颇负盛名，如上海青浦县（今青浦区）生产的纺车和锭子，当地民间就流传有“金泽锭子谢家车”之说。又如南京的缎机、妆花机和剪绒机，镇江的宫绸机、缫丝机和栏杆机等，在当时也相当有名。

鸦片战争后，外国资本纷纷涌入我国，1862年英国商人首先在上海开办纺丝局，日本和美国等国家也相继在我国办起了丝厂和纱厂，国外缫丝机大量进入中国。国内发起了“实业救国”洋务运动，清政府一些官僚、地方士绅和商人纷纷集资购买外国新型纺织机器创办纺织工厂，抓住时机仿造推出一批国产缫丝机，并赢得了一席之地。1882~1913年，上海出现了 10 家比较大的丝机制造厂。1913 年前后，上海就完全停止了缫丝机的进口，由此逐步形成了中国自己的纺织机械制造业。

与此同时，中国轧花机制造业也得到了发展。在 1885 年前后，日本商人在上海开设的中桐洋行大量销售日产千川牌、咸田牌轧花机。1889 年，日本在上海创办了上海机器轧花局，有轧花机 32 台，每日产量达到 90 担，这对当时国内使用的土制手摇轧花机产生了冲击。随着日本轧花机的传入，中国民族资本机器工厂也积极进行仿造。1889 年，李鸿章创办的上海机器织布局建成投产，这是中国第一家动力机器棉纺织厂。此后，纺织机械器材制造业应运而生，当时大多是简单维修的小型铁工厂。1897 年，上海有 8 家较大的轧花厂，拥有轧花机 500~600 台，其中有三分之一是国内仿造的，其余多为日本制造。1914 年，第一次世界大战前夕，上海有 10 家缫丝机制造厂、17 家轧花机制造厂、3 家袜机和配件厂。

第一次世界大战（1914~1918 年）结束后的十余年间，中国的纺织机械器材制造业得到蓬勃发展。在上海有信义机器厂、诚孚铁工厂、苏中机器厂、生生铁工厂、永业铁工厂、安泰铁工厂、铸亚铁工厂、申新九厂铁工部等一批比较大的工厂建成投产。原有的协泰机器厂也扩充厂房，增添设备，为染织厂制造染缸、染布机等印染机器部件。当时国内最大的大隆机器厂有职工五百多人，开始生产织机配件，继而生产纺纱机的罗拉、钢领等专件，后又派人到日本学习梳棉机的锡林和道夫的翻砂技术，之后又制造了粗纱机、精纺机、捻线机、并条机、给棉机等设备，并与上海铁工厂合作，先后仿制成功日本丰田式、平野式全铁织机和全铁毛巾织机。由德国垄断的针织机和袜机因第一次世界大战停止出口后，中国的针织机和袜机制造厂在十年间从 3 家发展到 36 家（主要生产手摇袜机）。此外，江苏、山东、陕西、重庆、云南、湖北等机器纺织工业比较集中的地区，也陆续开办了一些小型的纺织机械厂和配件厂。

20 世纪 30 年代，中国的机器印染业有所发展，但配件供应困难。当时橡胶辊、布夹、烘筒等主要配件都要向荷兰、日本和英国购买。于是在上海出现了源兴昌、兴鸿昌、聚昌协等小型印染机械厂，能制造结构简单的卷染机、烘燥机、平洗机等，还与橡胶厂联合试制出了橡胶辊。后来，又涌现出专门承做和修理烘筒的延昌铁工厂，生产布夹的正利马铁厂，生产轧车、烘燥机、平洗机、拉幅机等设备的源丰、公平、大中、公大等小铁工厂。

抗日战争期间，这些纺机制造厂遭遇了不同的厄运。当时国内最大的大隆机器厂在 1937 年“八一三”事变后就被日军强占，改名为大陆铁工厂，专为日军生产军火。当时，大隆创办人严裕棠另办了泰利机器厂，在 1939~1941 年制造和销售了成套棉纺机器 4.2 万锭。1941 年，太平洋战争爆发后，日军在上海强迫收购钢铁和机床，加上供电严重不足，许多纺机制造厂、铁工厂陷入困境。

抗日战争胜利后，纺机制造业得以复苏。国民党政府经济部纺织事业管理委员会下属中国纺织建设公司（简称中纺公司），负责接收和经营日伪在沦陷区的纺织、纺机工厂及其事业单位。1946 年 1 月，开始接收日商在上海的丰田机械厂（改组为中纺公司第一机械厂）、东亚铁工厂（改名为中纺公司第二机械厂）、东华纱厂和丰田汽车修理厂（改名为中纺公司中国纺织机械制造公司）以及远东钢丝针布厂；在天津接收了雷原、安原、大和、谦宝、北支大信兴、昭通，以及北平（现北京）的钟渊、昭和等 8 个小工厂，整合改组成中纺公司天津第一机械厂；在青岛接收了日本丰田式铁工厂，改名为中纺公司青岛第一机械厂。这些工厂虽有一定规模，但多数以生产配件为主。1947 年，中纺公司曾试图组织所属机械厂制造 3 万纱锭和 1000 台织布机的成套棉纺织设备，但由于国民党政府无心建设，后来成为泡影。

由宋子文等人在抗日战争期间组建、中国银行西安分行投资的雍兴实业股份有限公司所属西北机器厂，拥有各种生产设备 260 多台、职工 800 多人，除修造纺织机械外，还承担过全程纺织机械的制造。上海的大隆和泰利共有年产 4 万~5 万锭成套棉纺机器的生产能力，因限于销路，1946~1948 年才生产了 5.3 万锭。上海信义厂、无锡开源机器厂、苏州大毅铁工厂、重庆豫丰机器厂等也曾生产过全程棉纺设备。

中华人民共和国成立前夕，我国的纺织工业已经形成棉纺织、棉印染、毛纺织、麻纺织、丝绢纺织、针织等行业，原料工业（化纤行业）和装备工业（纺织机械和器材行业）则尚处于萌芽状态，如图 1-1 所示。此外，还有广大的城镇纺织手工业和农村纺织家庭副业作为补充。

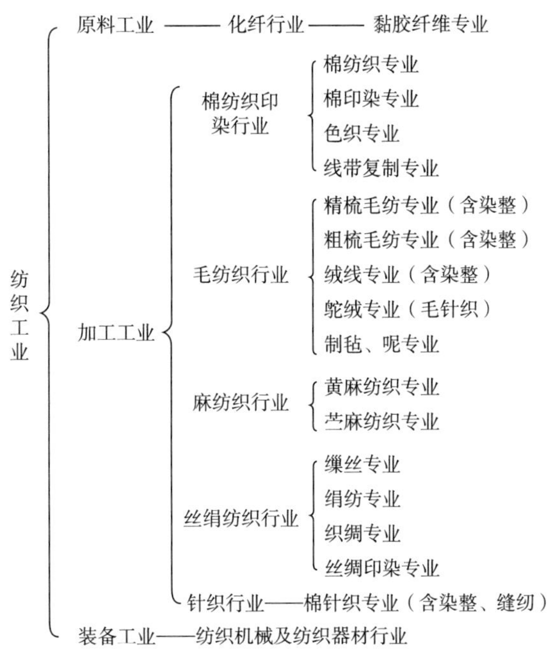

图 1-1　中华人民共和国成立前夕我国纺织工业的结构

当时，纺织机器大多是 20~30 年代以前制造的进口产品，机型杂乱，主要来自英国、美国、德国和日本，仅棉纺机就有 10 多种型号系列。国内的中纺公司在上海、青岛、天津的 4 个机械厂主要仿造梳棉、粗纱、细纱等机器，上海中国纺织机械制造公司仿造自动织机，个别民营纺织机械厂如上海大隆、南通大生能仿造梳棉机、织机等少量机器，大部分纺机厂只能制造配件，而且只能满足一部分需求，大量的配件依赖进口。

当时，我国纺织机械在世界范围所占份额很小。1950 年后，在英国、美国、日本、苏联、印度、中国六国中，中国的棉纺设备占 8. 3%，织造设备占 4. 1%，毛纺设备仅占 1. 3%，毛织设备占 1. 5%，而当时中国人口占六国总人口约 40%。当时全国有技术人员约 7000 人，不足全国职工总数的 1%。高等和中等专门学校每年培养毕业生 300 人，不足全国技术人员的 5%，但已具有不再依赖外国技术的力量，自行培养工程技术队伍的教育培训系统，还出版了我国自行编写的高等纺织教材，如何达编写的《最新棉纺学》，傅道伸编写的《实用机织学》、吕德宽编写的《棉纺工程》、张方佐编写的《棉纺织工厂设计与管理》等。

回顾中国纺织工业发展的历史，在 19 世纪 90 年代至 20 世纪 50 年代，全国才建设了 500 万枚纱锭的纺织厂，其中一半左右属于日本、英国等国，大多数机器几乎是由外国进口。全中国虽累计创办了四百余家中小型纺织机械厂，但以配件制造业务为主，基础薄弱，技术条件差。

二、中华人民共和国成立后纺织机械工业的发展历程

中华人民共和国成立后，在纺织工业部的领导和规划下，在全国组建了一批纺织零件修配厂，经过了短短两年的分工协作和共同努力，到 1951 年末，成功制造出我国第一批棉纺织成套设备，不仅完成了新建咸阳、邯郸、武汉三个棉纺织厂所需 15. 88 万锭和 2592 台织布机的制造任务，还初步形成了以上海第二纺机厂制造棉纺细纱机、青岛纺机厂制造梳棉机、天津纺机厂制造粗纱机、上海中纺机厂制造织布机为主的生产体系，为大批量制造纺织成套设备奠定了基础。在组织制造第一批棉纺织成套设备过程中，注重发挥私营纺机修配厂的重要作用，仅在上海就组织了 300 多家私营工厂参与大协作，承担了 10 万锭配套设备的制造任务。

在第一个五年计划期间（1953～1957 年），国家规划新建了规模宏大的榆次经纬纺织机械厂和郑州纺织机械厂，并对天津、青岛、沈阳以及上海的几个纺织机械厂进行扩建，实行专业分工、全国配套的大协作。在苏联专家的帮助下，各厂进行了经济改组与技术改造，组建了许多条流水生产线，生产效率不断提高，初步建成了以棉纺为主，纺织印染成套的纺织机械制造工业体系。

1955 年以来，我国生产的纺织机械成批出口，帮助缅甸在仰光建设了一个 2 万锭的棉纺织厂，全部设备由我国制造，不到两年时间就全部建成投产。此外，我国还帮助朝鲜、越南、匈牙利、保加利亚等国家建设了多个纺织厂。

中华人民共和国成立后，纺织机械的自主生产支撑了纺织工业的发展。在党中央的领导下，我国新开辟了西安、郑州、邯郸、石家庄、北京等规模巨大的纺织工业基地，兴建了数百个纺织工业企业，增加纱锭 350 万枚以上，十年平均增加的速度相当于中华人民共和国成立前六十年增加速度的 4 倍。这些新建纺织厂的纺织机器除极少数由国外进口外，其余全部由国内制造，不但成本低、交货快，主要棉纺织机器的质量还达到了当时的先进水平。

我国纺织机械工业的发展经历了中华人民共和国成立初期的国民经济恢复时期、较长时

期的计划经济体制、有计划的商品经济阶段、社会主义市场经济体制等阶段。改革开放极大地调动了各方面的积极性，在纺机市场需求旺盛的拉动下，20 世纪 80 年代，一批军工企业中的部分生产能力，在“军转民”政策鼓励下进入纺织机械行业。高峰时期曾有 110 多个军工企业生产纺织机械产品，至今还有一些军工企业仍在生产纺织机械产品，为纺织机械工业的发展做贡献。

在浙江、江苏等纺织工业比较集中的地区，涌现出一批中小型纺织机械企业。到 2000 年末，全国集体所有制的纺机企业达到 104 家，工业总产值（不变价）31 亿元，分别占全国纺机企业数和工业总产值（不变价）的 21%和 14%，已成为中国纺机行业的一支重要力量。

此外，一批境外知名的纺织机械企业，如瑞士立达公司、德国欧瑞康集团公司、比利时必佳乐公司、意大利意达公司、德国巴马格公司、日本村田机械、瑞士史陶比尔公司等，纷纷在中国建立独资企业或研发中心。

改革开放以来，为纺织工业发展提供技术装备的纺织机械工业通过不断借鉴、学习、创新，得到迅速发展。1980 年生产纺织机械的企业只有几十家，2017 年已超过 1100 家，实现生产总值达到 1150 亿元，是 1980 年的 30 多倍。过去纺织机械只有援外项目，没有出口，2017 年我国纺织机械出口到了 181 个国家和地区。

我国纺织工业对外经济技术合作公司和纺织机械企业相互合作，积极拓展对外工程承包业务，纺机出口明显增多，同时还积极拓展印染、毛纺织、麻纺织、丝绸、针织、化学纤维设备、纺织器材和其他各种纺机配件出口。进入 21 世纪以来，中国的纺织机械制造业已进入纺织机械主要出口国行列。从 2011 年起，每年出口 20 多亿美元，2014 年已超过 30 亿美元（主要是针织机械、印染后整理设备、纺纱机械）。出口规模相当可观，而且在东南亚、南亚市场很受欢迎。2017~2022 年，我国纺织机械出口逐年递增，依次为 35 亿美元、37 亿美元、38 亿美元、46 亿美元、48 亿美元、55 亿美元。

进入新时代，我国的纺织机械工业已经形成了完整的工业体系，有了完备的科研和教育体系。目前我国纺织机械有 3000 多种主机、成千上万种纺织机械专用基础件、产线控制系统，以及在线和终端产品的质量控制与检测仪器，涵盖了整个纺织产业，形成了具有中国特色的纺织机械工业体系。2022 年，中国纺织机械在国内市场的占有率达 75%。目前，我国的纺织机械工业无论在产品品种、规格和产量上都稳居世界之首。我国已经成为世界上最大的纺织机械制造大国和使用大国，从而进一步使我国具有世界最大的纺织服装生产规模和最完整的产业链。当前，我国纺织机械企业实力不断提高，民营企业已经成为纺织机械行业的重要力量，大企业集团通过结构调整提高了竞争力，行业结构更加多元化。我国的纺织机械企业走出去，实现了海外并购，引进国外纺织机械制造技术和部分产品的研发，使我国的纺织机械行业充满活力。

我国纺织机械工业创新发展路径为：原始创新、消化吸收再创新、集成创新、系统创新。这些多元化创新形势，推动了我国纺织机械工业的科技进步，促进了纺织工业的高速持续健康发展。

第二节　纺织机械的分类和组成

纺织机械涵盖了从纤维制备到服装成型过程中的所有加工设备，具体包括相对独立的八个大类：化纤机械、纺纱机械、织造机械、针织机械、非织造机械、染整机械、服装机械、纺织器材与仪器。纺织产业链及纺织装备全景图如图 1–2 所示。

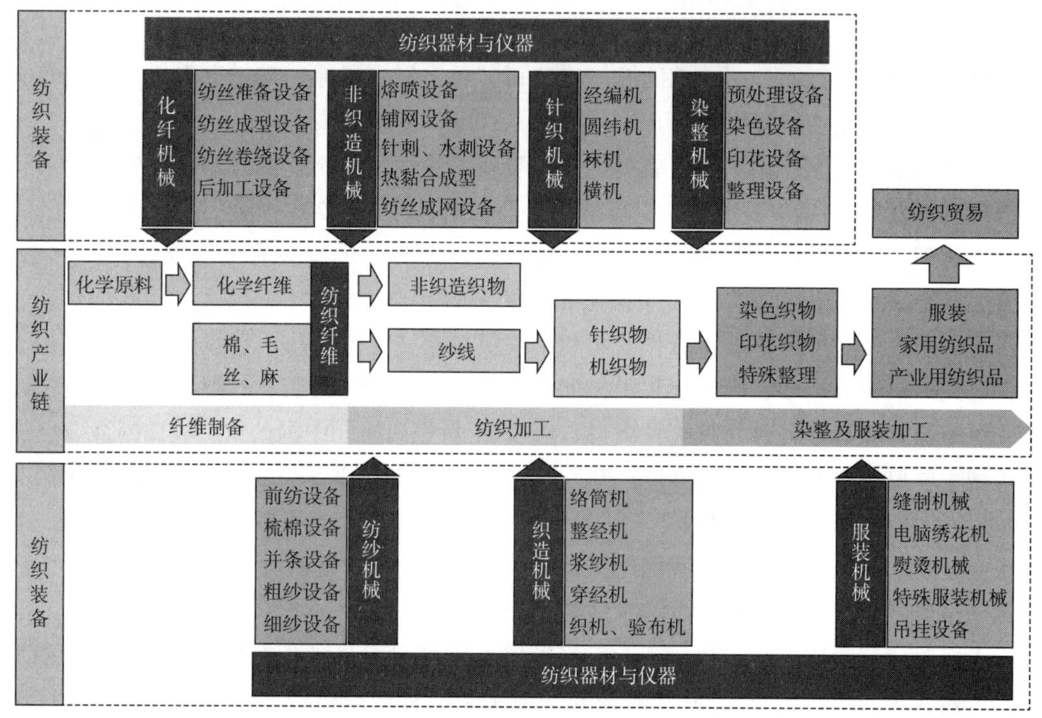

图 1–2　纺织产业链及纺织装备全景图

一、化纤机械

常用的化学纤维有涤纶、锦纶、氨纶、维纶、腈纶、丙纶、黏胶纤维等，其中涤纶的产量最大。化学纤维的生产主要有原料制备、纺丝流体制备、纺丝成型以及化学纤维后加工等工序。

化学纤维的纺丝方法较多，应用最广泛的是熔融纺丝。熔融纺丝成型设备主要有螺杆挤出机、纺丝箱、冷却吹风装置、长丝卷绕机、短纤维纺丝卷绕机等，这些设备大部分可以通用，生产速度高，产量大，生产的纤维性能优良。

涤纶采用熔融纺丝工艺，涤纶的产量在所有化学纤维中最大。涤纶长丝后加工设备主要有牵伸加捻机、牵伸卷绕机、假捻变形机、空气变形机等。涤纶短纤维的后加工主要包括集束、拉伸、上油、卷曲、干燥定型、切断、打包等工序，相应的后加工设备主要有纤维的存放和集束装置、拉伸装置、干燥热定型机、卷曲机、切断机和打包机等。

二、纺纱机械

纺纱是通过对纤维原料进行梳理、牵伸、加捻、卷绕等加工工序，使其成为具有一定强度和形状的纱线。按照加工原料的不同，纺纱工艺系统一般可分为棉纺、毛纺、麻纺、绢纺等系统，其中棉纺的应用规模最大。

棉纺常用的纺纱机械主要有开棉机、混棉机、清棉成卷机、梳棉机、精梳机、并条机、粗纱机、细纱机、络筒机、络纱机、并纱机、捻线机以及摇纱机等设备。

三、织造机械

平面织物按其加工原理可分为机织物、针织物、非织造织物和编织物。机织物是由相互垂直的经纱和纬纱按照一定的组织规律交织而成。机织物历史悠久，在现代纺织品中占据着重要的比例和地位。实现织造（也称机织）工艺过程所使用的机器统称为织造机械。织造机械主要有整经机、浆纱机、穿经机、织机、验布机、裁剪机等。

四、针织机械

针织是利用织针将纱线弯曲成圈并相互串套形成织物的过程。根据编织方法的不同，针织生产可分为纬编和经编两大类。针织机械按工艺流程可分为针织准备机械、针织纬编机械、针织经编机械和针织整理机械。

针织准备机械主要包括络筒机、并纱机、捻线机、摇纱机、整经机、浆纱机、穿经机等；针织纬编机械主要包括舌针机、钩针机、圆机、横机等；针织经编机械主要包括拉舍尔经编机、贾卡经编机、多梳栉经编机等；针织整理机械主要包括验布机、刷布机、烘燥机、烫平机、拉幅机、定型机、剪毛机、绣花机等。

五、非织造机械

非织造工艺是一种无须经过纺纱、织造等传统加工工艺，直接将纤维原料通过成网、固网等方式制成非织造布的加工技术。非织造加工工艺主要有纤维准备、成网、加固、烘燥、后整理、成卷等工序。非织造机械主要有纤维准备机械、成网机械、固网机械、后整理机械四大类。

纤维准备机械主要有喂入机械、开松与混合机械等；成网机械包括梳理成网机械、气流成网机械、离心动力成网机械、铺网机械、湿法成网机械、纺粘成网机械、熔喷成网机械等；固网机械主要有化学黏合机、热轧机、针刺机、水刺机、热风黏合机、超声波黏合机等；后整理机械主要有烘燥机、轧花机、轧光机等。

六、染整机械

纺织品染整加工通常包括预处理、染色、印花及后整理等工序，对于不同的纤维原料、织物组织结构、规格、成品用途和要求，其染整加工工艺过程和使用的设备也不同。染整机械一般分为通用装置、通用单元机、预处理机械、染色机械、印花机械、整理机械六大类。

通用装置主要有导布辊、进出布装置、吸边器、扩幅器、整纬器、线速度调节器等；通用单元机主要有轧压机、水洗机、烘燥机等；预处理机械主要有烧毛机、练漂机、丝光机等；染色机主要有常温染色机、高温染色机、冷染机等；印花机主要有滚筒印花机、圆网印花机、平网印花机、转移印花机等；整理机械主要有烘干机、定型机、烫平机、拉幅机、轧光机、磨毛机、起毛机、剪毛机等。

七、服装机械

服装机械是用于服装加工和生产的各种机械设备，常见的服装机械有裁剪设备、缝纫设备、熨烫设备、整烫设备、检测设备、绣花设备、服装生产自动化设备、服装 CAD/CAM 系统等。

裁剪设备包括裁剪机、裁床、裁刀、划线机等；缝纫设备包括平缝机、包缝机、绷缝机、锁眼机、钉扣机、绗缝机等；熨烫设备包括熨斗、蒸汽熨烫机、烫台等；整烫设备包括压烫机、整烫机等；检测设备主要有验布机、量体仪、尺寸测量仪等；绣花设备主要有绣花机、贴布机等；服装生产自动化设备主要有吊挂系统、机器人等；服装 CAD/CAM 系统主要有计算机辅助设计（CAD）和计算机辅助制造（CAM）系统。

八、纺织器材与仪器

纺织器材是用于纺织品生产的各种配套部件、装置和检测工具，具体见表 1-1。

表 1-1　主机配套的纺织器材

主机门类	主要器材和关键零部件
化纤机械	计量泵、喷丝板、化纤切断刀、假捻器、碳纤维收丝机导轮、高速轴承
纺纱机械	锭子、钢领、钢丝圈、针布、罗拉、皮辊、摇架、筒管、锡林、槽筒、捻接器、电子清纱器、高速转杯、单锭纺纱磁悬浮电动机、并条机自调匀整装置等
织造机械	综丝、综框、钢筘、经停片、引纬剑头、引纬剑带、储纬器、电子多臂、提花装置、开口装置
针织机械	织针、针筒、针盘、选针器、输纱器
染整机械	染缸、烘干机、定型机、轧光机、热轧棍、数码打印喷头、圆网、平网、染化料自动配送部件
非织造机械	熔喷模头、水刺头、针刺板、梳理辊、针布
服装机械	挑线机构、旋梭、针杆、送布牙、压脚、吊挂输送装置部件、缝合机器人部件、充绒机高精密定量部件等

彩图：纺织机械典型装备、关键零部件及其技术水平

纺织检测仪器主要有纤维测试仪、纱线测试仪、织物测试仪、色牢度测试仪、张力检测仪、电子清纱器、自动验布机等。

第三节　纺织机械设计的工程伦理

所谓工程，是以建构为目的，基于科学理论开展技术的优化集成，是有组织的社会实践活动，其成果的主要表现形式是物质产品、物质设施，如港珠澳大桥建筑工程、西电东输电力工程、三峡大坝水利工程、京沪高铁交通运输工程、“天宫”“嫦娥”航天工程等。现代社会是一个工程的社会，每个人时时刻刻都在受工程的影响。工程活动涉及构思、设计、材料、机器、动力等技术要素，以及政策、法规、管理、质量、成本、环境、安全、伦理等非技术要素。

所谓伦理，就是人与人相处的各种道德规则、行为准则，而伦理学就是关于道德起源、发展、人的行为准则和人与人之间义务的学科。

一、工程伦理问题

工程伦理就是工程领域中的伦理现象。围绕工程形成的共同体包括决策人员、管理人员、技术人员、施工人员等，其中的关系错综复杂。由于人性不同、观念不同、认识不同、品性不同，由此可能会形成矛盾，进一步可能造成工程隐患。从工程发展的历史看，无论是战争年代还是和平年代，工程产品、工程建设造成的重大事故给社会带来的危害时有发生。1986年4月，切尔诺贝利核电站事故是人类工程史上永远的痛。

工程系统汇集了科学、技术、经济、法律、文化、环境等要素，伦理在工程系统的各要素中起着重要的定向和调节作用。在工程活动中存在着许多不同的利益主体和利益集团，诸如工程的投资者、承担者、设计者、管理者和使用者等。伦理学在工程领域中必须直接面对和解决的重要问题是公正合理地分配工程活动带来的利益、风险和代价。事实上，伦理问题在整个工程活动过程中时刻存在：在设计阶段关于产品的合法性、是否侵权等问题；在签署合同阶段是否会出现恶意竞争等问题；在产品销售阶段可能存在贿赂、夸大广告等问题；在产品使用阶段可能存在没有告知用户有关风险等问题。

二、学习工程伦理的现实意义

工程伦理是工程技术人员在工程岗位上的道德遵循之理。在现实社会中，规范工程技术人员的行为、强化伦理意识具有重要的现实意义。

（一）增强工程风险意识

工程的风险首先是安全风险，如盲目抢工期、赶进度，未做足安全措施预算和安全管理人员配备，违章指挥及安全教育工作不到位；采购的物料、构件、配件等不符合安全规定；施工或生产设备超过安全使用年限，在使用过程中疏于日常检查、保养、维修等。此外，工程的风险还涉及成本风险（项目成本超过预算）、进度风险（项目进度落后于计划）、技术风险（使用的新技术无法顺利实施）、法律风险（违反法律法规或合同条款）、环境风险（因环境问题导致项目停滞或遭到法规限制）、组织风险（项目组成员因缺乏有效沟通导致项目效率低下）、合同风险（合同条款存在漏洞）、市场风险（市场需求变化影响项目实施和收益）、财务风险（资金链断裂导致项目停滞）等。对于可能存在的风险源，工程设计人员需要进行科学的评估和预防，并采取相应的措施来控制风险。增强防范意识是工程技术人员应有的责任和道义。

（二）增强职业生涯的责任意识

工程人员必须将内心的道德自律作为基本的职业支撑，在工作岗位上把不给他人和社会造成伤害作为职业底线和做人的底线。100 多年前，加拿大魁北克省的一座大桥在即将竣工之际轰然坍塌，桥面上正在为这座当时世界上最长跨度钢悬臂桥的建成而剪彩庆祝的 80 多人坠入湍急的河流中，造成 75 人丧生。大桥坍塌的原因是工程设计师盲目加大了桥梁的跨度，却没有对荷载进行精确校验。这个案例充分说明了职业责任意识的重要性。

（三）增强工程造福于人类的信念

工程造就了文明，工程也会摧毁文明，这主要取决于工程实施者内心的品性。爱因斯坦曾说过：“如果你们想使一生的工作有益于人类，那么，你们只懂得应用科学本身是不够的。关心人的本身，应当成为一切技术的奋斗目标。关心怎样组织人的劳动和产品分配这些尚未解决的重大问题，用以保证我们科学思想的成果造福人类，而不是成为祸害。在你们埋头于图标和方程时，千万不要忘记这一点。”只有深刻认识工程的目标是为人类社会增添福祉，才能在工程职业岗位上秉持信念，坚守良知，担当职责，成就自我，奉献社会。

（四）增强自身的人文素养

工程伦理的内涵非常丰富，既有社会历史和现实案例，可以从中汲取经验教训，理解人性本质，丰富人们的内心世界；又有充满人文主义韵味的理论知识，包括政治、历史、哲学、技术发展等；更有深刻的马克思主义历史唯物观和辩证唯物观的内容。工程的实用价值和风格象征具有对历史和现实的明鉴意义，也推动着社会的文明进步，这些深厚的人文情怀往往是通过伦理思考而领悟的。因此，强化工程伦理意识有益于增强自身的人文素养，对自身优秀品性的养成具有促进作用。

三、工程伦理的原则

（一）以人为本

以人为本是工程伦理观的核心，是工程师处理工程活动中各种伦理关系最基本的伦理原则。它体现的是工程师在工程职业中对人类利益的关心和守护，对绝大多数社会成员的关爱和尊重。以人为本的工程伦理原则意味着工程建设要有利于人的幸福，有利于提高人的生活水平和改善人的生活质量。以人为本的原则取决于人的道德情操。一个人选择向善的道路，不仅是精神上的内在需要，还是一种职业道德，更是做人的基本原则。

（二）关爱生命

尊重人的生命权是人类最基本的道德要求。工程师要始终将保护人的生命放在最重要的位置，这意味着不支持以毁灭人的生命为目标的研发，不从事危害人的健康的工程设计和实施。这是对工程师最基本的道德要求，也是工程伦理的根本依据。

（三）质量和安全

只有良好的工程质量才能保证工程带给人类的安全健康和福祉。工程技术人员具备比普通民众更多的质量和安全知识，理应承担更大的安全责任。随着技术创新不断涌现，风险也在增长，风险主要来自不完全的科学研究和未经充分验证的技术发明。工程技术人员必须研究“可接受的工程风险”，保证民众对风险有充分的知情权和选择权。

（四）关爱自然

工程技术人员在工程活动中要坚持生态伦理原则，不从事和开发可能破坏生态环境的工程项目。工程师进行的工程活动必须有利于自然界的生命和生态系统健全发展，要在开发中保护，在保护中开发。所从事的工程活动要善待和敬畏自然，保护生态环境，建立人与自然的友好伙伴关系，实现生态循环。

（五）诚信和公正

诚信是分工日益精细的社会对特定职业的信任基础。当面对利益冲突时，工程技术人员不能忘记自己应承担的社会责任。例如，评标专家、论文外审专家应坚守公平正义的原则，应该在工程活动中尊重并保障每个人的合法生存权、发展权、财产权、隐私权等个人权益。

四、纺织机械设计中的工程伦理问题

纺织工业体系庞大，工艺繁杂，纺织机械是纺织产业的装备支撑，纺织机械设计中有大量的工程伦理问题，主要体现在以下方面。

（一）设计缺陷与设计伦理

产品在设计时由于考虑不全面、疏忽大意或利益驱使，而使产品存在潜在的问题，甚至是危险，即设计缺陷。如一些汽车生产商的汽车召回事件，均为汽车发动机、变速箱等存在设计缺陷。

在工程设计中形成的工程技术人员与产品或项目质量优劣的关系称为设计伦理，其表现为设计人员面对设计任务的责任意识。设计是施工的依据，设计图纸是工程项目具有法律效力的文件。如果设计人员漠视设计伦理，就会在无形之中增加工程风险，也会增加自毁前程的职业风险。

（二）纺织机械设计中的制造工艺伦理

纺织机械设计包含制造工艺设计，而制造工艺种类繁多，制造过程中存在多种人身伤害和环境破坏的风险，主要有三种情况：

（1）粉尘吸入人体。一些传统制造工艺如铸造、焊接、抛光等，由于高温作业或磨砂飞扬，导致生产车间粉尘弥漫，工作人员长期在这样的环境中工作，身体健康会受到伤害。

（2）散发有害气体。大多数箱体、外壳类工件都需要使用漆料进行喷涂处理，油漆车间往往存在浓烈的漆料挥发气体，其中的甲醛、苯等有毒物质对人体有危害。

（3）工业废水污染。传统的电镀、化学镀等金属表面处理工艺所使用的镀液成分非常复杂，产生的含氰废水、酸碱废水、重金属废水有较强的毒性，如果不加处理直接排放，会严重污染土壤和河流，破坏生态环境。

以上在制造过程中产生的危害，其危害性的强弱主要取决于制造工艺的改进和绿色工艺的应用，更取决于纺织机械设计人员对人体健康和环境保护的责任意识。

（三）纺织机械设计与绿色制造

工业文明在发展生产力、提高人们生活水平的同时，往往也会对自然环境造成危害。工业革命使英国成为当时世界最强大的资本主义国家，但机器的大量应用产生的工业污染也对人类的生存环境形成挑战。战争、事故、原子弹、核泄漏以及工程演化的负面效应都是工业文明带来的生态灾难。我国改革开放以来，经济的高速发展同时也使生态环境面临较大的挑战。

绿色制造技术是指在保证产品的功能、质量、成本的前提下，综合考虑对生态环境的影响和资源消耗与利用效率的现代制造模式，绿色制造模式是一个闭环系统，它使产品从设计、制造、使用到报废整个生命周期中不产生环境污染或使污染最小化，对生态环境无害或危害极小，节约资源和能源，使资源利用率最高，能源消耗最低。

绿色制造蕴含着深刻的伦理理念。古往今来，人们都在奔波忙碌追求幸福。幸福不仅是财富的积累，还需要美好的家园、清新的空气、清澈的水源、成荫的绿树，更需要衣食住行的各种绿色产品。在进入小康社会以后，生产活动应首先权衡生态对生存的影响，应把绿色理念融入设计过程中。

（四）纺织生产中的风险

纺织生产的特点是工艺链长，工作时间长，通过多机台、多工序的流水作业，形成连续性大规模协作生产，员工工作需要轮班，一线工作人员劳动强度较大，有些工序需要手工操作。纺织生产环境存在噪声大、粉尘多、高温高湿、采光通风不理想等情况，不利于员工身体健康。此外，还存在以下风险。

1. 粉尘爆炸

粉尘爆炸是工业生产环境中常见的安全隐患。悬浮在空气中的粉尘一旦达到一定浓度，即成为爆炸性混合物，遇到火源就会迅速燃烧甚至爆炸。粉尘爆炸速度极快，具有很强的破坏力。凡是具有可燃性物质的粉尘，如金属粉尘、纤维粉尘、粮食粉尘、塑料粉尘等，在生产过程中容易飘浮聚集在空中，形成安全隐患。引起粉尘爆炸的条件有：可燃性粉尘以适当的浓度在空气中悬浮；在相对比较密闭的空间；有充足的空气或氧化剂；有火源或者强烈震动与摩擦。

2. 废水污染

在纺织生产中，为达到纺织产品柔软、着色、漂白、定形等工艺要求，需要使用各种化学品，产生的纺织废水是纺织行业最主要的环境污染物。纺织废水主要有印染废水、化纤生产废水、洗毛废水等，这些废水如果不经处理或处理未达排放标准就直接排放，不仅危害人体健康，还会破坏水源、土壤及生态系统。

3. 噪声污染

纺纱和织布车间的环境噪声一般为100~105dB，超过了人耳对噪声的容许极限（85dB），其导致的听力损伤可从听力下降逐渐发展为噪声性耳聋。此外，噪声还可引发神经系统、心血管系统、消化系统的损伤。噪声对纺织工人的健康影响主要表现为耳鸣、头痛、头晕、失眠、记忆力衰退、听力下降等症状。在强噪声环境下还会出现行为功能损害、视觉反应时间延长、阅读能力下降、思维受影响等症状。

4. 重金属污染

纤维原材料及残存在纺织品中的重金属对人体有害。如汞可通过呼吸道进入人体；由于汗液潮湿的作用，部分游离重金属和金属络合染料会被人体皮肤吸收而危害健康。重金属污染源主要有：

（1）染料和助剂。含有铬、钴、镍和铜的金属络合染料在纺织印染中具有重要作用。各种化学助剂的使用可提高纺织品的质量，提高生产效率，简化工艺流程，降低生产成本，并赋予纺织品各种优异的应用性能，如防水防油剂、抗菌防臭剂、固色剂、阻燃剂等都含有重金属。

（2）天然纤维原材料。种植土壤中的重金属主要来源于化肥、农药，以及大气污染、工业废水、矿山开采、重金属丢弃物、污水灌溉等。生产纤维的植物将土壤中的重金属类物质通过生物富集等作用吸收在纤维成分中。

（3）合成纤维原材料。在合成纤维单体的聚合过程中添加了金属引发剂、催化剂等，在某些成纤聚合物熔融纺丝时加入金属抗菌添加剂，都会带入重金属。

（4）服装辅料。纽扣、拉链等金属饰物以及表面电镀的服装辅料，会带入铜、铅、银等金属污染；某些塑料服装辅料中含有对人体有害的重金属镉，因为镉常被用作PVC塑料中的稳定剂和着色剂。

思维导图

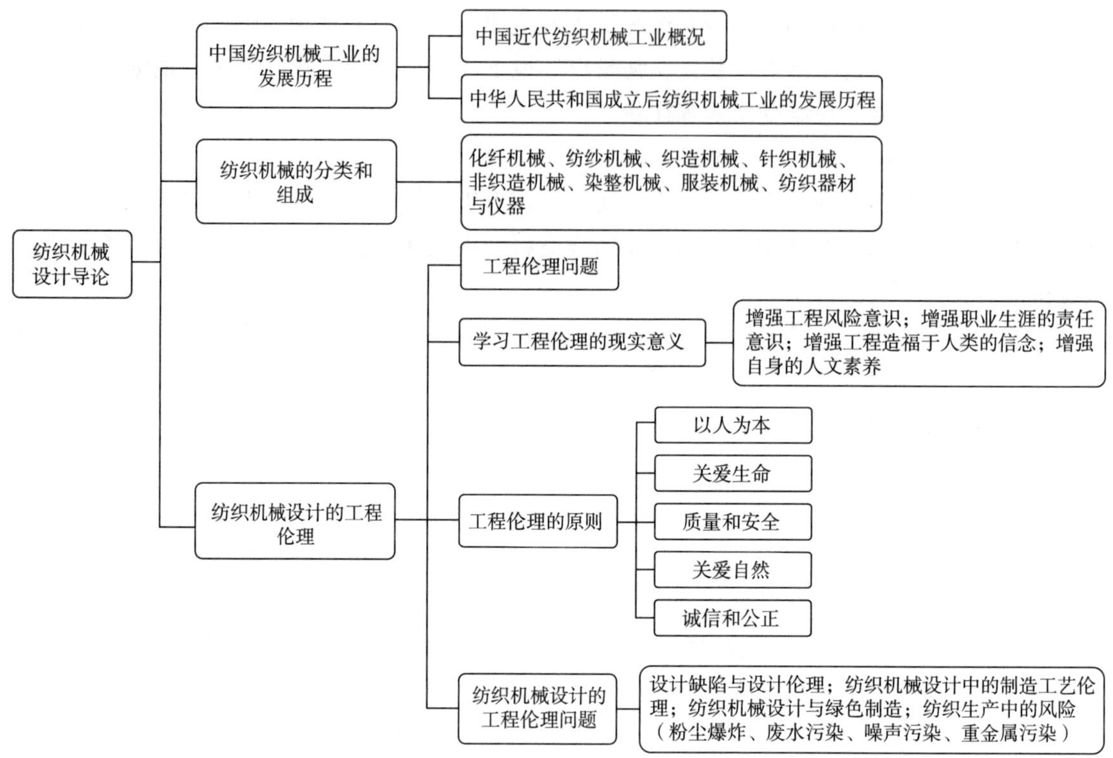

参考文献

[1] 吴鹤松，陈义方，王国和，等．中国纺织工业发展历程研究（1880—2016）[M]．北京：中国纺织出版社，2018.

[2] 中国近代纺织史编辑委员会．中国近代纺织史研究资料汇编（第 1 辑）[M]．上海：中国近代纺织史编辑委员会，1988.

[3] 王晓敏．工程伦理 [M]．北京：中国纺织出版社有限公司，2022.

第二章　化纤纺丝装置

引导语：纺丝成型过程主要包括成纤聚合物的制备、纺丝流体的制备、纺丝、拉伸、热处理等。熔融纺丝工艺路线是：由螺杆挤压机挤出的高温高压成纤聚合物熔体，经过弯管或波纹管，流入纺丝箱体，由纺丝箱体中的分配管道均匀分配到各纺丝部位，每个纺丝部位均有计量泵和纺丝组件，经过精确计量和精细过滤后，在喷丝板微孔中喷射成熔体细流，最后经冷却吹风装置固化成纤维，大部分以长丝的形式被卷绕成型，制成一定形状和规格的卷装，便于存储并转运至下道工序进行进一步加工。

学习目标：

1. 理解化学纤维纺丝成型工艺原理及纺丝箱体作用。
2. 掌握计量泵结构形式和纺丝组件设计计算方法。
3. 了解化学纤维冷却固化过程和吹风装置基本参数计算。
4. 了解高速卷绕装置的动力学特性和设计原理。

第一节　纺丝箱体

一、纺丝箱体的结构与作用

为了维持箱体中聚合物熔体的熔融流动状态，需要保证熔体温度在240~300℃。纺丝熔体在流动过程中，应使用加热或保温装置保持熔体温度稳定，常用的办法是通过在外包绝缘层的箱体中预热和保温，这个外包绝缘层的箱体称为纺丝箱体。

纺丝箱体的主要作用是：使纺丝箱体中的计量泵和纺丝头保持稳定合适的工艺温度；将总管输入的纺丝熔体均匀分配到各个纺丝头。

（一）纺丝箱体的结构形式

纺丝箱体内设置分配管，内部安装计量泵、纺丝头组件、节流针型阀以及电热棒等。纺丝箱体的剖面图如图2-1所示。一台螺杆挤出机往往需要为多个纺丝部位供给熔体。熔体从螺杆挤出机进入熔体管路分配至多个纺丝位的计量泵和纺丝头组件。分配管的分配方式主要有分支式和放射式两种，如图2-2所示。

（1）分支式。以六位纺丝箱体为例，熔体总管将熔体输送至纺丝箱体后，经四通管分成三个分支，每个分支再通过一个三通管分成两个分支。原来的总管最终分成了六个分支，为六个纺丝位供给熔体。

（2）放射式。熔体总管将熔体输送至纺丝箱体后，经分配头一次分出各个支管，供给各个纺丝位熔体。相较分支式，放射式的支管更细，管道路程短，弯折更少，从而减少了熔体的停留时间。

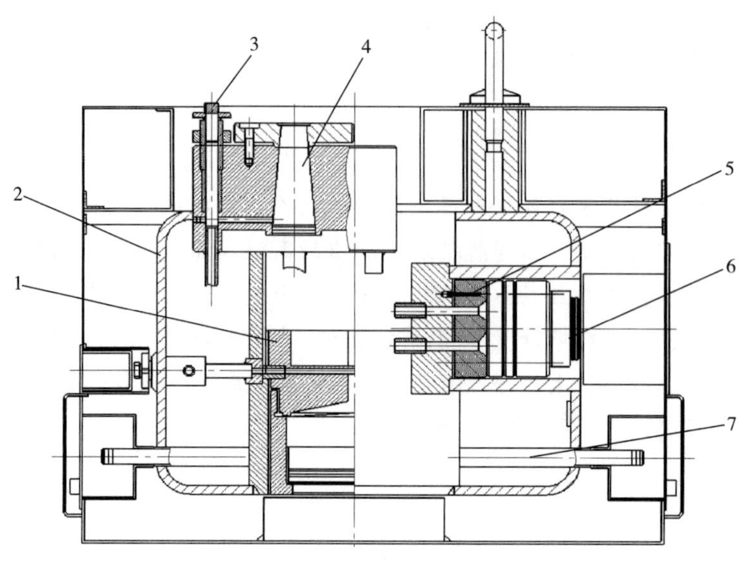

图 2-1 纺丝箱体剖面图

1—喷丝头组件 2—纺丝箱体 3—节流针型阀 4—熔体进口 5—泵板 6—计量泵 7—电热棒

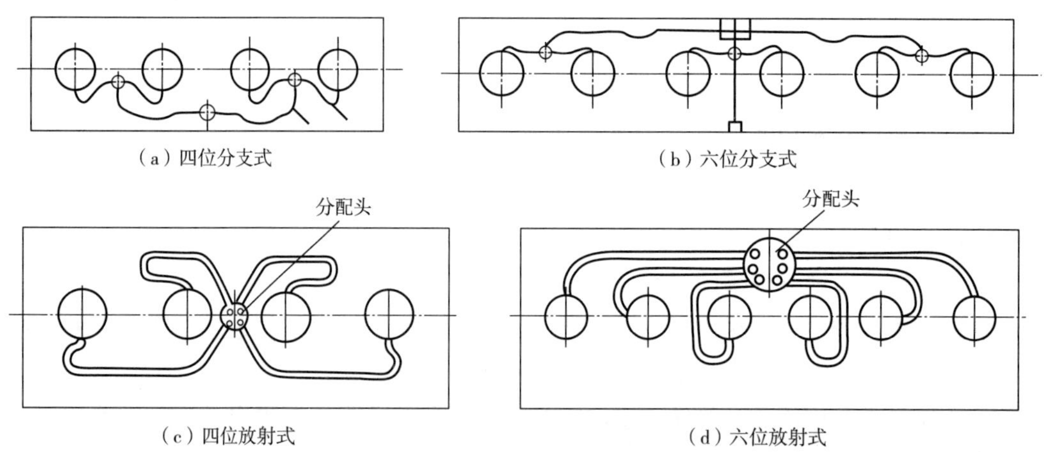

（a）四位分支式　（b）六位分支式

（c）四位放射式　（d）六位放射式

图 2-2 熔体分配管的形式

（二）纺丝箱体的结构设计

1. 设计要求

（1）箱体材料。为保证熔体清洁，与熔体直接接触的零件均采用耐热耐腐蚀材料。

（2）箱体密封性。为防止熔体和加热载体联苯泄漏，熔体管路和箱壳要求密封性良好，熔体管路需经过 16~20MPa 水压测试，箱体经过 0.4MPa 的气密性试验。

（3）熔体分配。熔体分配管的设计要求熔体到达每个纺丝位的距离相同，尽量缩短熔体在分配管中的停留时间，并减少不必要的回折，避免管路阻力差异。

（4）熔体压力降。为保证计量泵的泵压，防止吸空，需计算挤出机出口至计量泵入口段管路内熔体的压力损失，计量泵入口的压力范围应在 1~5MPa，压力降计算公式见表 2-1 中式（2-1）。

（5）熔体停留时间。为避免熔体降解或单体含量增加，熔体在纺丝箱体内停留时间应尽量缩短。以涤纶熔体为例，根据经验，熔体在成丝前停留时间应小于 15min。其计算公式见表 2-1 中式（2-2）~式（2-5）。

2. 设计计算

（1）管内径选择。先按经验选取管内径，按结构确定管长，再校核管路压力降和管内停留时间。

现有的纺丝机熔体总管管径一般取 19mm、20mm、22mm、24mm 和 26mm 五种。熔体供量大，取大的内径。纺丝箱体内熔体主分配管内径有 12mm、13mm、14mm、16mm 和 20mm 五种。支分配管内径有 10mm、12mm 和 14mm 三种。

泵座板上的计量泵入口孔径为 10mm 和 12mm，出口孔径为 8mm、10mm 和 12mm，短纤泵供量大时，取大的孔径。实际选用的管壁厚度应大于计算值，计算公式见表 2-1 中式（2-6）。现有的纺丝机熔体总管管厚一般取 3mm 或 4mm，主分配管厚一般取 2.5mm 或 3.4mm，支分配管取 2mm 或 3mm。

表 2-1 参数公式表

公式名	计算公式	参数含义	公式编号
压力降	$\Delta P = \frac{128Q\eta L}{\pi D^4}$	Q 为熔体流量（m^3/s） η 为熔体黏度（Pa · s） L 为管子长度（m） D 为管子直径（m）	（2-1）
停留时间	$\sum \frac{V_i}{Q_i} \leqslant 5\text{min}$	V_i 为各分配管段的容积（cm^3） Q_i 为某管段内的熔体流量（cm^3/min）	（2-2）
分配段容积	$V_i = \frac{\pi D_i^2 L_i}{4}$	D_i 为管子内径（cm） L_i 为管子长度（cm）	（2-3）
某段管内熔体流量	$Q_i = \frac{Q}{a}$	Q 为熔体总流量（cm^3/min） a 为并联管路数	（2-4）
熔体总流量	$Q = z \cdot q \cdot n$	z 为泵的个数 q 为泵的名义流量（cm^3/r） n 为泵转速（r/min）	（2-5）
壁厚	$S \geqslant \frac{PD}{2[\sigma]}$	P 为管的最大工作压力（Pa） D 为管子直径（m） $[\sigma]$ 为管材料许用应力（Pa）	（2-6）

（2）管路热膨胀补偿。熔体管路工作时温度可达300℃左右，会发生热膨胀现象，设计时需采取补偿措施。箱体中的分配管常采用管自动补偿措施，即将分配管制成带有圆弧弯管的管道，在受热时变形集中于弯管处，从而达到自动补偿的目的。

二、纺丝箱体的加热系统

纺丝箱体的加热系统一般可分为加热装置和保温装置。加热装置的加热方式主要有两种：一种采用电热棒进行加热，箱内加入占箱体容积1/2~2/3的联苯混合物（联苯26.5%，联苯醚73.5%），加热的联苯混合物作为热载体，呈气液共存状态，箱体的热量散失由电热棒加热补充；另一种是将联苯蒸气通入纺丝箱体循环加热，箱体绝热层是纺丝箱体的主要保温装置，防止箱体热量流失。

电热棒的加热控制：为加热均匀和便于调节，电热棒在箱体内往往按组排列，其形式如图2-3所示，每组电热棒分成基本加热（等于或大于正常加热功率）、辅助加热（与基本加热功率之和等于或大于升温加热功率）和调节加热（一般取0.25~1倍基本加热功率）并分别加以控制，从而确保箱体内熔体温度均匀。电热棒的加热功率需通过热平衡计算确定。

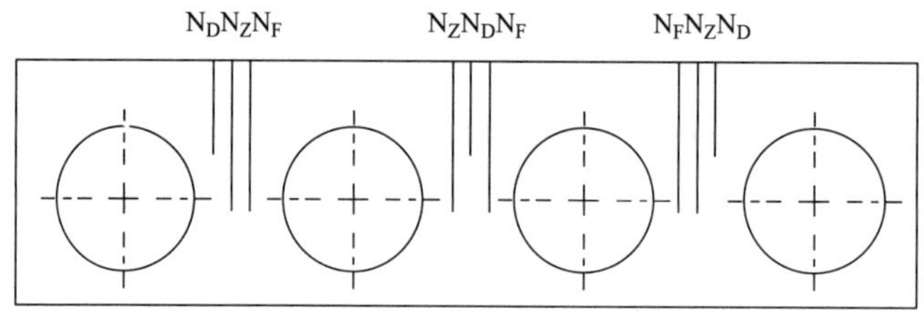

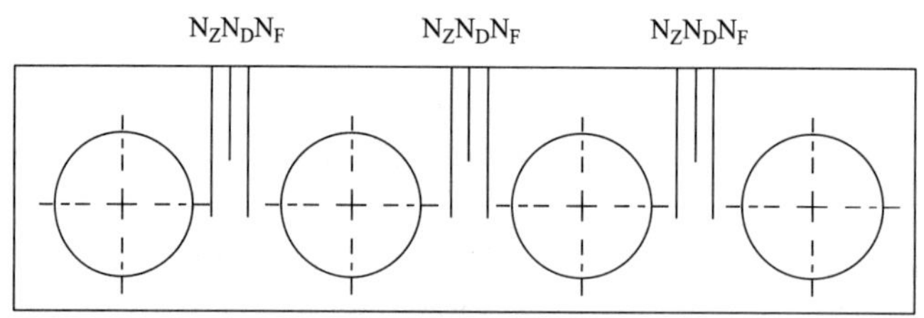

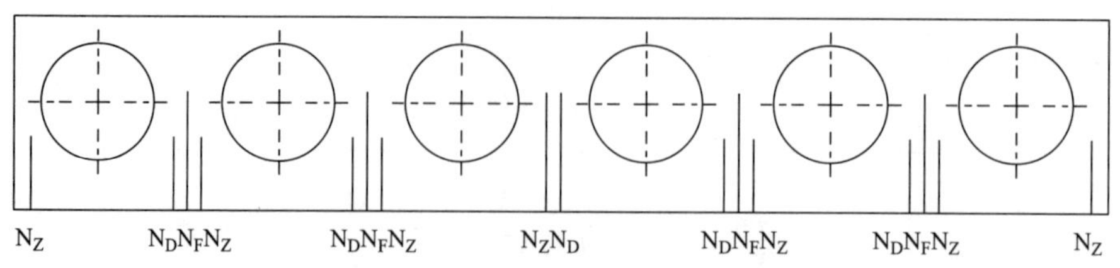

图2-3　纺丝箱体加热功率分配图

N_Z—基本加热　N_F—辅助加热　N_D—调节加热

相关计算如下。

（1）热平衡。为保持熔体温度，热源供给的热能与熔体耗散的能量和箱体向外部环境辐射的能量需达到平衡。能量平衡方程见表 2-2 中式（2-7）。式中传热系数 K_1 可用实验方法确定。不能进行实验时，且温度在 50~300℃之间，可按经验公式估算，计算公式见表 2-2 中式（2-9）。

（2）纺丝箱体的保温层计算、校核。保温层传热过程可简化为多层串联平壁一维稳定热传导模型，通过保温层传导的热量可按表 2-2 中式（2-11）计算，壁温验算公式见表 2-2 中式（2-12），最小保温层厚度计算公式见表 2-2 中式（2-13），最后将保温层厚度圆整成合适厚度。

表 2-2　壁温验算公式

<table>
<tr><th>公式名称</th><th>公式</th><th>参数含义</th><th>公式编号</th></tr>
<tr><td>能量平衡方程</td><td>$Q_H = Q_1 + Q_2$</td><td>Q_H 为由加热源供给纺丝箱体的热量（W）
Q_1 为通过纺丝箱体保温层壁面向周围环境散失的热量（W）
Q_2 为通过纺丝箱体出口向周围环境散失的热量（W）</td><td>（2-7）</td></tr>
<tr><td>壁面散失热量</td><td>$Q_1 = K_1F_1(T_W - T_C)$</td><td rowspan="3">K_1 为传热系数［W/（cm^2·K）］
K_2 为传热系数［W/（cm^2·℃）］
F_1 为保温层外表面积（m^2）
F_2 为出丝口面积（m^2）
T_W 为保温层壁面温度（K）
T_C 为环境温度（K）
T_a 为纺丝温度（℃）
T_D 为环境温度（℃）</td><td>（2-8）</td></tr>
<tr><td>联合传热系数</td><td>$K_1 = 9.3 + 0.058T_W$</td><td>（2-9）</td></tr>
<tr><td>出口散失热量</td><td>$Q_2 = K_2F_2（T_a - T_D）$</td><td>（2-10）</td></tr>
<tr><td>保温层内传热</td><td>$Q_0 = F\left[\dfrac{1}{\dfrac{\delta_1}{\lambda_1} + \dfrac{\delta_2}{\lambda_2}}\right](T_{W1} - T_{W3})$</td><td rowspan="3">$F$ 为保温层外表面积（m^2）
δ_1 为纺丝箱体钢板厚度（m）
δ_2 为保温材料厚度（m）
λ_1 为钢板热导率［W/（m·℃）］
λ_2 为保温材料热导［W/（m·℃）］
T_{W1} 为热载体温度（℃）
T_{W3} 为保温层壁面温度（℃）
［T_W］为许用壁温（℃）</td><td>（2-11）</td></tr>
<tr><td>壁温验算公式</td><td>$T_{W3} = \dfrac{T_{W1}K_1T_C\left(\dfrac{\delta_1}{\lambda_1} + \dfrac{\delta_2}{\lambda_2}\right)}{1 + K_1\left(\dfrac{\delta_1}{\lambda_1} + \dfrac{\delta_2}{\lambda_2}\right)} \leqslant [T_W]$</td><td>（2-12）</td></tr>
<tr><td>最小保温层厚度</td><td>$\delta_2 \geqslant \dfrac{(T_{W1} - [T_W])\lambda_2}{K_1([T_W] - T_C)} - \dfrac{\lambda_2\delta_1}{\lambda_1}$</td><td>（2-13）</td></tr>
</table>

三、纺丝箱体熔体管道的结构设计

熔体在纺丝设备内的流动速度受到熔体的温度、黏度、流量以及流道尺寸等因素制约。对于制备多种功能化复合纤维，需要熔体在进入熔体管道时速度和压力基本保持均匀变化。确保熔体速度的统一，纺制的纤维才能更均匀，成品质量好。

因此，纺丝箱体管道设计通常采用有限元法进行数值模拟计算，通过数值模拟计算结果，得出熔体在管道内的流速、剪切速率、温度三场分布均匀一致，且无死角不堵塞的管道结构，则较合理。

第二节　计量泵

计量泵又称纺丝泵，一般采用结构简单的齿轮泵，其作用是把熔体定量定压地输入纺丝组件中，保证纤维线密度均匀。计量泵是熔体纺丝时使用的高精密度标准件，是纺丝过程中的关键性部件之一。

一、计量泵的结构与工作原理

计量泵的结构如图 2-4 所示，一般由一对外啮合的齿轮及上、中、下三块泵板组成。当主动齿轮和被动齿轮啮合转动时，入口吸入熔体，充满齿谷，沿着中间板 8 字形孔内侧带到出口处，由一对齿的啮合把齿谷中的熔体压出，输送到纺丝组件，故齿轮泵属于容积泵。

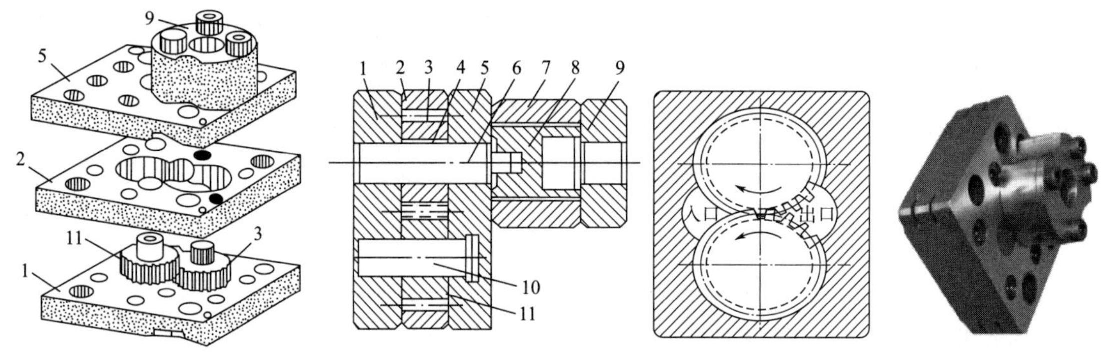

图 2-4　纺丝计量泵结构示意图

1—下泵板　2—中间板　3—主动齿轮　4—主动轴键　5—上泵板
6—主动齿轮轴　7，8，9—联轴带　10—被动轴　11—被动齿轮

为了达到传动平稳的效果，可将主动轮、被动轮重叠系数大于 1，即同时有一对或两对齿啮合，形成封闭腔，而且啮合过程中封闭腔容积由大到小，再由小到大变化，一方面使部分熔体重新带到入口，减小流量；另一方面封闭腔内熔体增压或卸压，会引起计量泵负荷增加、发热、震动、噪声、产生气泡等问题，故在计量泵的下泵板内侧开有补偿槽，当封闭腔容积缩小时与出口相通，容积扩大时与入口相通，所以对计量泵的转向应有规定，否则出口、入口及补偿槽的作用将产生混乱。

普通纺丝计量泵在 230~250℃、（58.8~170）$\times 10^5$Pa 压力下输送高黏度流体，在清理时还要在 450℃下焙烧或者经过化学药剂处理，因此计量泵在设计时应具有以下特点。

视频：计量泵输送熔体原理

（1）装拆简便，应有通用性及互换性。

（2）泵的机械特性要硬，即在出口压力波动时流量波动要小，泵供量稳定。

（3）制造精度高、耐磨，使用寿命长。

（4）材料要耐腐蚀，不渗漏。

（5）泵供量精确，流量不匀率要低，满足均匀连续输送纺丝液的要求。

由于对计量泵的输液量均匀性要求很高，计量泵往往采用模数少而齿数多的齿轮。图 2-5 所示为 JA-0.6X8-KW 计量泵的行星式结构，该泵是由一个主动齿轮 9 带动四个从动齿轮 10，并由两层中间板围成两个齿轮腔，齿轮外圆与中间板孔保持均匀的间隙配合，熔体从进口通过斜孔进入齿轮吸入腔，通过中间板齿轮啮合，上层中间板 3 的出口经过外盖板 2、进液板 1 流出，下层中间板 5 的出口经过隔板 4、从动轴 8、进液板 1 流出。

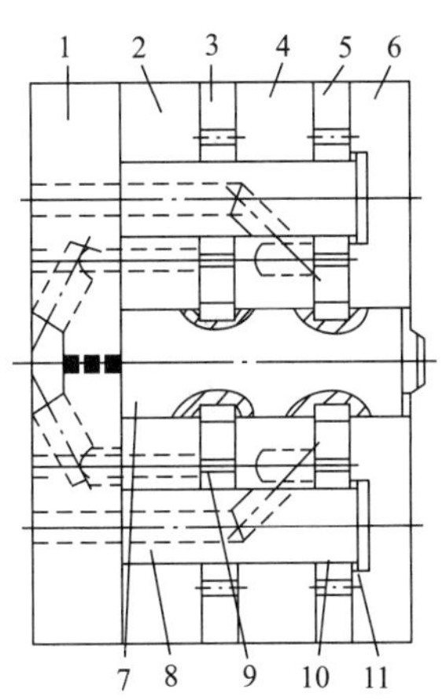

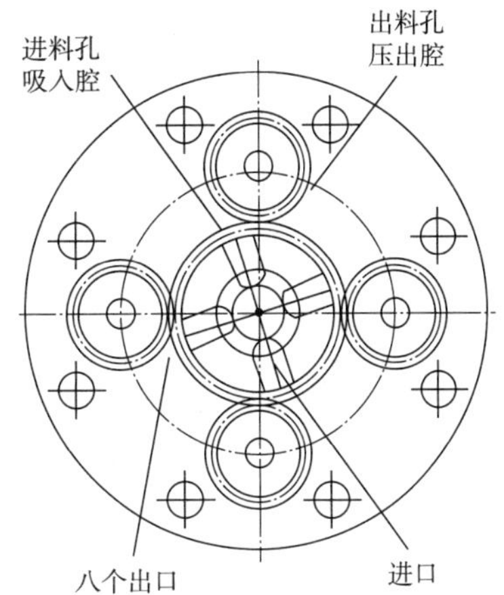

图 2-5　JA-0.6X8-KW 八出口双层纺丝计量泵的结构简图

1—进液板　2—外盖板　3—中间板（上）　4—隔板　5—中间板（下）　6—内盖板　7—主动轴　8—从动轴　9—主动齿轮　10—从动齿轮　11—销键

二、计量泵的主要参数确定

计量泵精度很高，要用专门的机床加工制造。另外，为了适应各种不同的品种、线密度及纺丝速度，计量泵的规格较多，为了便于泵的通用性及系列化生产，中华人民共和国工业和信息化部发布了化纤纺丝计量泵行业标准 FZ/T 92026—1994。

1. 材料的选择

计量泵材料的选择主要依据聚合物熔体的性质和工作条件。计量泵的工作温度一般在 240~300℃，所受压力非常高，清洁焙烧温度高达 450℃，同时纺丝熔体内不能掺杂铁离子，因此，计量泵材料应具有在高温下保持尺寸及性能的稳定性。表 2-3 为常见计量泵的制造材料及其特性。

表 2-3　常见计量泵的制造材料及其特性

材　料	特　性
Cr12MoV	尺寸稳定性好，耐磨，无回火脆性，价格便宜，但热处理温度范围较窄
W18Cr4V	磨削加工性能较好，有良好的热处理性能，回火温度远高于泵的焙烧温度，优良耐磨性和尺寸稳定性，但合金元素含量多，成本高
W9Cr4V2	回火温度宽广，热硬性好，但价格较贵

若纺丝液具有强烈的腐蚀性，计量泵所用材料不仅要满足耐高温、耐磨的要求，而且要有较好的耐腐蚀特性，在加工时，可在不锈钢表层镀硬铬，使其具有良好的耐腐蚀性和耐磨性，但同时要防止镀铬层的剥落。除表面镀铬外，还可以通过堆焊特种合金、喷涂陶瓷、参透塑料等方法。

2. 流量计算

计量泵中的齿轮选用标准渐开线齿轮，公称流量近似计算式为：

$$Q_0 = 2\pi m^2 zb \tag{2-14}$$

式中：m 为齿轮模数（cm）；z 为齿数；b 为齿宽（cm）。

泵供量，即单位时间流量，计算式为：

$$Q_n = Q_0 n \tag{2-15}$$

式中：n 为泵的转速（r/min）。

为减小脉动，通常选用小模数、多齿数的齿轮。计算出泵供量后，选用标准系列 0.6、1.2、2.4、10、20、30 等。

3. 计量泵转速和传动系统

由于计量泵输送的纺丝熔体黏度很高，计量泵转速太高，熔体不能及时充满齿谷，容易出现空蚀现象，同时转速的提高，计量泵的磨损也会加快，使用寿命缩短。若计量泵的转速过低，会增加回流，使计量泵的工作不稳定。在实际生产中，计量泵的转速一般为 10~40r/min。

三、叠泵与高压泵

随着化纤纺丝技术的发展，工艺品种的变化，出现了高速纺丝、高压纺丝、多头纺丝等工艺。在多头纺丝的情况下，如果一个计量泵供一块喷丝板，计量泵和传动轴就随之增加，为了简化传动机构，避免传动箱的结构复杂化，出现了多种类型的计量泵。

1. 叠泵

双叠泵是把两个单泵连接起来，由两对齿轮、五块泵板组成，其结构示意如图 2-6（a）所示，有一个进口，两个出口。下层泵出口与单泵相同，上层泵出口则通过中间泵板，经由主动轴引出，叠泵仅需要一根轴传动两个主动齿轮。

四叠泵由两个三齿轮泵叠合而成，共有五块泵板、六只齿轮、两个入口、四个出口，结构如图 2-6（b）所示。其中两个出口分别是从两根从动轴中引出的，由于叠泵有上下两

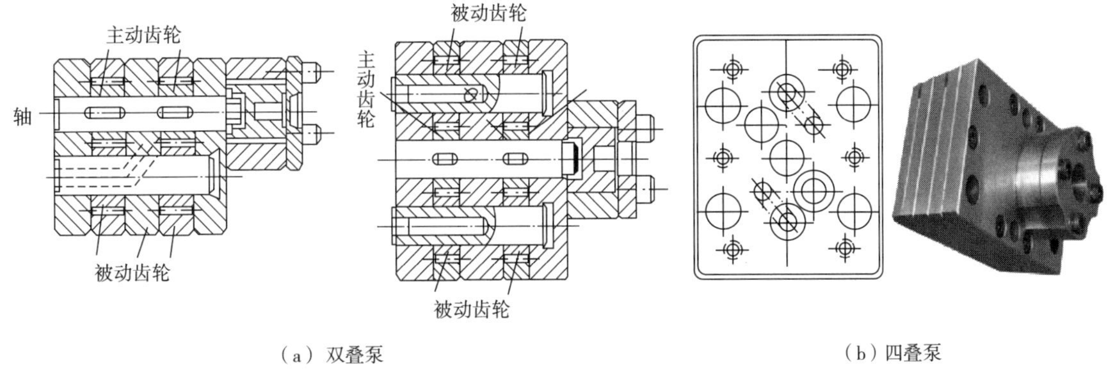

（a）双叠泵　　（b）四叠泵

图 2-6　叠泵结构示意图

层，液体的流程有长有短，阻力也有大小，故易造成流量的变化或压力不均。为保证上下两层聚合物混合，采用过盈配合安装从动齿轮轴与中间泵板，避免两种组分聚合物的混合。

2. 高压泵

目前高压纺丝是指泵的出口压力在 15~40MPa 的范围。为使泵的机械特性较好，泵的流量更稳定，应采取措施为：间隙要进一步缩小，特别是端面间隙和齿顶与中间板 8 字孔之间的间隙，联轴节端面进行研磨处理，提高泵轴处的密封性能。

第三节　纺丝组件

纺丝组件又称喷丝头组件，主要是用来将计量泵挤出的熔体过滤，再经喷丝孔喷射成均匀的熔体细流，最终冷却形成纤维。

一、纺丝组件的结构与作用

纺丝组件有很多分类方法。可根据熔体压力的大小，可分为普通纺丝组件和高压纺丝组件两种；根据所纺聚酯纤维品种的不同，可分为普通纺丝组件、复合纺丝组件、异形纺丝组件等类型。

纺丝组件是化纤机械中重要的一环，它的作用是：过滤掉通过计量泵的熔体中的机械杂质和凝胶粒子，以防堵塞喷丝板微孔；把熔体充分混合，并均匀分配到各个喷丝孔中，确保纤维的均匀度；使熔体最终通过喷丝孔喷射成均匀的纤维。

1. 短纤维纺丝组件

短纤维纺丝多采用多孔纺，一个喷丝组件的孔数有几百、几千个。因而短纤维纺丝组件的喷丝板外形尺寸大、组件也较为笨重。为了便于操作，一般采用自上向下的安装方式。图 2-7 是高压纺丝的短纤维纺丝组件结构示意图。如图 2-7 所示，熔体从组件右侧通入，经由扩散板、分配板分配均匀，再由过滤层过滤掉杂质；其产生的压力降的作用载荷由耐压板

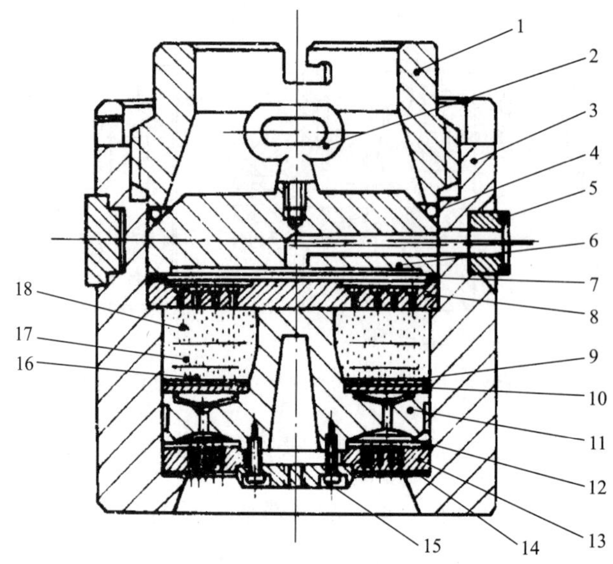

图 2-7　短纤维高压纺丝组件结构示意图

1—压紧螺母　2—吊环　3—喷丝板座　4，5—O 型密封圈　6—扩散板　7，12，14—密封垫片　8—分配板　9，10—过滤网　11—耐压板　13—喷丝板　15—压板　16，17，18—滤砂

承受，以防止喷丝板在高压下发生形变；最终溶液均匀地分配到各喷丝孔中，喷射形成熔体细流。

过滤层的主要作用是用来去除熔体中的杂质和气泡。常用的过滤材料有海砂、不锈钢丝网、玻璃珠等散状滤材，也可采用耐腐蚀的烧结金属。在材料选择上，除了需要考虑过滤效果，更要求材料压力上升速度慢、使用寿命长，能够耐热、耐压、耐腐蚀等。

2. 长丝纺丝组件

不同于短纤维最终会被切成散纤维，长丝在纺丝成型后每束纤维均需分开卷绕。为了使每部位的产量提高，长丝纺丝通常采用多头纺，即一个纺丝部位有两个、四个、甚至多达十六个纺丝组件。长丝组件与短纤维组件设计原理基本相同。

3. 复合纺丝组件

复合纺丝是将两种或两种以上不同组分的聚合物熔体或溶液纺制成一根纤维，所纺制的纤维就是复合纤维。根据不同组分的黏合类型的不同，复合纤维可分为并列型、皮芯型和海岛型三类，如图 2-8 所示。

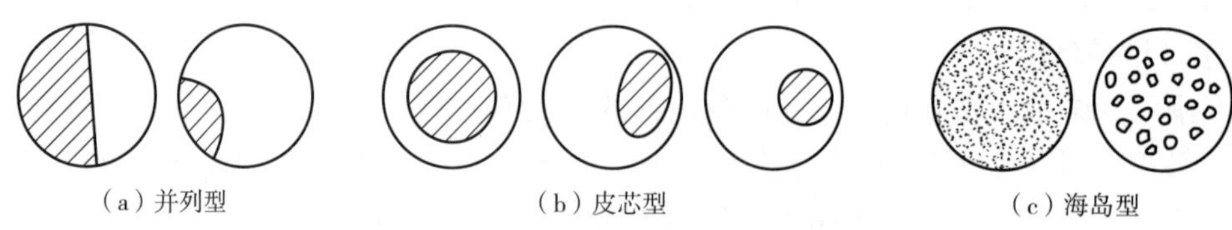

图 2-8　复合纤维截面示意图

纺制复合纤维的关键是纺丝工艺参数的控制以及设计特殊的纺丝组件。复合纺丝组件的分配系统较普通单组分纺丝组件复杂，需要将每种组分分别进行分配和导流，到达喷丝板时才按一定方式汇合进喷丝孔。

图片：纺丝组件实物图

如图 2-9 所示，即为短纤维复合纺的分配系统。A 组分经扩散板中间腔，到达下分配板上各放射形直槽，再经奇数环形槽及直孔到达下分配板下面的奇数圈分配槽，然后进入与各奇数圈相通的狭缝控制面；B 组分经扩散板上面环形槽，经过上分配板下面各圆圈梯形槽，到达下分配板上面各偶数圈分配槽，然后进入与各偶数圈相通的狭缝控制面，在进入喷丝孔处与 A 组分相遇，并列而成复合纤维。对于图 2-9 所示的熔体分配系统，为保证两种组分的熔体能够按设计的指定通道流动并最终汇合，其中的扩散板、耐压板、上分配板、下分配板及喷丝板均需相对固定。在设计时，通常利用销钉或键来完成定位。

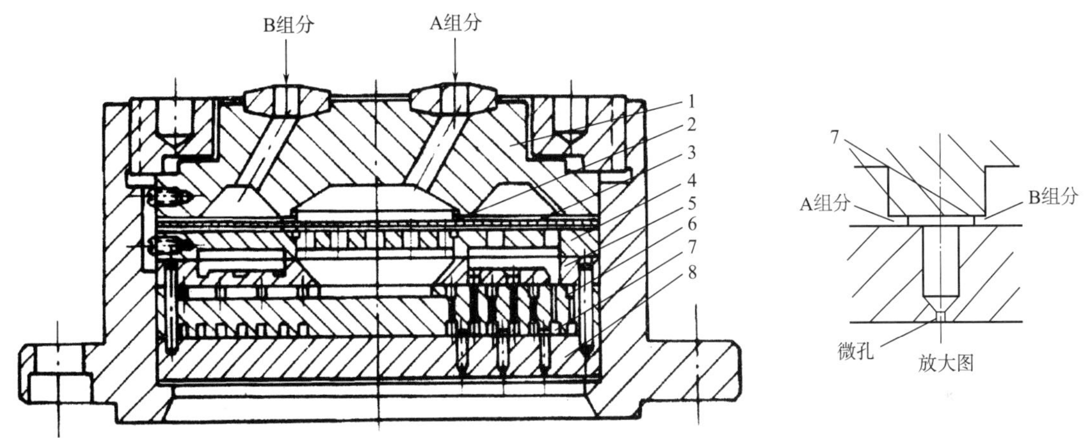

图 2-9 复合纺短纤维的分配系统示意图

1—扩散板 2—密封垫片 3—滤网 4—耐压板 5—上分配板 6—下分配板 7—狭缝 8—喷丝板

二、喷丝板设计

喷丝板直接决定了所纺纤维的粗细、形状等外形参数，其设计对于纺丝能否实现预期功能起到至关重要的作用。喷丝板的设计包括：确定喷丝孔的孔数、孔的形状、尺寸和孔的排列等要素；选择和确定喷丝板板面的形状和尺寸、板的厚度尺寸；选择喷丝板的材料，提出技术要求等多项内容，最终以零件工作图形式完成设计任务。

1. 喷丝板微孔设计

（1）孔数的确定。喷丝板的孔数是由纺丝工艺条件、纤维品种与纤度来确定的。一般情况下，纺丝卷绕速度的计算公式如下：

$$V = \frac{Q \times 1.15 \times 1000}{\mathrm{Tt} \times Z \times k} \tag{2-16}$$

式中：V 为卷绕速度（m/min）；Q 为单位时间内泵供量（g/min）；Tt 为成品纤维的线密度（tex）；Z 为喷丝板孔数；k 为拉伸倍数；1.15 为考虑回缩等的经验常数。

由式（2-16）可知，在卷绕速度、泵供量及拉伸倍数等因素不变的情况下，喷丝板的孔数与纤维的线密度成反比。若想增加纺丝机的产量，通常提高卷绕速度或增加喷丝板的孔数。

（2）微孔结构尺寸的计算。在纺丝泵供量一定的条件下，为使纺丝状态更为稳定，在设计喷丝板微孔直径时，应使其剪切速率低于纺丝物料熔体的临界剪切速率。对于纺丝熔体在圆形孔壁面的临界剪切速率有如下公式：

$$\gamma_w = \frac{(3n + 1)q}{n\pi R^3} \tag{2-17}$$

式中：γ_w 为临界剪切速率（s^{-1}）；q 为单孔流量（cm^3/s）；n 为流动指数，对于牛顿流体，$n=1$；R 为喷丝板微孔半径（mm），当喷丝板微孔孔型为异形孔时，R 即为异形微孔当量半径。根据经验，当异形孔的当量直径在 0.15~0.45mm 范围内时，基本满足一般熔纺成型要求。

异形孔的尺寸设计较为复杂，因此，可采用米勒简化公式进行计算：

$$D = \frac{4Q}{S} \tag{2-18}$$

式中：D 为异形微孔当量直径（mm）；Q 为微孔的横截面面积（mm^2）；S 为微孔的周长（mm）。

在式（2-17）中，对于喷丝板单孔流量 q 有：

$$q = \frac{\mathrm{Tt} \cdot K \cdot V \cdot N}{\rho \times 1000 \times 60} \tag{2-19}$$

式中：Tt 为单丝线密度（dtex）；K 为经验打滑回缩系数，按经验值取 0.9；V 为卷绕速度（m/min）；N 为后拉伸倍数；ρ 为熔体密度（涤纶、锦纶、丙纶分别为 1.2、1.05、0.80）。

微孔的长径比 L/d，也同样是微孔的重要结构尺寸之一，与熔体的膨化率密切相关，实际使用的喷丝板微孔长径比一般为 1.5~4。

图片：喷丝板及其微孔形状

2. 导孔外形设计

设计喷丝板导孔时，应注意导孔和微孔的连接处避免产生死角，以免破坏熔体流动的稳定性。由于加工的难度与局限性，目前应用最为广泛的是圆柱形导孔。

一般的喷丝板圆柱形导孔的直径为 1.6mm、2mm、2.5mm、2.8mm 和 3mm。我国喷丝板标准系列中，导孔直径多为 3mm。导孔和微孔之间的过渡部分称为底孔，其与中心线的导角角度和临界剪切速率密切相关，导角越小，则熔体流动越稳定，但制造较困难。因此，实际使用的喷丝板单锥孔导角为 60°~90°，国内多数为 90°。

3. 喷丝孔的排列

喷丝孔的排列形式影响着纺丝成品的质量，在设计喷丝孔的排列时应考虑以下几点。

（1）出丝后丝束需保持均匀冷却。纤维从喷丝板的孔挤出后需要进行风冷，因此，喷丝板上孔与孔的间距须保持在一定值以上，来保证每圈的丝束都可以达到较为良好的冷却效果。

（2）各孔出丝均匀。为了保证这点，一般在设计时会采用“孔+导槽”的设计，以保证熔体的充足储备，进而实现出丝均匀。

（3）喷丝板应具有一定的强度。开孔会导致喷丝板的强度下降，设计时，应使孔与孔的几何尺寸、间距相等，尽量减少形变的产生。

目前工业生产上，喷丝板微孔的排列形式被广泛使用的有同心圆排列、正方形及菱形排列、满天星形排列、一字形排列、分区均布排列、直线形排列等六种。矩形喷丝板通常采用直线形排列，圆形喷丝板则较多选用同心圆排列和分区均布排列。

周向孔间距 t_0 可用下式进行计算：

$$t_0 = \frac{\pi D_0}{n_0} \geqslant 5\text{mm} \tag{2-20}$$

式中：D_0 为喷丝孔圈层直径（mm）；n_0 为每圈层喷丝孔数。

圈层间距 t_p 为：

$$t_p = \frac{1}{2}\left(\frac{D_n - D_1}{n - 1}\right) \geqslant 4.5\text{mm} \tag{2-21}$$

式中：D_1 为喷丝孔首圈直径（mm）；D_n 为喷丝孔末圈直径（mm）；n 为总圈数。

4. 喷丝板外形设计

（1）喷丝板材料的选择。喷丝板外表面长时间处于裸露状态，即长期处于高温、强腐蚀性的环境下。喷丝板的工作条件一般为：$T \leqslant 450℃$，$P \leqslant 39 \times 10^5\text{Pa}$。因此，要求材料能够耐高温、耐腐蚀，性韧，质软，容易冲挤加工成型。

纤维工业的生产上，日本较广泛使用的喷丝板材料有 SUS32、SUS27、SUS24 三种。目前很多国家采用 SUS630。

（2）喷丝板板面形状的设计。喷丝板分为圆形和矩形两种。目前我国只颁布了圆形孔喷丝板的标准（FZ/T 92038—95），据规定，锦纶、涤纶和丙纶材料的熔融纺丝通常情况下应选择圆形喷丝板。矩形喷丝板示意图如图 2-10 所示，孔呈横向排列，采用侧吹风冷却。这种设计的优点是减少了吹风层数，透气性好，纤维冷却均匀；缺点是矩形的密封性较差，因此对矩形面加工精度及垫片密封可靠性要求更高。

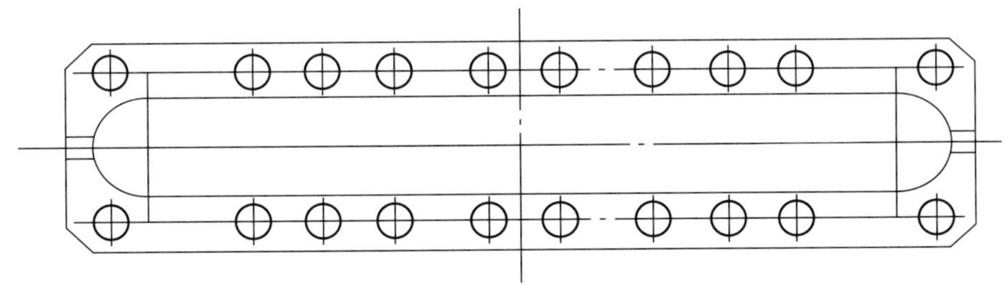

图 2-10　矩形喷丝板示意图

（3）喷丝板厚度的计算。喷丝板上所受的压力可以分两种情况进行讨论。正常情况下，熔体到达喷丝板时，压力约为 4MPa；喷丝板微孔堵塞时，压力则可达 10MPa 以上。根据设计压力的不同，喷丝板的厚度也变得不同。

根据经验公式，喷丝板的厚度 S（mm）可用下式进行计算：

$$S = KD \tag{2-22}$$

式中：D 为喷丝板直径（mm）；K 为与材料及熔体压力相关的常数，取值见表 2-4。

表 2-4 *K* 值

熔体压力/MPa	4	6	8	10	15
K	0.080	0.100	0.113	0.127	0.155

三、微孔挤出数值模拟举例

1. 挤出模型建立

（1）建立几何模型与网格划分。微孔挤出模型包括孔中流动部分与挤出成型两部分，几何模型与网格划分如图 2-11 所示。

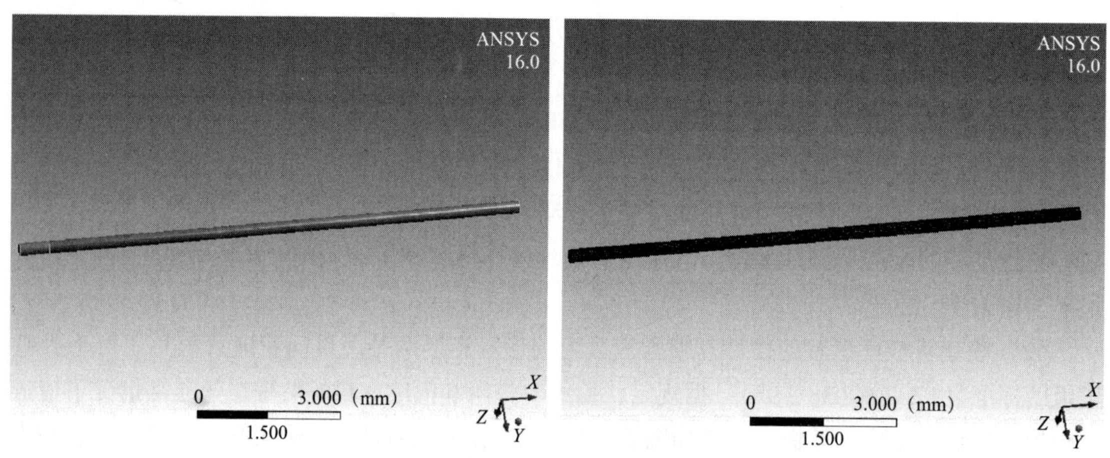

图 2-11 微孔挤出几何模型和网格划分

（2）材料参数设置。材料的参数设置见表 2-5。

表 2-5 模拟参数设置

参数	聚合物 PET 熔体
零剪切黏度 η_0/（Pa·s）	170
松弛时间 λ/s	0.012
非牛顿指数 n	0.85
密度 ρ/（kg/m^3）	1268

续表

参数	聚合物 PET 熔体
热传导率 K/［W/（m·K）］	0.21
热容量 C_p/［J/（kg·K）］	3453
纺丝温度 T/℃	285
入口流量/（m^3/s）	1.32×10^{-8}

（3）边界条件。

① 壁面条件。忽略壁面滑移，则法向速度 $V_n=0$，切向速度 $V_s=0$，设置壁面温度为纺丝组件的温度 285℃。

② 自由表面条件。法向速度 $V_n=0$，法向应力 $f_n=0$，切向应力 $f_s=0$。设置热对流交换。

③ 熔体出口条件。熔体以一定的压力流入喷丝板导孔，忽略重力与惯性力的影响，但丝从喷丝板喷出后受到卷绕机拉伸作用，设拉伸力为 10N 时，设置 $f_n=10$，$f_s=0$。

2. 模拟结果分析

图 2-12 为喷丝板微孔挤出的剪切速率分布图，从图中可以看出，在喷丝板微孔出口处，纤维截面出现一段明显胀大现象，纤维在微孔内部时剪切速率较大，最大剪切速率值为 $12550s^{-1}$。而纤维从微孔喷出后剪切速率逐渐变小，之后趋于稳定。

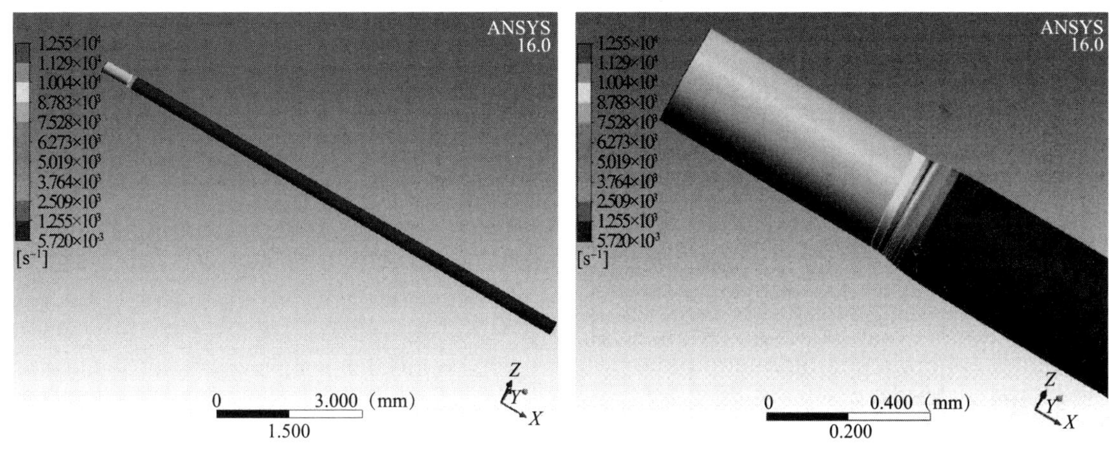

图 2-12　纤维挤出剪切速率分布

以微孔入口为零点，即 $X=0$，纤维沿着喷丝板微孔轴线方向的速度变化情况如图 2-13 所示。从图中可以看出，熔体在喷丝板微孔内时，微孔中心处速度最大，达到 0.5347m/s，越靠近微孔壁面，速度越小，沿着喷丝板微孔轴线方向，熔体速度逐渐减小。在 $X=0.8$mm 时，整个纤维截面上速度基本趋于一致。

视频：纤维挤出压力变化模拟云图

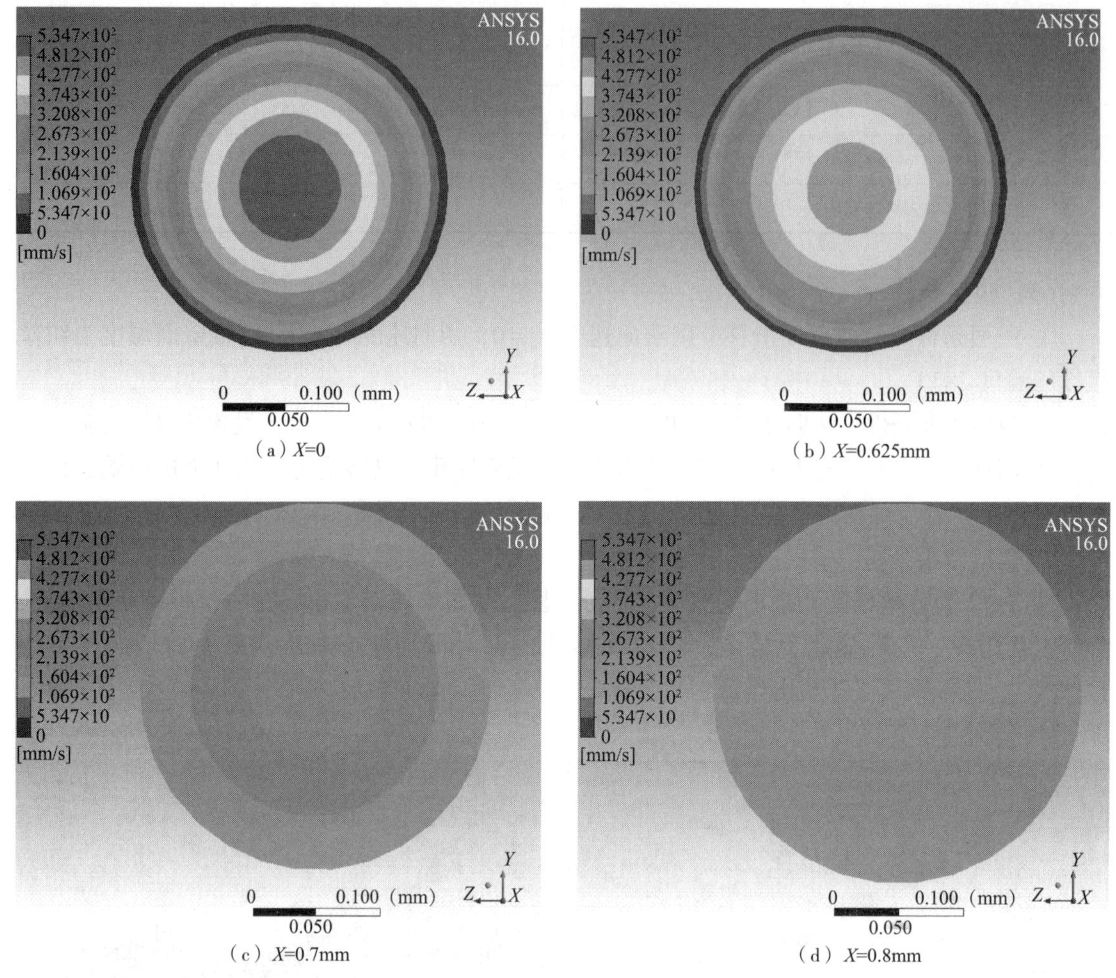

（a）X=0

（b）X=0.625mm

（c）X=0.7mm

（d）X=0.8mm

图 2-13　纤维挤出速度变化图

第四节　冷却成型装置

熔体自喷丝板微孔挤出后被拉伸，纤维逐渐冷却成型，并卷绕成为纤维成品。在冷却的过程中，外界环境对纤维上各点的运动速度、黏度、内部结构的影响很大，最终直接影响纤维的细度、伸长性能等质量指标。

一、冷却固化过程

熔体在受力情况下的热传递过程称为冷却固化过程。冷却固化过程可分为流动形变区、凝固形变区和固态移动区三个区域，如图 2-14 所示。

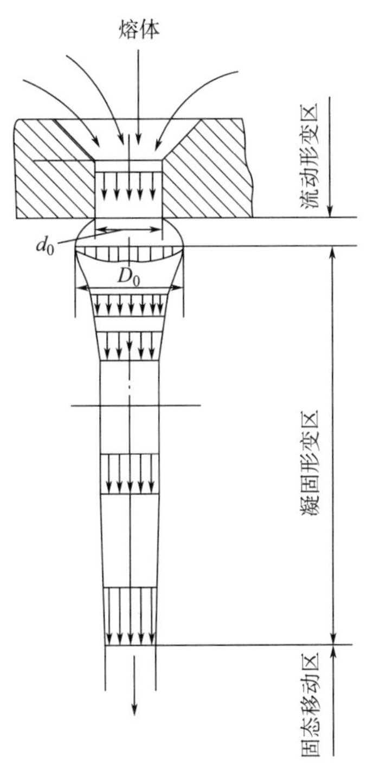

图 2-14 冷却固化

1. 流动形变区

流动形变区指熔体产生膨化现象的区域，通常为距离喷丝板面 5~10mm 的范围内。流动形变区会使纤维不均匀、易黏附在喷丝板上，造成纤维断头和毛丝现象。因此，应适当降低熔体的黏度（提高纺丝温度）、选用长径比大的喷丝孔，以使该区域尽量减小。

2. 凝固形变区

凝固形变区指熔体在膨化完成后直至到达凝固点、开始等速移动之间的区域，结束点通常距离喷丝板面约 40~80cm。在该区域内，熔体细流在卷绕机构的牵引和一定的冷却条件下，逐渐凝固成纤维，是冷却固化最重要的区域。

纤维在凝固形变区特征为拉长变细、温度急剧下降、黏度上升变成固体，纤维内部大分子结构也产生了相应的变化。

3. 固态移动区

固态移动区指纤维从凝固点开始至成型结束的区域。冷却成型装置中的甬道可以完全冷却纤维，使纤维在进入导丝盘或卷绕机构前温度降为 50℃ 左右。但在纺丝速度提高时，甬道的作用也会相对减小。

二、冷却成型装置的形式

在冷却成型系统设计中，需要根据冷却条件的要求合理地选择冷却成型装置。常用的冷却吹风装置有侧吹风装置和环吹风装置两种。

1. 侧吹风装置

侧吹风装置如图 2-15 所示，冷风从总风道进入分风道，通过整流装置将风向调整为水平方向，对纤维进行吹风冷却，因此也称为横吹风装置。为了便于调换纺丝组件，考虑凝固形变区的长度要求，一般将丝室高度设计为 2m 左右。丝室下方的导丝器可防止纤维震动。

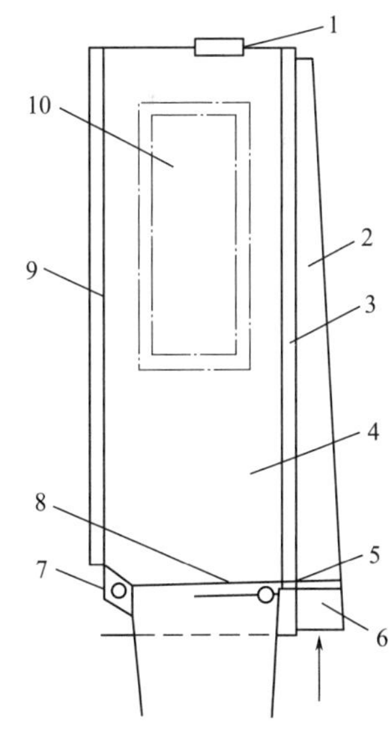

图 2-15 侧吹风装置

1—喷丝板 2，6—风道 3—整流装置 4—侧门 5—阀 7—照明灯 8—导丝器 9—排风门 10—视窗

侧吹风装置的优点是结构简单，操作方便；缺点是冷却程度不匀。侧吹风装置的特点只适宜长丝纺丝，因为长丝纺丝时的单丝根数少，需要冷却散失的热量也较少，而短纤维纺丝的单丝根数较多，若想使用侧吹风装置冷却，必须采用矩形喷丝板，使纤维并排分布，以降低丝层的厚度，避免飘丝。

2. 环吹风装置

对于常规的短纤维纺丝，则要求冷却吹风装置具有风量大、透气性好的特点，一般采用环吹风装置，环吹风装置如图 2-16 所示。按气流循环方式，环吹风装置可分为开放式环吹风装置和密闭式环吹风装置。

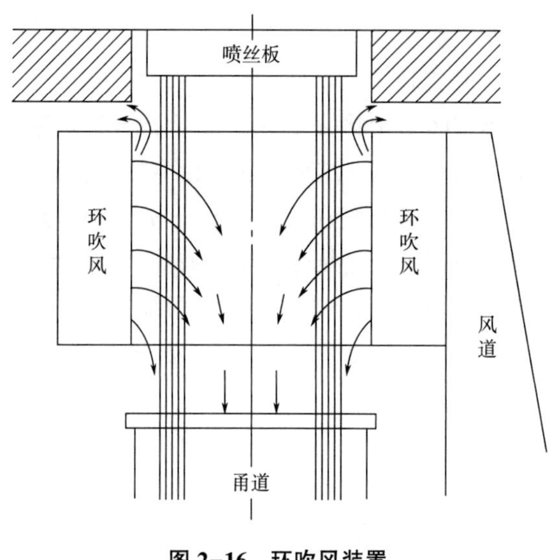

图 2-16　环吹风装置

视频：熔体纺丝吹风装置原理

开放式环吹风装置结构简单，装置整体与喷丝板间有间隙，和纺丝箱装配不密封，吹风头采用低风压、低阻尼的结构。为了保证冷却条件的稳定性，冷风穿透丝层后应当保持正压，在吹风头上部与喷丝板相邻处有一定量的气流外溢，形成保护性“气幕”，可防止环境中空气对熔体细流的干扰。

密闭式环吹风装置的吹风头上部与纺丝箱密封使整个冷却系统与周围环境隔绝，避免了外界环境对纤维冷却固化过程的影响。因此要采用高压冷风进行冷却，吹风头应采用高压、高阻尼的结构。冷风经过多孔板、导流网板和高阻尼层，均匀地吹向纤维。

三、冷却气流的速度及分布

熔体纺丝在整个冷却室高度的纺丝线上，纤维对冷却条件的强化程度要求不同，故在整个整流器的送风高度上送出的冷却气流要求具有一定的速度分布。速度分布不同，则要求吹风装置的结构不同。

如果要在整个送风高度上得到均匀的气流分布，则整流装置各部分都应具有相同的阻力系数，或者整个供气室内各个高度上具有相等的静压。要实现这一要求，整个供气室的截面应逐渐缩小。由于整流器送风的高度不变，所以空气导向板应该是倾斜安装的平直板。

冷却气流要求具有一定的速度分布，当供气室为均匀分布的结构形式时，则可以借改变整流器的阻力特性即借开孔分布（孔径或孔数）的多孔板来实现。冷却气流风速沿轴向分布计算如下。

在图 2-17 中，A 为上风室截面面积，v_1、A_1、v_2、A_2 为相邻两个送风单元的出风速度及面积，V_1、H_1、V_2、H_2、V_3、H_3 为上风室气流速度和静压。

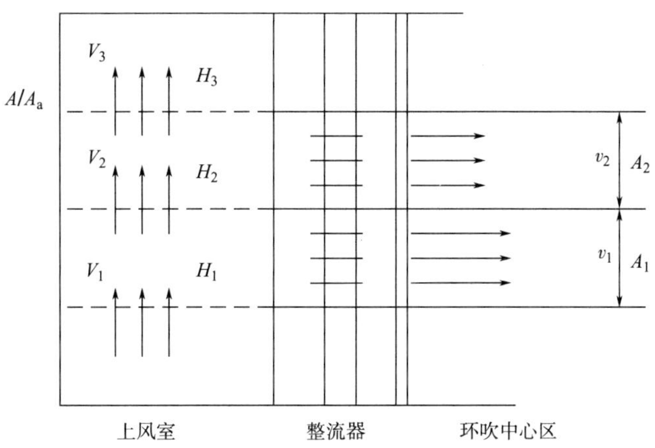

图 2-17　吹风送风工作示意图

沿上风室送风高度上任意取两个单元，不考虑摩擦阻力损失和位能变化，则有物料平衡方程：

$$AV_1 = AV_2 + A_1v_1 \tag{2-23}$$

$$AV_2 = AV_3 + A_2v_2 \tag{2-24}$$

能量平衡方程为：

$$\frac{V_1^2\gamma}{2g} + H_1 = \frac{V_2^2\gamma}{2g} + H_2 \tag{2-25}$$

其中，整流器阻力为：

$$(1 + \xi_1)\frac{v_1^2\gamma}{2g} = H_1 \tag{2-26}$$

$$(1 + \xi_2)\frac{v_2^2\gamma}{2g} = H_2 \tag{2-27}$$

横截面上流量为：

$$Q_1 = AV_1 \tag{2-28}$$

$$Q_2 = Q_1 - A_1v_1 \tag{2-29}$$

对式（2-23）~式（2-29）进行分析，当要求设计的冷却气流风速沿轴向均匀分布，即 $v_1=v_2$，假设整个整流装置各部分都具有相同的阻力系数，即 $\xi_1=\xi_2$ 时，整个上风室沿轴向有相同的静压，$H_1=H_2$；上风室任意截面上的风速处处相等，$V_1=V_2$；冷却空气流量 $Q_1=Q_2$；则 $A_1v_1=A_2v_2=0$，即 $v_1=v_2=0$。

由于 $v_1=v_2=0$，说明只有冷却吹风速度为 0，才能保证风速沿轴向均匀分布，因此为得到理想的风速分布，可以选用按工艺要求的开孔数量分配，使得 $\xi_1 \neq \xi_2$。

当工艺要求均匀分布时，由于 $Q_1>Q_2$，则 $V_1>V_2$，由式（2-25）得到 $H_1<H_2$，则 $\xi_1<\xi_2$。根据这个结论，环吹风装置的多孔整流板的开孔数量从上至下逐渐增多，保证吹风速度沿轴向均匀分布。

当采用开孔数量均匀的多孔板整流时，由于 $Q_1>Q_2$，则 $V_1>V_2$，由式（2-25）得到 $H_1<H_2$，则 $v_1<v_2$。即吹风速度沿轴向从上至下逐渐降低，不能满足工艺要求，此时，可改变 A 得到：

$$A_a V_1 = A_b V_2 + A_1 v_1 \tag{2-30}$$

由于 $v_1=v_2$，则可得到 $H_1=H_2$、$V_1=V_2$，代入式（2-30），得：

$$(A_a - A_b) V_1 = A_1 v_1 \tag{2-31}$$

化简后得：

$$(A_a - A_b)/A_1 = v_1/V_1 = k \tag{2-32}$$

当吹风宽度不变时，沿高度方向的深度则成为一条斜边，侧吹风即如此。

四、整流材料的选择

在冷却固化过程中，气流的稳定性对于整个系统来说是至关重要的，通过使用整流材料将湍流的风整流成层流的风，使气流趋向均匀与稳定。目前，冷却吹风装置中主要使用的整流材料有多孔板、不锈钢网、烧结金属、无纺布等，还可以用不同厚度或几种材料的组合来调节整流器的阻力分布。

根据冷却固化的过程，整流材料的选择一般要考虑以下因素：在冷却吹风装置中的阻力大小；造价成本，运行成本；更换周期；纤维质量及稳定性。

1. 非织造布

在已有的纺丝冷却吹风系统中，用非织造布作整流材料时，由于其本身的吸尘作用，常造成实际纺丝工况的不稳定，使周向风速不匀率较高，在实际应用中应尽量避免单独使用。

2. 不锈钢网

普通筛网用平织的金属丝网制成。不锈钢筛网低阻尼、易清洗、造价低，极有利于新工艺制定和新产品开发的推广应用。在设计吹风冷却装置时，应尽量选用此整流材料；单块不锈钢筛网的整流效果不理想，应同时使用多块不锈钢筛网按一定的排布方式，以达到整流均匀化的目的。

3. 烧结金属

烧结金属多孔材料及由该材料构成的滤材是一种运用广泛的刚性过滤介质。它是用金属粉末在高温下烧结而成的多孔管材或板材，一般厚度为 20~30mm；也可用单层或多层金属网与金属粉末一起烧结制成。通过控制金属丝的直径与粉末的粒度，可使孔隙控制在 3~400μm 范围内。

4. 多孔板

多孔板对降低气流的雷诺数的效果不明显，对气流导向作用很弱，各分散的小孔中出来的空气射流，在空间的扩散和各射流的相互影响下，使吹向纤维的气流仍然是不稳定的湍流气体，在气流流过多孔板后很容易形成复杂的回流区。

在孔板厚度和孔径一定的情况下，多孔板孔隙率的大小是其阻力系数的最大影响因素。在设计纺丝冷却装置时作为初级整流层的材料，也应同时使用多块多孔板按一定的排布方式，以达到整流均匀化的目的。

五、吹风位置的参数确定

从喷丝板到第一导丝盘之间的整个纺丝线周围，冷却气流的流体动力学状况可以分为两个区段：在纺丝室内，纤维主要受垂直于运动方向的冷却气流的作用；在纺丝室外，纤维则主要受后续卷绕装置的影响，与周围冷却气流速度差增大，同时在纺丝套筒内形成一股边界层气流。

吹风位置对纤维的冷却效果有显著的影响，影响最大的是吹风口与喷丝板面之间的距离：该距离的远近与冷却效果成反比，即距离越小冷却效果越好，但不能影响喷丝板的表面温度；距离越小，纤维的断头率则越小，纺丝组件更换率越低。当熔体黏度较大时，该距离应适当增大；当纺制高强度工业丝时，为了提高后拉伸性能，需要增大吹风口与板面间的距离，同时，还应在喷丝板面附近增设缓冷器。而对于吹风面与纤维之间的距离，则是越小冷却效果越好，一般控制在 6~10mm。除此之外，环吹风装置的吹风高度可选用 200~250mm，侧吹风装置为 1000mm 左右。

六、工艺条件的选择

1. 冷却风温与风湿

冷却气流温度的高低对初生纤维的大分子取向度和卷绕纤维的细度等都有直接的影响。随着纺丝速度的提高，纤维与气流的热交换量增加，应适当加快纤维冷却固化的时间，故应选用较低的冷却风温。以生产涤纶为例，如纺丝速度为 1500m/min 时，冷却风温应选 22℃；而在纺丝速度为 600m/min 时，则一般选用约 29℃ 作为冷却风温。除此之外，冷却风温还应考虑环境因素，随外部气温进行相应的调整。

冷却气流的空气湿度同样影响着纤维的成型。一定的湿度可以有效避免纤维在纺丝甬道中的摩擦，减少因摩擦带电而产生的纤维抖动；冷却气流湿度的提高同时也提高了介质的比热容和传热系数，更利于稳定丝室温度、加快纤维冷却。此外，湿度对初生纤维的结晶速度和回潮伸长均有一定影响。

2. 冷却风速及其分布

在熔融纺丝中，在整个冷却室高度的纺丝线上，纤维对冷却条件的强化程度要求不同，对于整体冷却固化装置，吹风口送出的气流应当具有一定的速度分布。环形吹风装置常采用不同孔径均匀分布的多孔整流板；侧吹风装置的风速分布则一般可分为均匀直形分布、弧形分布及 S 形分布三种形式。

单面侧吹风时，在风温 26~28℃、送风相对湿度 70%~80%，风速 0.4~0.5m/s 的范围内较好，且随着纺丝速度的提高，最佳风速点向较大风速偏移。相反，在环形吹风时，由于环形吹风易于穿透丝束，最佳风速向较小风速偏移。

3. 冷却风量

对线密度不匀率影响最大的是冷却风的风量和风速分布。由于侧吹风窗单面向室内敞开，在侧吹风风量不大时，室内野风（工艺控制以外风的统称）会进入侧吹风窗内，干扰丝束冷却，而且野风风量不均匀、风向不规则，受人员走动、门窗开关和室外风的风向、强弱、温度、湿度等多种因素的影响，造成较大的线密度波动，导致丝束冷却不均匀。

（1）冷却风量计算。所需的冷却风量可用下式计算：

$$Q = Hbv \tag{2-33}$$

式中：Q 为所需冷却风量（m^3/h）；H 为吹风窗的高度（m）；b 为吹风窗的宽度（m）；v 为吹风的速度（m/s）。

考虑管路的损失及风管末端会放空预留风量，实际需要的冷却风量一般为（1.1～1.15）Q。

（2）冷却吹风系统的阻力计算。直管段的阻力损失按下式计算：

$$\Delta P = 9.8\lambda \frac{lv^2}{2dg}\gamma \tag{2-34}$$

式中：ΔP 为直管段阻力损失（Pa）；λ 为阻力系数，管径为 15～100mm，$\lambda = 0.02 \sim 0.04$；l 为管长（m）；d 为管路内径（m）；γ 为空气重度（kg/m^3）；v 为气流速度（m/s）。

多孔板的阻力损失按下式计算：

$$\Delta Z = 9.8\xi \frac{v^2}{2g}\gamma \tag{2-35}$$

式中：ΔZ 为多孔板的阻力损失（Pa）；ξ 为气流经过圆孔的阻力系数，可取 $\xi = 1.8$。

环吹风配套的空气调节净化装置中通常选用 GB 型高效空气过滤器，其阻力降按下式计算：

$$\Delta P' = Cv^m \tag{2-36}$$

式中：$\Delta P'$ 为 GB 型高效空气过滤器阻力降；C 为过滤器全阻力系数，在 3～10 之间；m 为指数系数，常取 $m = 1.35 \sim 1.36$；v 为气流速度（m/s）。

吹风装置的总阻力损失为该吹风装置所采用的各段气流通路的阻力损失之和。

第五节　长丝卷绕装置

化纤长丝主要有涤纶长丝、锦纶长丝、氨纶长丝等。化纤长丝一般由多根单丝集合成一束，由卷绕头卷绕形成卷装，一台化纤长丝卷绕头通常一次可同步卷绕 4～24 个卷装。无论从卷绕速度、技术难度、机械技术要求，还是生产线上的使用量，涤纶长丝卷绕机构都具代表性。

一、涤纶长丝卷绕的技术要求及原理

（一）涤纶长丝卷绕的技术要求

涤纶长丝是目前全球产量最大的纤维产品，约占纤维总产量的 40%。单个卷装质量为 8~15kg，外形呈饼状，工程上常称丝饼。根据目前的工艺技术要求，涤纶长丝卷绕线速度普遍为 2800~5500m/min，最新的预取向丝或部分预取向丝（POY）的卷绕线速度高达 4500m/min。可适应涤纶全拉伸丝（FDY）长丝和锦纶长丝生产的卷绕头，卷绕线速度要求在 5000m/min 以上。可适应超高速纺丝（HOY）的卷绕线速度要求在 6000m/min 以上。随着机电一体化技术的发展，卷绕头的卷绕线速度甚至要求高达 8000m/min，以适应不断发展的长丝卷绕要求。

涤纶长丝卷绕机构须适应卷装大容量、高卷绕线速度的生产工艺要求，其核心关键技术是转子动力学解析技术和高速锭轴旋转体结构设计。

卷装是一种暂态，是为了便于长丝的储存、转运、上下游工艺的适调衔接等功能而设置的，卷装应尽可能密实，以增大容量。卷装成形好和退绕顺畅是评价卷装品质的两个主要指标。卷绕点精准、缠绕力均匀是涤纶长丝高速卷绕头的重要技术要求。

（二）涤纶长丝卷绕的原理

涤纶长丝生产的卷绕原理如图 2-18 所示。锭轴通过涨紧装置带动纸管（又称纸筒）以 n_1 转速同步旋转，拨叉上 2 组叶片分别以 n_3 和 n_4 反方向旋转，交替拨动丝束进行往复横动导丝，卷绕运动和导丝运动相互配合，将丝束以 5°~8°螺旋角轨迹卷绕在纸管或卷装圆柱表面上形成丝层，丝层不断增加形成卷装（又称丝饼），卷绕完成后卷装与纸管一并从锭轴上取下。考虑到涤纶长丝超高的卷绕线速度，为稳定刚绕上卷装表面的丝束卷绕点的位置，卷绕系统设有与卷装表面相接触的压辊（又称接触辊）。为保持卷绕线速度恒定，锭轴工作转速 n_1 将随着卷装直径的增大而逐渐下降，而压辊的转速 n_2 一直保持恒定。与此同时，锭轴与压辊的中心距也将随卷装直径的增大而逐渐增大。

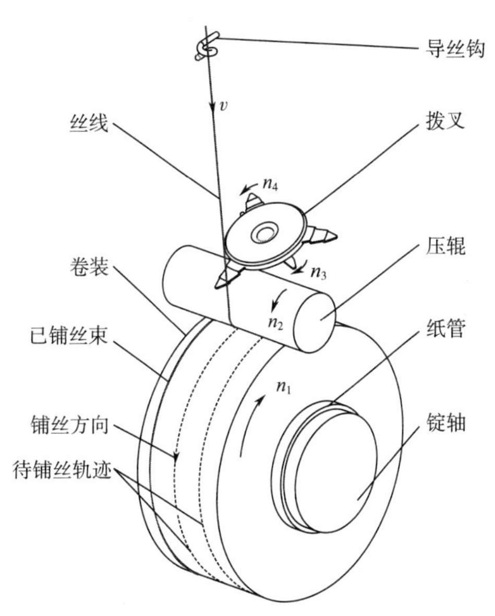

图 2-18 涤纶长丝卷绕原理

在长丝卷绕过程中，由于卷装质量不断增大，使得锭轴转动惯量及转速具有时变特性，长丝卷装截面如图 2-19 所示。

设 d_1 为锭轴外径，d_2 为纸管外径，纸管套在锭轴上。在卷绕过程，纸管被涨紧，与锭轴同步旋转，d_3 为卷装满卷时直径，L 为卷装底边宽度，θ 为卷装收缩角。经过卷绕时间 t 后，卷装外径为 $d(t)$，其中 $d(t) \in [d_2, d_3]$，单位时间内卷装增加的丝层厚度为 $\delta(t)$，此时卷装

的宽度为 $L(t)$ 。

根据纺丝工艺要求：丝束卷绕的线速度保持恒定。设满卷后的卷装体积为定值 V，卷装满卷的卷绕总时间为 T，单位时间内卷装体积增量为 $\Delta V = V/T$，则有：

$$\Delta V = \pi \cdot d(t) \cdot L(t) \cdot \delta(t) \tag{2-37}$$

$$\tan\theta = \frac{d(t) - d_2}{L - L(t)} \tag{2-38}$$

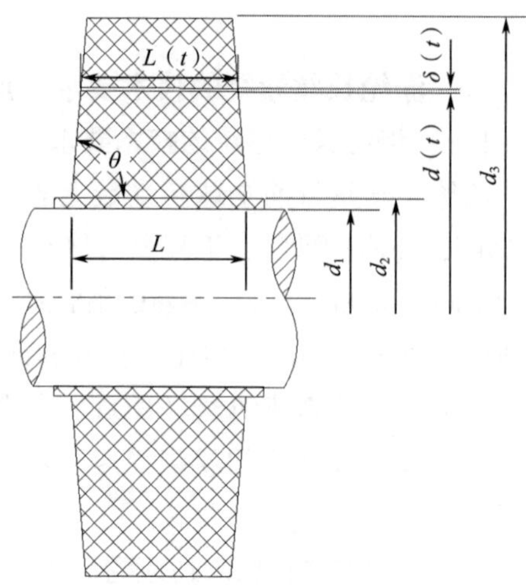

图 2-19　卷装截面示意图

当卷绕线速度 v 保持恒定时，单位时间内卷装的体积增量 ΔV、质量 $M(t)$ 的增量 ΔM 相应保持恒定。由于卷装（丝饼）的外形结构特点，导致单位时间内卷绕丝层厚度 $\delta(t)$、卷装直径 $d(t)$、锭轴转速 $n_1(t)$ 与卷绕时间 t 表现出非线性时变特点。

例如，某一 POY 涤纶长丝卷绕工艺参数见表 2-6，根据涤纶长丝生产工艺要求，卷装质量 $M(t)$ 同卷绕时间 t 呈线性关系，即单位时间增量恒定，如图 2-20 所示。

表 2-6　涤纶长丝 POY 卷绕工作参数（工程实例）

参数	数值
体积 V/mm³	15231475. 5
满卷耗时 T/s	28200
卷绕线速度 v/（m/min）	2700
收缩角 θ/（°）	85
卷装底宽 L/mm	135
纸筒外径 d_2/mm	140
满卷直径 d_3/mm	425
卷装密度 ρ/（kg/mm）	0.674×10^{-6}

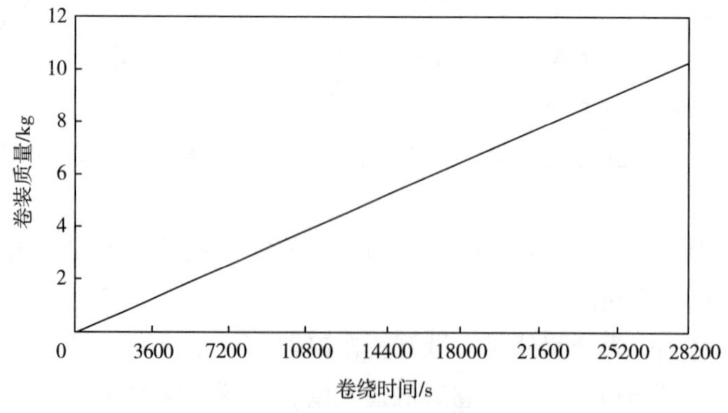

图 2-20　卷装质量 M（t）随卷绕时间 t 变化曲线

根据表 2-6 卷绕数据，单位时间内卷绕丝层厚度 $\delta(t)$ 、卷装直径 $d(t)$ 、锭轴转速 $n_1(t)$ 与卷绕时间 t 的变化曲线如图 2-21～图 2-23 所示。

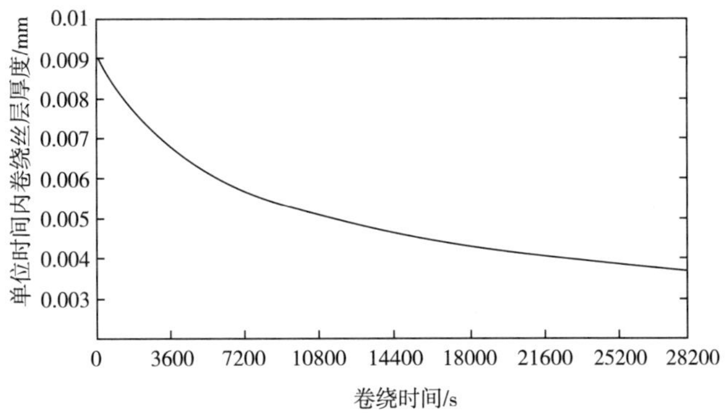

图 2-21 单位时间内卷绕丝层厚度 δ (t) 随时间 t 变化曲线

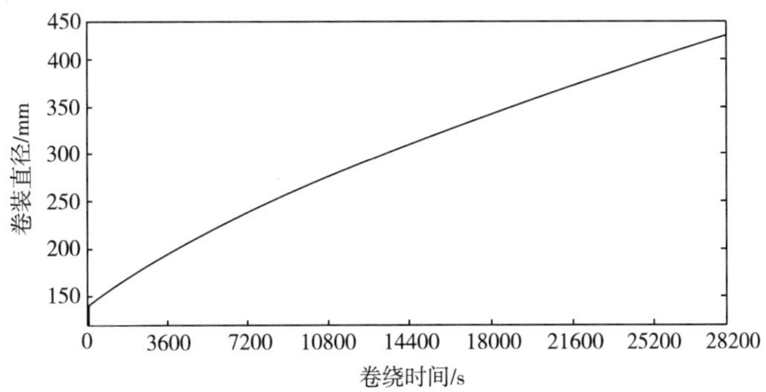

图 2-22 卷装直径 d (t) 随时间 t 变化曲线

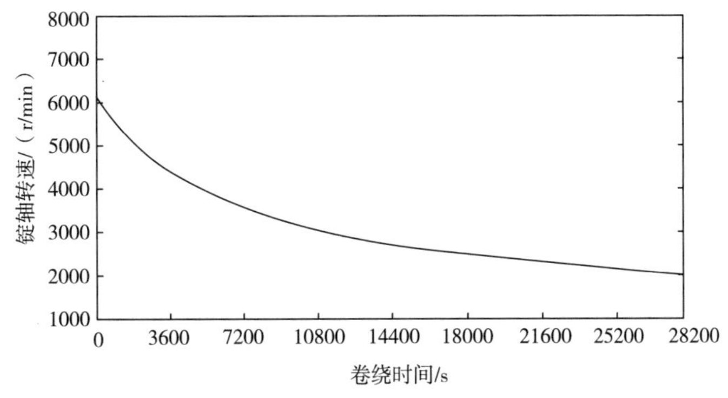

图 2-23 锭轴转速 n_1 (t) 随时间 t 变化曲线

如图 2-21 所示，由于卷绕线速度 v 保持恒定，约在 7200s 前卷装直径 $d(t)$ 较小，因此单位时间内丝层厚度 $\delta(t)$ 变化快，随着卷装直径的增大，单位时间内卷绕丝层厚度 $\delta(t)$ 增加量不断减小，丝层厚度的变化趋于平缓。

同理，如图 2-22 所示，卷装直径 $d(t)$ 随着卷绕时间 t 的推进而不断变大，从贴合纸筒的 140mm 增大到满卷状态的 425mm，二者呈非线性变化关系。

如图 2-23 所示，从开始卷绕到 7200s 左右，单位时间所形成的卷绕丝层厚度较厚，对应的卷装直径变化明显，在保持卷绕线速度恒定的条件下，相应的锭轴转速 $n_1(t)$ 下降较为显著，之后锭轴转速仍逐渐降低，但下降速率变小。

随着纺丝工艺技术的不断成熟和对涤纶长丝卷绕头动力学性能研究的不断深入，长锭轴、多卷装、大容量是涤纶长丝卷绕头的发展方向。另外，为方便满卷后的卷装能从锭轴一端取下，确保落卷工艺的顺利进行，如图 2-24 所示，锭轴支撑臂被设计为悬臂结构，支撑臂固定安装在基座转盘上，转轴带动夹套高速旋转，完成卷绕。

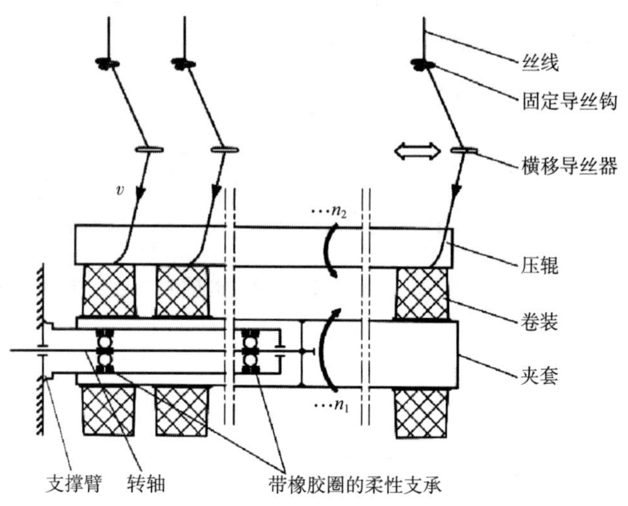

图 2-24　高速多卷装涤纶长丝卷绕系统

目前，夹套的有效工作长度最长达 1800mm，一次可同步卷绕 12～16 个卷转。细长轴与薄壁状的锭轴零部件，其临界转速点低，卷绕最高转速已超越锭轴的二阶临界转速点，为使锭轴卷绕系统能平稳越过其临界转速，锭轴采用了带橡胶圈的柔性支承结构。

二、涤纶长丝卷绕系统的结构及工作流程

（一）涤纶长丝卷绕系统结构及功能

涤纶长丝卷绕头的外形结构如图 2-25 所示，机械部分包括机架、卷绕部件、换筒部件、导丝部件、卷绕生头部件、落卷部件等，以适应连续不间断的卷绕作业。

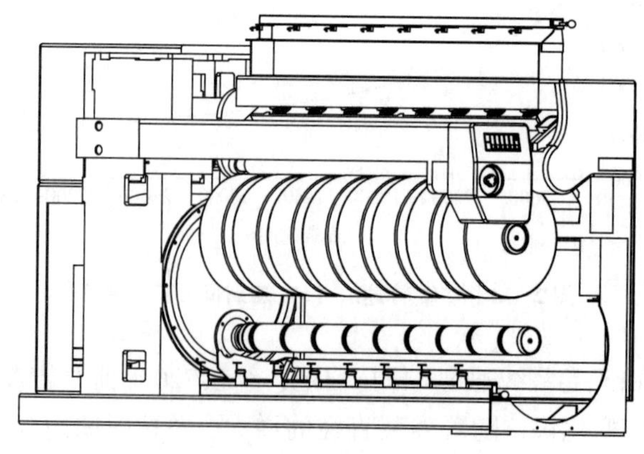

图 2-25　涤纶长丝卷绕头外形结构

卷绕头的核心部分是双转子锭轴结构的卷绕部件，如图 2-26 所示。座套 1 与卷绕头的机架固定连接，转盘 2 通过回转支承与座套 1 连接，并可绕自身回转轴线转动；转盘 2 上安装有两套锭轴（锭轴Ⅰ和锭轴Ⅱ），两套锭轴分别由两套电动机驱动高速旋转。准备退卷或准备卷绕的锭轴Ⅰ位于下位，而处于卷绕状态的锭轴Ⅱ位于上位。图 2-26 中锭轴Ⅱ正在卷绕，每套锭轴上设有多组膨胀圈 11，为便于卷绕生头和满卷后卷装能顺利从锭轴上取下，长丝被卷绕在纸筒上形成卷装（丝饼），卷装结构参见图 2-19。卷绕时膨胀圈 11 涨紧纸管，确保卷装 7 和纸管与锭轴同步旋转，落卷时膨胀圈收缩放松，以便卷装连同纸管从锭轴一端取下。

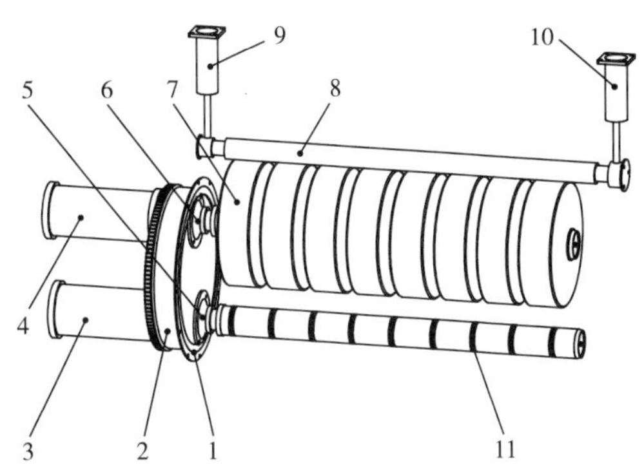

图 2-26　卷绕部件主体结构

1—座套　2—转盘　3—电动机Ⅰ　4—电动机Ⅱ
5—锭轴Ⅰ　6—锭轴Ⅱ　7—卷装（丝饼）
8—接触辊（摩擦辊，压辊）　9—气缸Ⅰ
10—气缸Ⅱ　11—膨胀圈

由图 2-26 可以看出，接触辊（又称摩擦辊、压辊）8 是在卷装 7 支承和气缸 9、10 的协同作用下工作，接触压力由接触辊及其附件自重以及气缸共同作用产生。通过调节气缸压力大小来确保接触压力恒定以满足卷绕工艺要求。一般涤纶 POY 卷装的表面硬度为邵氏硬度 55~60，若卷装表面硬度太低，成形后的卷装易塌边，而硬度太高，则会造成退绕时长丝张力波动。在正常卷绕过程，压辊与卷装间应保持有 90~180N 的压力。

视频：涤纶长丝卷绕头结构及其工作原理

1. 接触辊在卷绕过程中的作用

（1）用于稳定刚绕上卷装圆柱表面上的长丝丝圈位置，避免长丝在卷装表面浮动。

（2）用于间接获得卷装直径变化而引起卷绕速度变化的信息。

现在的卷绕线速度一般均大于 2800m/min，因此，目前卷绕头全都采用主动驱动接触辊旋转的卷绕方式，以保护卷装表面丝束和卷装成型，减少丝线绕辊，降低生头时的断头率，改善卷装成形。

2. 实时调节接触辊与卷装间的接触状态的作用

（1）适当提高接触辊表面线速度，以补正接触辊对卷装的打滑影响。

（2）在换筒生头过程中适当提高接触辊的转动速度，以提高丝束张力有利于生头。

（3）接触辊表面线速度略大于长丝卷绕线速度，可减少卷装内部压应力，消除卷装涨边和蜘蛛丝，提高卷装成形质量。

（4）设置非接触的卷绕过渡期，在生头完成后，并确保纸筒上已绕上一定量的丝层后，接触辊才和卷装接触并逐渐达到正常压力，这是因为刚生头后筒管上的丝层很薄，若接触辊马上和卷装上的丝层接触，丝层会受到拍击，这些丝在后道工序中易出现织斑和染色斑，同时若在卷绕初期采用较大接触压力，接触辊与纸筒滚压容易造成纸筒损坏。

当锭轴Ⅱ上的卷装即将达到设定容量值（满卷）时，卷装直径将达到设定最大值，锭轴转速趋于卷绕工作状态时的最慢转速，此时锭轴Ⅰ在其电动机驱动下提前由静止开始旋转，并逐渐增至锭轴卷绕工作时的最高转速并保持该转速待命。当锭轴Ⅱ上的卷装达到设定值后（满卷），接触辊 8 上移，加压被释放，换筒机构带动转盘旋转 180°，锭轴Ⅰ进入卷绕工作位置，通过生头机构将涤纶长丝从锭轴Ⅱ的卷装上切换到锭轴Ⅰ的纸筒上，并开始卷绕，当长丝在锭轴Ⅰ上成功生头并已正常铺丝达到一定厚度后，接触辊下移并加压，接触辊与锭轴Ⅰ通过卷装建立起耦合关系并进入正常卷绕工作状态。锭轴Ⅱ连同卷装一起离开卷绕工作位置后，转速逐渐下降至零，锭轴Ⅱ静止后，进行卷装落卷。

卷绕头锭轴的结构如图 2-27 所示，支撑臂 1 为空心圆柱结构，通过端面法兰固定在转盘上形成悬臂；转轴 2 置于支撑臂 1 腔内，通过滚动轴承 3 与支撑臂连接，每个滚动轴承外圈均带有橡胶圈，从而降低滚动轴承系统的等效支承刚度，形成柔性支承结构；空心圆柱形夹套 5 空套在支撑臂外面，其内径与支撑臂 1 的外径最小只有 0.5mm 的间隙；夹套 5 与转轴 2 通过 C-C 圆柱面过盈配合连接，并确保夹套与转轴同心同速旋转，转轴与夹套构成锭轴的旋转部件；涤纶长丝卷绕在纸筒 6 上，形成卷装 7，纸筒与卷装通过膨胀圈连接在夹套 5 上，一般同一锭轴一次同时卷绕 4～12 个卷装，工作中的锭轴由于卷装质量的不同有三种状态：空管（空卷）状态、质量缓慢增加（慢变）状态和满卷状态。

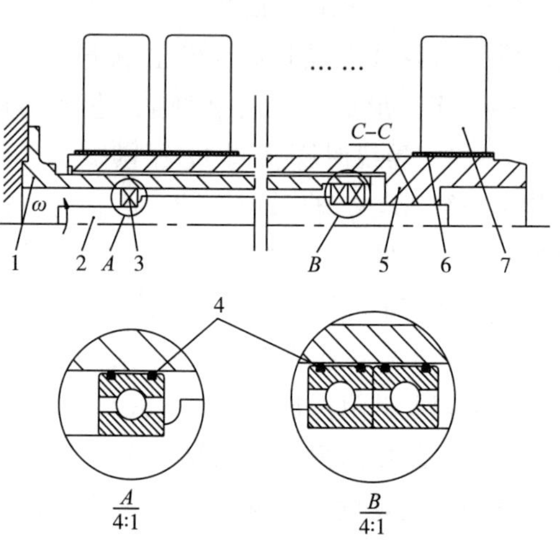

图 2-27　卷绕头锭轴结构原理图

1—支撑臂　2—转轴　3—滚动轴承　4—橡胶圈
5—夹套　6—纸筒　7—卷装（丝饼）

（二）卷绕锭轴系统工作流程及状态

卷绕头在连续不间断生产过程中，从开始卷绕到落卷，每一卷绕周期内有五个不同阶段：空管快速启动阶段、最高转速点保持阶段、长丝卷绕阶段、满卷降速停止阶段和落卷阶段。

1. 空管快速启动阶段

如图 2-26 所示，落卷后的锭轴Ⅰ静止在下部等待下一卷绕周期的启动，位于上部的锭轴Ⅱ正在卷绕，当锭轴Ⅱ上的卷装即将满卷时，转轴带动锭轴Ⅰ及纸筒在空管状态下从静止快速（30～60s）上升至锭轴最高工作转速 $n_{1\max}$，为卷绕做准备。

在空管快速启动阶段，锭轴Ⅰ是在悬臂状态和带有橡胶圈的柔性支承共同支承下运转，该阶段运转的锭轴Ⅰ上无卷装（空管状态），且不存在卷装—压辊的动态耦合问题，属于转速时变，橡胶圈支承刚度和阻尼参数频变，但质量与转动惯量不变的参数时频变转子系统。该阶段锭轴Ⅰ虽然不进行卷绕，但其动力学不平衡响应不仅会影响后续阶段的运动状态，还将直接影响转盘、卷绕锭轴Ⅱ，乃至整个卷绕机的平稳运行。

目前卷绕头最高工作转速 n_{1max} 都已超过锭轴的一阶、二阶临界转速，即在空管快速启动阶段，锭轴将从静止开始运转，越过其组件及装配体的一阶、二阶临界转速点，达到最高卷绕工作转速。

2. 最高转速点保持阶段

锭轴Ⅰ转速达到最高工作转速 n_{1max} 后，保持旋转速度恒定等待锭轴Ⅱ卷绕完成。当锭轴Ⅱ卷绕完成后，接触辊上移，转盘转动 180°，两锭轴位置交换完成换筒动作。锭轴Ⅰ进入卷绕位置，并仍保持最高卷绕转速 n_{1max} ，以便机器自动或人工辅助完成丝线生头工艺，在此期间，若为机器自动生头，耗时约 10s。当卷绕头是在刚开始工作或由于其他原因上一周期卷绕被终止的情况下，需要人工辅助生头，人工辅助生头时间将耗时 3~10min。

在最高转速点保持阶段，锭轴属于动力学参数恒定的柔性支承转子系统，但在该阶段两锭轴均在运转，位置交换，丝线由一个锭轴切换到另一个锭轴，丝线张力产生波动。这些工艺动作必不可少，但也给卷绕头系统带来不平衡响应扰动，考虑到人工辅助操作时间的不确定性，锭轴在最高卷绕转速点较长时间运转，在设计上，该阶段要远离临界转速点，在加工上，要求锭轴具有较高的动平衡精度。

3. 长丝卷绕阶段

处于卷绕位置的锭轴Ⅰ生头动作完成后进入卷绕阶段，在该阶段锭轴通过旋转将长丝卷绕在夹套外圆的纸管上并形成卷装。在卷绕初期，丝层很薄，为保护纸管不至于被压辊碾压而破裂，压辊与卷装丝层并不接触，在卷绕至一定的丝层厚度后，接触辊通过气缸作用才同卷装保持恒定压力的接触，形成“锭轴—卷装—接触辊”耦合系统。因此底层丝在品质上与正常卷绕丝有差异。

接触辊主动转动并确保其外表面线速度与卷装外表面线速度协调。随着卷装直径的增大，锭轴上卷装的质量不断增加，为保持卷绕线速度恒定，锭轴转速逐渐下降，直到卷装达到设定质量（满卷状态）时，该周期卷绕工艺完成，在转盘转动两锭轴交换位置前接触辊与卷装先分离，因此满卷最外层丝在品质上也与正常卷绕丝存有少许差异。该阶段卷绕时间依据所卷绕丝线粗细不同而有所不同，一般为 90~420min。

在卷绕阶段，卷装质量、转动惯量时变，锭轴转速时变，锭轴橡胶圈支承刚度和阻尼参数频变，锭轴、卷装和接触辊形成耦合双转子系统。由于卷绕时间较长，时频变参数均为慢变。如何确保在宽广的工作频域内，卷绕头系统能稳定运转，需要在系统动力学分析、参数调节，积极主动控制不平衡响应等方面做详细研究。

4. 满卷降速停止阶段

卷装达到满卷后，转盘转动将锭轴和卷装置于落卷位，锭轴带着卷装由最低卷绕转速 n_{1min} 逐渐下降，直至停止转动，准备落卷，这一过程一般历时 30~60s。

在满卷降速停止阶段，锭轴Ⅰ是在悬臂上装有带橡胶圈轴承的支承下转动的，锭轴Ⅰ带有满卷卷装转动。在该阶段，锭轴转速时变，橡胶圈支承刚度、阻尼参数频变，但质量与转动惯量不变，锭轴仍为时频变转子系统。该阶段锭轴Ⅰ虽然不进行卷绕，但其动力学不平衡响应仍将影响转盘、锭轴Ⅱ，乃至整个卷绕机的平稳运行。

5. 落卷阶段

为使卷绕头更加紧凑，转盘上的两套锭轴距离较近，意味着带有卷装的锭轴 I 静止后，要在一定时间内将卷装连同纸管一起取走（称为落卷)，否则会与不断增大的锭轴Ⅱ上的卷装触碰。

为提高产量和效率，现代卷绕头都向大卷装、大容量方向发展，若按单锭轴上卷绕 12 个卷装，每个卷装 15kg 计算，将总质量高达 180kg 的卷装从悬臂结构的锭轴上取下，势必会引起锭轴本身挠度的改变与不平衡扰动。

显然，在落卷过程，锭轴 I 处于静止，虽看似简单，但该落卷过程中系统质量不可避免地随逐个卷装的依次落下而出现阶跃性改变，若处理不当将会引起整个系统的不平衡响应。为确保落卷工艺动作对卷绕系统动力学响应影响降到最小，要求落卷动作尽可能平稳，落卷一般耗时约 15s。

以上五个过程状态属于一个正常卷绕工作周期内的不同阶段，在各阶段系统动力学特性不同：在空管快速启动阶段和满卷降速停止阶段，卷绕机转速时变，橡胶圈支承刚度、阻尼参数频变，但其质量与转动惯量不变；在长丝卷绕阶段，卷绕机随其卷装直径不断增大，不仅转速时变，其质量、转动惯量和橡胶圈支承刚度也相应改变，而且存在“锭轴—卷装—接触辊”的刚柔耦合；只有在空管最高转速点保持阶段，锭轴才属于动力学参数恒定的柔性支承转子系统。考虑到卷绕头工作的连续性和工艺的协调性，五个过程（阶段）构成一个完整的动力学系统，并且双锭轴交替动作出现交集而相互影响，使得卷绕系统呈现出具有时变和频变特性的复杂系统转子特点。

（三）卷绕转子系统运行步骤

根据以上对卷绕工艺过程的阐述可知，在每一卷绕周期内，都将依次经历五个不同阶段，并按图 2-28 所示进行循环。

在单一卷绕周期内，卷绕系统将依次经历五个阶段。在前四个阶段，卷绕转子系统处于旋转工作状态，其运转是否平稳直接影响系统能否正常工作，而在最后的落卷阶段，锭轴处于静止状态，设计上主要考虑控制动作平稳缓慢，以确保落卷动作不至影响卷绕系统稳定工作。

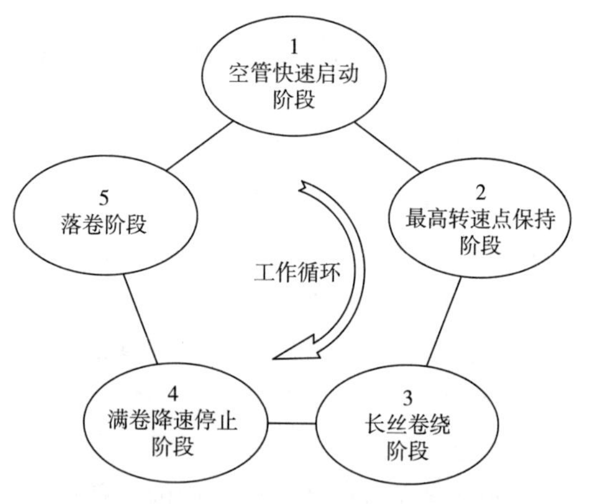

图 2-28 单一卷绕周期工作过程

三、卷绕锭轴系统有限元模型及动力学方程

分析设计卷绕锭轴系统的理论基础是转子动力学。目前转子动力学分析方法主要有两类：传递矩阵法和有限元法。传递矩阵法的优点是非常适于分析具有链状结构的弹性系统，编程简单、运算速度快，但该方法在分析复杂转子系统的动态响应等问题时存在不足。而对于卷绕锭轴系统这类复杂的转子—轴承耦合系统，再加上其参数的时频变特性，更加剧了系统分析的复杂性。采用有限元方法，利用铁摩辛柯（Timoshenko）梁单元建模，可以考虑使用更

为复杂的因素来求解非线性动态响应。下面将介绍卷绕锭轴系统的动力学建模。

（一）转子—轴承单元动力学模型

1. 弹性轴段单元

对于一个长度为 L 、横截面面积为 A 的弹性轴段单元，该单元的广义坐标为两端点的线位移和角位移，锭轴各零件的扭振频率都很高，远超工作转速，故弹性轴段单元的两端节点自由度不考虑扭转。轴段单元上两个节点共有 8 个自由度，弹性轴单元广义坐标表达式为：

$$\boldsymbol{u}_s = \{x_A \quad y_A \quad \theta_{xA} \quad \theta_{yA} \quad x_B \quad y_B \quad \theta_{xB} \quad \theta_{yB}\}^{\mathrm{T}} \tag{2-39}$$

单元内任一截面的位移 x、y、θ_x、θ_y 是位置 s 和时间 t 的函数，并且可以用该单元节点的位移通过位移插值函数（形函数）来表示。每个插值函数都有 4 个已知的边界条件，故插值函数一般设为位置 s 的三次式，并通过已知条件求得插值函数中的待定系数。采用 Timoshenko 弹性梁单元，考虑剪切效应，插值函数包括线位移插值函数 $\boldsymbol{\Psi}_r$ 和角位移插值函数 $\boldsymbol{\Phi}_r$ ，它们的表达式分别为：

$$\boldsymbol{\Psi}_r = \begin{Bmatrix} \Psi_1(s) \\ \Psi_2(s) \\ \Psi_3(s) \\ \Psi_4(s) \end{Bmatrix} = \begin{Bmatrix} \dfrac{1}{1+\chi}[2a^3 - 3a^2 + 1 + \chi(1-a)] \\ \dfrac{L}{1+\chi}\left[a^3 - 2a^2 + a + \dfrac{1}{2}\chi a(1-a)\right] \\ \dfrac{1}{1+\chi}(-2a^3 + 3a^2 + \chi a) \\ \dfrac{L}{1+\Phi}\left(a^3 - a^2 + \dfrac{1}{2}\chi a^2 - \dfrac{1}{2}\chi a\right) \end{Bmatrix} \tag{2-40}$$

$$\boldsymbol{\Phi}_r = \begin{Bmatrix} \Phi_1(s) \\ \Phi_2(s) \\ \Phi_3(s) \\ \Phi_4(s) \end{Bmatrix} = \begin{Bmatrix} \dfrac{1}{(1+\chi)L}[6a(a-1)] \\ \dfrac{1}{1+\chi}[3a^2 - 4a + 1 + \chi(1-a)] \\ \dfrac{1}{(1+\chi)L}[6a(1-a)] \\ \dfrac{1}{1+\chi}[3a^2 - 2a + \chi a] \end{Bmatrix} \tag{2-41}$$

式中：参数 $a = \dfrac{s}{L}$,χ 为横向剪切影响因子：

$$\chi = \frac{12EI}{K'GAL^2} \tag{2-42}$$

式中：E 为材料的杨氏模量；I 为轴段的横截面惯性矩；K' 为剪切系数；G 为材料的剪切模量；A 为梁的横截面面积。

Timoshenko 梁单元弯曲变形考虑了剪切变形的影响，并引入剪切系数 K' ，其物理意义为：梁单元横截面上平均切应变与截面中心剪应变的比值，剪切系数 K' 的大小与材料特性、梁单元横截面形状等因素有关，一般取 $K' = 5/6$。

弹性轴单元上任一截面的位移可由该单元节点的位移来表示：

$$\begin{cases} x = N_x u_s = [\Psi_1 \quad 0 \quad 0 \quad \Psi_2 \quad \Psi_3 \quad 0 \quad 0 \quad \Psi_4] u_s \\ y = N_y u_s = [0 \quad \Psi_1 \quad -\Psi_2 \quad 0 \quad 0 \quad \Psi_3 \quad -\Psi_4 \quad 0] u_s \\ \theta_x = N_{\theta x} u_s = [0 \quad -\Phi_1 \quad \Phi_2 \quad 0 \quad 0 \quad -\Phi_3 \quad \Phi_4 \quad 0] u_s \\ \theta_y = N_{\theta y} u_s = [\Phi_1 \quad 0 \quad 0 \quad \Phi_2 \quad \Phi_3 \quad 0 \quad 0 \quad \Phi_4] u_s \end{cases} \tag{2-43}$$

节点的广义位移对时间求导，可得广义速度：

$$\dot{x} = \frac{\mathrm{d}x}{\mathrm{d}t} = \dot{N}_x u_s,\ \dot{y} = \frac{\mathrm{d}y}{\mathrm{d}t} = \dot{N}_y u_s,\ \dot{\theta}_x = \frac{\mathrm{d}\theta_x}{\mathrm{d}t} = \dot{N}_{\theta x} u_s,\ \dot{\theta}_y = \frac{\mathrm{d}\theta_y}{\mathrm{d}t} = \dot{N}_{\theta y} u_s$$

设弹性轴单元的材料密度、过轴心的直径转动惯量和极转动惯量分别为 ρ_s 、j_d 和 j_p ，轴单元的动能 T_s 可通过积分求得：

$$T_s = \frac{1}{2}\int_0^L \left[\rho_s A \begin{Bmatrix} \dot{x} \\ \dot{y} \end{Bmatrix}^{\mathrm{T}} \begin{Bmatrix} \dot{x} \\ \dot{y} \end{Bmatrix} + j_d \begin{Bmatrix} \dot{\theta}_x \\ \dot{\theta}_y \end{Bmatrix}^{\mathrm{T}} \begin{Bmatrix} \dot{\theta}_x \\ \dot{\theta}_y \end{Bmatrix} \right] \mathrm{d}s + \frac{1}{2}\int_0^L [j_p \Omega^2 - j_p \Omega(\theta_x \dot{\theta}_y - \dot{\theta}_x \theta_y)] \mathrm{d}s \tag{2-44}$$

轴单元的应变能 U_s 为：

$$U_s = \frac{1}{2}\int_0^L EI \begin{Bmatrix} \dot{\theta}_x \\ \dot{\theta}_y \end{Bmatrix}^{\mathrm{T}} \begin{Bmatrix} \dot{\theta}_x \\ \dot{\theta}_y \end{Bmatrix} \mathrm{d}s + \frac{1}{2}\int_0^L K' GA[(\dot{x} - \theta_y)^2 + (\dot{y} + \theta_x)^2] \mathrm{d}s \tag{2-45}$$

应用拉格朗日（Lagrange）方程，得出弹性轴单元的动力学方程式为：

$$\boldsymbol{M}_s \ddot{u}_s - \boldsymbol{\Omega G}_s \dot{u}_s + \boldsymbol{K}_s u_s = \boldsymbol{P}_s \tag{2-46}$$

式中：$\boldsymbol{M}_s$ 为单元质量矩阵，$\boldsymbol{\Omega G}_s$ 为回转矩阵，$\boldsymbol{K}_s$ 为刚度矩阵，$\boldsymbol{P}_s$ 为弹性轴单元广义力列阵。它们可由下式分别求得：

$$\boldsymbol{M}_s = \boldsymbol{M}_s^T + \boldsymbol{M}_s^R \tag{2-47}$$

单元质量矩阵$\boldsymbol{M}_s$ 包含移动质量矩阵$\boldsymbol{M}_s^T$ 和转动质量矩阵 $\boldsymbol{M}_s^R$：

$$\begin{cases} \boldsymbol{M}_s^T = [\boldsymbol{M}_s^T]_0 + \chi[\boldsymbol{M}_s^T]_1 + \chi^2[\boldsymbol{M}_s^T]_2 \\ \boldsymbol{M}_s^R = [\boldsymbol{M}_s^R]_0 + \chi[\boldsymbol{M}_s^R]_1 + \chi^2[\boldsymbol{M}_s^R]_2 \end{cases} \tag{2-48}$$

由于$\boldsymbol{M}_s$ 在导出过程中采用与梁单元刚度矩阵一致的位移插值函数，梁单元的质量分布也是按实际情况考虑的，因此将 $\boldsymbol{M}_s$ 称为协调质量矩阵或一致质量矩阵。

$\boldsymbol{G}_s$ 可由下式求得：

$$\boldsymbol{G}_s = [\boldsymbol{G}_s]_0 + \chi[\boldsymbol{G}_s]_1 + \chi^2[\boldsymbol{G}_s]_2 \tag{2-49}$$

弹性轴单元广义刚度矩阵$\boldsymbol{K}_s$ 可由下式求得：

$$\boldsymbol{K}_s = [\boldsymbol{K}_s]_0 + \chi[\boldsymbol{K}_s]_1 \tag{2-50}$$

对于外径为 r_o ，内径为 r_i 的中空圆柱形梁单元，矩阵 $[\boldsymbol{M}_s^T]_0$、$[\boldsymbol{M}_s^T]_1$、$[\boldsymbol{M}_s^T]_2$、$[\boldsymbol{M}_s^R]_0$、$[\boldsymbol{M}_s^R]_1$、$[\boldsymbol{M}_s^R]_2$、$[\boldsymbol{G}_s]_0$、$[\boldsymbol{G}_s]_1$、$[\boldsymbol{G}_s]_2$、$[\boldsymbol{K}_s]_0$、$[\boldsymbol{K}_s]_1$ 的数值可参考转子动力学，这里不再

赘述。

2. 支承单元

锭轴采用滚动轴承支承，当锭轴系统的支承基础刚性较大时，轴承及基础可简化为“质量—弹簧—阻尼器”模型，构成支承单元，如图 2-29 所示。

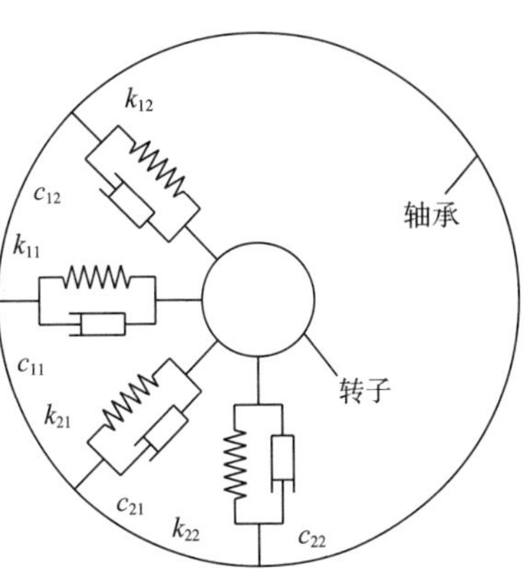

图 2-29 支承单元

当支承在两个相互垂直的方向上等效质量相差不大，而且耦合较弱时，则支承的等效质量可由 M_b 来表示，等效刚度和等效阻尼矩阵可简化为：

$$\boldsymbol{K}_b = \begin{bmatrix} k_{11} & \\ & k_{22} \end{bmatrix} \tag{2-51}$$

$$\boldsymbol{C}_b = \begin{bmatrix} c_{11} & \\ & c_{22} \end{bmatrix} \tag{2-52}$$

若在转子的第 j 个节点上存在支承，支承等效质量 M_b 中心的坐标同转子第 j 个节点的坐标，则支承的动力学方程为：

$$\begin{bmatrix} M_b & \\ & M_b \end{bmatrix} \begin{Bmatrix} \ddot{x}_j \\ \ddot{y}_j \end{Bmatrix} + \begin{bmatrix} c_{11} & \\ & c_{22} \end{bmatrix} \begin{Bmatrix} \dot{x}_j \\ \dot{y}_j \end{Bmatrix} + \begin{bmatrix} k_{11} & \\ & k_{22} \end{bmatrix} \begin{Bmatrix} x_j \\ y_j \end{Bmatrix} = 0 \tag{2-53}$$

3. 转子—轴承系统有限元模型及动力学方程

如图 2-30 所示为转子—轴承系统有限元模型，共有 N 个节点，节点间由 $N-1$ 段轴段连接，圆盘固结在节点处，中间有 s 个支承。

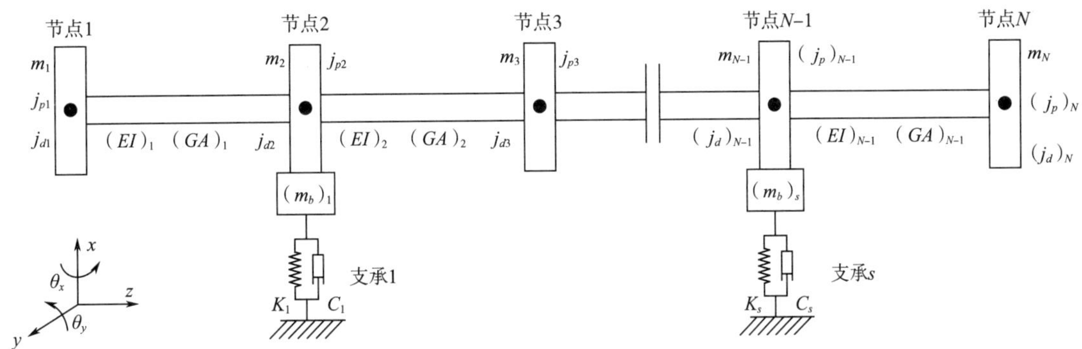

图 2-30 转子—轴承系统有限元模型

将各节点的位移向量依次排列进行组合，得到系统的位移向量：

$$\boldsymbol{U}^s = \{x_1 \quad y_1 \quad \theta_{x1} \quad \theta_{y1} \quad x_2 \quad y_2 \quad \theta_{x2} \quad \theta_{y2} \quad \cdots \quad x_N \quad y_N \quad \theta_{xN} \quad \theta_{yN}\}^{\mathrm{T}} \tag{2-54}$$

进而得转子—轴承系统的动力学方程为：

$$\boldsymbol{M}^s \ddot{\boldsymbol{U}}^s + (\boldsymbol{C}^s - \boldsymbol{\Omega G}^s)\dot{\boldsymbol{U}}^s + \boldsymbol{K}^s \boldsymbol{U}^s = \boldsymbol{P}^s \tag{2-55}$$

（二）锭轴系统有限元模型及动力学方程

1. 锭轴转子系统

将支撑臂、转轴和夹套装配组合形成锭轴转子系统，建立如图2-31所示的坐标系，对照其物理结构，考虑三个零件的装配关系和节点耦合关系，对三个零件进行单元划分，并对系统各单件的有限元单元节点进行统一排序编号，形成锭轴转子系统有限元模型。图2-31中，支撑臂划分为7段轴段8个节点（节点1~节点8）；转轴划分为9段轴段10个节点（节点9~节点18）；夹套划分为9段轴段10个节点（节点19~节点28），整个锭轴转子系统共划分为25段轴段28个节点。

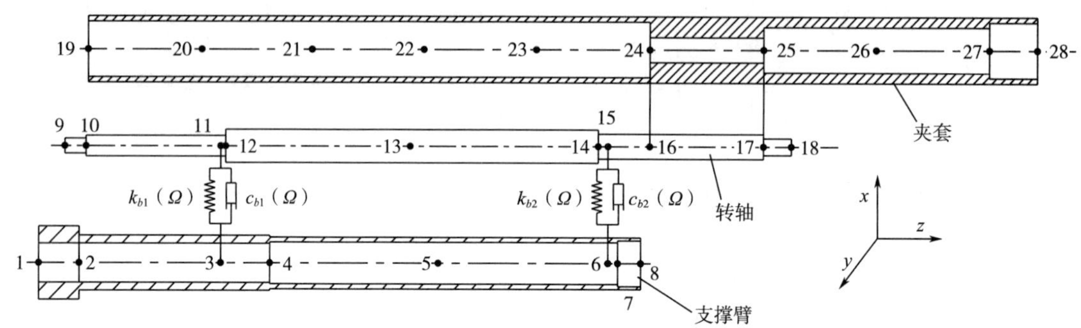

图2-31 锭轴转子系统有限元模型

节点3（属支撑臂）与节点11（属转轴）、节点6（属支撑臂）与节点15（属转轴）分别通过外圈带有橡胶圈的柔性支承耦合；节点16（属转轴）与节点24（属夹套）、节点17（属转轴）与节点25（属夹套）为过盈配合，可认为刚性连接，各耦合节点分别在 x 和 y 两个方向上进行位移和弯曲耦合。

采用Timoshenko梁单元，锭轴转子系统的动力学方程式为：

$$\begin{bmatrix} \boldsymbol{M}^{s1} & 0 & 0 \\ 0 & \boldsymbol{M}^{s2} & 0 \\ 0 & 0 & \boldsymbol{M}^{s3} \end{bmatrix} \begin{Bmatrix} \ddot{\boldsymbol{U}}^{s1} \\ \ddot{\boldsymbol{U}}^{s2} \\ \ddot{\boldsymbol{U}}^{s3} \end{Bmatrix} + \begin{bmatrix} \boldsymbol{C}^{s1} & 0 & 0 \\ 0 & \boldsymbol{C}^{s2}-\Omega_1\boldsymbol{G}^{s2} & 0 \\ 0 & 0 & \boldsymbol{C}^{s3}-\Omega_1\boldsymbol{G}^{s3} \end{bmatrix} \begin{Bmatrix} \dot{\boldsymbol{U}}^{s1} \\ \dot{\boldsymbol{U}}^{s2} \\ \dot{\boldsymbol{U}}^{s3} \end{Bmatrix} +$$

$$\begin{bmatrix} \boldsymbol{K}^{s1} & 0 & 0 \\ 0 & \boldsymbol{K}^{s2} & 0 \\ 0 & 0 & \boldsymbol{K}^{s3} \end{bmatrix} \begin{Bmatrix} \boldsymbol{U}^{s1} \\ \boldsymbol{U}^{s2} \\ \boldsymbol{U}^{s3} \end{Bmatrix} = \begin{Bmatrix} \boldsymbol{P}^{s1} \\ \boldsymbol{P}^{s2} \\ \boldsymbol{P}^{s3} \end{Bmatrix} \tag{2-56}$$

式中：$\boldsymbol{U}^{s1}$、$\boldsymbol{U}^{s2}$、$\boldsymbol{U}^{s3}$ 分别为支撑臂、转轴、夹套的节点位移向量列阵；$\boldsymbol{M}^{s1}$、$\boldsymbol{M}^{s2}$、$\boldsymbol{M}^{s3}$ 为支撑臂、转轴、夹套的质量矩阵；$\boldsymbol{C}^{s1}$、$\boldsymbol{C}^{s2}$、$\boldsymbol{C}^{s3}$ 为支撑臂、转轴、夹套的阻尼矩阵；$\boldsymbol{G}^{s2}$、$\boldsymbol{G}^{s3}$ 为转轴、夹套的陀螺矩阵；$\boldsymbol{K}^{s1}$、$\boldsymbol{K}^{s2}$、$\boldsymbol{K}^{s3}$ 为支撑臂、转轴、夹套的刚度矩阵；$\boldsymbol{P}^{s1}$、$\boldsymbol{P}^{s2}$、$\boldsymbol{P}^{s3}$ 为支撑臂、转轴、夹套的广义力列阵。

在空管快速启动阶段、最高转速点保持阶段以及锭轴满卷降速共三个阶段中，锭轴转子为单独工作（不与接触辊耦合），其特点为：

（1）无论处于空管或满卷状态，锭轴转子系统在上述 3 个运行阶段质量矩阵保持不变；

（2）除在最高转速点保持阶段外，锭轴转子转速具有时变性；

（3）转轴通过外圈带有橡胶圈的滚动轴承与支撑臂配合安装，形成柔性支承系统。

考虑耦合和时频变特性，将式（2-56）中单个转子的动力学方程进行组合，建立统一的锭轴系统动力学方程：

$$\boldsymbol{M}^{ss}\ddot{\boldsymbol{U}}^{ss}+[\boldsymbol{C}^{ss}(\Omega)-\Omega\boldsymbol{G}^{ss}]\dot{\boldsymbol{U}}^{ss}+\boldsymbol{K}^{ss}(\Omega)\boldsymbol{U}^{ss}=\boldsymbol{P}^{ss} \tag{2-57}$$

式中：$\boldsymbol{U}^{ss}$ 为节点耦合后的锭轴系统节点位移向量列阵；$\boldsymbol{M}^{ss}$ 为锭轴系统质量矩阵；$\boldsymbol{C}^{ss}$ 为锭轴系统的阻尼矩阵；$\boldsymbol{G}^{ss}$ 为锭轴系统的陀螺矩阵；$\boldsymbol{K}^{ss}$ 为锭轴系统的刚度矩阵；$\boldsymbol{P}^{ss}$ 为锭轴系统的广义力列阵。

2. 卷绕锭轴系统

根据卷绕工艺要求，在长丝卷绕阶段，接触辊将与锭轴通过卷装耦合，形成卷绕锭轴系统。在卷绕阶段，卷绕锭轴系统具有以下特点：

（1）质量矩阵参数时变：卷装直径随着卷绕时间的增加而不断增大，将卷装质量以集中质量的方式集中在节点上，形成的系统质量矩阵具有时变性；

（2）锭轴转速时变：为适应卷绕工艺要求，卷绕线速度保持恒定，锭轴转速随卷装直径的增大而缓慢下降，在卷绕阶段锭轴转速具有时变性；

（3）支承动力学参数频变：转轴通过外圈带有橡胶圈的滚动轴承与支撑臂配合构成柔性支承系统，其支承刚度和阻尼参数具有频变特性；

（4）耦合接触刚度参数时变性：在正常卷绕过程，接触辊与卷装接触耦合，卷装外径不断增大，与压辊相接触的卷装圆柱面外径的变化，以及卷装的材料特性等因素，造成接触刚度的时频变化，进而影响卷绕过程转子系统动力学响应。

当支撑臂、转轴和夹套装配组合成锭轴，即形成锭轴转子系统，接触辊和锭轴通过卷装接触耦合，形成卷绕锭轴（双转子）系统。建立和图 2-31 相同的坐标系，考虑各个零件的装配关系和节点耦合关系，在图 2-31 的基础上，增加接触辊并考虑与卷装和夹套的耦合点位置，对接触辊进行单元划分，并对卷绕锭轴系统的节点进行统一排序编号，形成卷绕锭轴系统的有限元模型，如图 2-32 所示。在锭轴转子系统有限元模型的基础上，添加了接触辊上的 11 段轴段共 12 个节点（节点 29～节点 40）。

接触辊也采用 Timoshenko 梁单元模型，可得到卷绕锭轴系统的动力学方程：

$$\begin{bmatrix}\boldsymbol{M}^{s1}&0&0&0\\0&\boldsymbol{M}^{s2}&0&0\\0&0&\boldsymbol{M}^{s3}&0\\0&0&0&\boldsymbol{M}^{s4}\end{bmatrix}\begin{Bmatrix}\ddot{\boldsymbol{U}}^{s1}\\\ddot{\boldsymbol{U}}^{s2}\\\ddot{\boldsymbol{U}}^{s3}\\\ddot{\boldsymbol{U}}^{s4}\end{Bmatrix}+\begin{bmatrix}\boldsymbol{C}^{s1}&0&0&0\\0&\boldsymbol{C}^{s2}-\Omega_1\boldsymbol{G}^{s2}&0&0\\0&0&\boldsymbol{C}^{s3}-\Omega_1\boldsymbol{G}^{s3}&0\\0&0&0&\boldsymbol{C}^{s4}-\Omega_2\boldsymbol{G}^{s4}\end{bmatrix}\begin{Bmatrix}\dot{\boldsymbol{U}}^{s1}\\\dot{\boldsymbol{U}}^{s2}\\\dot{\boldsymbol{U}}^{s3}\\\dot{\boldsymbol{U}}^{s4}\end{Bmatrix}+$$

$$\begin{bmatrix} \boldsymbol{K}^{s1} & 0 & 0 & 0 \\ 0 & \boldsymbol{K}^{s2} & 0 & 0 \\ 0 & 0 & \boldsymbol{K}^{s3} & 0 \\ 0 & 0 & 0 & \boldsymbol{K}^{s4} \end{bmatrix} \begin{Bmatrix} \boldsymbol{U}^{s1} \\ \boldsymbol{U}^{s2} \\ \boldsymbol{U}^{s3} \\ \boldsymbol{U}^{s4} \end{Bmatrix} = \begin{Bmatrix} \boldsymbol{P}^{s1} \\ \boldsymbol{P}^{s2} \\ \boldsymbol{P}^{s3} \\ \boldsymbol{P}^{s4} \end{Bmatrix} \tag{2-58}$$

式中：$\boldsymbol{U}^{s4}$、$\boldsymbol{M}^{s4}$、$\boldsymbol{C}^{s4}$、$\boldsymbol{G}^{s4}$、$\boldsymbol{K}^{s4}$ 分别为接触辊的节点位移向量列阵、质量矩阵、阻尼矩阵、陀螺矩阵、刚度矩阵；Ω_2 为接触辊的转速；$\boldsymbol{P}^{s4}$ 为作用在接触辊上的广义力列阵。

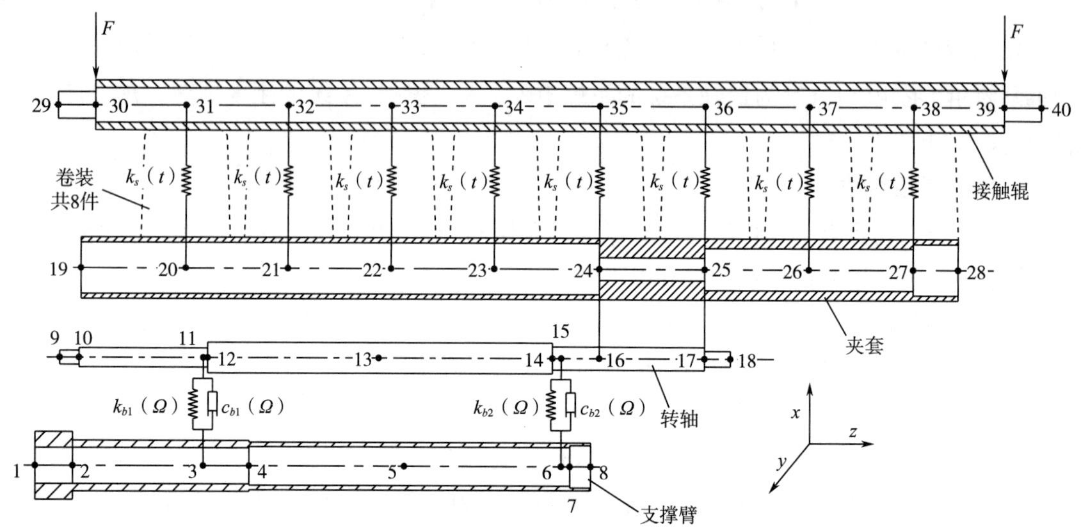

图 2-32　卷绕锭轴系统有限元模型

考虑耦合和时频变特性，将式（2-58）中各个转子的动力学方程进行组合，建立统一的卷绕锭轴系统动力学方程：

$$\boldsymbol{M}^{ssr}(t)\ddot{\boldsymbol{U}}^{ssr} + [\boldsymbol{C}^{ssr}(\Omega_1) - \boldsymbol{\Omega}^{sr}\boldsymbol{G}^{ssr}]\dot{\boldsymbol{U}}^{ssr} + \boldsymbol{K}^{ssr}(\Omega_1)\boldsymbol{U}^{ssr} = \boldsymbol{P}^{ssr} \tag{2-59}$$

式中：$\boldsymbol{U}^{ssr}$、$\boldsymbol{M}^{ssr}$、$\boldsymbol{C}^{ssr}$、$\boldsymbol{G}^{ssr}$、$\boldsymbol{K}^{ssr}$、$\boldsymbol{P}^{ssr}$ 分别为节点耦合后的卷绕锭轴系统节点位移向量列阵、质量矩阵、阻尼矩阵、陀螺矩阵、刚度矩阵和广义力列阵，$\boldsymbol{\Omega}^{sr}$ 为单元旋转速度列阵。

四、拨叉式横动导丝机构

（一）结构组成

用于涤纶长丝卷绕的横动导丝机构有两类：槽筒兔子头式和拨叉式。虽然槽筒兔子头式横动导丝机构运动可靠，但是当卷绕速度较高时，兔子头会对槽筒上的槽壁产生较大的冲击，且槽筒高速转动会使其机械稳定性降低。另外，从卷绕工艺上分析，拨叉式横动导丝机构既可以实现多种卷装类型，还具有变幅、防凸、防叠等优点，相较于槽筒兔子头式，当卷绕速度相同时，拨叉转速低于槽筒转速，因此可适应更高的横动速度。目前高速卷绕主要采用拨叉式横动导丝机构。

拨叉横动导丝机构的结构如图 2-33 所示，主要包含两大零部件：拨叉和导丝板（又叫成形板），两者共同配合使丝束实现横向往复运动。

图 2-34 是典型的两轴三叶式拨叉横动导丝机构的结构示意图。该机构主要包括拨叉系统（驱动齿轮、换向齿轮、同步带和两个三叶式拨叉）。采用同步带传动，实现两套拨叉转速大小相等、转向相反，与固定不动的导丝板共同配合完成横向导丝。丝线被两个拨叉（逆时针旋转拨叉和顺时针旋转拨叉）各自交替拨动一次，即丝线从左运动到右，再从右运动到左，完成一个周期的横动导丝。对于两轴三叶式拨叉导丝机构，每个拨叉只需旋转 60°，丝束即换向交接一次。该机构巧妙地采用较低的驱动轴转速实现了快速导丝的要求。

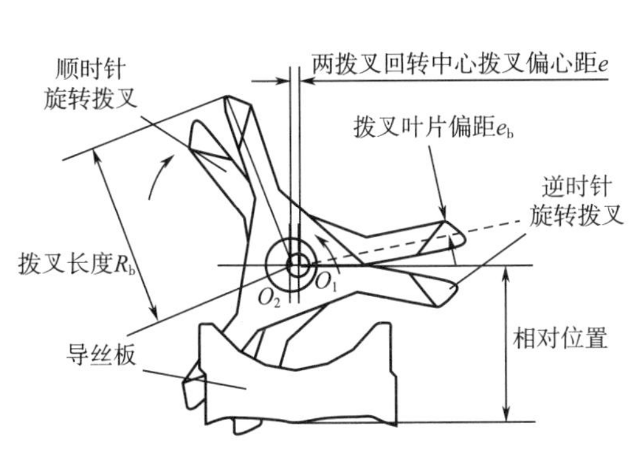

图 2-33　两轴三叶式拨叉导丝机构和导丝板

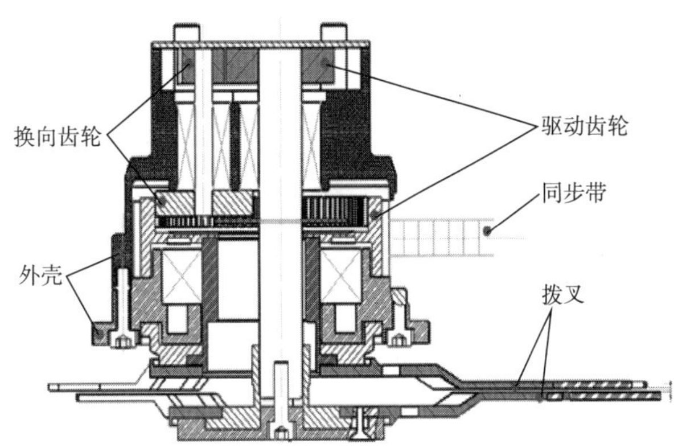

图 2-34　两轴三叶式拨叉横动导丝机构结构示意图

（二）导丝机构与卷绕机构的位置配合

涤纶长丝横动导丝机构与卷绕机构的位置配合如图 2-35 所示。

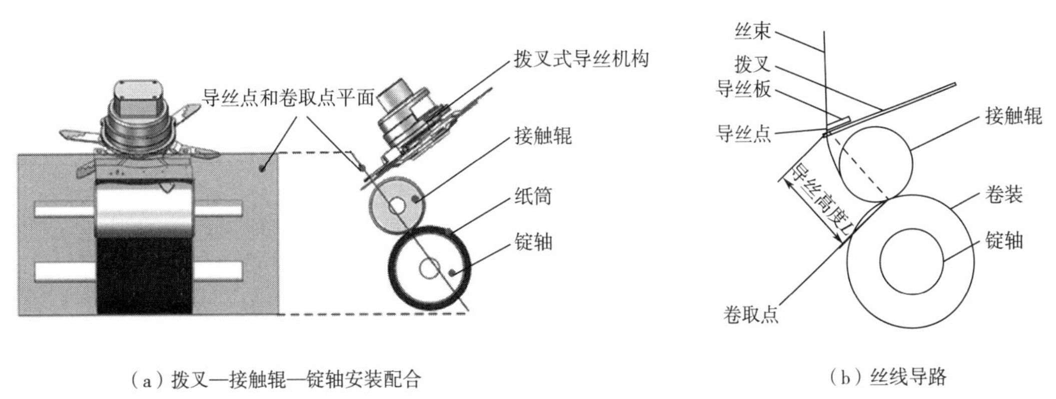

图 2-35　涤纶长丝横动导丝机构与卷绕机构的位置配合

拨叉拨动丝线沿导丝板往复运动，接触点称为导丝点，导丝点沿导丝板上的平面曲线运动，导丝点所在的平面称为导丝面。丝束经过导丝点后先绕上接触辊，再绕上卷装表面，丝束刚绕上卷装表面上的点称为卷取点，卷取点的准确性和丝束张力直接影响卷装的品质。卷取点位于锭轴和压辊的接触线上。导丝点与卷绕点的最短垂直距离定义为导丝高度。导丝高度、丝线与导丝面的角度等参数决定了丝束在接触辊上的包角，进而影响丝束卷取点的精准性。

思维导图

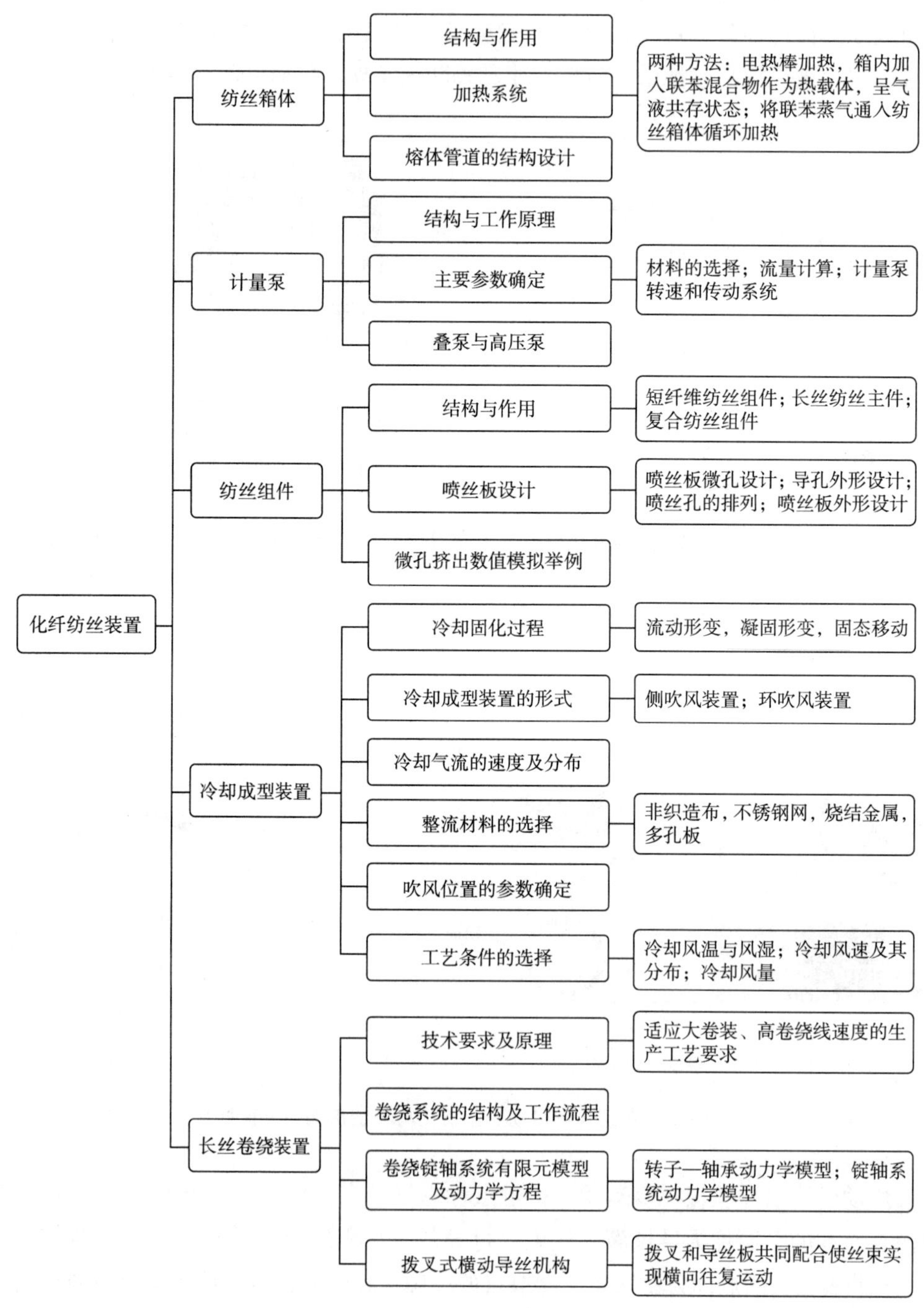

参考文献

[1] 陈革，杨建成．纺织机械概论［M］．北京：中国纺织出版社，2011.
[2] 薛金秋．化纤机械［M］．北京：中国纺织出版社，1999.
[3] 郭大生，王文科．聚酯纤维科学与工程［M］．北京：中国纺织出版社，2001.
[4] 杨东浩．纤维纺丝工艺与质量控制：上册［M］．北京：中国纺织出版社，2008.
[5] 沈新元．化学纤维手册［M］．北京：中国纺织出版社，2008.
[6] 曹均雨．多组分复合纺丝熔体流动及纤维成形过程的模拟研究［D］．上海：东华大学，2010.
[7] 白伦．长丝工艺学［M］．上海：东华大学出版社，2011.
[8] 闻邦椿，顾家柳，夏松波，等．高等转子动力学——理论、技术与应用［M］．北京：机械工业出版社，2000.
[9] 费钟秀．复杂转子耦合系统有限元建模及其动力特性研究［D］．杭州：浙江大学，2013.
[10] 魏大昌．化纤机械设计原理［M］．北京：纺织工业出版社，1984.

第三章 梳理机构

引导语：纺纱过程中的梳理工艺可将纠缠在一起的棉束分离成单纤维，利用气流、重力或离心力的作用清除棉花中的各种杂质及短纤维，并且使卷曲的纤维尽量伸直，增加纤维之间的接触面积，提高成纱质量和强度。梳理分为粗梳和精梳两种工序：粗梳可以除去纤维中的杂质，并将短绒、棉纤维混合，生成一定规格的棉条，目前棉纺采用盖板式梳棉机，毛纺采用罗拉式梳棉机；精梳可以去除一定长度以下的短纤维和细微杂质，进一步使纤维伸直，使纱线更细、更均匀、光泽度更好，可用于生产高档棉纱、特种用纱或化纤混纺纱。本章将分别介绍粗梳工艺和精梳工艺以及相应梳理机构的设计。

学习目标：

1. 了解盖板式梳棉机的工作原理。
2. 掌握给棉板、刺辊、锡林、盖板和道夫的设计参数。
3. 熟悉梳棉机的传动及工艺计算。
4. 了解精梳机的工艺过程。
5. 了解精梳机的钳持给棉机构和分离罗拉传动机构。

第一节 盖板式梳棉机

开清棉联合机生产的棉卷或散棉中的纤维大多呈棉块、棉束状态，并含有较多的杂质。因此，有必要将纤维束彻底分解成单根纤维，清除残留在其中的细小杂质，使各种配棉成分在单根纤维的状态下充分混合，制成均匀的棉条，以满足后道工序的要求。目前，棉纺生产中普遍采用盖板式梳棉方式。

一、盖板式梳棉机的工作原理

盖板式梳棉机的原理图如图 3-1 所示。在棉卷罗拉 3 的作用下，支撑在棉条架 1 上的棉卷 2 退绕，然后沿给棉板 4 向前运动，在给棉罗拉 5 和给棉板鼻尖的共同握持下，受到刺辊 8 的开松与分梳作用。给棉罗拉的表面加工有菱形花纹或包覆有锯齿状针布，并且在罗拉的两端有加压措施，以增加对棉层的握持力。被刺辊分梳下来的棉纤维随着刺辊转移，杂质在除尘刀 6 或离心力的作用下被分离出去。由于锡林 10 表面的线速度大于刺辊表面的线速度，因此，在刺辊与锡林临近处，刺辊上的棉纤维会被锡林表面的梳针带走，实现纤维从刺辊到锡林的转移。纤维在锡林表面梳针的携带下继续转移，当运动到上面盖板 14 覆盖区域内，纤维尾部将受到盖板上梳针的梳理。经过盖板的充分梳理之后，纤维随锡林运动到与道夫 12 的相邻处，由于道夫表面的线速度高于锡林表面，道夫表面的梳针就会将锡林表面的纤维剥离下来并携带至剥棉罗拉 16，纤维被剥棉罗拉剥离后，经过转移罗拉 17、上下压辊 18 的转移，运动到集棉喇叭口 19，棉网被集束成棉条 21。最后，棉条经由圈条器 22 按一定规律摆放到棉条筒 23 中，完成梳棉工序。

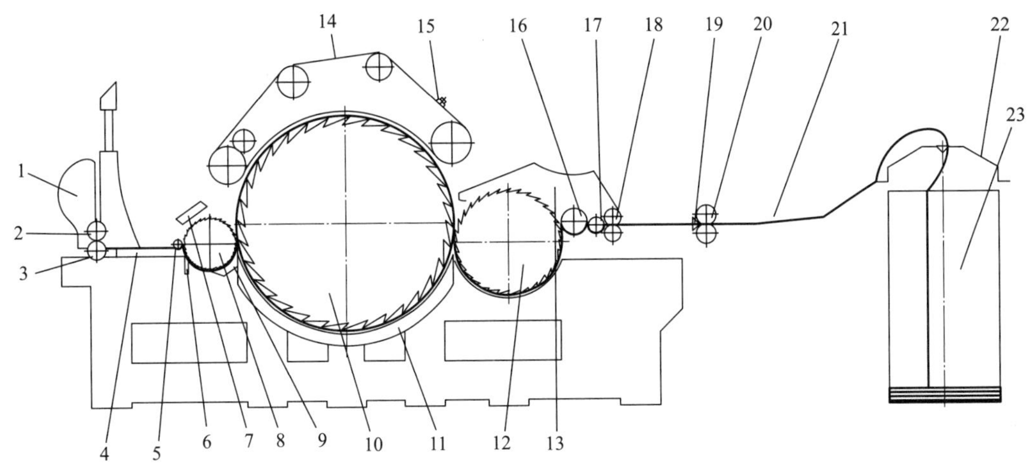

图 3-1 盖板式梳棉机原理图

1—棉卷架 2—棉卷 3—棉卷罗拉 4—给棉板 5—给棉罗拉 6—除尘刀 7—吸尘罩 8—刺辊 9—小漏底 10—锡林 11—大漏底 12—道夫 13—吸尘罩 14—盖板 15—上斩刀 16—剥棉罗拉 17—转移罗拉 18—上下压辊 19—喇叭口 20—大压辊 21—棉条 22—圈条器 23—棉条筒

视频：盖板式梳棉机结构

视频：盖板式梳棉机工艺过程

二、给棉和刺辊

（一）棉卷架与棉卷罗拉

棉卷置于棉卷罗拉上，棉卷的回转轴心（即棉卷扦）嵌在左右两个棉卷架的竖槽内，棉卷罗拉摩擦带动棉卷退解棉层。棉卷直径变小后，为弥补退卷摩擦力的不足，棉卷扦沿着向后倾斜的斜槽下滑，以增加棉层与棉卷罗拉的接触面积，减少棉层的意外伸长。

（二）给棉板与给棉罗拉

给棉罗拉表面加工有直线或螺旋沟槽，或菱形凸起，或包卷锯齿针布，并经过淬火处理来增大给棉罗拉的摩擦系数和耐磨性能。给棉罗拉与给棉板组成对棉层的握持钳口，以保证刺辊对棉层进行有效分梳和除杂。如果给棉罗拉上加压不足，钳口对棉层的握持力过小，纤维会在没有被刺辊充分分梳的情况下成块或大束地被抓走，分梳除杂效果不充分；但如果加压过大，则给棉罗拉将发生过大弯曲变形（中间拱起），导致中部棉层握持力减小，同样不利于纤维的分梳和除杂。给棉罗拉上的压力方向应偏向给棉板鼻端。

根据给棉板与给棉罗拉的位置关系，棉条的喂入方式分为顺向喂入和逆向喂入两种，如图 3-2 所示。若给棉板位于给棉罗拉的下方，如图 3-2（a）所示，给棉罗拉和刺辊都顺时针旋转，在交接区域给棉罗拉表面速度与刺辊表面速度方向相反，称为逆向喂入；若给棉板位于给棉罗拉的上方，如图 3-2（b）所示，给棉罗拉逆时针旋转，刺辊仍为顺时针旋转，在交接区域给棉罗拉表面的线速度方向与刺辊表面线速度方向相同，称为顺向喂入。

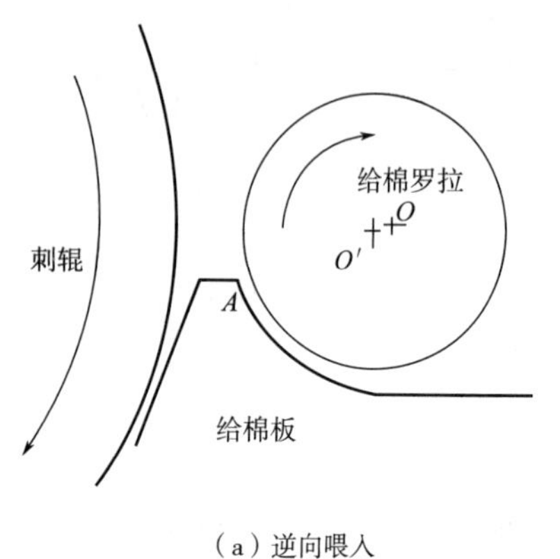

（a）逆向喂入

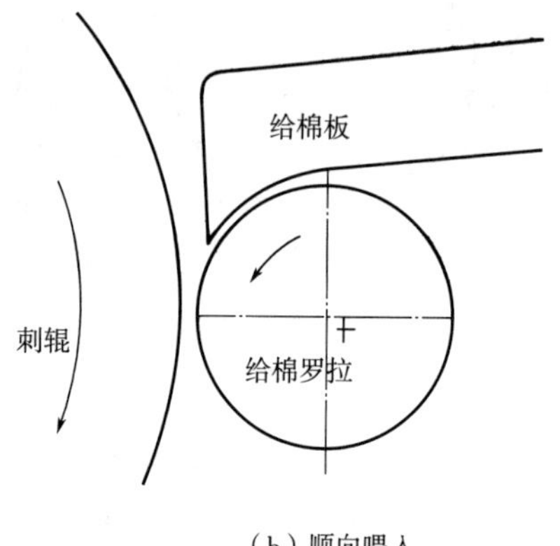

（b）顺向喂入

视频：棉条喂入运动

图 3-2　两种棉条喂入方式

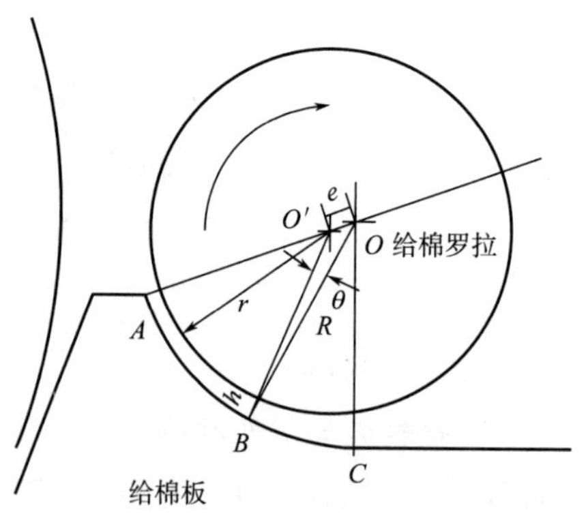

图 3-3　给棉罗拉与给棉板形成楔形钳口

无论是逆向喂入还是顺向喂入，给棉罗拉和给棉板之间所组成的钳口都应保证棉层在其间经过时被逐渐压紧，以产生足够的握持力。因此，给棉罗拉和给棉板之间的距离应沿着棉层运动方向逐渐缩减，直至鼻尖出口处达到最小。在钳口最小隔距处被压紧后的棉层厚度随棉卷定量轻重而不同，一般在 0.6mm 左右。给棉罗拉半径略小于给棉板曲率半径，且给棉罗拉的中心偏向给棉板鼻端方向一定距离。一般而言，给棉板的圆弧中心 O、给棉罗拉中心 O'和给棉板鼻尖点 A 在一条直线上（图 3-3），给棉板的圆弧钳口所对应的中心角 $\angle AOC$ 一般在 50°左右。如果该角太大，棉层就容易缠绕在给棉罗拉上。

如图 3-3 所示，在给棉板上任意点 B 处的隔距 h 为：

$$h = O'B - r = \sqrt{OB^2 + OO'^2 - 2OB \cdot OO'\cos\theta} - r \tag{3-1}$$

(三) 给棉板截面形状和尺寸

给棉板截面形状和尺寸应满足以下要求。

(1) 给棉板与给棉罗拉之间要形成可靠的钳口。

(2) 给棉板的前部形状和尺寸应满足刺辊对棉层的分梳由浅及深、循序渐进的除杂要求。

(3) 在分梳过程中，刺辊锯齿不应插入或拉断两端尚被钳口握持的双折形纤维。

如图 3-4 所示，给棉板托持棉须的整个斜面长度 L 称为给棉板工作长度。刺辊与给棉板隔距点 f 以下的一段工作面长度 L_2 称为托持面长度，f 点以上工作面长度 L_1 与鼻尖宽度 L_0 之和称为给棉板分梳工艺长度，用 S 表示，则有：

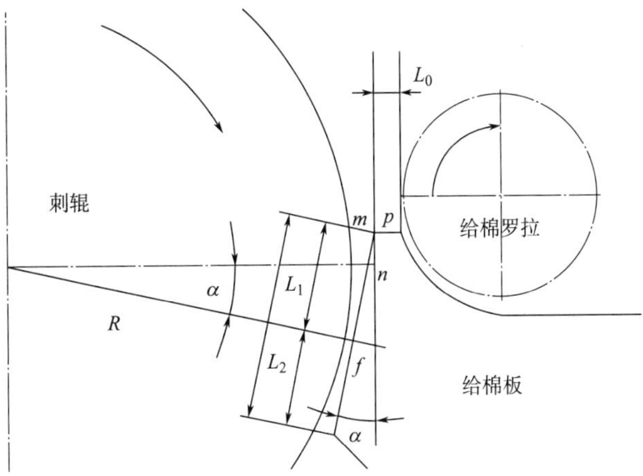

图 3-4　给棉板分梳工艺长度

$$S = L_0 + L_1 = pm + mn + nf = L_0 + L_3 + (R + \Delta)\tan\alpha \qquad (3-2)$$

式中：L_3 为给棉板工作面在刺辊轴心水平线以上的一段长度，即 $L_3 = mn$；R 为刺辊半径；Δ 为刺辊与给棉板间的隔距（最小距离）；α 为给棉板工作面与垂直线的夹角。

当隔距 Δ 和夹角 α 一定时，随着给棉板工艺长度 S 的减小，分梳后，留下的棉束百分率将减小，而短绒百分率将增加。所以给棉板工艺长度 S 应与被加工纤维的长度相适应，并且在加强分梳的同时要尽可能减少对纤维的损伤。S 应取在纤维主体长度和品质长度之间，给棉板的工作长度 L 通常也近似地选择在这个范围内。

(四) 刺辊的分梳与除杂

刺辊的作用是完成对棉丛的梳理并去除部分杂质。刺辊与给棉罗拉之间的表面线速度比很大（可达 1000），这意味着喂入 1mm 长的棉丛能延伸成 1m 长的薄薄的纤维层，同时也受到刺辊表面周长 1m 内约 1.8×10^6 只锯齿的分梳，因而棉丛大多被分解为极小的纤维束和单纤维，棉丛内的杂质就会暴露在纤维表面。随着锯齿的分梳、抓取和高速回转，多数较大杂质就被除去，进入车肚内。由此可见，刺辊分梳作用越彻底，则除杂效果越好。

显然，刺辊高速有利于分梳和除杂，但过高的速度会损伤纤维而造成短绒率提高，同时锡林的速度也需相应地提高才能保持应有的剥取速度。增加刺辊表面锯齿的密度也可提高分梳和除杂。

衡量刺辊分梳质量的指标称分梳度 C，即平均每根纤维受到的作用齿数，其表达式为：

$$C = \frac{n_t \cdot Z_t \cdot L \cdot \mathrm{Tt}}{\mathrm{Tt}_g \cdot w \cdot 1000} = \frac{Z_t \cdot n_t}{\mathrm{Tt}_g \cdot v/(L \cdot \mathrm{Tt})} \qquad (3-3)$$

式中：w 为棉丛定量（g/m）；n_t 为刺辊转速（转/min）；v 为给棉速度（m/min）；L 为

纤维平均长度（m）；Tt 为纤维线密度（tex）；Z_t 为刺辊表面总齿数；Tt_g 为喂给棉层的线密度（tex）。

如图 3-5 所示，刺辊的锯齿作用在须丛上的作用力 F 沿刺辊表面作用点的线速度方向，其可以分解为垂直于齿面的作用力 N 和平行于齿面的作用力 T：

$$\begin{cases} N = F\cos\theta \\ T = F\sin\theta \end{cases} \tag{3-4}$$

式中：N 为对纤维起到梳理作用的有效力；T 为使纤维沿齿面脱离刺辊的作用力。

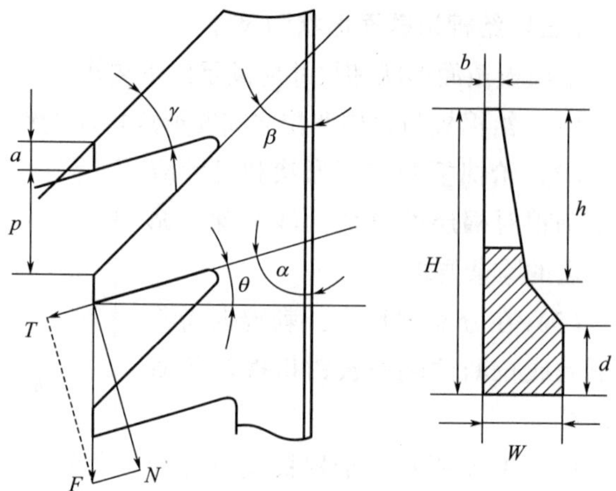

图 3-5　锯齿集合形状与作用力

为了保证刺辊有效地抓住纤维并向后道工序转移，需要：

$$T > f \cdot N \tag{3-5}$$

式中：f 为摩擦系数。设 φ 为摩擦角，则 $\varphi = \arctan f$，代入上式可得。

保证刺辊有效地抓住纤维并向后道工序转移的几何条件是：

$$\theta > \varphi \tag{3-6}$$

此外，锯齿的其他几何参数选择原则如下。

（1）锯齿工作角 α。因为 $\alpha+\theta=90°$，当 α 减小，θ 增大，对纤维的抓取力度增加，有利于分梳，但不利于去除杂质，落棉量也减小。

（2）锯齿密度 μ。等于周向齿密与轴向齿密的乘积。密度越大，分离程度越好，但对纤维的损伤加剧。因此，要兼顾锯齿工作角 α，若 α 较大，可以将锯齿密度 μ 设置得大些。

（3）齿顶高 h。锯齿的齿顶越高，对棉束的穿刺能力越强，对纤维的分梳越彻底，但锯齿的强度降低，容易损坏。齿顶高的选择应该与棉层的厚度相适应，一般取 $h=2.7\sim4$mm。

（4）齿尖厚度 b。齿尖厚度越小，锯齿越容易穿入棉须，分梳效果好，但齿条的强度变低。一般厚型齿条取 $b=0.4$mm，薄型齿条取 $b=0.3$mm。

（5）齿尖角 γ。齿尖角是锯齿两侧面之间的夹角，γ 越小，针齿穿刺能力越强。

三、锡林、刺辊的速比与隔距

刺辊对喂入的须丛进行握持分梳和除杂后，应将其所携带的纤维全部转移给锡林。若转移不彻底将容易造成刺辊返花和纤维充塞锯齿间，影响刺辊的分梳作用，同时，纤维再次进入给棉部分易被搓成棉结或产生棉网云斑，影响棉网质量。

锡林针齿的方向与刺辊锯齿的方向应交叉，而且它们之间要满足合理的工艺配置，才能保证锡林从刺辊表面顺利地将纤维剥离下来。

（一）锡林与刺辊的速比

锡林与刺辊的线速度之比直接影响纤维转移的效果。如图3-6所示，纤维的转移发生在刺辊与锡林隔距点附近的一段弧面上（S段圆弧）。若附在刺辊锯齿上某根纤维的长度为L，当其刚进入转移弧S时，另一端被锡林针齿钩住，当刺辊走完S距离后，锡林的针齿必须走完$S+L$的距离才能实现纤维从刺辊到锡林的转移，且纤维同时被伸直，因此，锡林与刺辊表面线速度之比为：

$$\frac{S}{V_T}=\frac{S+L}{V_C} \quad 即 \quad \frac{V_C}{V_T}=\frac{S+L}{S} \qquad (3-7)$$

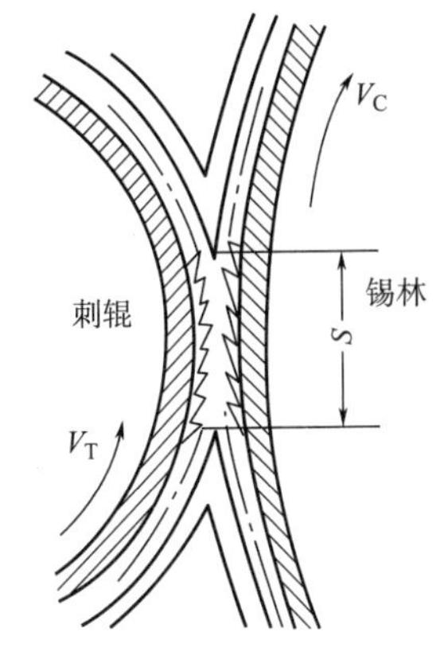

图3-6 纤维由刺辊向锡林转移

式中：V_C为锡林表面的线速度；V_T为刺辊表面的线速度。

因此，锡林和刺辊表面的线速度之比与纤维的长度有关。纺棉纤维时，速比一般取1.4~1.7；纺长纤维棉或棉型化纤时，速比取1.8~2.0；纺中长化纤时，速比取2.1~2.4。若速比过大，工艺效果不明显，能耗大；若速比过小（但需大于1），虽然纤维在离心力和气流的作用下也能实现转移，但纤维的伸直度较差，而且还易造成刺辊返花。

视频：纤维转移过程

（二）锡林与刺辊的隔距

锡林与刺辊之间的隔距宜小不宜大。隔距小，锡林针齿抓取纤维的机会就多，利于纤维的转移。隔距过大，刺辊返花会造成棉结。

若要提高梳棉机的产量，必须提高刺辊和锡林的速度，才能保证合理的齿面工作负荷。实践表明，提高刺辊和锡林表面的速度，将使纤维和杂质所受的离心力相应增大，有利于除杂，并能在完成盖板梳理后提高纤维向道夫转移的能力，因而能进一步减轻锡林与盖板的齿面负荷，降低棉结产生的可能性，提高生条的质量。刺辊和锡林高速后必然导致机器的能耗增加和震动加剧，故必须提高它们的动平衡要求，同时还要增加机架墙板的刚度，以便减小震动和变形，使隔距保持稳定。

四、锡林、盖板和道夫

锡林与盖板之间纤维的梳理属于自由梳理，即纤维的任一段都不被握持，因此对纤维的损伤少，且有调头梳理作用。因为锡林与盖板形成的梳理区较长，纤维经过时，在锡林与盖板之间反复转移、交替分梳、使纤维两端都有机会受到梳理，并在反复转移过程中产生混合作用。

锡林与道夫间的作用常称为凝聚作用，这是因为道夫表面线速度较锡林慢，而锡林上的纤维离开盖板的限制后，在离心力的作用下部分浮升在针面或尾端翘出针面，当走到罩板、锡林和道夫构成的上三角区时，浮在针面外的纤维在离心力和吹向道夫罩壳的气流的共同作用下，一起抛向道夫，被道夫梳针抓取并转移，如图3-7所示。

(一) 锡林与盖板的针齿配置及运行方向

与刺辊和锡林针齿的交叉配置不同，锡林和盖板的针齿采用平行配置。如图 3-8 所示，盖板针面相对于锡林针面形成倾斜度，使纤维进口处大、出口处小，因为锡林表面的线速度远远大于盖板的线速度，杂质在离心力的作用下从锡林抛出并沉积在盖板针面上，随着盖板的运动排出机外。

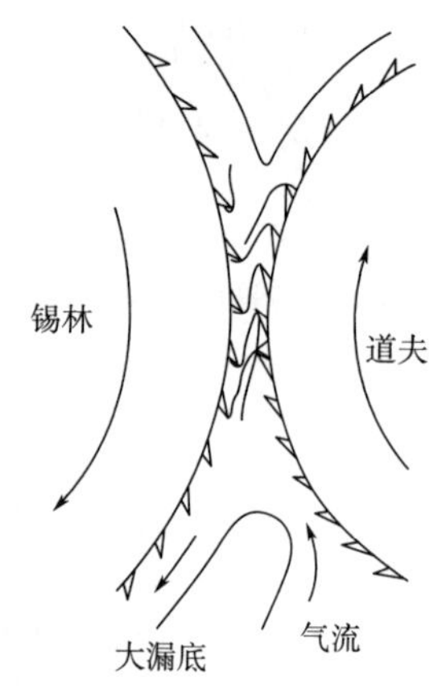

图 3-7 锡林至道夫的纤维转移

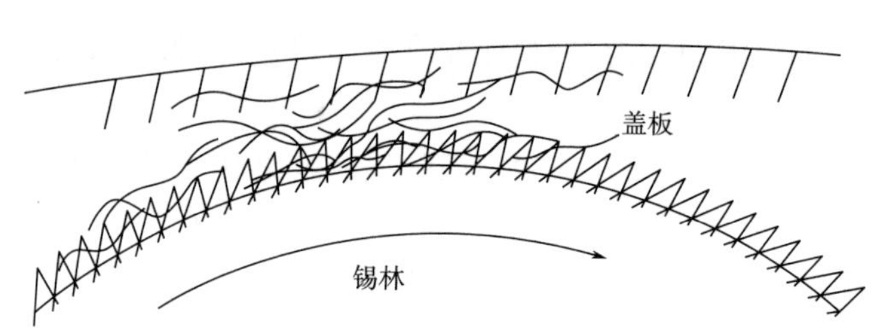

图 3-8 锡林、盖板针齿的平行配置

从分梳原理来看，盖板与锡林的运动可以是顺向的，也可是反向的。当锡林与盖板的运动顺向时［图 3-9（a）］，后区前面几块盖板以清洁的针面进入锡林盖板工作区，并从锡林上抓取纤维，随着盖板的运行，盖板内逐渐充塞针隙，盖板针面握持、分梳转移纤维的能力逐渐减弱，最后在出口处，纤维易浮于针面之间被搓揉成棉结。当锡林与盖板反向运行时［图 3-9（b）］，纤维进入工作区后，后区的前面几块盖板上针面负荷趋于饱和，对纤维的握持能力差，随着锡林的转动，盖板针面负荷逐渐减小，针面对纤维的分梳、转移作用加强，出口处的几块盖板为清洁针面，分梳作用最强，纤维不会浮于针面被搓成棉结，故成纱质量好。

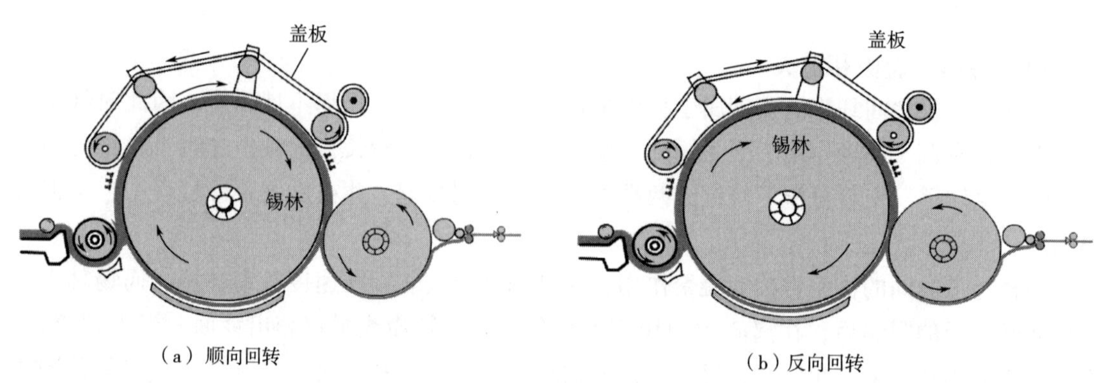

（a）顺向回转　　（b）反向回转

图 3-9 锡林与盖板的相对运动形式

（二）锡林与盖板的隔距

锡林与盖板间的隔距对梳理质量影响较大，此隔距宜小不宜大，一般分 5 点矫正。隔距过大，降低分梳除杂效果，且有浮游纤维在针面间受往复搓擦而生成棉结。

盖板上残留的棉花由斩刀剥下清除；锡林需定期抄针（5~10 天）。

（三）锡林的设计要求

锡林是梳棉机的主要部件，其作用是将刺辊剥取下来的纤维带向盖板，做进一步的梳理分解、均匀混合，并将纤维转移给道夫。锡林由滚筒、堵头、芯轴和针布组成，如图 3-10 所示。滚筒可以是铸铁铸造而成，或是采用钢板卷制而成。在滚筒的外面包覆有针布，两端有堵头（法兰盘）和弹性轴套将其与芯轴连接起来。锡林直径大（大锡林直径为 1288~1290mm，小锡林直径为 706mm），转速高（300~500r/min），且工艺要求与相邻部件（刺辊、道夫、盖板）的隔距小（0.1~0.2mm）。因此，为了保证锡林运转平稳，隔距准确，运行时不与相邻部件发生碰撞，对锡林表面几何形状、刚度及锡林的动、平衡等提出了很高的要求。

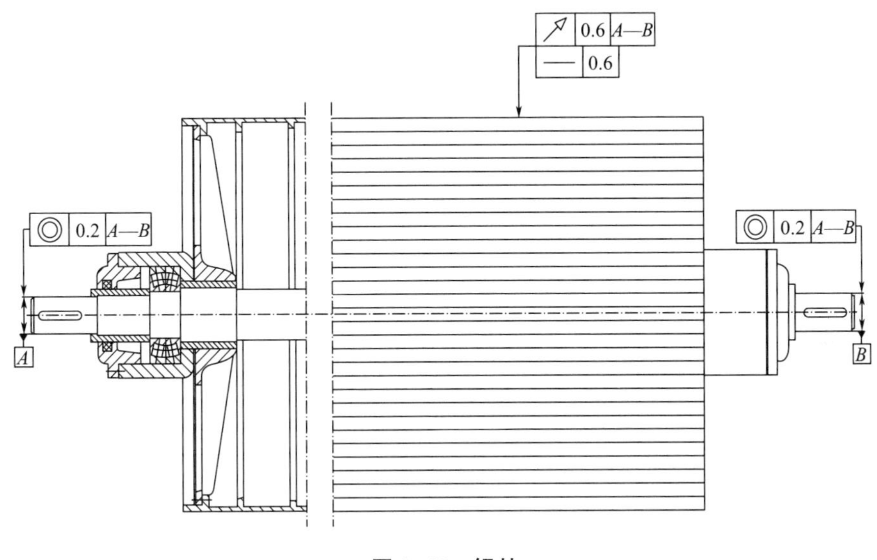

图 3-10　锡林

为了提高锡林的刚度，筒体内壁铸有圆环形加强筋或网格形加固筋；为减小筒体内凹，可将锡林筒体两端在包针布前磨斜成圆锥体，或更改法兰盘（堵头）设计，使其和圆环形筋有相同的刚度。

五、梳棉机的传动及工艺计算

以 FA201 梳棉机为例介绍梳棉机的工艺计算。FA201 型梳棉机的传动图如图 3-11 所示，共有五台电动机。

电动机Ⅰ：锡林（盖板）→刺辊。

电动机Ⅱ（变速）：道夫→剥棉罗拉→给棉罗拉→上下轧辊→大压辊→圈条器。

电动机Ⅲ（变速）：给棉罗拉→喂棉箱输出罗拉。

电动机Ⅳ：安全清洁辊。

电动机Ⅴ：吸尘风机。

（一）转速计算

1. 锡林转速 n_c（r/min）

$$n_c = 1460 \times \frac{D_1}{542} \times 98\% \qquad (D_1 = 125 \text{ 或 } 136)$$

2. 刺辊转速 n_t（r/min）

$$n_t = 1460 \times \frac{D_1}{D_2} \times 98\% \qquad (D_2 = 209 \text{ 或 } 224)$$

3. 盖板速度 v_f（mm/min）

设盖板导盘齿数为 14 齿，齿距为 36.5mm，那么：

$$v_f = n_c \times \frac{100}{240} \times 98\% \times \frac{Z_4}{Z_5} \times \frac{1}{17} \times \frac{1}{24} \times 14 \times 36.5 = 0.51142 n_c \times \frac{Z_4}{Z_5}$$

式中：$Z_4 = 18$、21、24、30；$Z_5 = 42$、39、34、30。

4. 道夫转速 n_d（r/min）

$$n_d = 1460 \times \frac{88}{253} \times 98\% \times \frac{20}{50} \times \frac{Z_3}{190} \qquad (Z_3 = 18 \sim 34)$$

5. 小压辊出条速度 v（m/min）

$$v = 60\pi \times 1460 \times \frac{88}{253} \times 98\% \times \frac{20}{50} \times \frac{Z_3}{Z_2} \times \frac{38}{30} \times \frac{95}{66} \times 98\% \times \frac{1}{1000} \qquad (Z_2 = 18 \sim 21)$$

式中，假设带传动的滑移率为 2%。上述各式中的符号含义如图 3-11 所示。

（二）牵伸倍数计算

1. 剥棉罗拉与道夫之间

$$E_1 = \frac{120}{706} \times \frac{190}{32} = 1.0092$$

2. 下轧辊与剥棉罗拉之间

$$E_2 = \frac{110}{120} \times \frac{55}{44} = 1.15$$

3. 大压辊与下轧辊之间（唯一张力可调）

$$E_3 = \frac{76}{110} \times \frac{44}{55} \times \frac{32}{Z_2} \times \frac{38}{28} = \frac{24}{Z_2}$$

4. 总牵伸倍数 E（小压辊与棉卷罗拉之间）

总牵伸倍数＝圈条器上小压辊线速度/棉卷罗拉线速度

$$E = \frac{60}{152} \times \frac{48}{21} \times \frac{120}{Z_1} \times \frac{34}{42} \times \frac{190}{Z_2} \times \frac{38}{30} \times \frac{95}{66} = \frac{30362.4}{Z_1 Z_2}$$

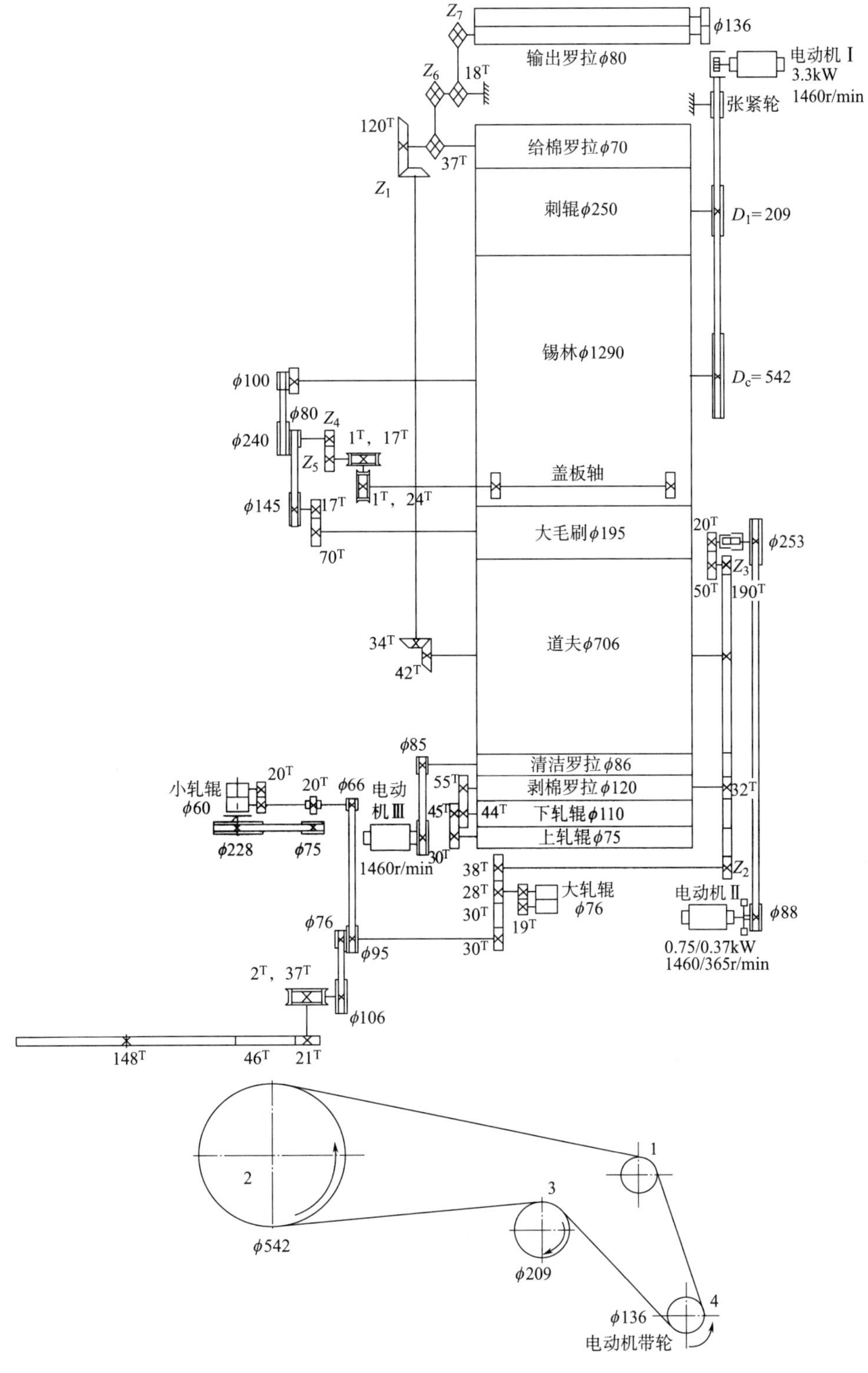

图 3-11 FA201 型梳棉机传动图

1—固定张力轮 2—锡林皮带轮 3—刺辊皮带轮 4—可调张力轮

第二节 精梳机

纱线有粗梳纱（普梳纱）和精梳纱之分。粗梳纱是指通过开清棉工序→梳棉工序→并条工序→粗纱工序→细纱工序生产的纱线；精梳纱是指经过开清棉工序→梳棉工序→精梳准备→精梳工序→并条工序→粗纱工序→细纱工序生产的纱。可以看出，精梳纱的生产工序比普梳纱多了精梳准备和精梳工序。因为梳棉工序生产的棉条（俗称生条）存在短绒多、纤维伸直度差、纤维分离度不够、棉结和杂质较多等诸多缺点，因此，其加工的纱线成纱强力和条干均匀度不如精梳纱，且毛羽多，光泽差，不能用于加工高质量的织物。

精梳工艺的作用是：排除短绒，减少一定长度下（16mm）短纤维的含量；清除纤维间的棉结、杂质；使纤维进一步伸直、平行、分离；制成条干均匀的精梳棉条。与相同线密度的粗梳纱相比，精梳纱的强力提高10%~15%，棉结、杂质下降50%~60%，条干均匀，外观清洁，光滑，表面毛羽少，光泽好。

精梳机由须条钳持喂入机构、锡林梳理机构、分离接合机构和其他机构组成。下面主要对这三种机构和精梳机传动机构进行介绍。

一、精梳机的工艺过程

精梳机虽有多种机型，但其工作原理基本相同，即棉丛的两端轮流被握持，另一端被反复梳理，梳理过的棉丛与分离罗拉倒入机内的棉网接合，再将棉网输出机外。

如图3-12所示，棉卷1放在一对承卷罗拉2上，随承卷罗拉的回转而退解棉层，经导卷板3喂入置于钳板上的给棉罗拉4与给棉板5组成的钳口之间。给棉罗拉周期性间歇往复摆转，每次将一定长度的棉层（给棉长度）送入上钳板6与下钳板7组成的钳口。上下钳板做周期性的前后摆动，在向后摆动的过程中，钳口闭合，有力地钳持棉层一端，使钳口外的棉层呈悬垂状态。此时，锡林8上的梳针面恰好转至钳口下方，针齿逐渐刺入棉层进行梳理，清除棉层中的部分短绒、结杂和疵点。随着锡林针面转向下方位置，嵌在针齿间的短绒、结杂、疵点等被高速回转的毛刷23清除，经风斗吸附在尘笼24的表面，或直接由风机吸入尘室。锡林梳理结束后，随着钳板的前摆，须丛逐步靠近分离罗拉10、11的钳口。与此同时，上钳板逐渐开启，梳理好的须丛因本身弹性而向前挺直，分离罗拉倒转，将前一周期的棉网倒入机内，当钳板钳口外的须丛头端到达分离钳口后，与倒入机内的棉网相叠合，然后由分离罗拉顺转输出。在张力牵伸的作用下，棉层挺直，顶梳9插入棉层，被分离钳口抽出的纤维尾端从顶梳片针隙间拽过，纤维尾端黏附的部分短纤、结杂和疵点被阻留于顶梳针后边，待下一周期锡林梳理时除去。当钳板到达最前位置时，上下钳板分离，钳口内不再有新的纤维进入，分离结合工作基本结束。之后，钳板开始后退，钳口逐渐闭合，准备进行下一个工作循环。由分离罗拉输出的棉网，穿过喇叭口12并聚拢成条后从一对输出罗拉13之间通过。

各眼输出的棉条分别绕过导条钉 14 转向 90°，进入曲线牵伸装置 16 牵伸后，精梳条由一根输送带托持着通过一对检测压辊 19 及圈条集束器 20 圈放在条筒 22 中。

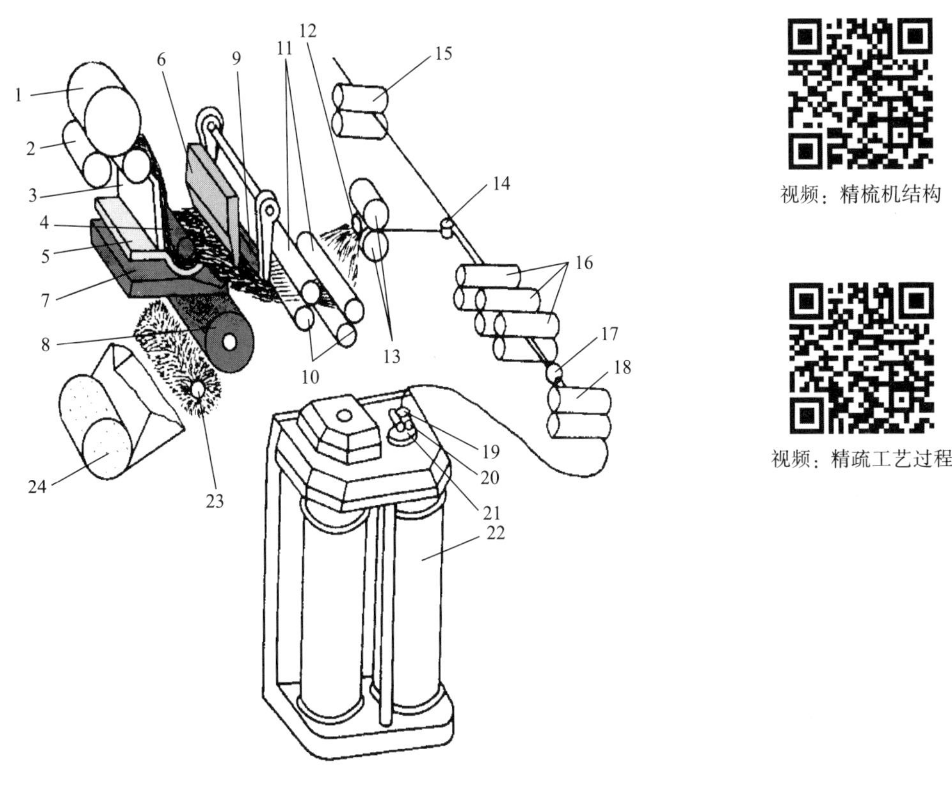

图 3-12　精梳机

1—棉卷　2—承卷罗拉　3—导卷板　4—给棉罗拉　5—给棉板　6—上钳板　7—下钳板　8—锡林　9—顶梳　10，11—分离罗拉　12—喇叭口　13—输出罗拉　14—导条钉　15—牵伸罗拉　16—曲线牵伸装置　17—纤维集束喇叭　18—集束罗拉　19—检测压辊　20—圈条集束器　21—圈条斜管　22—条筒　23—毛刷　24—尘笼

精梳机的钳板前后往复运动一次，锡林同时也旋转一圈，称为一个运动周期或称为一个钳次。精梳机的一个运动周期可分为四个阶段。

1. 锡林梳理阶段

如图 3-13 所示，锡林梳理阶段是指从锡林第一排针开始梳理，到末排针脱离棉丛为止。在这一阶段中，上、下钳板闭合，牢固地握持须丛，钳板的运动是先向后再向前；锡林梳理须丛前端，排除短绒和杂质；给棉罗拉停止给棉；分离罗拉处于基本静止状态；顶梳先向后再向前摆，但不与须丛接触。

2. 分离前的准备阶段

如图 3-14 所示，分离前的准备阶段是指锡林梳理结束到须丛开始与棉条分离为止的运动。在这一阶段，上、下钳板继续向前运动，且由闭合状态逐渐开启；锡林对须丛的梳理结束；给棉罗拉开始给棉；分离罗拉由静止开始倒转，将棉网倒入机内，准备与钳板送来的刚梳理过的须丛接合；顶梳继续向前摆动，但仍未插入须丛梳理。

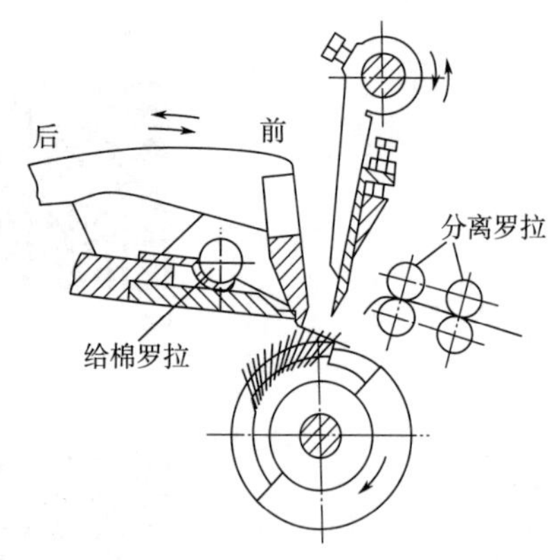

图 3-13　锡林梳理阶段

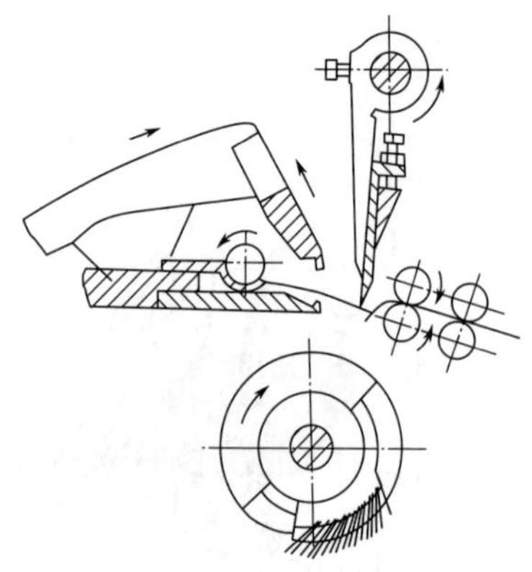

图 3-14　分离前的准备阶段

3. 分离接合阶段

如图 3-15 所示，分离接合阶段是指从梳理好的须丛开始分离到分离结束为止的运动。这一阶段中，上、下钳板继续向前运动，钳口增大；顶梳向后摆动，插入须丛梳理，将棉结、杂质及短纤维阻留在顶梳后面的须丛中，在下一个工作循环中被锡林带走；分离罗拉顺转，将钳板送来的纤维牵引出来，并叠合在原来的棉网尾端，实现须丛与喂入棉条的分离、与输出棉条的接合；给棉罗拉继续给棉。

4. 锡林梳理前的准备阶段

如图 3-16 所示，锡林梳理前的准备阶段是指从分离结束到下一次锡林开始梳理期间的运动。在此期间，上、下钳板向后摆动并逐渐闭合，锡林第一排针逐渐接近钳板下方，准备梳理；给棉罗拉停止给棉；分离罗拉继续顺转输出棉网，并逐渐停止旋转，顶梳向后摆动，逐渐脱离须丛。

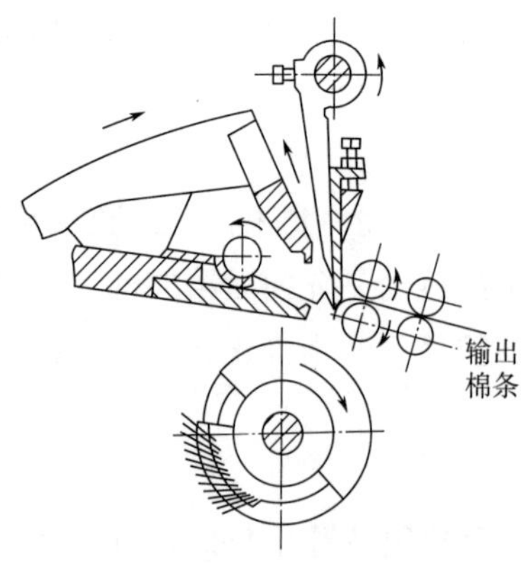

图 3-15　分离接合阶段

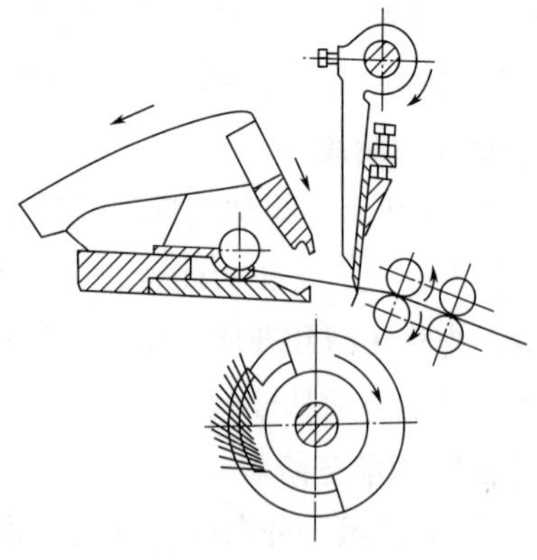

图 3-16　梳理前的准备阶段

图 3-17 所示是 FA251A 型精梳机的运动配合时序图。

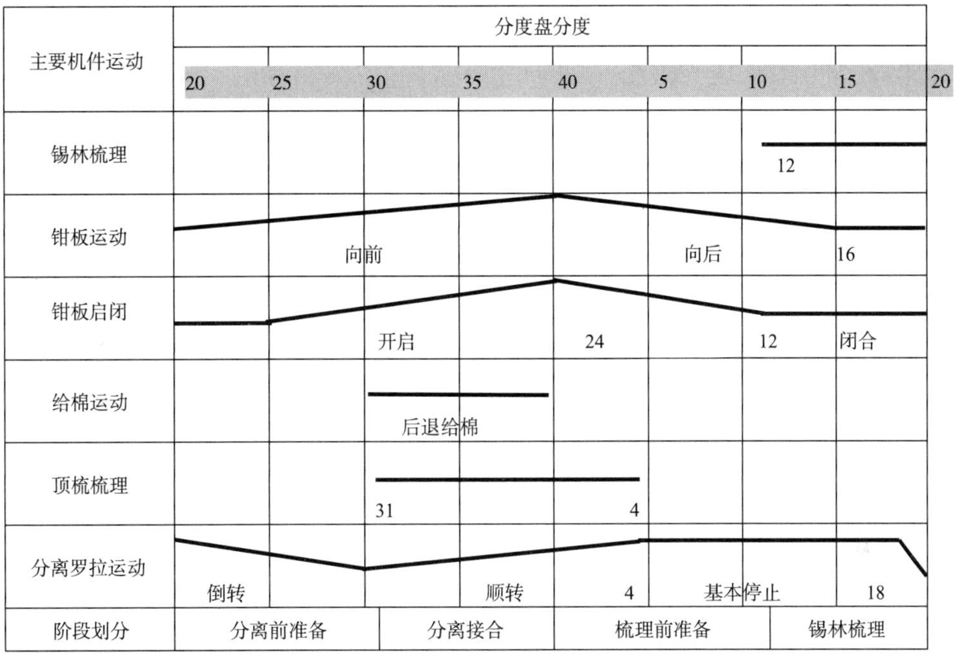

主要机件运动	分度盘分度							
	20	25	30	35	40	5	10	15 20
锡林梳理							12	
钳板运动			向前			向后		16
钳板启闭			开启		24		12	闭合
给棉运动			后退给棉					
顶梳梳理			31		4			
分离罗拉运动	倒转			顺转	4	基本停止		18
阶段划分	分离前准备		分离接合		梳理前准备		锡林梳理	

图 3-17　FA251A 型精梳机运动配合时序图

二、钳持给棉机构

梳棉机的钳持给棉部分包括承卷罗拉的驱动机构、给棉罗拉的驱动机构以及钳板驱动机构。

（一）承卷罗拉的驱动机构

承卷罗拉用于托持棉卷，并定时定量退解棉卷。承卷罗拉的传动有间歇式和连续式两种。图 3-18 所示为间歇式驱动机构，装在钳板轴 O 上的摆杆 1 随钳板轴往复摆动，通过连杆 2 驱动 L 型摆杆 3 往复摆动，摆杆 3 上铰接有棘爪 4，当摆杆 3 顺时针摆动时，棘爪 4 拨动棘轮 5 顺时针转动相同角度，通过与棘轮同轴的齿轮 6 传动齿轮 7 转动，与齿轮 7 同轴的齿轮 8 传动齿轮 9 转动，将运动传动给与齿轮 9 同轴的承卷罗拉 10。

上述间歇式传动方式中，因为连杆机构往复运动，会产生惯性冲击和噪声，不符合高速精梳机的要求，故高速精梳机采用慢速连续式传动方式。图 3-19 所示为 E66 型精梳机承卷罗拉驱动机构，是一种连续传动形式。锡林轴的运动通过齿轮系和链传动系统驱动承卷罗拉连续回转，退解棉层。由于承卷罗拉是连续回转，因此，即使给棉罗拉不给棉时，承卷罗拉仍在旋转，驱动棉卷喂棉。又由于给棉罗拉随钳板摆动，因而引起棉层张力呈周期性波动。为弥补这一缺点，在给棉罗拉和承卷罗拉之间装有张力补偿装置。

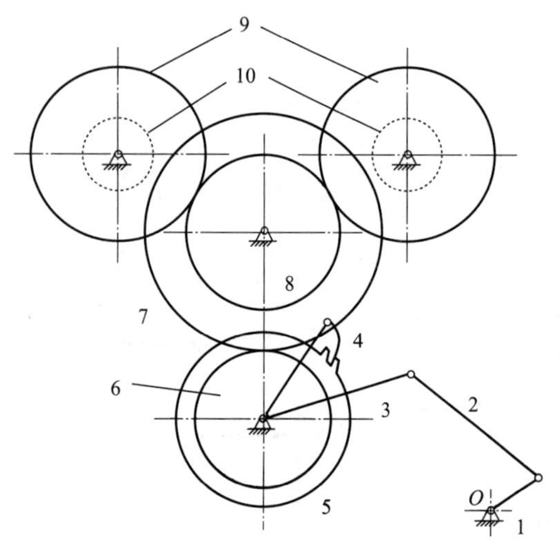

图 3-18　间歇式承卷罗拉驱动机构

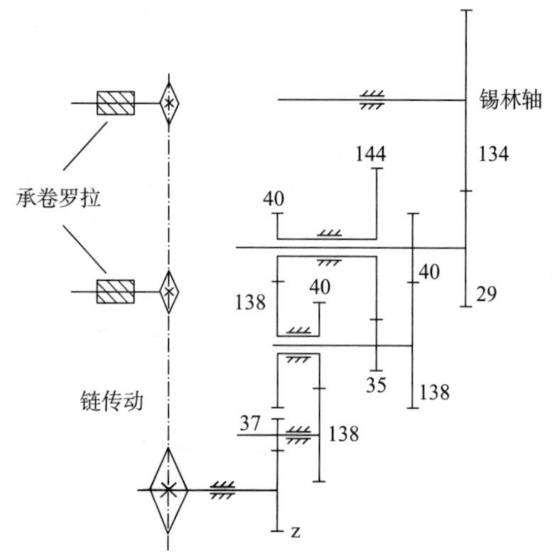

图 3-19　E66 型精梳机承卷罗拉驱动机构

（二）钳板摆轴的传动

钳板摆轴规律性地往复摆动，带动钳板前后摆动和钳口开启闭合，实现对须丛的握持、输送和梳理。目前采用的钳板轴驱动机构有摆动导杆机构传动形式和双曲柄六连杆机构传动形式两种类型。国产 A201 型、FA261 型、FA266 型精梳机及瑞士立达 E7/5 型、E7/6 型、E62 型和 E72 型精梳机采用摆动导杆传动形式，而国产 FA251 型精梳机采用双曲柄六连杆机构传动形式。此外，还有人提出采用共轭凸轮机构获得钳板摆轴的变速摆动。下面介绍这几种机构的工作原理和运动分析方法。

1. 摆动导杆机构

如图 3-20 所示，固结在锡林轴 O_1 上的构件 1 随锡林轴连续旋转，通过滑块 2 驱动构件 3 往复摆动，构件 3 和钳板摆臂都固结在钳板摆轴 O_3 上，因此钳板摆轴随构件 3 同步摆动。

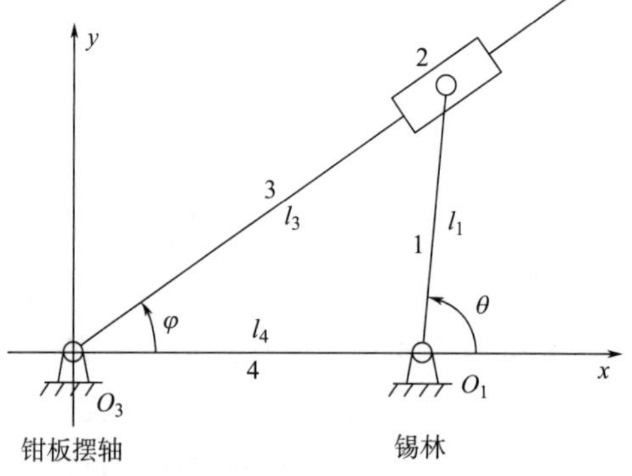

图 3-20　摆动导杆机构驱动钳板摆轴

建立如图 3-20 所示的直角坐标系，设构件 1 与 x 轴的夹角为 θ，长度为 l_1，O_1O_3 的长度为 l_4，则有：

$$\begin{cases}\tan\varphi = \dfrac{l_1\sin\theta}{l_1\cos\theta + l_4} \\ l_3^2 = l_4^2 + l_1^2 - 2l_4l_1\cos(180° - \theta)\end{cases} \tag{3-8}$$

视频：摆动导杆机构

若已知构件 1 和 4 的尺寸，由方程式（3-8）可以分析计算出构件 3（即钳板摆臂）的运动规律，其中，锡林轴匀速转动，$\ddot{\theta} = 0$。

钳板摆轴的角位移：

$$\begin{cases} l_3 = \sqrt{l_1^2 + l_4^2 + 2l_1 l_4 \cos\theta} \\ \varphi = \arctan \dfrac{l_1 \sin\theta}{l_1 \cos\theta + l_4} \end{cases} \tag{3-9}$$

钳板摆轴的角速度：

$$\begin{cases} \dot{l}_3 = -\dfrac{l_1 l_4}{l_3} \dot{\theta} \sin\theta \\ \dot{\varphi} = \dfrac{l_1^2 + l_1 l_4 \cos\theta}{l_1^2 + 2l_1 l_4 \cos\theta + l_4^2} \end{cases} \tag{3-10}$$

钳板摆轴的角加速度：

$$\begin{cases} \ddot{l}_3 = \dfrac{-(l_1 l_4 \dot{\theta}^2 \cos\theta + \dot{l}_3^2)}{l_3} \\ \ddot{\varphi} = \dfrac{l_1 l_4 (l_1^2 - l_4^2) \sin\theta}{(l_1^2 + 2l_1 l_4 \cos\theta + l_4^2)^2} \end{cases} \tag{3-11}$$

设曲柄的长度为 1 个单位，机架长度与曲柄长度的比值（$k = l_4/l_1$）分别为 2 和 4，图 3-21~图 3-23 分别是两种杆长比情况下导杆的角位移、角速度和角加速度的运动曲线。从图中可知，当其他条件不变的情况下，曲柄相对于机架的长度减小，导杆的摆动幅度减小，且摆角最大值出现的时间前移；导杆的角速度和角加速度的最大值均减小，这有利于降低机器的震动和噪声。

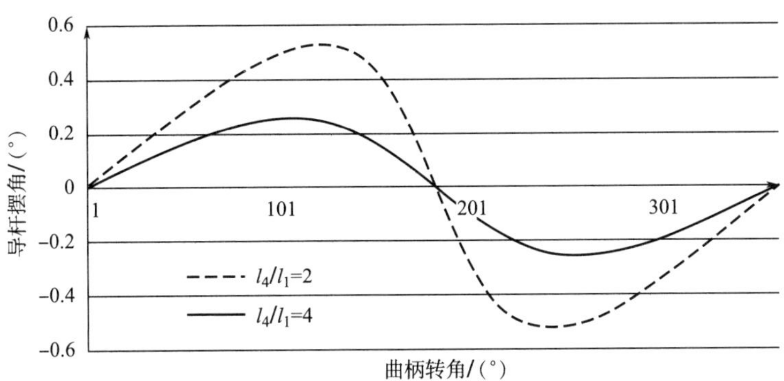

图 3-21　l_4/l_1 的值对导杆角位移的影响

2. 双曲柄六连杆机构运动分析

图 3-24 所示是驱动钳板摆臂的六连杆机构形式（FA251 A、B 型精梳机）。在双曲柄机构 O_1ABO_3 中，固结在锡林轴上的曲柄 O_1A（构件 1）绕 O_1 匀速转动，通过连杆 AB（构件 2）驱动从动曲柄 BO_3（构件 3）变速转动。而 BO_3 又作为曲柄摇杆机构 O_3BCO_5 的主动件，O_3B 通过连杆 BC 驱动摇杆 CO_5（构件 5）绕 O_5 点变速摆动，摆杆 CO_5 与钳板摆轴固结，因而也带动钳板摆轴绕 O_5 往复摆动。

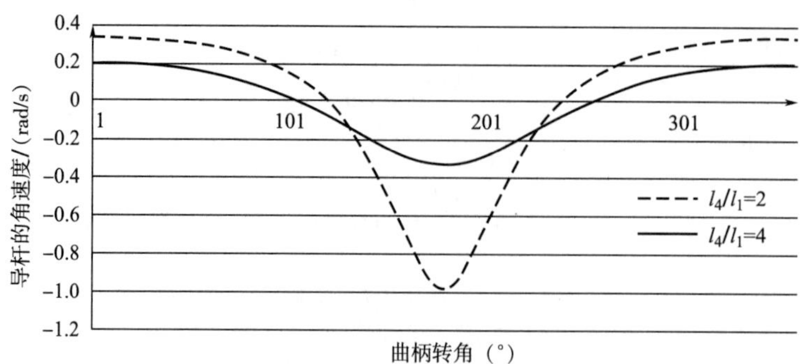

图 3-22　l_4/l_1 的值对导杆角速度的影响

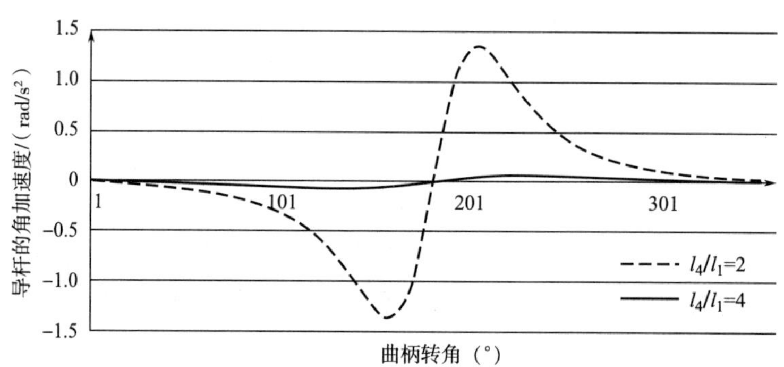

图 3-23　l_4/l_1 的值对导杆角加速度的影响

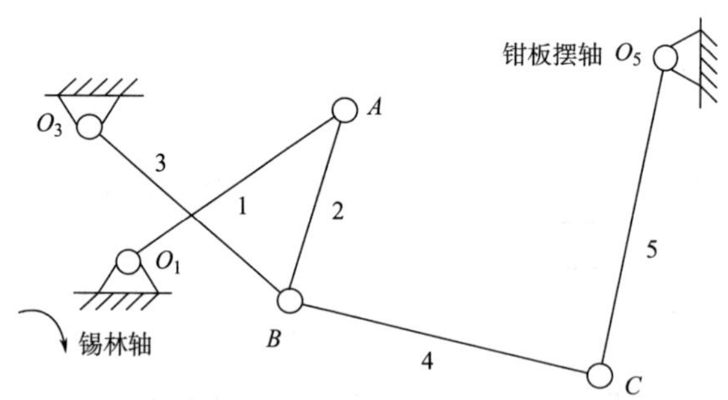

图 3-24　双曲柄六连杆驱动机构

（1）双曲柄机构 O_1ABO_3 的运动分析。根据机构运动学分析原理，建立如图 3-25 所示的坐标系，O_1 为坐标原点，曲柄 O_1A 的长度为 l_1，连杆 AB 的长度为 l_2，从动曲柄 BO_3 的长度为 l_3，O_1O_3 的距离为 l_6。双曲柄机构 O_1ABO_3 构成一个封闭的矢量四边形，按图中各矢量方向得：

$$\vec{l_1}+\vec{l_2}=\vec{l_3}+\vec{l_6} \tag{3-12}$$

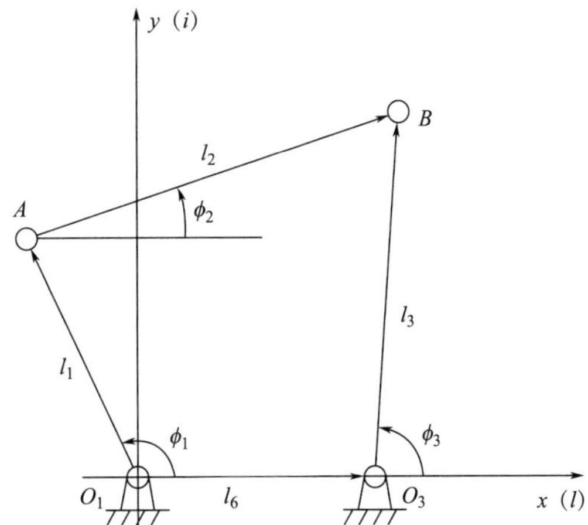

图 3-25　双曲柄机构 O_1ABO_3

用复数表示为：

$$l_1 e^{i\phi_1} + l_2 e^{i\phi_2} = l_3 e^{i\phi_3} + l_6 \tag{3-13}$$

分别取实部和虚部：

$$\begin{aligned} l_1\cos\phi_1 + l_2\cos\phi_2 &= l_3\cos\phi_3 + l_6 \\ l_1\sin\phi_1 + l_2\sin\phi_2 &= l_3\sin\phi_3 \end{aligned} \tag{3-14}$$

令：

$$\begin{aligned} E &= l_6 - l_1\cos\phi_1 \\ F &= -l_1\sin\phi_1 \\ G &= \frac{E^2 + F^2 + l_3^2 - l_2^2}{2l_3} \end{aligned} \tag{3-15}$$

其中，$\phi_1 = \omega t$，ω 是锡林轴的转速。

将式（3-15）代入式（3-14）并整理，可得到 O_3B 的摆动角位移计算公式：

$$\phi_3 = 2\arctan\frac{F + \sqrt{E^2 + F^2 - G^2}}{E - G} \tag{3-16}$$

同时得到连杆 AB 的角位移公式：

$$\phi_2 = \arctan\frac{F + l_3\sin\phi_3}{E + l_3\cos\phi_3} \tag{3-17}$$

将式（3-13）对时间取一次导数：

$$l_1\dot{\phi}_1 i e^{i\phi_1} + l_2\dot{\phi}_2 i e^{i\phi_2} = l_3\dot{\phi}_3 i e^{i\phi_3} \tag{3-18}$$

为了消去 $\dot{\phi}_2$，每一项乘 $e^{-i\phi_2}$，得：

$$l_1\dot{\phi}_1 i e^{i(\phi_1-\phi_2)} + l_2\dot{\phi}_2 i = l_3\dot{\phi}_3 i e^{i(\phi_3-\phi_2)} \tag{3-19}$$

对式（3-19）取其实部，整理后得到 O_3B 的角速度计算公式：

$$\dot{\phi}_3 = \dot{\phi}_1 \frac{l_1 \sin(\phi_1 - \phi_2)}{l_3 \sin(\phi_3 - \phi_2)} \tag{3-20}$$

同理，为了消去 $\dot{\phi}_3$，式（3-18）每项乘 $e^{-i\phi_3}$，得：

$$l_1\phi_1 i e^{i(\phi_1-\phi_3)} + l_2\phi_2 i e^{i(\phi_2-\phi_3)} = l_3\dot{\phi}_3 i \tag{3-21}$$

取其实部，整理后可得连杆 AB 的角速度计算公式：

$$\dot{\phi}_2 = -\dot{\phi}_1 \frac{l_1 \sin(\phi_1 - \phi_3)}{l_2 \sin(\phi_2 - \phi_3)} \tag{3-22}$$

将式（3-19）对时间取一次导数，得：

$$l_1\ddot{\phi}_1 i e^{i\phi_1} - l_1\dot{\phi}_1^2 e^{i\phi_1} + l_2\ddot{\phi}_2 i e^{i\phi_2} - l_2\dot{\phi}_2^2 e^{i\phi_2} = l_3\ddot{\phi}_3 i e^{i\phi_3} - l_3\dot{\phi}_3^2 e^{i\phi_3} \tag{3-23}$$

为了消除 $\dot{\phi}_2$，将上式两边乘 $e^{-i\phi_2}$，得：

$$l_1\ddot{\phi}_1 i e^{i(\phi_1-\phi_2)} - l_1\dot{\phi}_1^2 e^{i(\phi_1-\phi_2)} + l_2\ddot{\phi}_2 i - l_2\dot{\phi}_2^2 = l_3\ddot{\phi}_3 e^{i(\phi_3-\phi_2)} - l_3\dot{\phi}_3^2 e^{i(\phi_3-\phi_2)} \tag{3-24}$$

取其实部，整理后可得从动曲柄 O_3B 的角加速度计算公式：

$$\ddot{\phi}_3 = \frac{l_2\dot{\phi}_2^2 + l_1\ddot{\phi}_1 \sin(\phi_1 - \phi_2) + l_1\dot{\phi}_1^2 \cos(\phi_1 - \phi_2) - l_3\dot{\phi}_3^2 \cos(\phi_3 - \phi_2)}{l_3 \sin(\phi_3 - \phi_2)} \tag{3-25}$$

（2）钳板摆轴的运动分析。建立如图 3-26 所示的坐标系，在四连杆机构 O_3BCO_5 中，主动曲柄 O_3B 的运动规律（ϕ_3、$\dot{\phi}_3$ 和 $\ddot{\phi}_3$）已由式（3-16）、式（3-20）和式（3-25）求出。

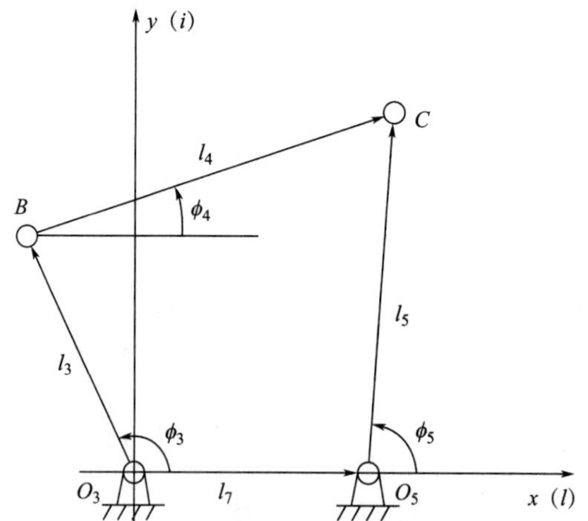

图 3-26　曲柄摇杆机构 O_3BCO_5

用图 3-26 中的符号替换式（3-16）、式（3-20）和式（3-25）中的符号（替换关系见表 3-1），可以求出摇杆 O_5C 的运动规律表达式。

摇杆 O_5C 的角位移表达式为：

$$\phi_5 = 2\arctan \frac{F + \sqrt{E^2 + F^2 - G^2}}{E - G} \tag{3-26}$$

其中：

$$\begin{cases} E = l_7 - l_3\cos\phi_3 \\ F = - l_3\sin\phi_3 \\ G = \dfrac{E^2 + F^2 + l_5^2 - l_4^2}{2l_5} \end{cases} \tag{3-27}$$

表 3-1　符号对应关系

参数	主动件长度	主动件角位移	主动件角速度	主动件角加速度	输出构件角位移	输出构件角速度	输出构件角加速度	连杆角位移	连杆角速度	连杆角加速度
图 3-25	l_1	ϕ_1	$\dot{\phi}_1$	$\ddot{\phi}_1$	ϕ_3	$\dot{\phi}_3$	$\ddot{\phi}_3$	ϕ_2	$\dot{\phi}_2$	$\ddot{\phi}_2$
图 3-26	l_3	ϕ_3	$\dot{\phi}_3$	$\ddot{\phi}_3$	ϕ_5	$\dot{\phi}_5$	$\ddot{\phi}_5$	ϕ_4	$\dot{\phi}_4$	$\ddot{\phi}_4$

摇杆 O_5C 的角速度表达式为：

$$\dot{\phi}_5 = \dot{\phi}_3 \frac{l_3 \sin(\phi_3 - \phi_4)}{l_5 \sin(\phi_5 - \phi_4)} \tag{3-28}$$

其中，连杆 BC 的角位移 ϕ_4 由式（3-17）得：

$$\phi_4 = \arctan \frac{F + l_5 \sin\phi_5}{E + l_5 \cos\phi_5} \tag{3-29}$$

摇杆 O_5C 的角加速度表达式为：

$$\ddot{\phi}_5 = \frac{l_4 \dot{\phi}_4^2 + l_3 \ddot{\phi}_3 \sin(\phi_3 - \phi_4) + l_3 \dot{\phi}_3^2 \cos(\phi_3 - \phi_4) - l_5 \dot{\phi}_5^2 \cos(\phi_5 - \phi_4)}{l_5 \sin(\phi_5 - \phi_4)} \tag{3-30}$$

其中，连杆 BC 的角速度 $\dot{\phi}_4$ 为：

$$\dot{\phi}_4 = -\dot{\phi}_3 \frac{l_3 \sin(\phi_3 - \phi_5)}{l_4 \sin(\phi_4 - \phi_5)} \tag{3-31}$$

至此，若已知六连杆机构中各构件的几何尺寸和主动曲柄轴（锡林轴）的转速，就可以运用式（3-26）、式（3-28）和式（3-30）求出钳板摆轴 O_5 的角位移、角速度和角加速度。

不管是摆动导杆机构还是双曲柄六连杆机构，都具有急回运动特性，即满足如图 3-17 中所示的钳板向前运动时间长而向后运动时间短的要求。

3. 共轭凸轮机构

为了获得钳板摆轴的变速摆动，设计出采用共轭凸轮驱动锡林摆轴的方案，机构简图如图 3-27 所示。凸轮机构的优点是：可以根据工艺要求，利用反向求解的方法设计出主副凸轮廓线，用共轭凸轮替代上述摆动导杆机构或六连杆机构，不仅使机构占用的空间大幅度减小，而且能够精确获得钳板摆轴的运动规律。

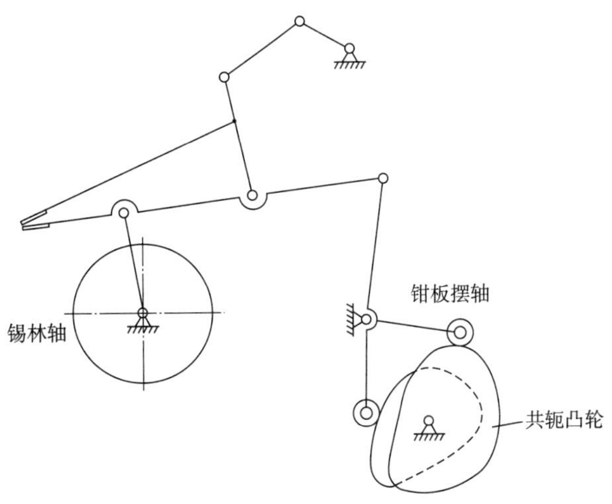

图 3-27　共轭凸轮驱动钳板摆动机构

4. 回转式钳板驱动机构

一种精梳机回转式钳板驱动机构如图 3-28 所示，动钳板 N 既沿锡林圆周方向做往复摆动，也与静钳板 M 一起做沿锡林半径方向的伸缩运动。整套钳板机构由共轭凸轮机构和摆动导杆机构串联、伸缩机构和平行四边形双摇杆机构并联组合而成。

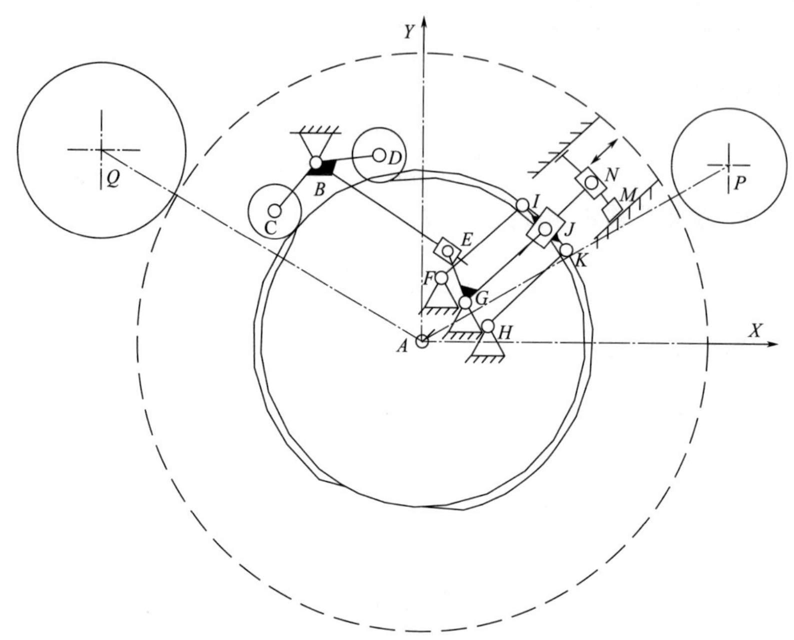

图 3-28　一种精梳机回转式钳板驱动机构

（三）钳板的摆动机构

钳板轴从前面的传动机构（摆动导杆机构或六连杆机构）中获得往复摆动之后，将运动传递给上、下钳板，使上、下钳板前后摆动，同时钳口开启和闭合。钳口的及时闭合，保证握持棉层供锡林梳理；钳口的及时开启，使须丛抬头；钳板向前摆动，将须丛向前输送，进行分离接合。上、下钳板的运动都是通过四连杆机构完成，根据下钳板摆动中心与锡林轴心位置之间的关系，分为上支点、中支点和下支点三种钳板摆动机构。

1. 上支点式钳板摆动机构

上支点式摆动钳板机构中，下钳扳的摆动支点 O_3 位于锡林轴上方，如图 3-29 所示。构件 3（钳板摆臂）、构件 2（下钳板座）、摇杆 1 组成铰链四杆机构，当钳板摆轴 O_2A 前后摆动时，推动下钳板座 2 做前进和后退运动。上钳板 4 与下钳板座在 B 点铰接，在 C 点又与滑杆 5 铰接，滑杆 5 与摆块 6 组成移动副，且它们之间有一个压缩弹簧。从机构学来讲，该机构是自由度为 2 的平面七杆机构，但在实际应用中，只有一个外部输入运动，就是钳板摆轴的运动，而另一个运动由压缩弹簧产生。当钳板摆轴顺时针摆动时，O_3E 逆时针摆动，B、D 两点的距离减小，BC 绕 B 点逆时针旋转，上钳板压向下钳板，使钳口闭合，压缩弹簧的张力驱动导杆向上运动，使钳口产生握棉压力；当钳板座向左运动，B、D 之间的距离增大，BC

杆绕 B 点顺时针转动，上钳板上移，钳口张开。

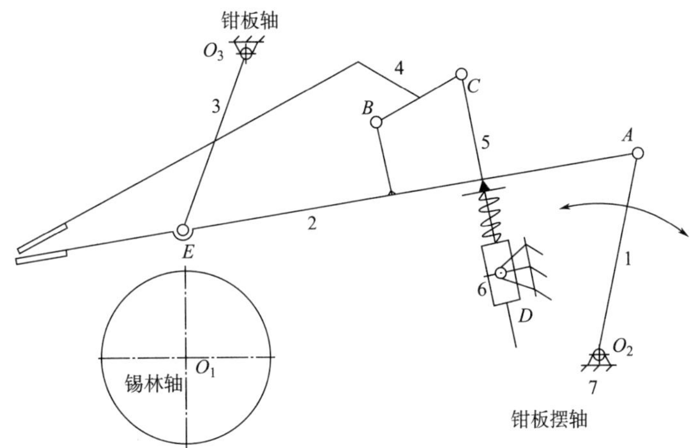

图 3-29　上支点式钳板摆动机构

在上支点式摆动钳板机构中，锡林在梳理时，下钳板唇沿锡林表面做外接圆运动，且紧贴锡林表面，梳理隔距变化较小，几乎是等距梳理，梳理效果优于下支点式。钳板摆动的动程较小，有利于梳棉机高速运行。另外，钳板向前摆动的后期，钳口向上抬起，有利于纤维须丛进入分离钳口与棉网接合。可通过调节上支点的位置来改变钳板的运动轨迹，以适应不同原棉的加工。

在图 3-29 所示的上支点式钳板摆动机构中，下钳板由铰链四杆机构 O_2AEO_3 驱动，O_2A 就是钳板摆轴，其运动规律由前面的摆轴驱动机构得到。摆杆 O_3B 的运动规律可以利用式（3-16）、式（3-20）和式（3-25）求出。

2. 中支点式钳板摆动机构

中支点式钳板摆动机构简图如图 3-30 所示，下钳板 3 的摆动支点 O_1 与锡林轴同轴。钳板摆臂 2、连杆 3（下钳板座）和摇杆 1 构成铰链四杆机构，摇杆 1 活套在锡林轴 O_1 上。当钳板摆臂 2 往复摆动时，驱动下钳板座做平面运动。上钳板与下钳板在 B 点铰接，同时通过连杆 5 和曲柄 6 与机架相连，构件 5 中间有压缩弹簧，作用是调节钳口处对棉丛的握持力。

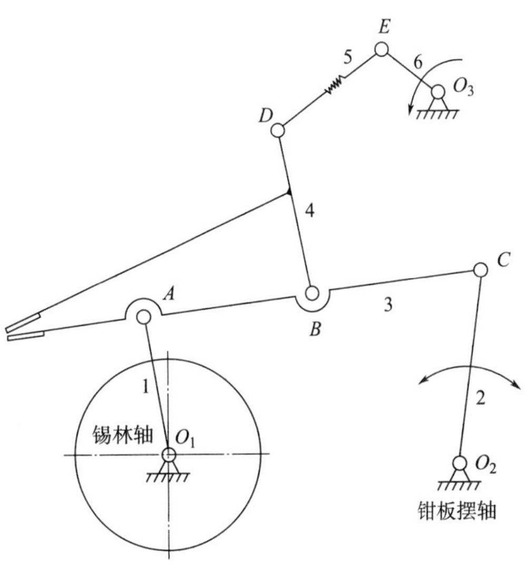

图 3-30　中支点式钳板摆动机构

中支点式钳板摆动机构比上支点式和下支点式都简单，下钳板在摆动过程中近似做平动，锡林梳理阶段的梳理隔距变化很小，对须丛梳理彻底。此外，上钳板利用偏心轴和吊杆实现启闭和加压，使整个上钳板始终受到吊杆的牵吊，减小了钳板的运动惯量。中支点式摆动钳板机构更能适应高速运行，是目前主流梳棉机中广泛采用的钳板传动形式。

在中支点式钳板机构中，钳板摆轴的驱动通常采用图 3-20 所示的摆动导杆机构，因此由式（3-2）~式（3-4）可以求出其运动规律。再根据铰链四杆机构的运动分析方法，利用式（3-9）、式（3-13）和式（3-17）求出图 3-30 中摆杆 O_1A 的运动规律，以及 A 点的速度和加速度（v_A，a_A）。通过分析可知，减小摆动导杆机构中曲柄 l_1 的长度，会产生如下效果。

（1）钳板摆轴的总摆角及钳板摆动动程减小，钳板到达最后位置的时间推迟，钳板后退所占的时间增加而前进所占的时间减小。

（2）钳板摆轴最大角速度降低，钳板加速度在水平方向分量减小，因此钳板摆轴的运动惯量及钳板的惯性力将大幅降低，这有利于减轻机器震动，降低噪声，为提高机器运转速度提供空间。

（3）钳板到达最前位置的时刻和钳板加速度在水平方向分量达到最大值的时刻都有延迟。例如国产 FA261 型、FA261A 型精梳机的曲柄半径为 77.5mm，FA266 型精梳机将该曲柄半径改为 70mm。FA269 型精梳机的曲柄半径进一步优化减小。

3. 下支点式钳板摆动机构

下支点式钳板摆动机构的钳板摆动支点 O_3 位于锡林轴 O_1 的下方，如图 3-31 所示。钳板摆臂 1、下钳板座 2 和摇杆 3 组成铰链四杆机构，当 1 往复摆动时，下钳板 2 做平面运动。上钳板 6 与下钳板 2 及摇杆 3 在 B 点铰接，在 D 点与滑杆 5 铰接，滑杆 5 与摇块 4 在 E 点组成移动副，摇块 4 在 C 点与钳板摆臂 1 和下钳板座 2 铰接。

下支点式钳板摆动机构的梳理隔距变化范围较大：梳理隔距开始较大，然后急剧减小，最后又稍增大，梳理负荷多集中在中排偏后的针排上，梳理负荷不均匀，影响锡林的梳理效能。

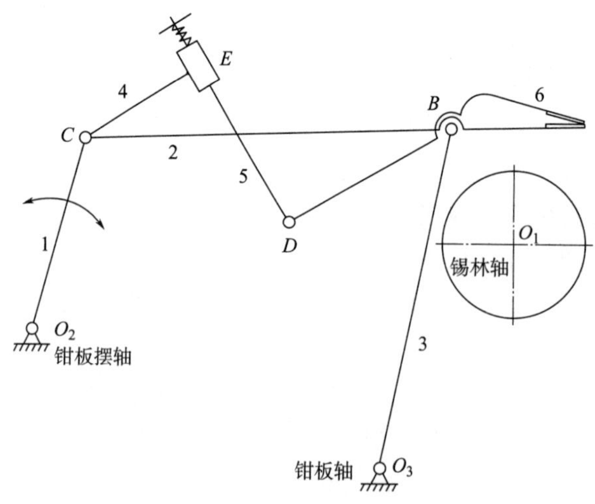

图 3-31　下支点式钳板摆动机构

（四）给棉罗拉的传动

给棉罗拉间歇性地回转，将由棉卷上退绕下来的棉层输送到下钳板钳唇，供锡林梳理。给棉罗拉安装在下钳板上，随钳板一起运动，避免对棉条的额外牵伸。精梳机给棉方式有两种：钳板在前进过程中给棉和钳板在后退过程中给棉，分别称为前进式给棉和后退式给棉。

图 3-32 所示是前进式给棉机构。棘轮 4 与给棉罗拉同轴，当下钳板向前（左）运动时，上钳板绕铰链点 *B* 顺时针旋转，铰接在上钳板上的棘爪 3 拉动棘轮顺时针转动一定角度，从而带动给棉罗拉顺时针转动和输出棉条，给棉发生在梳理之后至纤维分离之前的过程。

若将图 3-32 中的棘爪换成图 3-33 所示的形式，即采用“推”而不是“拉”的动作拨动棘轮，则在下钳板向后运动的过程中，上钳板逆时针转动，带动棘爪 3 推动棘轮顺时针旋转送棉，给棉发生在分离之后至梳理之前的过程。

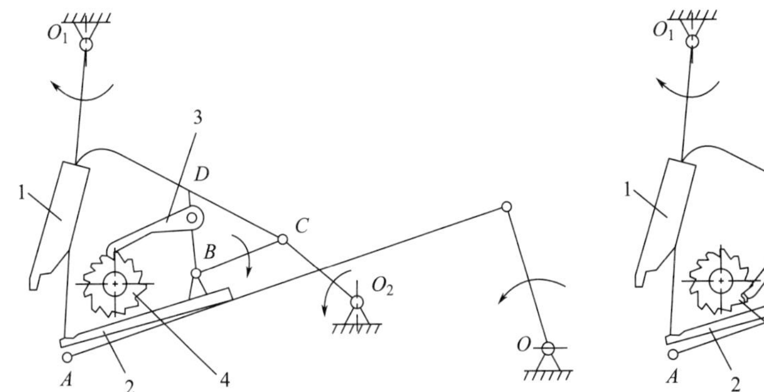

图 3-32　前进式给棉机构

1—上钳板　2—下钳板　3—棘爪　4—棘轮

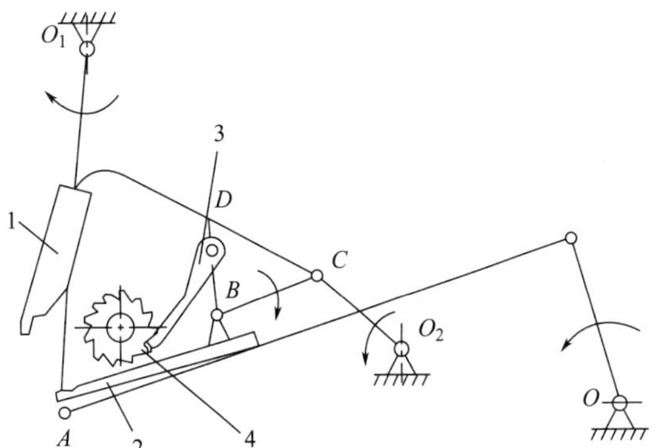

图 3-33　后退式给棉机构

1—上钳板　2—下钳板　3—棘爪　4—棘轮

前进式给棉一次喂入的棉条长度长，每根纤维被梳理的次数少于后退式给棉，分梳效果较差，在其他条件不变的情况下，采用前进式给棉工艺的精梳条中棉结数量、短纤维含量均明显增多，因此前进式给棉适用于纤维长度较长或产品质量要求一般的产品。而后退式给棉对须丛的梳理次数多，梳理效果好、落棉较多，适用于产品质量要求较高的品种。

三、分离罗拉传动机构

分离罗拉和分离皮辊组成握持棉网的钳口。在精梳机每一个工作循环中，分离罗拉和皮辊先倒转，将上一个循环制成的棉网尾端向机内退回一定长度，而刚被锡林梳理好的须丛前端则在钳板的前进运动下叠放在退回的那段棉网上；接着分离罗拉和皮辊正转输出棉网。由于其输出速度比钳板和顶梳的前进速度快，因此会抽引出部分纤维穿越顶梳针齿而从钳板后方的棉层内脱离出来，纤维的尾端在通过顶梳针齿时便得到梳理，成为输出棉网中一段新的组成部分。

为了完成纤维丛的分离和接合工作，分离罗拉必须做倒转和正转，并且正转角度必须大于倒转角度，这样，在每一个工作循环中，分离罗拉的有效输出长度等于正转弧长减去倒转弧长。

分离罗拉一般采用差动机构传动，其中一个输入是与锡林同步的恒速转动，另一个输入是往复摆动，两个输入运动经过差动机构合成后，输出间歇正、反转运动。

（一）FA251 型精梳机分离罗拉的传动分析

图 3-34 所示为 FA251 型精梳机分离罗拉的传动简图。与锡林轴 O_1 同轴的小齿轮 1 和曲柄 O_1A 随锡林轴转动，O_1ABO_2 为一曲柄摇杆机构，连杆 BA 延长处有一点 C，C 点铰接连杆 CD，D 点又铰接摇杆 DO_3，DO_3 与齿轮 3 固结在一起。当锡林轴 O_1 转动时，通过六连杆机构 $O_2BAO_1CDO_3$ 驱动齿轮 3 往复摆动。同时，小齿轮 1 与大齿轮 2 啮合，大齿轮 2 上支撑着双联齿轮 4 和 5，齿轮 4 和 5 分别与齿轮 3 和 6 啮合，且齿轮 3、6 及齿轮 2 的轴线共线。因此，齿轮 3、4、5、6 及齿轮 2 组成一个周转轮系，其中，齿轮 3、6 为太阳轮，齿轮 4、5 为行星轮，大齿轮 2 起到行星架的作用。当锡林轴 O_1 转动时，除了齿轮 3 获得往复摆转之外，行星架（齿轮 2）也从齿轮 1 获得转速。

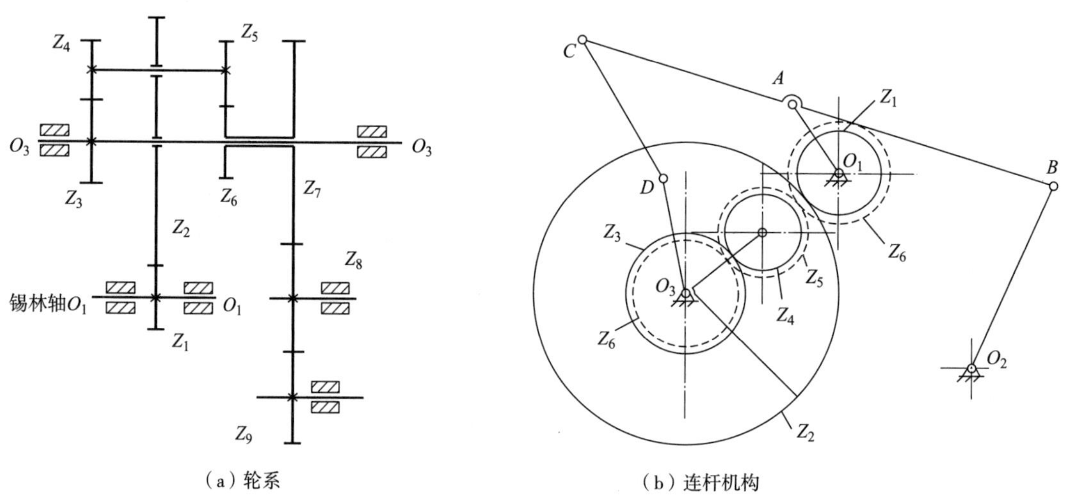

（a）轮系　　（b）连杆机构

图 3-34　FA251 型精梳机分离罗拉的传动简图

根据齿轮传动关系，齿轮 1、2 之间的速比为：

$$i_{12}=\frac{n_1}{n_2}=-\frac{Z_2}{Z_1} \tag{3-32}$$

即：

$$n_2=-\frac{Z_1}{Z_2}n_1 \tag{3-33}$$

根据周转轮系的传动比计算公式可得：

$$i_{36}^{2}=\frac{n_3-n_2}{n_6-n_2}=\frac{Z_4Z_6}{Z_3Z_5} \tag{3-34}$$

将式（3-33）代入式（3-34）并整理，得：

$$n_6=\frac{Z_3Z_5}{Z_4Z_6}n_3+\left(1-\frac{Z_3Z_5}{Z_4Z_6}\right)\left(-\frac{Z_1}{Z_2}\right)n_1 \tag{3-35}$$

因此，已知锡林轴 O_1 的转速 n_1，运用连杆机构运动分析方法可求出六杆机构传递过来的 n_3，将 n_1 和 n_3 代入式（3-35），就可以计算出齿轮 6 的转速 n_6。

齿轮 6 与齿轮 7 同轴，则有图 3-34 可知，与两个分离罗拉同轴的齿轮 9 的转速为：

$$n_{分离拉} = n_9 = \frac{Z_7}{Z_9}n_6 = \frac{Z_7}{Z_9}\left[\frac{Z_3Z_5}{Z_4Z_6}n_3 + \left(1 - \frac{Z_3Z_5}{Z_4Z_6}\right)\left(-\frac{Z_1}{Z_2}\right)n_1\right] \tag{3-36}$$

（二）E7/5 型精梳机分离罗拉的传动分析

图 3-35 为 E7/5 型精梳机分离罗拉的传动机构简图。齿轮 4、7 为太阳轮，齿轮 5、6 是行星轮，齿轮 3 为行星架。齿轮 3 通过过桥齿轮 2 与齿轮 1 啮合，齿轮 1 与锡林轴 O_1 同轴。另外，齿轮 4 的轴 O_3 由图 3-35（b）所示的八杆机构驱动，在此八杆机构中，曲柄 O_1C 与锡林轴连接在一起。因此，图 3-35（a）所示的差动轮系中，行星架（齿轮 3）从锡林轴 O_1 获得匀速转动，太阳轮 4 则随着锡林的转动做往复摆动，它们的运动经过差动轮系复合后，由太阳轮 7 输出间歇正反转的运动，该运动经过齿轮 8 和 9 传递给分离罗拉。

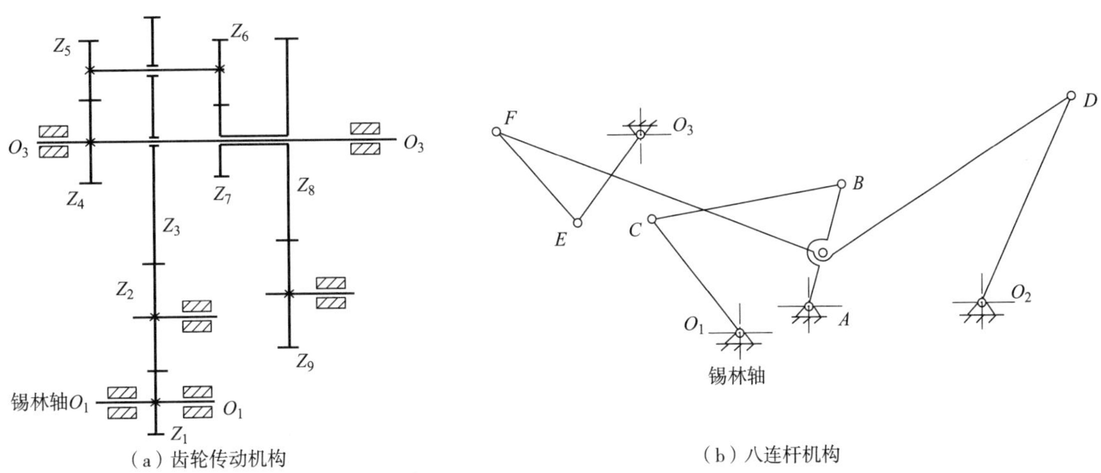

图 3-35　E7/5 型精梳机分离罗拉的传动机构简图

根据齿轮传动关系，齿轮 1、3 之间的速比为：

$$i_{13} = \frac{n_1}{n_3} = \frac{Z_3}{Z_1} \tag{3-37}$$

即：

$$n_3 = \frac{Z_1}{Z_3}n_1 \tag{3-38}$$

根据周转轮系的传动比计算公式，有：

$$i_{47}^{3} = \frac{n_4 - n_3}{n_7 - n_3} = \frac{Z_5Z_7}{Z_4Z_6} \tag{3-39}$$

将式（3-38）代入式（3-39）并整理得：

$$n_7 = \frac{Z_4Z_6}{Z_5Z_7}n_4 + \left(1 - \frac{Z_4Z_6}{Z_5Z_7}\right)\frac{Z_1}{Z_3}n_1 \tag{3-40}$$

因此，已知锡林轴 O_1 的转速 n_1，运用连杆机构运动分析方法可求出八杆机构传递过来的 n_4，将 n_1 和 n_4 代入式（3-30）和式（3-31），就可以计算出齿轮 7 的转速 n_7。

齿轮 7 与齿轮 8 同轴，则由图 3-35 可知，与两个分离罗拉同轴的齿轮 9 的转速为：

$$n_{分离罗拉} = n_9 = -\frac{Z_8}{Z_9}n_7 = \frac{Z_8}{Z_9}\left[\frac{Z_4Z_6}{Z_5Z_7}n_4 + \left(1 - \frac{Z_4Z_6}{Z_5Z_7}\right)\frac{Z_1}{Z_3}n_1\right] \tag{3-41}$$

四、锡林轴的传动

锡林是做旋转运动的，其转速有匀速转动和变速转动两种。因此，对棉丛的梳理就有恒速梳理和变速梳理之分。

（一）恒速梳理的锡林

匀速转动的锡林由主电动机通过带传动和圆柱齿轮直接驱动，图 3-36 是 E7/5 型精梳机的锡林传动简图。恒速梳理的锡林无法避免有效纤维流失的弊端。由于锡林恒速梳理区间较大，使锡林定位、钳板闭合定时及分离罗拉顺转定时工艺参数调整的空间相对较小，若工艺参数设置不当，会发生锡林针将分离丛内的纤维抓走或将分离罗拉倒入机内的棉网抓走的现象，也有可能发生钳板钳口内的有效须丛被锡林的前排针抓走的情况，增加了精梳落棉。

（二）变速锡林传动机构

瑞士立达公司的 E66 型精梳机采用了变速梳理技术，如图 3-37 所示，其主电动机的运动通过带传动和一对圆柱齿轮（29^T 和 143^T）后，又经过两对齿数都是 35^T 的非圆齿轮，最终传动锡林轴。非圆齿轮 1 由车头 143^T 齿轮轴传动，是恒速回转，齿轮 1 与齿轮 2 啮合，齿轮 3 与齿轮 4 啮合；齿轮 2 与齿轮 3 同轴传动，转速相同，最后通过齿轮 4 传动锡林。在回转过程中，由于两啮合齿轮间的传动半径不等，因此两齿轮的传动比及转速不同，由于两非圆齿轮的齿数相同，故回转一周所需的时间相同。通过两对非圆齿轮机构实现齿轮 1 恒速回转，齿轮 4 变速回转，齿轮 1 与齿轮 4 回转一周的时间相同，从而实现锡林变速梳理。

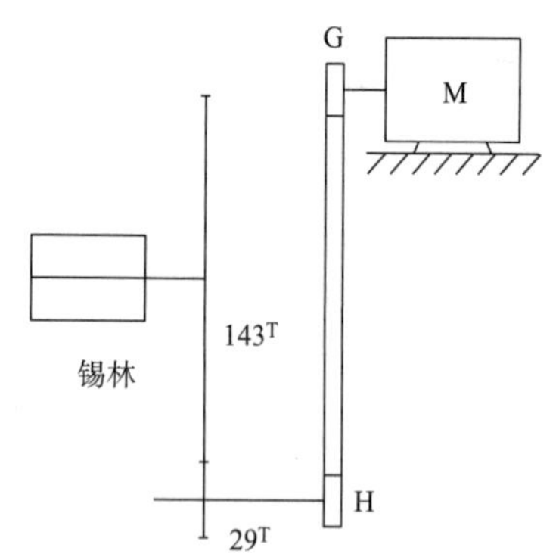

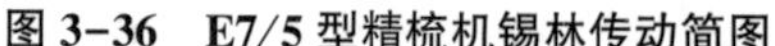

图 3-36　E7/5 型精梳机锡林传动简图

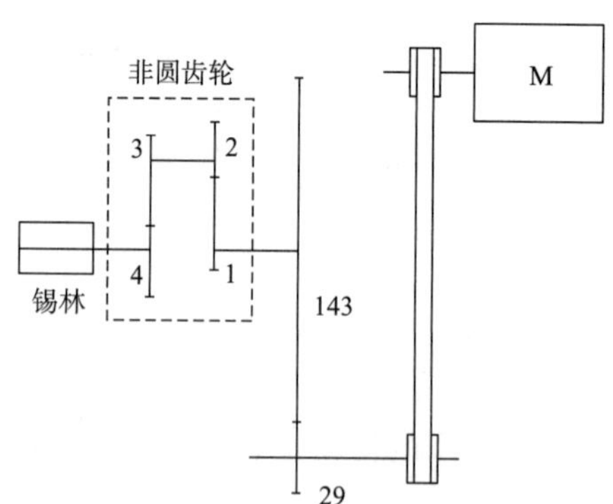

图 3-37　E66 型精梳机锡林传动简图

高速精梳机采用锡林轴瞬时变速技术，将纤维层经过锡林梳理的时间大幅缩短，由于锡林开始梳理时间向后推迟而结束时间提早，很好地解决了锡林末排针对分离罗拉倒入机内棉网的干扰问题，使落棉中有效纤维数量减少，可节约用棉1%~2%。表3-2是恒速梳理和变速梳理落棉率的比较。

表3-2　恒速梳理与变速梳理落棉率比较

机型及梳理形式	锡林定位/分度	落棉率/%	精梳条短绒率/%	落棉短绒率/%
E62（111°）恒速梳理	36	17.9	9.2	80.4
E62（111°）恒速梳理	36	17.2	9.5	81.8
E62（111°）恒速梳理	36	16.7	9.6	82.6
E62（90°）变速梳理	37	16.8	9.6	83.2
E62（90°）变速梳理	37	16.9	9.4	83.1
E62（90°）变速梳理	37	16.8	9.5	83.3

锡林变速梳理，使大齿面角锡林的应用成为可能，随着齿面角的增大，能够大幅度增加梳理区，因此增加了锡林的总梳点数，从而更有效地清除短绒和棉结杂质。

但是，锡林变速梳理的加速度越大，机器震动越大、不利于高速传动，尤其在非圆齿轮材料选择不当、热处理工艺不佳时，会导致非圆柱椭圆齿轮损坏，造成损坏钳板、锡林的现象，甚至会造成锡林轴断裂和齿轮箱损坏等严重机械故障，这是约束变速锡林精梳机速度提高的主要原因之一。

思维导图

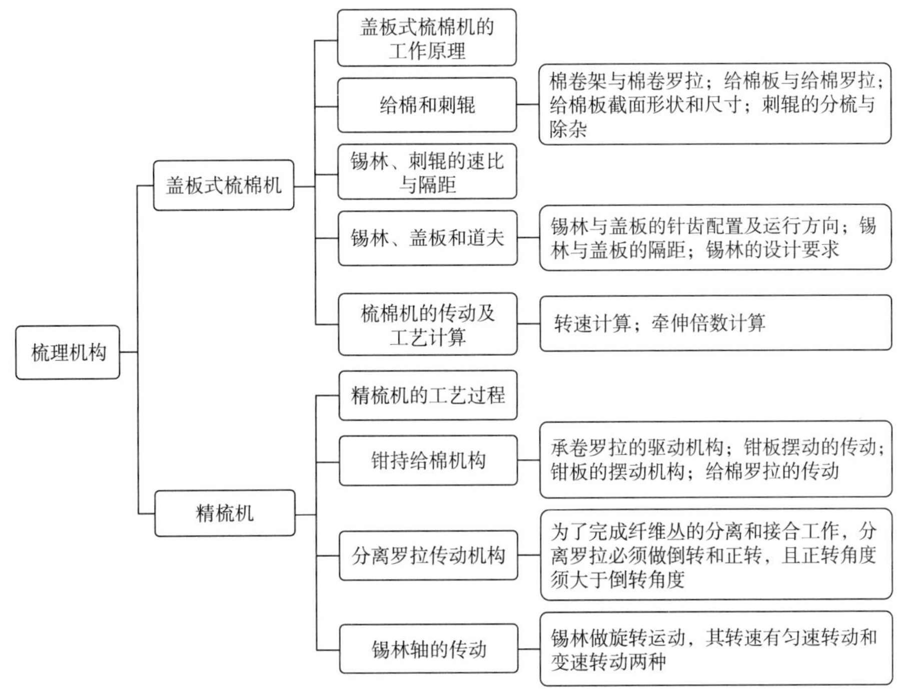

参考文献

［1］刘裕瑄，陈人哲．纺织机械设计原理：上册［M］．北京：纺织工业出版社，1982.
［2］陈人哲．纺织机械设计原理：上册［M］．2 版．北京：中国纺织出版社，1996.
［3］陈革，杨建成．纺织机械概论［M］．北京：中国纺织出版社，2011.
［4］任家智．E7/5 型精梳机钳板传动机构分析［J］．棉纺织技术，1998，26（6）：16-20.
［5］何银康，蒋时阳，山西经纬．FA269 新型精梳机的特性分析［C］//2003 年全国清梳联、精梳工艺技术研讨会论文集．苏州，2003：138-145.
［6］刘允光，李子信．现代精梳机给棉方式对梳理质量的影响［J］．棉纺织技术，2018，46（4）：37-41.
［7］陈金强．精梳机一种新型钳板机构的方案设计［J］．纺织器材，2006，33（2）：17-18，37.
［8］毛立民，侯春杰．一种精梳机旋转钳板机构的设计与分析［J］．上海纺织科技，2013，41（6）：8-10.
［9］郭安波，刘允光，肖际洲．精梳机变速梳理与恒速梳理技术特点探讨［J］．棉纺织技术，2015，43（7）：8-12.

第四章　罗拉牵伸机构

引导语：牵伸是纺纱过程的重要工序之一，在各种纺纱系统中普遍存在。在牵伸过程中，须条横截面内的纤维根数减少，单位长度的质量减轻，须条由粗变细。牵伸的方法有气流牵伸和罗拉牵伸。其中，罗拉牵伸在使须条变细的同时，还使须条内的纤维更加平行伸直，从而改善产品质量，因此在纺织机械中广泛采用。本章介绍罗拉牵伸的原理与设计方法。

学习目标：

1. 了解罗拉牵伸的原理和牵伸形式。
2. 掌握罗拉牵伸机构传动路线的设计原则和罗拉头段的扭矩计算。
3. 了解罗拉牵伸比的计算和变换齿轮的选配。

第一节　罗拉牵伸的原理

一、罗拉牵伸的条件

罗拉牵伸机构由罗拉和胶辊组成，相邻两对罗拉组成一个牵伸区，如图 4-1 所示，每个牵伸区必须具备以下三个基本条件。

（1）必须对胶辊施加一定压力，使罗拉钳口对须条产生足够的握持力。

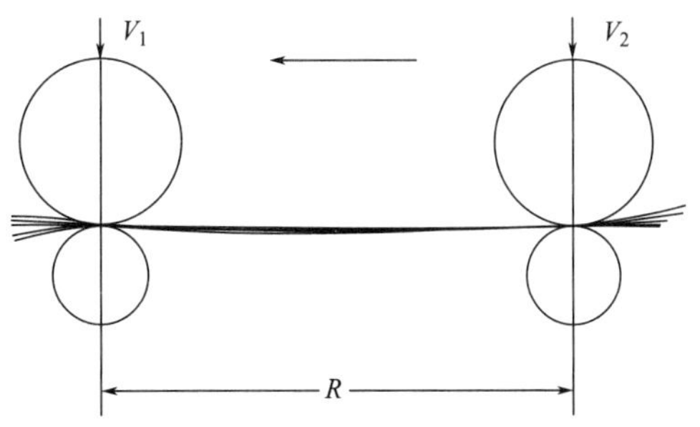

图 4-1　两对罗拉的牵伸

（2）输出罗拉的表面线速度 V_2 要大于喂入罗拉的表面线速度 V_1，即 $V_2>V_1$。根据输出罗拉与喂入罗拉表面线速度的相差程度，有两种牵伸形式：如果这两个线速度相差很小，须条中的纤维只是从弯曲、膨松状态伸直平行，绝大多数纤维之间未发生轴向的相对位移，这种牵伸称为弹性牵伸或张力牵伸，张力牵伸能使须条张紧，防止其在输送过程中松坠，达不到须条变细的目的；若输出罗拉与喂入罗拉的表面线速度相差较大，须条中的纤维之间产生了相对运动，从而被抽长拉细，这种牵伸称为位移牵伸。

（3）两对罗拉的钳口间要有一定的距离 R，该距离（罗拉中心距）应比纤维品质长度略大，以免损伤纤维。

动画：两对罗拉的牵伸装置

因此，罗拉的加压、中心距和表面速比是罗拉牵伸的三个重要工艺参数。

二、牵伸倍数及牵伸效率

牵伸倍数是指须条被拉细的程度，通常用 E 表示。如果须条被拉长 E 倍，其单位长度重量或横截面内纤维根数减少为原来的 $1/E$，则其牵伸倍数为 E。若牵伸过程中没有纤维损失，则：

$$E_2 = \frac{L_1}{L_2} = \frac{W_2}{W_1} = \frac{T_2}{T_1} \tag{4-1}$$

式中：L_2、L_1 为牵伸前后须条的长度；W_2、W_1 为牵伸前后单位长度须条的重量；T_2、T_1 为牵伸前后须条的线密度（tex）。

若牵伸过程中罗拉与须条之间无相对滑溜现象，即 $\frac{L_1}{L_2} = \frac{V_1}{V_2}$，则有：

$$E_1 = \frac{L_1}{L_2} = \frac{V_1}{V_2} \tag{4-2}$$

式中：V_2、V_1 为喂入罗拉和输出罗拉的表面线速度。

由式（4-2）所得的牵伸倍数称为机械牵伸倍数或计算牵伸倍数。由式（4-1）所得的牵伸倍数称为实际牵伸倍数。如果考虑到牵伸过程中纤维的损失、牵伸罗拉的滑溜、须条的回弹及捻缩等因素，通常 E_2 不等于 E_1。实际牵伸倍数与机械牵伸倍数之比称为牵伸效率 η：

$$\eta = \frac{E_2}{E_1} \times 100\% \tag{4-3}$$

罗拉牵伸装置通常由几对牵伸罗拉组成，从最后一对喂入罗拉至最前一对输出罗拉间的牵伸倍数称为总牵伸倍数，相邻两对罗拉间的牵伸倍数称为部分牵伸倍数。

设由四对牵伸罗拉组成三个牵伸区，罗拉线速度自后向前逐渐加快，即 $V_1 > V_2 > V_3 > V_4$，各部分牵伸倍数分别是：$E_1 = V_1/V_2$，$E_2 = V_2/V_3$，$E_3 = V_3/V_4$，则总的牵伸倍数为：

$$E = E_1E_2E_3 = V_1/V_4 \tag{4-4}$$

即总牵伸倍数等于各部分牵伸倍数的乘积。

三、牵伸的组合及分配

（一）牵伸的组合

纺织机械的牵伸机构一般含 1~3 个牵伸区，每个牵伸区承担的牵伸倍数根据喂入的纱条情况、牵伸形式、机械条件来确定。合理地组合不同形式的牵伸区，分配各牵伸区的牵伸倍数，形成机构简单、效果良好的牵伸机构，能增加总的牵伸量，从而提高产品质量。

（二）牵伸的分配

纱条经过牵伸后纤维之间的联系减弱，在下一个牵伸区承受牵伸的能力相应减小，所以过多的牵伸区不一定能使总牵伸增加很多。为了改善纤维间的抱合力，有时在一个牵伸区后采用集合器使纱条中纤维集合紧密，然后加以牵伸。例如，四对简单罗拉的牵伸，可有三个牵伸区，它们的牵伸倍数由后向前逐渐增加（$E_3<E_2<E_1$），称为连续牵伸或渐增牵伸。如果

中间牵伸区用集合器，使经过后区牵伸的须条紧密起来，牵伸倍数等于或接近于1，则四对罗拉的牵伸机构实际上仅使用两个牵伸区，称为双区牵伸。双区牵伸的特征是在两个牵伸区中间增加集合区。

（三）罗拉牵伸的精确控制

改进牵伸机构和增加牵伸倍数，能减少牵伸次数，提高生产率。增大了牵伸倍数的机构称为大牵伸机构。由条子直接牵伸成细纱称为超大牵伸，牵伸倍数可达250倍左右。牵伸倍数越大，纤维越易扩散，因而越需要精确的控制。

第二节 罗拉牵伸的形式

按照牵伸区中对须条施加压力的机件形式，短纤维罗拉牵伸有如下类型。

一、直线牵伸

直线牵伸是最简单的牵伸形式（图4-2），只由若干对上下罗拉组成，罗拉钳口几乎在一个平面上，每对罗拉都能握持纤维，罗拉对数为2~5对。

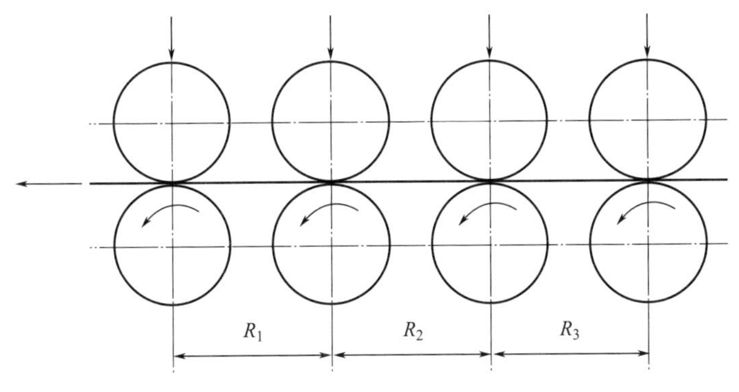

图4-2 直线牵伸（简单罗拉牵伸）

动画：直线牵伸

二、曲线牵伸

曲线牵伸装置中各对罗拉的钳口不在一个平面上，牵伸时须条呈曲线状态。须条在牵伸力作用下被压紧在罗拉表面而产生附加摩擦力，可有效地控制纤维的运动。通过改变罗拉钳口的布置形式和位置，可得到不同配置形式的曲线牵伸。目前在纺织机械上广泛采用的有三上四下曲线牵伸、压力棒曲线牵伸和多皮辊曲线牵伸。

（一）三上四下曲线牵伸

三上四下曲线牵伸是在四罗拉双区直线牵伸的基础上发展起来的，如图4-3所示，它用一根大皮辊骑跨在第二、第三罗拉上，大皮辊与这两个罗拉形成的钳口间隔距很小，为无牵伸区，此间须条紧贴在皮辊表面 *CD* 上，使摩擦力加强，纤维运动得到可靠控制，减少了皮辊的滑溜。三上四下曲线牵伸有前置式和后置式两种形式。

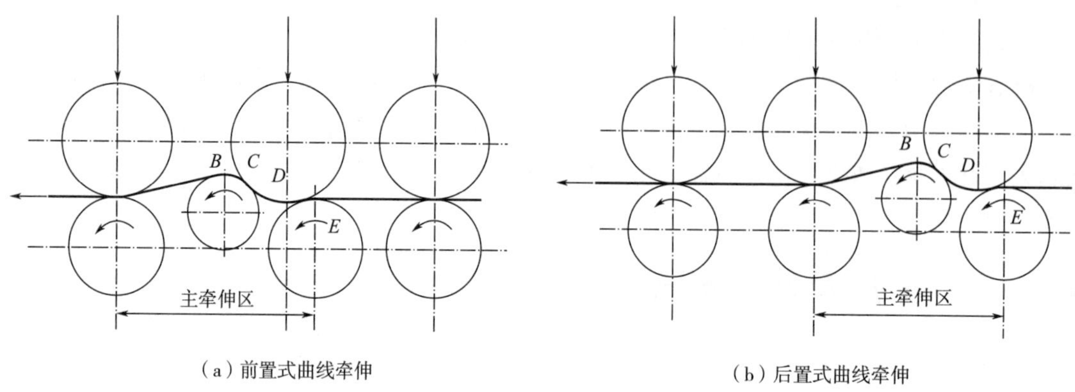

（a）前置式曲线牵伸　　（b）后置式曲线牵伸

图 4-3　三上四下曲线牵伸

图 4-3（a）为前置式曲线牵伸。在前置式的主牵伸区内，第二罗拉位置适当抬高（一般高于前罗拉表面 3~4mm），使须条在第二罗拉表面形成包围弧 *BC*，迫使纤维经过弯曲通道，增加了该处须条的密度和纤维的摩擦强度，增强并扩展了后钳口摩擦力界的分布，有效地控制了纤维的运动，有利于纤维的伸直。在后牵伸区，须条在第三罗拉表面形成反包围弧 *DE*，使变速点后移，同样有利于纤维的伸直。这种牵伸形式的缺点是：罗拉握持距对纤维长度的适应性差，高速时，前罗拉直径一般要增加到 40mm 以上，使前区握持距难以减小，不适于加工较短纤维。因为第二罗拉抬高，在前罗拉上产生了反包围弧，因此前区中须条不能直接进入前钳口。

动画：前置式曲线牵伸

动画：后置式曲线牵伸

图 4-3（b）为后置式曲线牵伸。在后置式牵伸装置中，主牵伸区中纤维数量较前置式多，增强了后部摩擦力界强度，有利于控制浮游纤维的运动，适合加工长度较短的纤维。在主牵伸区的前方有一个整理区，可使在主牵伸区受到急弹性变形的纤维在离开前钳口后继续受到一定张力，防止或减少纤维的回缩，有利于伸直度的保持和稳定。后置式一般配置在二道并条机上，用于伸直后弯钩纤维。因其对前弯钩的伸直不利，因此不用在前道并条机上。另外，后置式三上四下曲线牵伸形式在主牵伸区的握持距较大，飞花多，易产生纱疵，加重了清洁工作的强度。

前置式牵伸能力较后置式大，预牵伸区对纤维的伸直作用为主牵伸区创造了条件，使前区牵伸倍数有可能提高，并减少纤维变速点分布的离散度，有利于提高成纱质量。这种牵伸形式可用于各道并条机上。

（二）压力棒曲线牵伸

压力棒曲线牵伸是目前高速并条机上广泛采用的一种牵伸形式，将简单罗拉牵伸中的中间上罗拉改为木制或钢制的轻质小辊，称为压力棒。压力棒增加了牵伸区中部的摩擦力界，有利于纤维变速点向前钳口靠近且集中，改善牵伸效果，对纤维长度的适应性好，且反包围弧很小或没有。根据压力棒与须条的相对位置，压力棒牵伸可分为下压式和上托式两种。

下压式压力棒设置在须条上方，如图 4-4 所示，这种牵伸装置是当前高速并条机上采用最广泛的一种牵伸形式。在主牵伸区中装有压力棒，是一根半圆辊或扇形棒，它的弧形边缘与须条接触并迫使须条的通道成为曲线，但压力棒上易积花。

动画：下压式压力棒牵伸

上托式压力棒设置在须条下方，如图 4-5 所示，压力棒向上托起须条使其弯曲，增加对纤维的握持。由于压力棒位于须条下部，消除了积花现象，结构简单，操作方便。但当棉网高速运动、向上的冲力较大时，压力棒对须条的控制作用较差，不适宜高速。

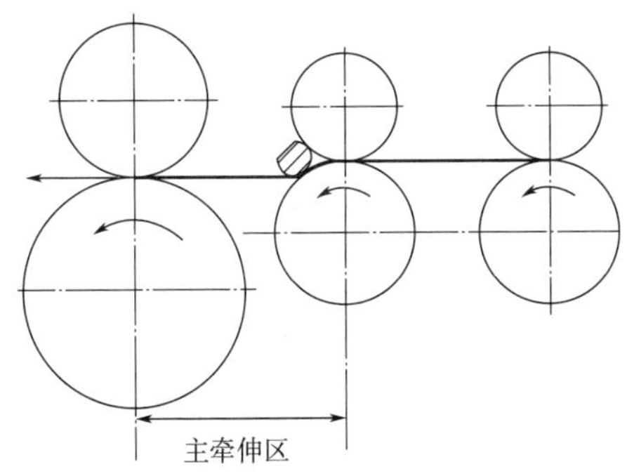

图 4-4 下压式压力棒牵伸形式

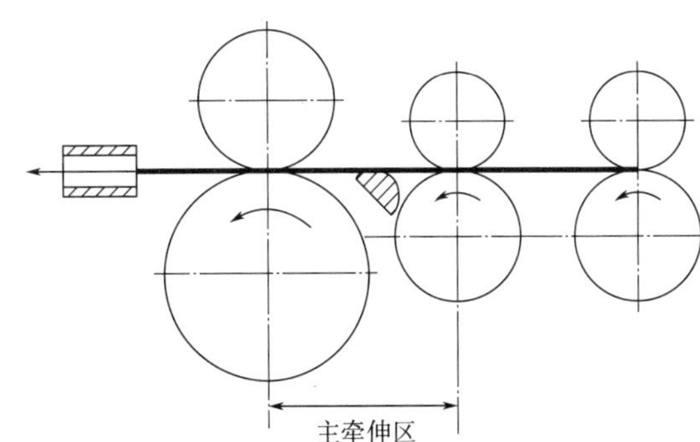

图 4-5 上托式压力棒牵伸形式

1. 压力棒曲线牵伸的特点

（1）压力棒位置可调，可使须条沿前罗拉的握持点切向喂入。

（2）压力棒加强了主牵伸区后部摩擦力界，使纤维变速点向前钳口靠近且集中。

（3）对加工不同长度纤维的适应性强，适纺 25~80mm 的纤维。

（4）压力棒对须条的法向压力有自行调节作用，相当于一个弹性钳口。当喂入品是粗段时，牵伸力增加，此时压力棒的正压力也正比例增加，加强了压力棒牵伸区后部的摩擦力界，可防止由于牵伸力增大将浮游纤维提前变速。当喂入品是细段时，须条上所受的压力略有降低，从而使压力棒能够稳定牵伸力。

2. 压力棒牵伸形式

（1）三上三下压力棒式。如图 4-4 和图 4-5 所示，这两种压力棒曲线牵伸的共同特点为双区牵伸，第一、第二罗拉间为主牵伸区，第二、第三罗拉间为后牵伸区，第二罗拉上的胶辊既是主牵伸区的控制辊，又是后牵伸区的牵伸辊，中皮辊易打滑。这种牵伸装置适合纺中、粗特纱，其棉网在离开牵伸区进入集束区时，易受气流干扰，影响输出速度提高。

（2）三上三下附导向辊压力棒曲线牵伸。如图 4-6 所示，在输出罗拉的前面增加一导向辊，输出棉网在导向辊的作用下转过一个角度后顺利地进入集束器，克服了三上三下牵伸形式中棉网易散失的缺点。

（3）四上四下附导向辊、压力棒双区曲线牵伸。如图 4-7 所示，这种牵伸形式的特点是既有双区牵伸和曲线牵伸的优点，又带有压力棒。与三上三下压力棒式曲线牵伸结构相比，其突出特点是中区的牵伸倍数 E 为接近于 1（$E=1.018$）的略有张力的固定牵伸。这种设置改善了前区的后胶辊和后区的前胶辊的工作条件，使前区的后胶辊主要起握持作用，后区的前胶辊主要起牵伸作用，改善了牵伸过程中的受力状态。因此，在相同的牵伸系统制造精度条件下，须条可获得较好的综合握持效果，有利于稳定条干质量。另外，须条经后区牵伸后，进入牵伸倍数 E 近于 1 的中区，可起稳定作用，为进入更大倍数的前区牵伸做好准备。这种牵伸系统可适纺纤维长度为 20～75mm，通常情况下，适纺 60mm 以下纤维。如纺 60～75mm 纤维时，要拆除第三对罗拉，改为三上三下附导向辊压力棒式连续牵伸。

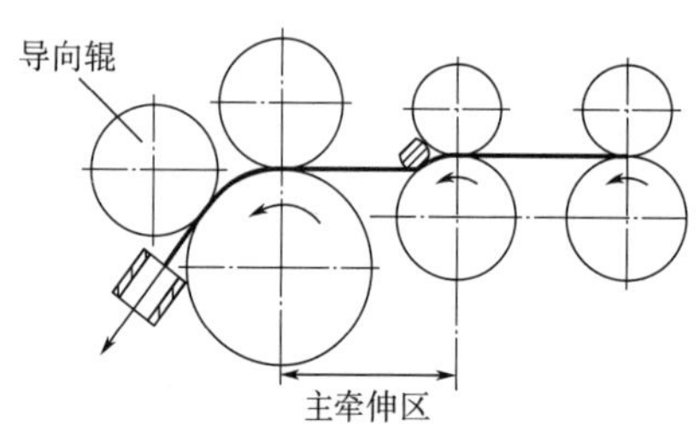

图 4-6　下压式附导向辊压力棒牵伸

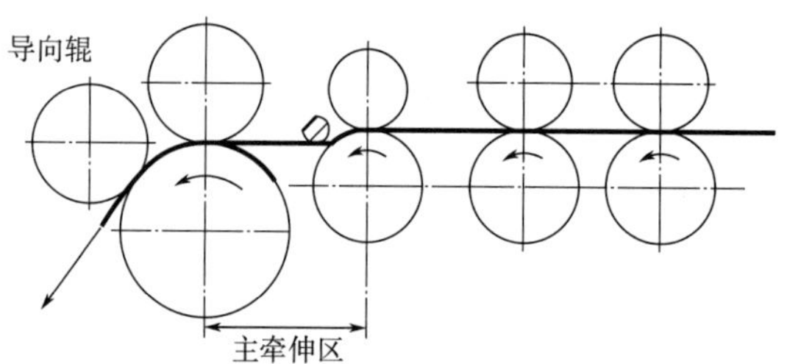

图 4-7　四上四下附导向辊、压力棒双区曲线牵伸

（三）多皮辊曲线牵伸

皮辊列数多于罗拉列数的曲线牵伸装置叫多皮辊曲线牵伸。这种曲线牵伸既能适应高速，又能保证产品质量，广泛用于并条机上。目前有五上三下曲线牵伸和五上四下曲线牵伸两种形式。

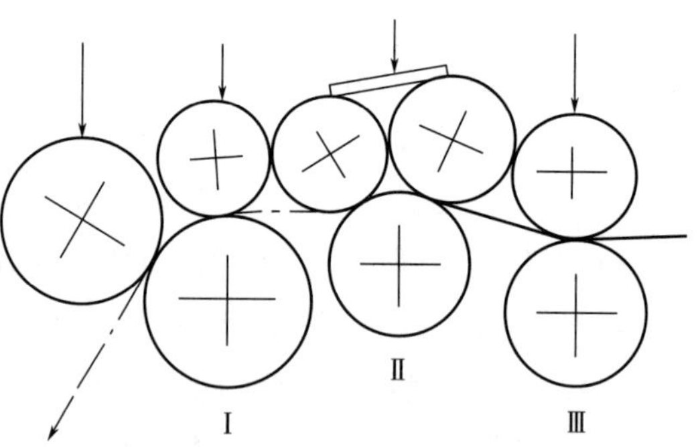

图 4-8　五上三下曲线牵伸

1. 五上三下曲线牵伸形式的特点

图 4-8 所示是五上三下曲线牵伸形式，具有以下特点。

（1）结构简单，能满足并条机高速化的要求。该牵伸机构内没有集束区，整个牵伸区仅有三根罗拉，简化了结构和传动系统，罗拉列数少，为扩大各牵伸区的中心距创造了条件，适纺较长纤维。

动画：五上三下曲线牵伸

（2）前后牵伸区都是曲线牵伸，利用第二罗拉抬高对须条的曲线包围弧，加强了前牵伸区的后部摩擦力界分布，有利于条干均匀度。

（3）由于将第二罗拉的位置抬高，第三罗拉位置降低，三根罗拉呈扇形配置，使须条在前、后两个牵伸区中都能直接沿公切线方向喂入，将反包围弧减小到最低限度，对提高产品质量有利。

（4）前皮辊起导向作用，有利于高速。

（5）对加工纤维长度的适应性增强。因为采用了多列皮辊，并缩短了中间两个皮辊的直径，使罗拉钳口间距离缩小，能加工 25mm 的短纤维。又由于罗拉列数少，可放大第一到第三罗拉间的中心距，故可加工长纤维。

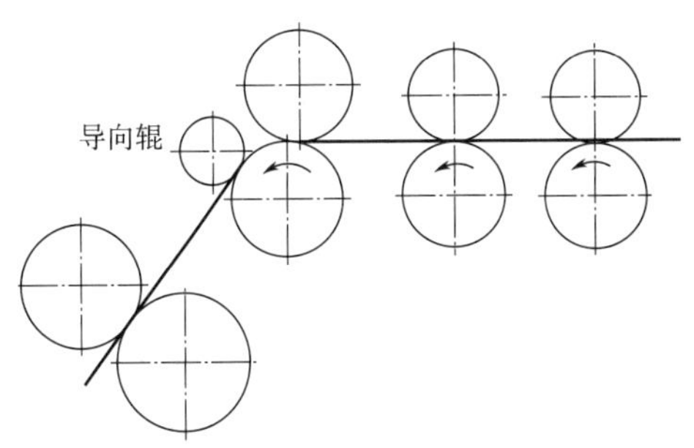

图 4-9 五上四下曲线牵伸

2. 五上四下曲线牵伸形式的特点

图 4-9 所示为五上四下曲线牵伸装置，由一组两上一下罗拉作为第二对罗拉，再加三对罗拉组合而成。其特点如下。

（1）第二罗拉位置抬高，第二皮辊直径小且前倾靠近前皮辊，缩短了主牵伸区的握持距长度，加强了对浮游纤维的控制，对纤维的适应性强。

（2）第二皮辊和第二罗拉轴端各装一个“间隙颈圈”，使钳口间产生一个间隙，前牵伸区的后钳口形成弹性钳口，避免造成牵伸力过大，并对喂入须条的压力有自调节作用，既有利于控制纤维运动，又不妨碍长纤维从弹性钳口内抽出，这个间隙的大小可根据纤维种类、须条线密度来确定，一般在 0. 25~0. 6mm 之间。

动画：五上四下曲线牵伸

三、皮圈牵伸

皮圈牵伸是现代牵伸机构的主要形式之一，其主要结构是后罗拉上套有皮圈，皮圈前端有皮圈销，位置比较靠近前罗拉。纤维在皮圈的控制下一直以喂入罗拉的线速度运动，当它们在接近前罗拉时才变速，有利于提高产品质量。图 4-10 是皮圈牵伸的几种典型例子，上下罗拉都配有皮圈。若只有下皮圈，而上面有轻质辊或控制辊，称为单皮圈牵伸机构。因为中上罗拉有周向凹槽，纱条通过时不被握持，即三对罗拉仅有一个牵伸区，这种牵伸称为滑溜牵伸，不适于加工很粗的须条，因此主要用在粗纱机和细纱机上。

动画：双皮圈牵伸

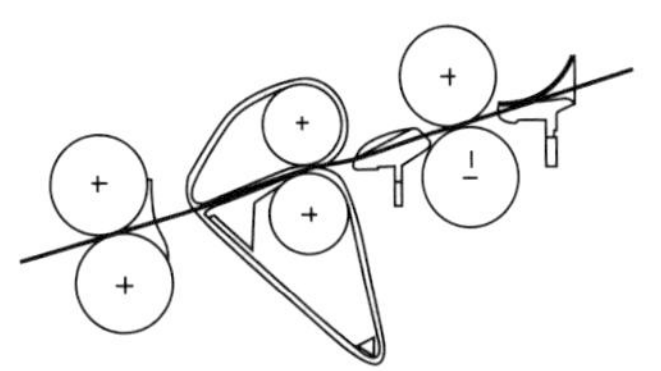
（a）长下皮圈三罗拉双皮圈牵伸

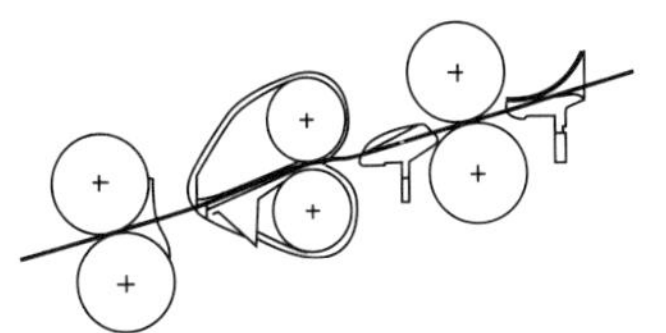
（b）短下皮圈三罗拉双皮圈牵伸

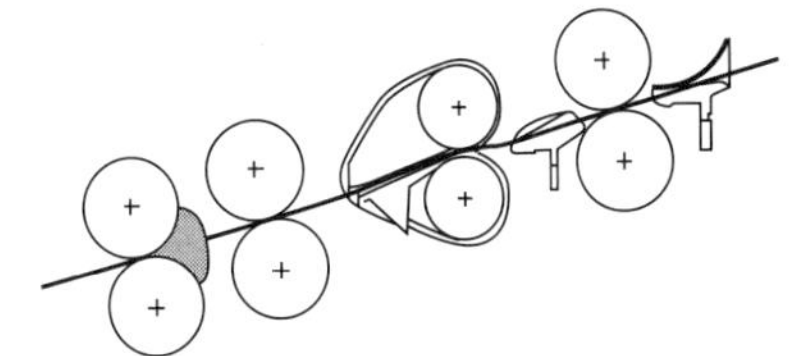
（c）短下皮圈四罗拉双皮圈牵伸

图 4-10 皮圈牵伸

第三节　牵伸机构传动形式

一、传动路线的设计原则

罗拉牵伸机构传动路线的设计原则是：先传动大功率件，后传动小功率件；先传动高速件，后传动低速件。图 4-11 是传统细纱机上采用的几种牵伸罗拉传动方案。图 4-11（a）的传动线路是：前罗拉→中罗拉→后罗拉；图 4-11（b）的传动线路是：前罗拉→后罗拉→中罗拉；图 4-11（c）的传动线路是：前罗拉→中罗拉、后罗拉。前两种是串联式传动配置，第三种是并联式配置。

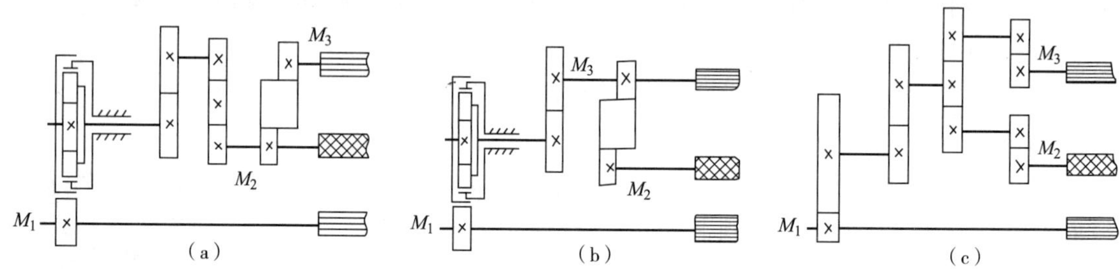

图 4-11　传统细纱机牵伸罗拉传动方案

二、罗拉头段的扭矩计算

传动路线的不同，中罗拉和后罗拉头段所受的扭矩和轮系速比分配也就不同。罗拉头段的扭矩计算公式为：

$$M = N/\omega = N/2\pi n \tag{4-5}$$

式中：M 为扭矩；N 为罗拉消耗的功率；n 为罗拉转速。

表 4-1 是图 4-11 三种传动方案中各列罗拉头段扭矩的对比。可以看出，第三种传动路线的中、后罗拉头段扭矩负荷最小；第一种传动路线的中罗拉头段以及第二种传动路线的后罗拉头段，均需同时负担中、后罗拉的扭矩，负载较大。因此，第三种传动形式目前被广泛采用。

表 4-1　各列罗拉头段扭矩负荷

各列罗拉的头段负荷	三种传动路线		
	(a)	(b)	(c)
M_1（$M_{前}$）	$(N_1+N_2+N_3)/2\pi n_1$	$(N_1+N_2+N_3)/2\pi n_1$	$(N_1+N_2+N_3)/2\pi n_1$
M_2（$M_{中}$）	$(N_2+N_3)/2\pi n_2$	$N_2/2\pi n_2$	$N_2/2\pi n_2$
M_3（$M_{后}$）	$N_3/2\pi n_3$	$(N_2+N_3)/2\pi n_3$	$N_3/2\pi n_3$

第四节 牵伸比的计算和变换齿轮的选配

罗拉牵伸传动机构比较简单，就是根据先后顺序由一系列齿轮啮合传动至罗拉连续转动。因此，牵伸机构设计的一项重要任务是，根据牵伸倍数及其变化范围的要求，合理分配轮系中齿轮的传动比和选择变换齿轮的齿数。其中，牵伸变换齿轮用于控制纺出纱条的重量，其调节范围应能满足纺制各种纱支的工艺要求，并符合纱支重量偏差的规定。

一、牵伸变换齿轮的齿数选配

在设计牵伸变换齿轮时，应该了解牵伸倍数的变化范围 $E_{min} \sim E_{max}$ 以及纱条重量的容许偏差 δ。同时，希望以最少的变换齿轮数满足变换范围要求。

牵伸变换齿轮通常选择传动轮系中某一级的一个齿轮，或者一对相啮合的齿轮，必要时可变换两对相啮合齿轮，以求得最大的变换范围。

（一）牵伸倍数数列和牵伸倍数变换级差率

牵伸倍数范围为 E_1，E_2，E_3，…，E_j，E_{j+1}，…，E_n，其中，E_1 为最小牵伸倍数，E_n 为最大牵伸倍数，牵伸倍数有 n 挡。从 E_j 变换到 E_{j+1} 时，其牵伸倍数变换级差率为：

$$\Delta E = (E_{j+1} - E_j)/E_j \tag{4-6}$$

此级差率应满足纱条重量偏差 δ 的要求，即：

$$\Delta E = (E_{j+1} - E_j)/E_j = E_{j+1}/E_j - 1 \leqslant \delta \tag{4-7}$$

牵伸倍数分挡越细（n 越多），变换级差率 ΔE 就越小，越易满足 $\Delta E \leqslant \delta$ 的要求。但分挡越多，变换齿轮的数量也就增多。理想的设计是：以最少的变换齿轮数量满足纺纱工艺对重量偏差的要求。

设只采用一个变换齿轮，若牵伸倍数的分布采用等差数列，变换齿轮的齿数之间只相差一齿，由 $Z_{A1} \sim Z_{Am}$ 共 m 挡，对应的牵伸倍数为 $E_{min} \sim E_{max} = CZ_{A1} \sim CZ_{Am}$，此数列为等差数列，公差值为牵伸常数 C，且有：

$$E_j = E_1 + C(j - 1) \tag{4-8}$$

式中，E_1 是最小牵伸倍数。因此，各挡变换级差率为：

$$\Delta E_1 = (E_2 - E_1)/E_1 = (CZ_{A2} - CZ_{A1})/CZ_{A1} = 1/Z_{A1}$$

$$\Delta E_2 = (E_3 - E_2)/E_2 = (CZ_{A3} - CZ_{A2})/CZ_{A2} = 1/Z_{A2}$$

$$\Delta E_{n-1} = (E_n - E_{n-1})/E_{n-1} = 1/Z_{A(n-1)}$$

由此可知，若变换齿轮的齿数为等差数列，则各挡变换级差率不相等。第一挡最大，随着齿数 Z_A 的增大，级差率逐渐递减，变换齿轮的数量也越多。

若使每挡牵伸倍数变换级差率相等，且小于偏差允许值 δ，即：

$$\Delta E = (E_{j+1} - E_j)/E_j \equiv k(<\delta) \tag{4-9}$$

则有：

$$E_{j+1}/E_j=1+k\equiv\varphi \tag{4-10}$$

这是一个等比数列，其公比 φ 是相邻项的比值，任意项为 $E_j=E_1\varphi^{j-1}$。

在相同牵伸变换范围内，等比数列比等差数列的挡数要少得多，即变换齿轮数量也大为减少。故一般变换齿轮都按等比数列设计。

（二）牵伸倍数等比数列公比 φ 和变换总挡数 N 的确定

1. 公比 φ

在式（4-9）中，令 $\Delta E\equiv k\leqslant\delta$，可得：

$$\varphi\equiv1+k\leqslant1+\delta \tag{4-11}$$

由式（4-11）可根据纺纱工艺所要求的纱条重量偏差值 δ 确定公比值 φ。

2. 变换总挡数 N

采用一对相啮合的变换齿轮（Z_A，Z_B），按递增公比 φ 搭配而得牵伸倍数系列 E_1，$E_1\varphi$，$E_1\varphi^2$，…，$E_1\varphi^{n-1}$（其中 E_1 为 $Z_A=Z_B$ 时的牵伸倍数），其指数公差为 1，而 $E_n/E_1=\varphi^{n-1}$，共有 n 挡。

若将 Z_A，Z_B 对调啮合，成为按递减公比 φ^{-1} 搭配，则可得牵伸倍数系列 E_1，$E_1\varphi^{-1}$，$E_1\varphi^{-2}$，…，$E_1\varphi^{-(n-1)}$，其指数公差为-1，而 $E_n/E_1=\varphi^{-(n-1)}$，也共有 n 挡。

以上两数列合并，去掉一个 E_1 重复挡，可得总挡数为：

$$N=2n-1 \tag{4-12}$$

其中，最大牵伸倍数 $E_{max}=E_1\varphi^{n-1}$，最小牵伸倍数 $E_{min}=E_1\varphi^{-(n-1)}$，以 B 代表 E_{max} 与 E_{min} 的比值，可得：

$$B=E_{max}/E_{min}=E_1\varphi^{n-1}/E_1\varphi^{-(n-1)}=\varphi^{2n-2} \tag{4-13}$$

将式（4-12）代入式（4-13）可得变换挡数：

$$N=(\lg B/\lg\varphi)+1 \tag{4-14}$$

因此，在 B 和 φ 确定后，即可由上式求得变换总挡数 N。

（三）牵伸传动常数 C

已知牵伸变化范围 $E_{min}\sim E_{max}$，则可得：

$$E_{min}E_{max}=E_1\varphi^{n-1}\cdot E_1\varphi^{-(n-1)}=E_1^2$$

故：

$$E_1=\sqrt{E_{min}E_{max}} \tag{4-15}$$

对牵伸传动机构来说，牵伸倍数的通式为：

$$E=C(Z_A/Z_B)$$

式中：C 是牵伸传动常数，等于牵伸传动路线中除变换齿轮（Z_A/Z_B）以外各级齿轮速比和前后罗拉直径比的连乘积。由于齿轮齿数需为整数，设计时应尽可能使牵伸传动常数 C 接近工艺参数 E_1。

（四）指数方阵表和变换齿轮数量的确定

牵伸倍数数列按公比 φ 等比数列设计，由 $E=C(Z_A/Z_B)$ 可知，速比 Z_A/Z_B 的数列也应为同一公比 φ 的等比数列。下面以四个齿轮为例，设 Z_1、Z_2、Z_3、Z_4 为四个变换齿轮的齿数，而且 $Z_1>Z_2>Z_3>Z_4$，可列出齿轮搭配的方阵表见表 4-2。

表 4-2 齿轮搭配方阵表

Z_B	Z_A			
	Z_1	Z_2	Z_3	Z_4
Z_1	Z_1/Z_1	Z_2/Z_1	Z_3/Z_1	Z_4/Z_1
Z_2	Z_1/Z_2	Z_2/Z_2	Z_3/Z_2	Z_4/Z_2
Z_3	Z_1/Z_3	Z_2/Z_3	Z_3/Z_3	Z_4/Z_3
Z_4	Z_1/Z_4	Z_2/Z_4	Z_3/Z_4	Z_4/Z_4

设：

$$\frac{Z_1}{Z_2}=\varphi^a,\ \frac{Z_2}{Z_3}=\varphi^b,\ \frac{Z_3}{Z_4}=\varphi^c$$

则：

$$\frac{Z_1}{Z_3}=\frac{Z_1}{Z_2}\cdot\frac{Z_2}{Z_3}=\varphi^{a+b},\ \frac{Z_2}{Z_4}=\varphi^{b+c},\ \frac{Z_1}{Z_4}=\varphi^{a+b+c}$$

$$\frac{Z_2}{Z_1}=\varphi^{-a},\ \frac{Z_3}{Z_2}=\varphi^{-b},\ \frac{Z_4}{Z_3}=\varphi^{-c},\ \frac{Z_3}{Z_1}=\varphi^{-(a+b)},\ \frac{Z_4}{Z_2}=\varphi^{-(b+c)},\ \frac{Z_4}{Z_1}=\varphi^{-(a+b+c)}$$

将上述结果代入表 4-2，可得表 4-3。

表 4-3 齿轮搭配比值方阵表

Z_B	Z_A			
	Z_1	Z_2	Z_3	Z_4
Z_1	φ^0	φ^{-a}	$\varphi^{-(a+b)}$	$\varphi^{-(a+b+c)}$
Z_2	φ^a	φ^0	φ^{-b}	$\varphi^{-(b+c)}$
Z_3	φ^{a+b}	φ^b	φ^0	φ^{-c}
Z_4	φ^{a+b+c}	φ^{b+c}	φ^c	φ^0

表 4-3 可简化为以 φ 的指数来表示，称为指数（x）方阵表，见表 4-4。

表 4-4 齿轮搭配指数（x）方阵表

Z_B	Z_A			
	Z_1	Z_2	Z_3	Z_4
Z_1	0	$-a$	$-a-b$	$-a-b-c$
Z_2	a	0	$-b$	$-b-c$
Z_3	$a+b$	b	0	$-c$
Z_4	$a+b+c$	$b+c$	c	0

由表 4-4 可以看出，编制齿轮搭配指数方阵时可遵循如下规律。

（1）自左上至右下的对角线方格中全部指数值为零，即为一对变换齿轮齿数相等的情况。

（2）对角线左下方第一斜梯方格中的数值为级差指数，即相邻齿数比 φ^x 中的指数值 x。

（3）以对角线方格为分界，右上方对称方格内的指数绝对值与左下方相同，但为负值，故可从简不写，只写出对角线左下方的正数部分。

（4）对角线左下方除第一斜梯方格外，其他各格中的数值均可由该第一斜梯极差指数来确定。有三种确定方法：

① 该方格右侧数值与该方格所在竖列的第一斜梯极差指数之和；

② 该方格上方数值与该方格所在行的第一斜梯极差指数之和；

③ 该方格所在的列和行所包含的全部极差指数之和。

所以，当已知第一斜梯方格的级差指数后，其他指数都可以由此求得。

（5）第一斜梯的级差指数应该选择适当，以保证全部指数能排成连续的整数数列，允许有重复，但不能有遗漏。如以 4 只齿轮为例，可以写出表 4-5 所示的两种方案，方案 1 有缺挡（4），故方案 2 较理想。

表 4-5　4 只齿轮的指数方阵表

方案 1　$a=1$，$b=2$，$c=3$					方案 2　$a=1$，$b=3$，$c=2$				
Z_B	Z_A				Z_B	Z_A			
	Z_1	Z_2	Z_3	Z_4		Z_1	Z_2	Z_3	Z_4
Z_1	0	-1	-3	-6	Z_1	0	-1	-4	-6
Z_2	1	0	-2	-5	Z_2	1	0	-3	-5
Z_3	3	2	0	-3	Z_3	4	3	0	-2
Z_4	6	5	3	0	Z_4	6	5	2	0

表 4-6 是满足牵伸倍数数列要求的相邻两齿轮齿数比 φ^x 中指数 x（即第一斜梯方格中的级差指数）的排列规律，可供设计者设计时查阅。

表 4-6　变换齿轮只数、搭配挡数及第一斜梯级差指数

变换齿轮只数	可能搭配的挡数	重复挡数	不重复挡数	第一斜梯级差指数 x（按顺序排列）
3	7	0	7	1，2
4	13	0	13	1，3，2
5	21	2	19	1，1，4，3 或 1，3，3，2
6	31	4	27	1，1，4，4，3 或 1，3，1，6，2 或 1，5，3，2，2
7	43	8	35	1，1，4，4，4，3 或 1，1，1，5，5，4 或 1，3，6，2，3，2
8	57	10	47	1，3，6，6，2，3，2

续表

变换齿轮只数	可能搭配的挡数	重复挡数	不重复挡数	第一斜梯级差指数 x（按顺序排列）
9	73	14	59	1，3，6，6，6，2，3，2或1，2，3，7，7，4，4，1
10	91	18	73	1，2，3，7，7，7，4，4，1
11	111	24	87	1，2，3，7，7，7，7，4，4，1
12	133	32	101	1，2，3，7，7，7，7，7，4，4，1
13	157	40	117	1，4，3，4，9，9，9，9，5，1，2，2
14	183	46	137	1，1，3，5，5，11，11，6，6，6，1，1
15	211	52	159	1，1，3，5，5，11，11，11，6，6，6，1，1
16	241	60	181	1，1，3，5，5，11，11，11，11，6，6，6，1，1
17	273	70	203	1，1，3，5，5，11，11，11，11，11，6，6，6，1，1
18	307	82	225	1，1，3，5，5，11，11，11，11，11，11，6，6，6，1，1
19	343	96	247	1，1，3，5，5，11，11，11，11，11，11，11，6，6，6，1，1或1，1，1，4，7，7，7，15，15，15，15，8，8，8，8，1，1，1
20	381	104	277	1，1，1，4，7，7，7，15，15，15，15，15，8，8，8，8，1，1，1

在设计时，根据所需的总挡数 N，查阅表4-6中“不重复挡数项”，即可确定齿轮的只数。同时可从表中查得相应的第一斜梯级差指数，即可进一步对各对变换齿轮的齿数进行确定计算。

（五）变换齿轮齿数的确定

根据牵伸倍数等比数列有 $E=E_1\varphi^x$；根据牵伸传动计算有 $E=CZ_A/Z_B$。应分别使这两式中常数部分和变数部分基本互等，即：

$$C\approx E_1,\ Z_A/Z_B\approx\varphi^x$$

式中：$E_1=\sqrt{E_{min}E_{max}}$，为牵伸常数；$C$ 为牵伸传动常数，由齿数比求得。

首先确定最小齿数，然后即可根据指数方阵表的最末一行来确定其他各齿轮的齿数。最大齿数则主要受有关机件可能容纳的空间尺寸所限制，应根据具体条件确定。

应当指出：计算所得的变换齿轮齿数，都要按四舍五入的原则圆整为整数。

（六）验算

圆整后的变换齿轮齿数需再要复核一下，确认是否满足以下纺纱工艺要求：是否满足牵伸倍数变化范围的要求；各挡变换级差是否都能满足纱支重量偏差，即变换精度的要求。

若有个别挡的变换级差率不能满足变换精度要求，则需要重新计算确定各变换齿轮的齿数，方法如下。

（1）增加最小齿轮的齿数，重新计算各个变换齿轮齿数，圆整后再进行上述验算，直至验算全部合格。

（2）选取更小的公比值 φ。即增多变换齿轮数量 m，然后根据 m 可求得 N，再重新修正

φ 值。按照前述计算步骤重新计算确定变换齿轮数量和各变换齿轮的齿数，圆整后再进行上述验算，直至验算全部合格。

（3）个别调整。根据设计计算实践经验逐步完善之。

二、牵伸比计算举例

以图 4-12 所示的某细纱机的牵伸传动方案为例，以第一牵伸区为例说明传动方案的设计。传动机构中各齿轮的齿数如图 4-12 所示，齿轮 A、B 是牵伸变换齿轮。若牵伸倍数变换范围为 10~50，牵伸倍数的变换差异率 $\Delta E \leqslant 2\%$，试求出变换齿轮的齿数及其搭配方案。

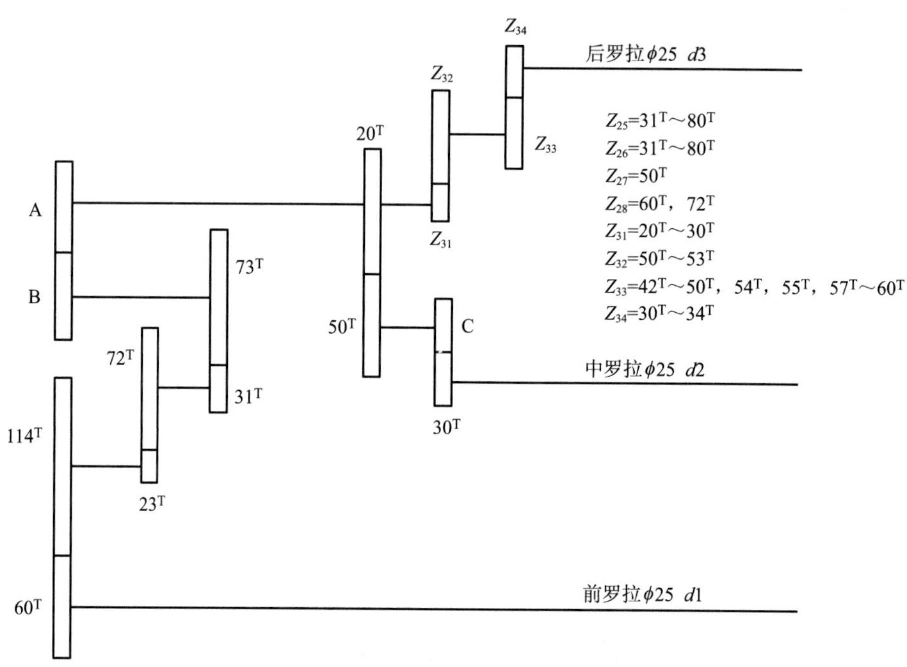

图 4-12 某细纱机牵伸传动系统

1. 求公比 φ

由式（4-11）知：

$$\varphi \leqslant 1+\Delta E=1.02$$

取 $\varphi=1.014$。

2. 求牵伸倍数总挡数 N

由式（4-14）知：

$$N=\lg B/\lg\varphi+1=\lg(50/10)/\lg(1.014)+1\approx 117$$

3. 求传动机构常数 C

$$E_1=\sqrt{E_{\min}E_{\max}}=\sqrt{50\times 10}=22.4$$

根据传动系统图 4-12 可知，前罗拉与中罗拉之间的齿轮齿数比为：

$$E=\frac{30\times 50\times Z_A\times 73\times 72\times 114}{Z_C\times 20\times Z_B\times 31\times 23\times 60}=C\frac{Z_A}{Z_B}$$

机构常数 C 是上式除变换齿轮 Z_A/Z_B 之外其余各级齿轮速比的乘积，而且机构常数 C 应接近于 E_1。

现取 $Z_C=47$，则 $C=22.35$，接近于 $E_1=22.4$。

4. 求变换齿轮数量及指数 x，列出指数方阵表

按 $N=117$ 查表 4-6 得，不重复挡数 $N=117$ 时应选 13 个变换齿轮，其指数排列规律为 1，4，3，4，9，9，9，9，5，1，2，2。相应的方阵表见表 4-7。

表 4-7　细纱机牵伸传动系统变换齿轮搭配指数方阵表

Z_B	Z_A												
	Z_1	Z_2	Z_3	Z_4	Z_5	Z_6	Z_7	Z_8	Z_9	Z_{10}	Z_{11}	Z_{12}	Z_{13}
Z_1	0												
Z_2	1	0											
Z_3	5	4	0										
Z_4	8	7	3	0									
Z_5	12	11	7	4	0								
Z_6	21	20	16	13	9	0							
Z_7	30	29	25	22	18	9	0						
Z_8	39	38	34	31	27	18	9	0					
Z_9	48	47	43	40	36	27	18	9	0				
Z_{10}	53	52	48	45	41	32	23	14	5	0			
Z_{11}	54	53	49	46	42	33	24	15	6	1	0		
Z_{12}	56	55	51	48	44	35	26	17	8	3	2	0	
Z_{13}	58	57	53	50	46	37	28	19	10	5	4	2	0

注　部分数字重复出现，在表中以灰色背景显示。

5. 求 Z_{min} 和 Z_{max}

当齿轮模数为 2.5mm，轮毂孔径 $d=25$mm 时，取 $Z_{min}=30$，此时 $Z_{max}=30\times 1.014^{58}\approx 67$。检查细纱机牵伸机构的结构布置，选择这样的齿数是允许的。因此有：

$$E_{max}=22.35\times 67/30=49.92，E_{min}=22.35\times 30/67=10.01$$

因此，以上结构基本满足要求。

6. 按指数方阵表初定变换齿轮的齿数

因为先前确定了 $Z_{min}=Z_{13}=30$，则其余各齿轮的齿数见表 4-8。

表 4-8　其余变换齿轮的齿数

齿轮	计算齿数	最后确定齿数
Z_1	$Z_{13}\varphi^{58}=30\times1.014^{58}=67.18$	圆整为 67
Z_2	$Z_{13}\varphi^{57}=30\times1.014^{57}=66.27$	圆整为 66
Z_3	$Z_{13}\varphi^{53}=30\times1.014^{53}=62.68$	圆整为 63
Z_4	$Z_{13}\varphi^{50}=30\times1.014^{50}=60.12$	圆整为 60
Z_5	$Z_{13}\varphi^{46}=30\times1.014^{46}=56.87$	圆整为 57
Z_6	$Z_{13}\varphi^{37}=30\times1.014^{37}=50.18$	圆整为 50
Z_7	$Z_{13}\varphi^{28}=30\times1.014^{28}=44.28$	圆整为 44
Z_8	$Z_{13}\varphi^{19}=30\times1.014^{19}=39.07$	圆整为 39
Z_9	$Z_{13}\varphi^{10}=30\times1.014^{10}=34.47$	圆整为 34
Z_{10}	$Z_{13}\varphi^{5}=30\times1.014^{5}=32.16$	圆整为 33
Z_{11}	$Z_{13}\varphi^{4}=30\times1.014^{4}=31.72$	圆整为 32
Z_{12}	$Z_{13}\varphi^{2}=30\times1.014^{2}=30.85$	圆整为 31
Z_{13}		30

$Z_1 \sim Z_{13}$ 的数值在计算和圆整时应避免齿数相同，例如，把 Z_{10} 取为 33 就是为了避免 Z_{10} 和 Z_{11} 相同，但这样会造成某些牵伸倍数变换差异率较大，甚至超过 2%。可从以下几个方面进行改进和完善。

（1）调整有关的齿轮齿数。

（2）改换最小齿轮齿数 Z_{min}。

（3）选用更小的公比值 φ。

其中，方法（2）和（3）需要重新计算。

思维导图

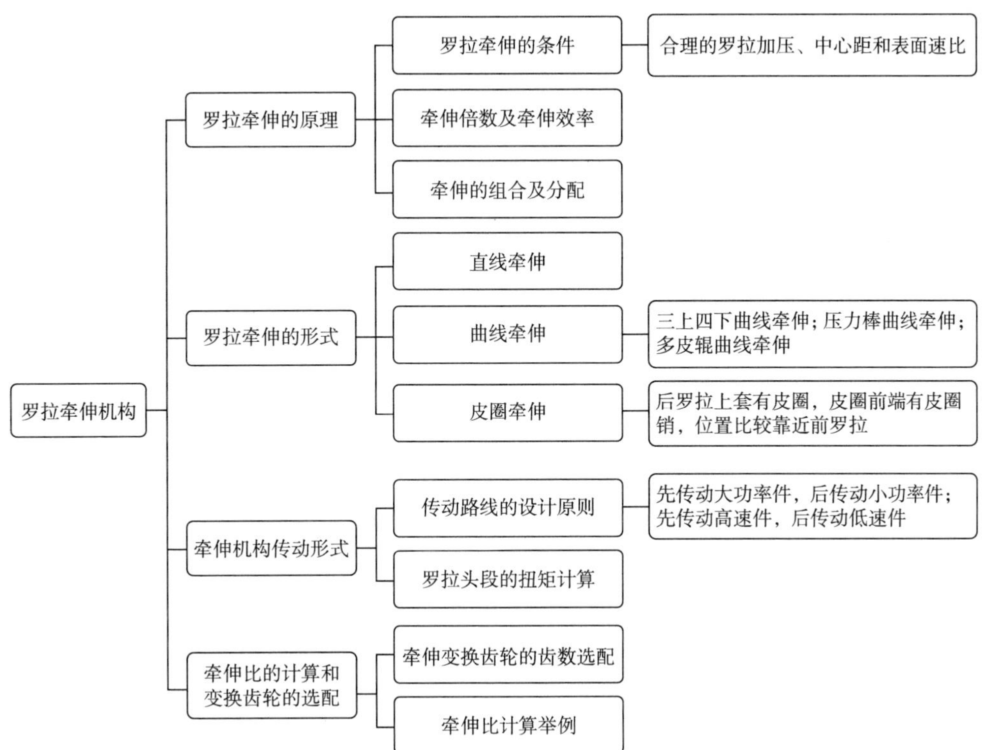

参考文献

[1] 刘裕瑄，陈人哲．纺织机械设计原理：上册［M］. 北京：纺织工业出版社，1982.

[2] 陈人哲．纺织机械设计原理：上册［M］. 2 版．北京：中国纺织出版社，1996.

[3] 陈革，杨建成．纺织机械概论［M］. 北京：中国纺织出版社，2011.

第五章　自调匀整系统

引导语：在生产实践中，要控制条状物的均匀性，一般通过测量条状物的尺寸、形状、质量等参数，然后在自动化设备上根据测量结果进行调整。在纺纱生产中，为了保证纱线的均匀度，在开清棉、梳棉和并条等工序中都需要有调控作用。在开清棉中主要是利用棉箱和天平调节装置进行调控，现代梳棉机和并条机均采用精确的自调匀整装置进行调控。

学习目标：

1. 分析成卷机铁炮变速装置。
2. 了解梳棉机自调匀整系统的类型和原理。
3. 熟悉并条机自调匀整控制形式和方法。

第一节　成卷机均匀给棉装置

在纺纱生产过程中，若自动抓棉机抓棉不良、开松不足、混合不充分、管道或棉花通道挂花或局部阻塞，筛网部件不通气、密封部件不良等都会造成喂棉不匀；梳棉时，若纤维混合不匀，纤维细度差异及加工机械缺陷，将造成超短片段不匀；牵伸系统和棉条接头不良，通常会导致短片段不匀。因此，从开清棉、梳棉到并条的各道工序中都需要进行均匀调控。

对棉条不匀片段长度的界定一般为：超短片段为 0.25m 以下；短片段为 0.25~2.5m；中片段为 2.5~25m；长片段为 25~250m；超长片段为 250m 以上。

一、成卷机均匀给棉的原理

为了制成均匀的棉卷，清棉机广泛采用天平调节装置作为成卷机的均匀装置，其作用是获得恒定流量的棉筵，以喂给开清棉机械最后一个打手。均匀给棉的要求是：

$$\frac{\mathrm{d}M}{\mathrm{d}t}=\frac{\rho\mathrm{d}V}{\mathrm{d}t}=\frac{\rho b\Delta\mathrm{d}S}{\mathrm{d}t}=\rho bu\Delta=\text{常数}$$

式中：$\mathrm{d}M$ 为在 $\mathrm{d}t$ 时间内送入打手室的棉层质量；ρ 为棉层的密度；b 为喂入棉层的宽度；Δ 为喂入棉层的厚度；$\mathrm{d}S$ 为在 $\mathrm{d}t$ 时间内喂入棉层的长度；$\mathrm{d}V$ 为在 $\mathrm{d}t$ 时间内喂入棉层的体积；u 为给棉速度，$u=\mathrm{d}S/\mathrm{d}t$。

喂给棉层处在一定压紧状态下，可近似认为棉层密度是均匀的，即 ρ 为恒定值，则：

$$\Delta u=\text{常数}$$

因此，只要根据棉层厚度 Δ 的变化来调节给棉速度 u，就可达到均匀给棉的目的。

均匀给棉装置由以下三部分组成。

（1）检测装置。检测棉层厚度 Δ 的变化。

（2）信号转换和放大装置。将棉层厚度变化的检测信号转换放大成为可以驱动变速装置的控制信号。

（3）变速装置。根据信号的变化，使给棉罗拉能随棉层厚度 Δ 的变化调整给棉速度 u。

图 5-1 为天平调节装置的结构示意图，采用钢琴式天平调节机构，由一系列天平杆沿棉层宽度方向并列安装，每根天平杆置于同一棱形刀口上，并能自由地摆动。这些天平杆与天平罗拉组成握棉钳口，以探测棉层宽度上各个位置的棉层厚度，经由天平杆尾端联结构件，最后于综合点 S 处获得代表棉层算术平均厚度的信号，再经连杆机构控制和移动铁炮皮带位置，从而调节由铁炮传动的给棉罗拉的速度，使给棉罗拉单位时间内送出恒定重量的棉层。

铁炮变速装置是一种典型的机械式变速装置。一种电气式变速装置如图 5-2 所示，天平杆尾端联结传递的综合点 S 处联结位移传感器，形成位移变化电信号，再经匀整仪处理，得到控制调速电动机的电信号，调速电动机驱动给棉罗拉，使给棉罗拉单位时间内送出恒定重量的棉层。

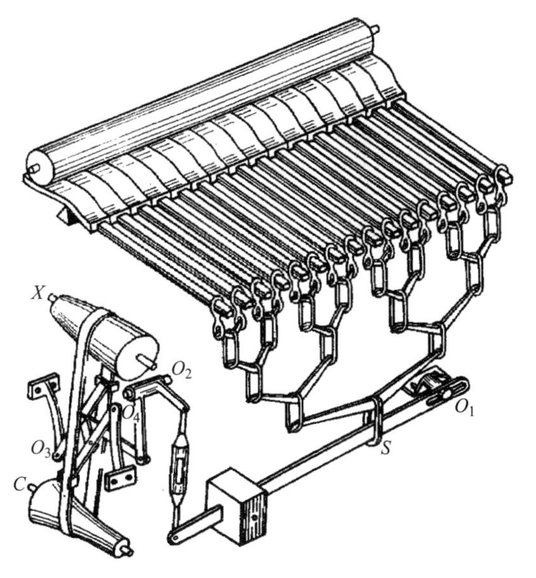

图 5-1　天平调节装置结构示意图

X—上铁炮轴　C—下铁炮轴

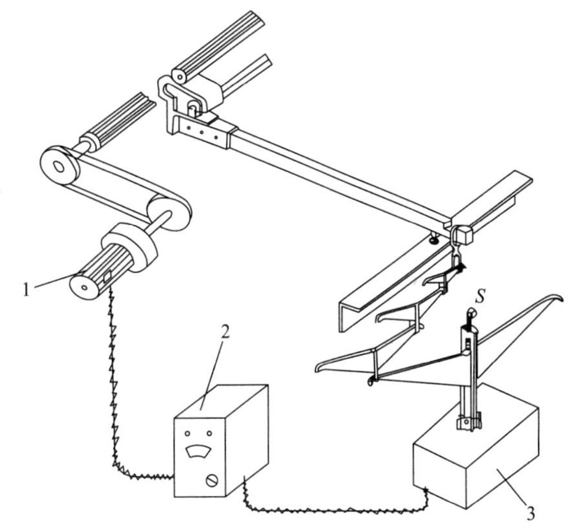

图 5-2　电气式变速装置

1—调速电动机　2—匀整仪　3—位移传感器

二、天平调节装置分析

如图 5-1 所示，为了放大天平杆的检测信号，天平杆后面一段长度一般要比钳口到刀口的长度放大 e（4~5）倍，此即天平杆的放大系数。

由于棉层厚度沿机器宽度方向上一般是不等的，故用 n 根天平杆组成 n 个钳口，各天平杆尾端按一定的方法并联，以保证综合点 S 的位移相应于各钳口棉层厚度 Δ 的算术平均值，即：

$$h_s = \varepsilon \sum_1^n \frac{\Delta_n}{n} = \sum_1^n \frac{h_n}{n}$$

式中：h_n 为各天平杆尾端的位移。

那么，综合点 S 的位移变化值也应是各列钳口下棉层厚度变化的算术平均值，即：

$$dh_s = \sum_1^n \frac{dh_n}{n} = \varepsilon \sum_1^n \frac{d\Delta_n}{n}$$

天平杆尾端联结的设计，实际上应是一个移动式求和装置的设计。因此，天平调节装置用于检测棉层在整个宽度方向上厚度 Δ 的算术平均值，采用多点检测，逐层分组并联，从而对棉层厚度进行综合处理。

用几何分析法设计天平杆联结方式如下。

如图 5-3 所示，若某横杆的两端位移分别是 h_1 及 h_2，则该横杆中点的位移是 $h=1/2(h_1+h_2)$，即两端位移的算术平均值。应用这一原理的设计称为中点联结法。将每相邻两天平杆尾端用一根横杆并联接合，以组成第一层，再取各横杆的中点 A_1，A_2，A_3，…做下一层的联接点，再用横杆并联接合，以此类推，最后综合点 S 的位移变化值也应是各列钳口下棉层厚度变化的算术平均值。

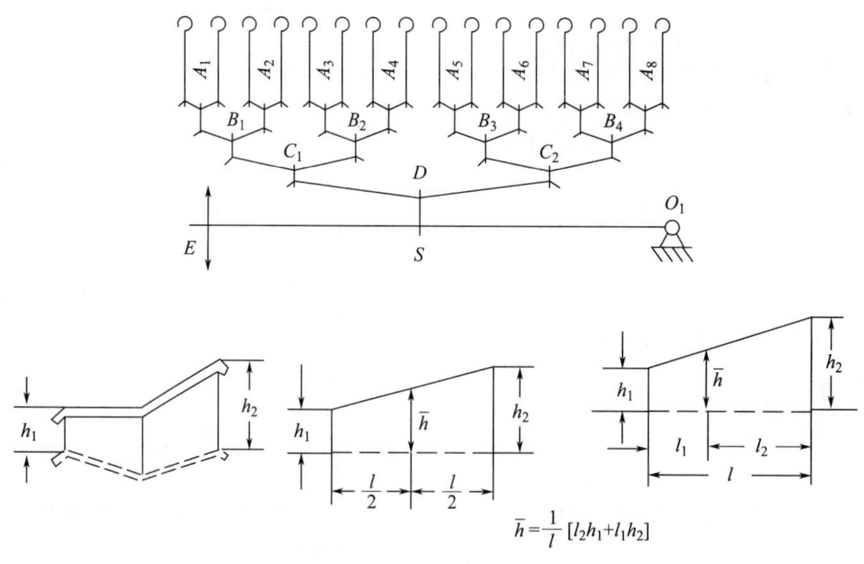

图 5-3 天平杆检测装置

图 5-4 所示为天平杆检测装置的各中点位移（由于图形对称，省略了右半部分）。

由图 5-4 可得：

$$h_s = \frac{1}{16}(h_1 + h_2 + h_3 + \cdots + h_{16})$$

中点联结法要求天平杆根数为 2^m，$m=1, 2, 3, \cdots$

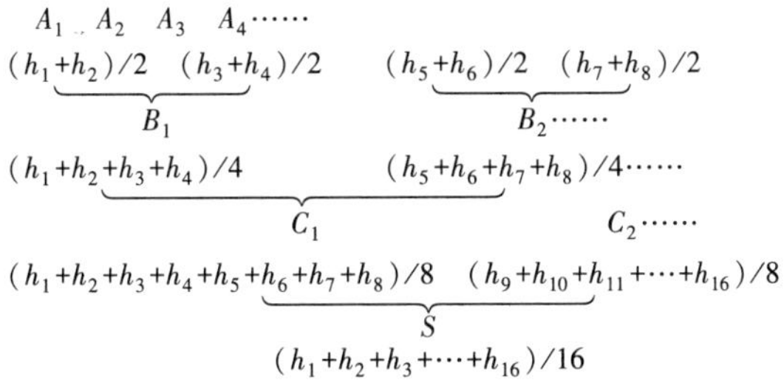

A_1　A_2　A_3　$A_4\cdots\cdots$

$(h_1+h_2)/2$　$(h_3+h_4)/2$　　$(h_5+h_6)/2$　$(h_7+h_8)/2$

B_1　　$B_2\cdots\cdots$

$(h_1+h_2+h_3+h_4)/4$　　$(h_5+h_6+h_7+h_8)/4\cdots\cdots$

C_1　　$C_2\cdots\cdots$

$(h_1+h_2+h_3+h_4+h_5+h_6+h_7+h_8)/8$　$(h_9+h_{10}+h_{11}+\cdots+h_{16})/8$

S

$(h_1+h_2+h_3+\cdots+h_{16})/16$

图 5-4　天平杆检测装置的中点联结法

三、铁炮变速装置分析

铁炮变速装置是一种典型的机械式变速装置，在纺织机械自调匀整、卷绕机构传动的变速装置上应用较多。

(一) 铁炮实际作用半径的计算

如图 5-5 所示，设下铁炮为恒速 n_c，作用半径为 r_c；上铁炮为变速 n_x，作用半径为 r_x。不计皮带打滑，上下铁炮的传动比为：

$$i_{xc}=\frac{n_x}{n_c}$$

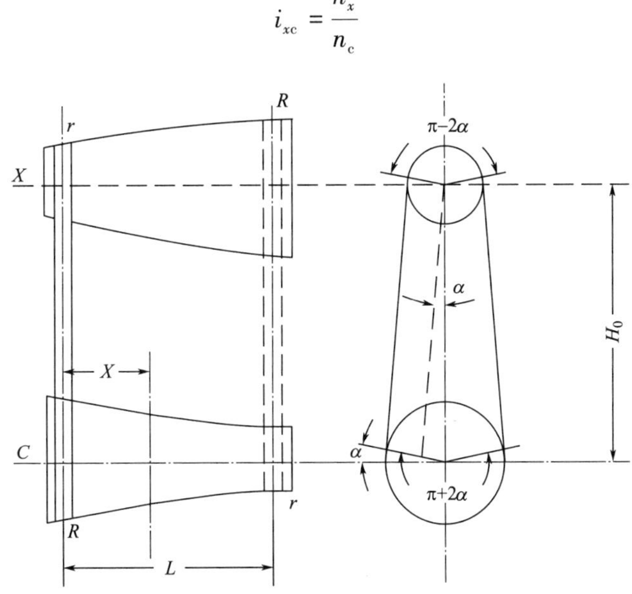

图 5-5　铁炮传动示意图

为减少铁炮皮带打滑，两铁炮大小头直径分别相等，大半径均为 R，小半径均为 r，则得：

$$\begin{cases}(n_x)_{\max}=\dfrac{R}{r}n_c\\[2ex](n_x)_{\min}=\dfrac{r}{R}n_c\end{cases}\qquad\begin{cases}(i_{xc})_{\max}=\dfrac{R}{r}\\[2ex](i_{xc})_{\min}=\dfrac{r}{R}\end{cases}$$

令调速比（即变速范围）为β，则得：

$$\beta=\frac{(n_x)_{\max}}{(n_x)_{\min}}=\frac{\frac{R}{r}n_c}{\frac{r}{R}n_c}=\left(\frac{R}{r}\right)^2$$

即：

$$\sqrt{\beta}=\frac{R}{r}$$

因此，可以根据变速件的变速范围来决定半径比 R/r，并根据传动功率的大小来选择 r。

铁炮设计的另一个条件为保证皮带为定长。设上下铁炮轴线距离为 H_0，皮带长度为 L_d，则：

$$L_d=\pi(r_x+r_c)+2H_0+\frac{(r_x-r_c)^2}{H_0}=\text{常数}$$

当铁炮轴线距离 H_0 较大时，略去末项，得：

$$L_d\approx\pi(r_x+r_c)+2H_0=\text{常数} \tag{5-1}$$

则：

$$r_x+r_c=\frac{L_d-2H_0}{\pi}=\text{常数}$$

故：

$$r_c+r_x=R+r=2\bar{r} \tag{5-2}$$

则 $r_c+r_x=2\bar{r}$，代入式（5-1），得皮带的长度：

$$L_d\approx 2\pi\bar{r}+2H_0$$

由式（5-1）可得：

$$r_c\left(1+\frac{r_x}{r_c}\right)=2\bar{r},\ r_x\left(1+\frac{r_c}{r_x}\right)=2\bar{r}$$

因此：

$$\begin{cases}r_c=\dfrac{2\bar{r}}{1+1/i_{xc}}\\[2ex] r_x=\dfrac{2\bar{r}}{1+i_{xc}}\end{cases} \tag{5-3 (a)}$$

这就是铁炮的近似理论作用半径。再考虑皮带厚度δ的修正，得到铁炮的近似作用半径：

$$\begin{cases}r'_c=r_c-\delta/2\\ r'_x=r_x-\delta/2\end{cases} \tag{5-3 (b)}$$

（二）铁炮工作长度 L 的确定

考虑铁炮调节的灵敏性，铁炮工作长度 L 不宜太长；考虑到皮带需充分贴合在曲线铁炮表面，L 不宜太短，铁炮半径变化率不宜太大。一般取 $L=280\sim400$mm。

设对应于棉层厚度 Δ 的皮带中心线位置为 X。若具体机构保证线性关系：

$$d\Delta\propto dX$$

则：

$$\Delta\propto(X+C)$$

式中：C 为常数。如前所述，均匀给棉条件为 Δu=常数，而 $u \propto i_{xc}$，故上式可以转化为：

$$\Delta u \propto \Delta i_{xc} \propto (X + C) i_{xc} = K$$

即：

$$(X + C) i_{xc} = 常数 = K \tag{5-4}$$

其中：C、K 为常数。由此得出传动比 i_{xc} 与铁炮皮带位置 X 成双曲线变化规律，这就是按照均匀给棉的工作要求来确定铁炮曲线的基本式子。

根据边界条件确定 C、K，如图 5-5 所示。

$X=0$ 时，$\Delta=\Delta_{min}$，$u=u_{max}$，得 $i_{xc}=(i_{xc})_{max}=\dfrac{R}{r}$。

$X=L$ 时，$\Delta=\Delta_{max}$，$u=u_{min}$，得 $i_{xc}=(i_{xc})_{min}=\dfrac{r}{R}$。

代入式（5-4）得：$\begin{cases} C\dfrac{R}{r} = K \\ (L + C)\dfrac{r}{R} = K \end{cases}$

由此得：

$$C = \frac{L}{\left(\frac{R}{r}\right)^2 - 1},\quad K = C\frac{R}{r} = \frac{L}{\left(\frac{R}{r}\right)^2 - 1} \times \frac{R}{r}$$

将 C 和 K 代入式（5-4），可得：

$$i_{xc} = \frac{\frac{R}{r}}{1 + \left[\left(\frac{R}{r}\right)^2 - 1\right]\frac{X}{L}} \tag{5-5}$$

将式（5-5）代入式［4-3（a）］，可得常速铁炮的理论半径为：

$$r_c = \frac{2R}{1 + \frac{R}{r} + \left[\left(\frac{R}{r}\right)^2 - 1\right]\frac{X}{L}} \tag{5-6}$$

变速铁炮的理论半径为：

$$r_x = 2r - r_c \tag{5-7}$$

式（5-6）和式（5-7）即为铁炮曲线方程式，按此得出的为双曲线铁炮。根据皮带厚度 δ 的大小，便可由式［5-3（b）］得出上下铁炮的工作半径 r'_x 和 r'_c，按轴向各位置相应的半径绘制出铁炮外形。

要使铁炮传动比较准确，皮带必须承受较小的载荷，以减小其打滑率。皮带传动的有效圆周力为：

$$P = \frac{102N}{V}$$

式中：P 为皮带传动的有效圆周力（kg）；N 为传递功率（kW）；V 为皮带线速度（m/s）。

可见，在传递一定功率时，要减少 P，就必须增加 V，所以主动铁炮的转速应该较高，一般取 $n_c=700\sim1000\text{r/min}$。

第二节 梳棉机自调匀整系统

梳棉机喂入棉层密度不匀将造成棉条不均匀（长片段不匀）。因此，现代梳棉机都配置自调匀整装置，保证生产出来的棉条均匀。根据这一要求，应有：

$$\rho_1 b_1 h_1 v_1 = k$$

式中：ρ_1 为生条密度；b_1 为生条宽度；h_1 为生条厚度；v_1 为生条输出速度。

梳棉机上输出与喂入棉量之间有如下关系：

$$\rho_1 b_1 h_1 v_1 = (1-\varepsilon)\rho_2 b_2 h_2 v_2 = k$$

式中：ρ_2 为棉层密度，b_2 为棉层宽度，h_2 为棉层厚度，v_2 为棉层喂入速度，ε 为落棉率。一般 ρ_1、ρ_2、b_1、b_2 为常量，则得：

$$h_2 v_2 = k/(1-\varepsilon)\rho_2 b_2 = \text{常数}$$

又得：

$$h_2 = \rho_1 b_1 h_1 v_1/(1-\varepsilon)\rho_2 b_2 v_2 = \rho_1 b_1 D h_1/(1-\varepsilon)\rho_2 b_2$$

式中：$D=v_1/v_2$，为梳棉机牵伸倍数。

将 $h_2=\rho_1 b_1 D h_1/(1-\varepsilon)\rho_2 b_2$ 代入 $h_2 v_2 = k/(1-\varepsilon)\rho_2 b_2 = \text{常数}$，得：

$$h_1 v_2 = k/\rho_1 b_1 D = \text{常数}$$

上式为给棉罗拉速度 v_2 随生条厚度 h_1 变化的关系。

梳棉机自调匀整装置通过调节给棉罗拉速度 v_2 来改善生条均匀性。

自调匀整系统一般由以下四部分组成。

检测：测出某瞬时喂入或输出品的厚度，并转换成相应的电信号。

比较：将检测量与给定量进行比较，得出误差信号。

放大：将误差信号按比例放大，使其有足够能量驱动执行机构。

执行：对调节对象实行调整动作。

视频：立达梳棉机自调匀整系统

自调匀整系统控制方式有开环控制、闭环控制、混合环控制三种类型。

一、梳棉机开环控制自调匀整系统

开环控制自调匀整一般用于控制短片段不匀。开环控制自调匀整系统根据输入棉层质量（厚度）的变化控制其输入速度，原理如下：

$$V_{in} W_{in} = V_{out} W_{out} = C \tag{5-8}$$

式中：V_{in} 为给棉罗拉给棉线速度（m/s）；V_{out} 为梳棉机出条线速度（m/s）；W_{in} 为喂入棉层线密度（g/m）；W_{out} 为输出棉条线密度（g/m）；C 为常数。

设棉层厚度为 $X_{in}(t)$，并代入式（5-8）中得：

$$V_{in}(t) = C/X_{in}(t) \tag{5-9}$$

由式（5-9）可知，开环控制系统为双曲线控制，属于非线性系统。采用 $X_{in}(t)$ 代替 $W_{in}(t)$，两者之间存在一定函数关系，非线性误差会引起总流量计算误差，继而使 $W_{out}(t)$ 发生变化，所以非线性是开环控制最大的不足。

开环控制自调匀整可以对喂入棉层的波动进行无滞后的控制，由于没有对输出棉条进行检测，无法对系统内所有的扰动进行校正，系统稳定性较差，导致输出棉条的质量偏差较大，影响控制质量。开环控制主要用来控制较短片段的不匀率。

下面分析两种梳棉机开环控制自调匀整装置：输入端开环控制自调匀整装置和输出端开环控制自调匀整装置。

（一）输入端开环控制自调匀整装置

输入端开环控制自调匀整装置检测梳棉机给棉罗拉处的棉层厚度，根据棉层厚度变化调整给棉罗拉的给棉速度，实现输出棉条的定量调节。

梳棉机自调匀整装置中的喂棉检测有整体式给棉板和分段式给棉板两种形式。

1. 整体式给棉板

在给棉罗拉或给棉板的两端安装位移传感器，位移传感器测得的棉层厚度信息被控制装置转化成电信息，以控制给棉罗拉的给棉速度。由于给棉板采用整体结构，当喂入棉层较厚时，给棉压力增大，给棉罗拉产生挠度，导致罗拉两端对棉层握持力过大，而罗拉中部则对棉层握持力较小，甚至难以有效握持棉层。此外，由于棉层厚度和棉层中的棉束分布状况具有随机性，棉层横向存在密度不匀。在给棉罗拉与给棉板握持钳口上，棉层密度大的地方握持力强，密度小的地方握持力弱，导致刺辊对棉层横向抓取和分梳不匀，继而影响梳棉机生条定量的均匀度。尤其当棉层横向局部厚度突变时，握持钳口间距被迫增大，一方面，严重削弱钳口对棉层横向大范围的有效握持，使稀薄区棉层处于失控状态，进一步恶化给棉的均匀度。另一方面，此时传感器检测到的棉层厚度值是局部厚度，并非棉层的平均厚度，匀整装置据此对给棉罗拉速度做出的调整可能出现较大偏差。

2. 分段式给棉板

图 5-6 所示为一种梳棉机分段式给棉装置。给棉罗拉 3 通过轴承可转动地支承于架体 1 上，架体位于给棉罗拉的两端。在给棉罗拉的上方设有 10 块彼此相邻的给棉板 2，给棉板通过给棉板铰支轴 12 铰支于架体上。

在给棉板的上方还设有加压横梁 7，加压横梁的两端分别固定连接有加压臂 5，两个加压臂分别通过加压支座 6 铰支于架体上；在加压臂的伸出端安装有加压弹簧 10，加压弹簧通过一个弹簧支座支承于机架上，架体也安装在该机架上，加压弹簧的芯部穿有加压弹簧导杆 11，该导杆安装于加压臂臂端的螺杆上。

在每一块给棉板与加压横梁之间均支承有给棉板弹簧，安装在给棉板上的给棉板弹簧导杆 8 穿过给棉板弹簧 9 的芯部和加压横梁的导向孔，既起到对弹簧的稳定和导向作用，又可以调节弹簧的初始长度和初始压力。

在加压臂的外端部位装有检测传感器 4。传感器安装于加压臂的外端部位，有利于提高

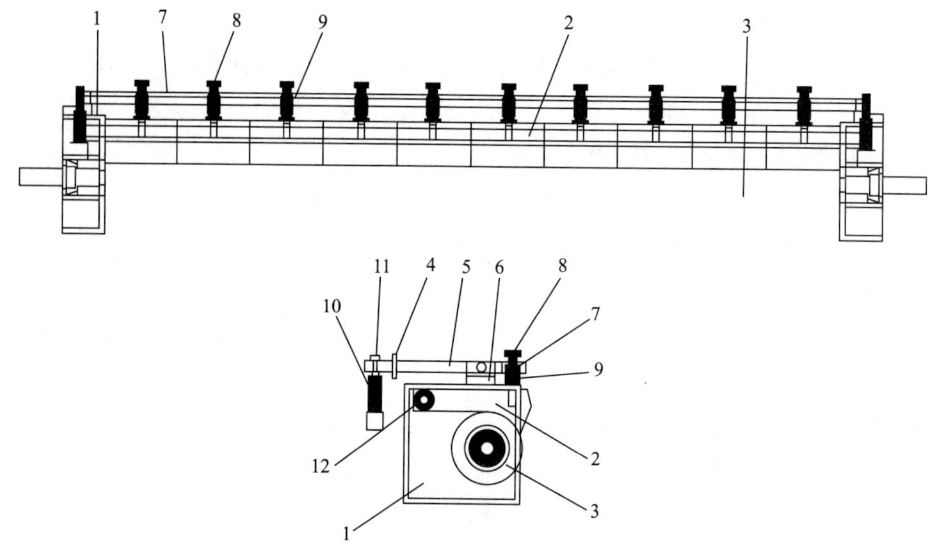

图 5-6 梳棉机分段式给棉装置

1—架体 2—给棉板 3—给棉罗拉 4—检测传感器 5—加压臂 6—支座 7—横梁 8—给棉板弹簧导杆 9—给棉板弹簧 10—加压弹簧 11—加压弹簧导杆 12—给棉板铰支轴

检测精度和准确性。

使用时，调整好加压弹簧的初始加压力，同时也调整好各给棉板上给棉板弹簧的初始压力，使各给棉板与给棉罗拉形成强有力的握持钳口。当棉层经过握持钳口时，各给棉板感知棉层的厚度变化，并依据棉层厚度变化对加压横梁施加不同的作用力；反之，加压弹簧通过加压臂对加压横梁提供加压力，加压横梁则依据棉层横向厚度不同对各给棉板施加不同的握持力。

加压横梁累积来自给棉板的位移或握持力，检测传感器通过加压臂放大检测加压横梁的位移，自调匀整装置的控制器将检测的位移电信号经转换和延时，通过给棉罗拉减速机构控制调节给棉罗拉的转速。

3. 开环延迟（滞后）时间的确定

输入端开环控制自调匀整装置的检测点在给棉罗拉、给棉板处，变速点为给棉罗拉，刺辊抓取纤维是在刺辊和给棉板之间的分梳点，改变喂入量的目的是使刺辊在单位时间内抓取到的纤维量保持不变，因此匀整点应为分梳抓取点。机后开环总滞后时间量 τ_0 可表示为：

$$\tau_0=\tau_1-\tau_2$$

式中：τ_1 为机后检测点到分梳点的时间；τ_2 为检测点信号通过开环系统到给棉罗拉开始变速的时间。

由于 τ_2 非常小，可忽略不计，因此开环总滞后时间量 τ_0 近似等于检测点到分梳点的时间 τ_1。在工程应用中，为了准确求出 τ_1，可通过计时先求出纤维从检测点到输出点（梳棉机输出棉条处）所需的时间，再求出纤维从分梳点到输出点所需的时间，二者的差值即为所求 τ_1。

(二) 输出端开环控制自调匀整装置

一种输出端开环控制自调匀整装置如图 5-7 所示，在梳棉机输出端的大压辊与圈条器之间增加一对牵伸倍数为 1.2 的牵伸罗拉（两对罗拉分别采用两个伺服电动机驱动），用压力传感器在牵伸装置的后罗拉处检测棉条厚度，根据棉条厚度的变化调节输出前罗拉的速度，从而调整棉条牵伸的连续变化值，改变棉条输出定量，以达到匀整目的。这种自调匀整装置的特点是：先检测后匀整，检测点在牵伸装置后，具有短片段匀整效果，匀整的棉条长度可在 4cm 之内，但各环节抗干扰性较差，稳定性较低。

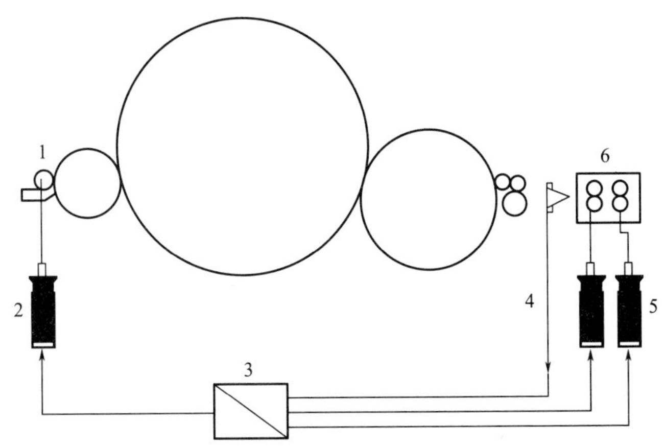

图 5-7 梳棉机开环控制自调匀整装置

1—给棉罗拉 2，5—伺服电动机 3—控制器 4—压力传感器 6—压辊

梳棉机对输出棉条的检测主要有两种形式：一种是采用凹凸罗拉或阶梯罗拉检测棉条截面面积的变化，另一种是采用喇叭口检测棉条截面面积的变化。

1. 凹凸罗拉检测装置

凹凸罗拉检测装置示意图如图 5-8 所示。凹凸罗拉间棉条厚度变化使凸罗拉的位置发生改变，从而使位移传感器产生与棉条厚度相关的电压信号。由于凹凸罗拉加工比较困难，还易产生缠条现象，立达（Rieter）公司对凹凸罗拉做了改进，将下罗拉的一片挡边移到上罗拉上，称为阶梯罗拉，如图 5-9（b）所示，其测量原理与凹凸罗拉一样，但加工简单，克服了易缠条的缺点。阶梯罗拉已应用于 Rieter 公司的 C4 型梳棉机、E7/6 型精梳机、D1 型并条机。

凹凸罗拉检测的固有频率较低，对速度在 120m/min 左右的梳棉机出条或是并条机喂入来说，基本可以满足要求。当出条速度超过 330m/min 时，其动态特性变差，所以不适合作为高速并条机自调匀整装置的检测元件。对于出条速度达 500m/min 的高速并条机来说，其固有频率相当于棉条不匀的波长，约为 0.41m，凹凸罗拉检测装置满足不了短片段检测要求。

2. 喇叭口检测装置

喇叭口检测装置示意图如图 5-10 所示，棉条通过喇叭口时，其粗细的变化会引起测量杠杆的转动，测量杠杆与位移传感器相连，将位移信号转化为电信号。由于测量杠杆的质量比活动罗拉要小得多，因而更灵敏、动态频率更高，能够更精确地测量棉条的粗细变化。

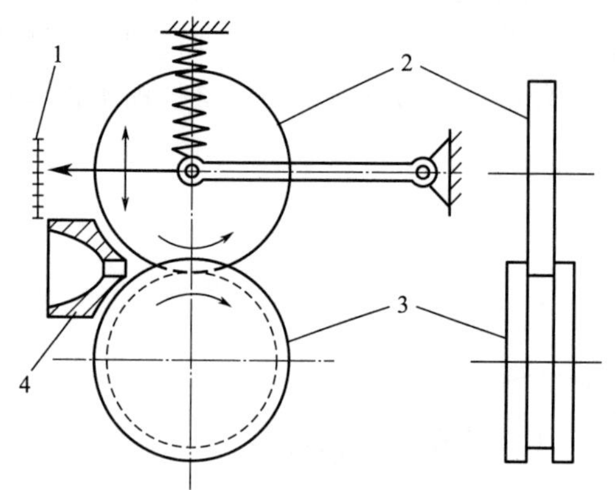

图 5-8　凹凸罗拉检测装置示意图

1—位移装置　2—凸罗拉　3—凹罗拉　4—喇叭口

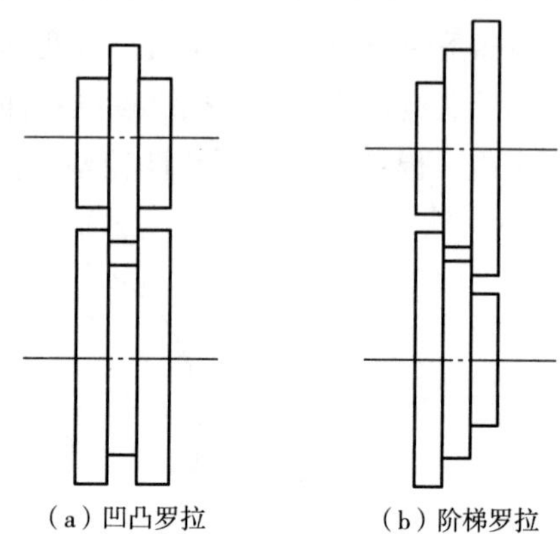

图 5-9　凹凸罗拉与阶梯罗拉的对比

3. 气压喇叭检测装置

气压喇叭检测装置用于检测棉条厚度，如图 5-11 所示，当棉条进入喇叭口时，纤维间夹带有一定量的空气，由于喇叭口为渐缩形状，棉条在其中通过时纤维间的空气受到挤压，产生的空气压力值与棉条的体积成正比。喇叭口上的侧孔将气体压力通过压力传感器转换为电信号，并传递给控制器。气压喇叭检测装置的优点是机构简单，不足之处是检测易受到纤维细度及其不匀的影响而产生误差。

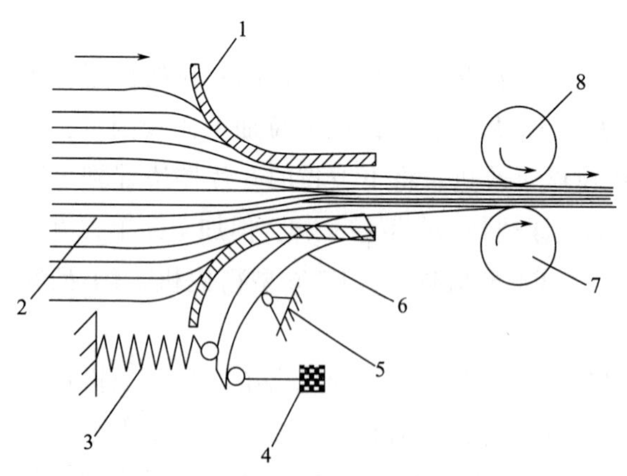

图 5-10　喇叭口检测装置示意图

1—喇叭口　2—棉条　3—拉簧　4—位移传感器　5—支点轴　6—测量杠杆　7，8—传送辊

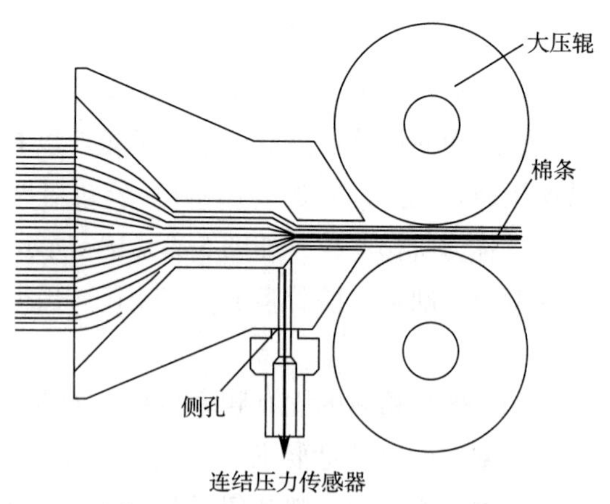

图 5-11　气压喇叭检测装置示意图

二、梳棉机闭环控制自调匀整系统

一种梳棉机闭环控制自调匀整系统如图 5-12 所示，检测点是输出端大喇叭口，控制点是输入端给棉罗拉，根据输出棉条的厚度变化调整输入端的给棉罗拉速度。

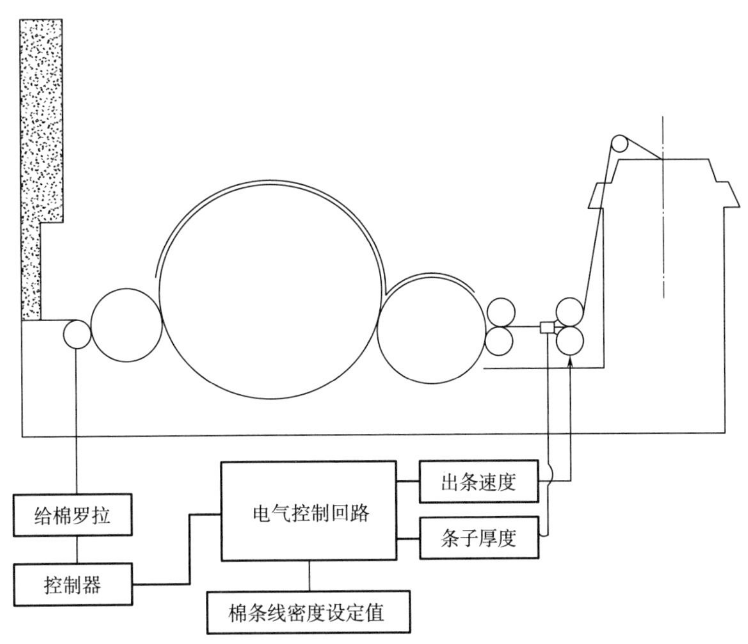

图 5-12 梳棉机闭环控制自调匀整系统

闭环自调匀整系统的优点是可检测核实输出棉条的不匀度，控制出条前各环节工艺参数和干扰对棉条条干的综合影响，匀整性能稳定；缺点是由于具有反馈回路，系统是先匀整后检测，加之检测点与控制点距离较大，存在匀整死区，不能匀整等于或短于检测点到匀整点之间距离的不匀波段，因此主要用于控制长片段不匀。由于闭环控制系统可以抑制参数变化及环境干扰影响，稳定性较好，仍得到广泛使用。

三、梳棉机混合环控制自调匀整系统

混合环自调匀整系统将开环系统与闭环系统相结合，实现喂入、输出双检测，延迟和反馈双调节，既能匀整棉条自身的不匀，又能自动修正外界波动带来的系统偏差，从而提高匀整效果。混合环自调匀整系统不仅能匀整中、短片段不匀，还能匀整长片段不匀，已成为新型梳棉机最常用的控制装置。

（一）“两检一控”混合环控制自调匀整系统

一种“两检一控”混合环控制梳棉机自调匀整系统如图 5-13 所示，用凹凸罗拉检测输出生条厚度，反馈调整给棉重量，消除长片段不匀，属于闭环控制；在给棉罗拉的活动压板上安装棉层厚度传感器，根据棉层厚度变化来调节给棉量，控制短片段不匀，属于开环控制。

该系统能保持生条在 0.2~1m 均匀。优点是稳定性好、可消除棉条各种片段不匀；缺点是当棉条输出速度较高时，难以保证对输出棉条的精确检测。

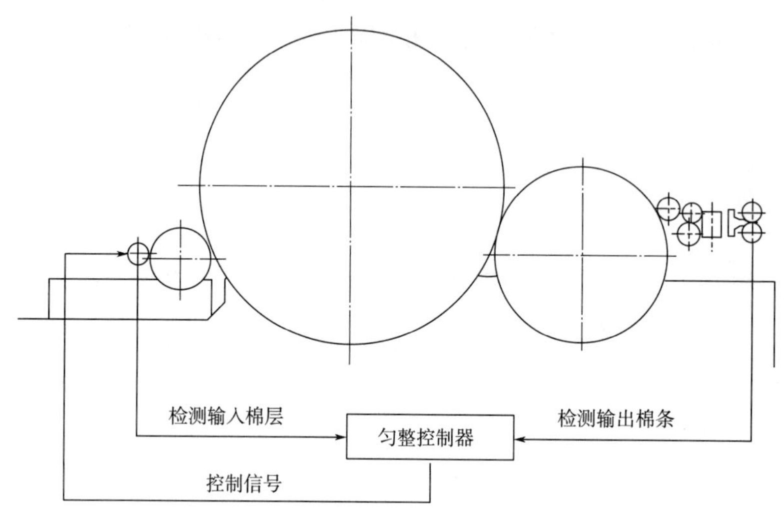

图 5-13　“两检一控”混合环控制梳棉机自调匀整系统

混合环控制模型算法为：

$$V = kV_b + (1 - k)V_k$$

式中：V_b 为闭环控制计算给棉电动机变频器控制电压；V_k 为开环控制计算给棉电动机变频器控制电压；V 为给棉电动机变频器控制电压；k 为分配系数，$k=0\sim1$，根据控制要求和实际情况，可以对分配系数 k 进行自由选择，如 FT021 型自调匀整装置 k 取 0.8，FT025 型自调匀整装置 k 取 0.6。

（二）“两检两控”混合环控制自调匀整系统

一种“两检两控”混合环控制自调匀整系统如图 5-14 所示，在给棉罗拉和棉条出口两处进行检测，控制给棉罗拉速度和道夫速度，增加了机前短闭环控制点，进一步降低了匀整死区，并提高了响应速度，实现棉条短、中、长片段自调匀整。

另一种“两检两控”混合环控制自调匀整系统如图 5-15 所示，既在输出喇叭口处检测棉条厚度，又在给棉罗拉处通过给棉罗拉上方相邻排列的 10 个琴键式弹簧感应片检测全宽度喂入棉层厚度，各位移传感器检测到棉层各处不同的厚度，再将位移信号转换为电信号（取平均值）。两路检测信号同时输入匀整控制器，经控制器处理后，发出两路控制信号。一路信号控制喂棉箱中喂棉罗拉的转速，以保持喂棉箱储棉量稳定，保证输出棉层有较好的均匀度；另一路信号兼顾棉条粗细变化和棉层厚度波动，用来控制交流变频电动机，改变给棉罗拉的给棉速度，从而保证输出棉条的均匀度。由于同时采用喂棉箱闭环自调匀整、短片段开环自调匀整、长片段闭环自调匀整，属于典型的“两检两控”混合环控制方式，能保持输出棉条短、中、长片段均获得比较理想的匀整效果。

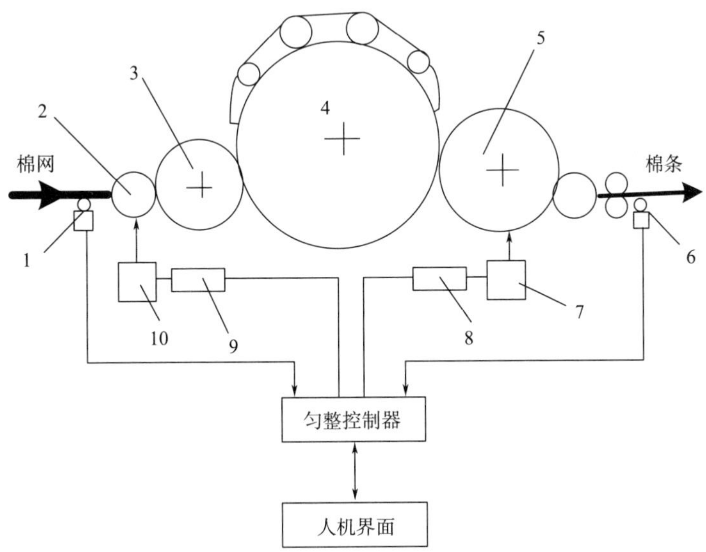

图 5-14　“两检两控”混合环控制自调匀整系统一

1—棉层厚度传感器　2—喂棉罗拉　3—刺辊　4—锡林　5—道夫　6—棉条粗细传感器
7—道夫电动机　8—道夫速度变频器　9—给棉速度变频器　10—喂棉电动机

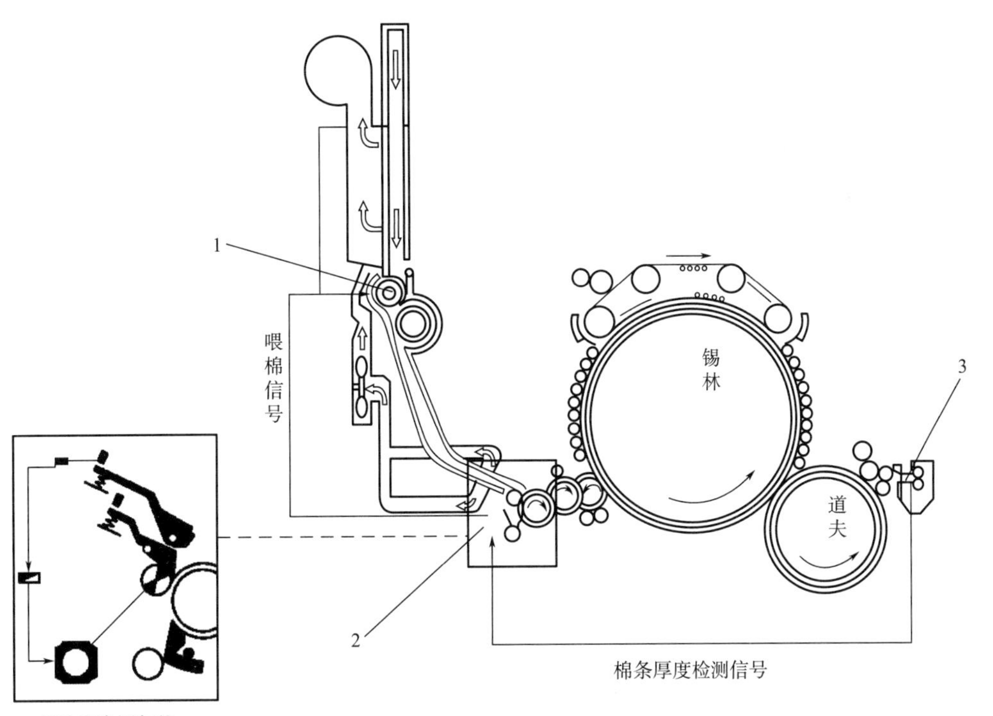

图 5-15　“两检两控”混合环控制自调匀整系统二

1—喂棉罗拉　2—给棉及检测装置　3—喇叭口

第三节 并条机自调匀整系统

生条的纤维经过初步定向、伸直，具备棉条的初步形态，但是不匀率很大，且生条内纤维排列紊乱，大部分纤维呈弯钩状态。因此，需要并条工序将梳棉生条进行并合、牵伸、混合、成条，改善条干均匀度及纤维状态。现代并条机普遍配置了自调匀整装置，实现了并条工序生产过程的自动检测和控制，改善了输出棉条的重量偏差和重量不匀，保证了成纱质量。

罗拉牵伸是用两对或者多对圆柱形罗拉组成的牵伸机构对棉条进行牵伸。两对罗拉构成一个单元，成为牵伸区。牵伸的基本条件是两对罗拉积极地握持棉条，棉条输出方向的前一对罗拉的运动线速度大于后一对罗拉喂入棉条的线速度，使纤维产生滑移，从而使棉条牵伸拉细。

以三对罗拉牵伸机构为例，存在两个牵伸区，如图 5-16 所示。设 v_1 为前罗拉线速度，v_2 为中罗拉线速度，v_3 为后罗拉线速度，W_1 为牵伸后棉条从前罗拉输出的单位长度重量，W_2 为牵伸后棉条从中罗拉输出的单位长度重量，W_3 为从后罗拉输出的单位长度重量。

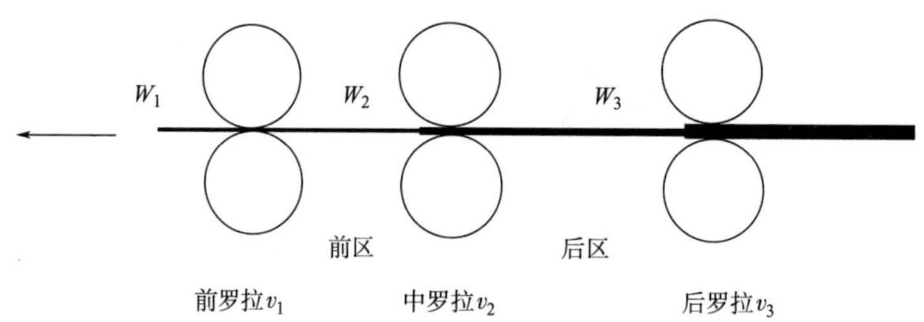

图 5-16 三对罗拉牵伸机构

那么：
$$v_1 \times W_1 = v_2 \times W_2 = v_3 \times W_3$$

其牵伸比 D 分别为：

前区：
$$D_1 = \frac{v_1}{v_2} = \frac{W_2}{W_1}$$

后区：
$$D_2 = \frac{v_2}{v_3} = \frac{W_3}{W_2}$$

总牵伸倍数即棉条被牵伸拉细的程度为：

$$D = \frac{W_3}{W_1} = \frac{W_3}{W_2} \times \frac{W_2}{W_1} = D_2 \times D_1 = \frac{v_1}{v_3} \tag{5-10}$$

三对罗拉牵伸时，一般后区隔距较大、牵伸倍数较小（1.03~1.1），前区起主要牵伸作用，即 v_1/v_2 较大。

一、并条机自调匀整控制形式

并条机自调匀整装置的结构简图如图 5-17 所示，主要分为四部分。

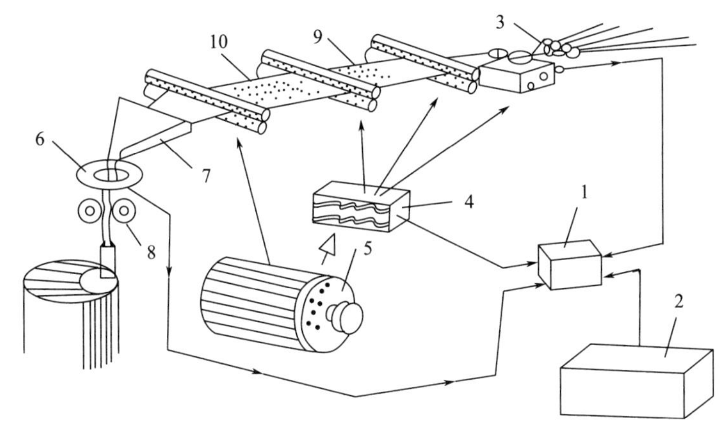

图 5-17 并条机自调匀整装置结构简图

1—控制器 2—机载计算机 3—凹凸罗拉检测部件 4—伺服电动机 5—主电动机 6—FP（AP）检测传感器 7—集束器 8—紧压罗拉 9—预牵伸区 10—主牵伸区

视频：并条机自调匀整系统

检测机构：在工作过程中测定喂入棉条和输出棉条不匀率的变化。主要有三种形式：①凹凸罗拉和高精度位移传感器组成的检测机构，这种机构应用最为普遍；②通过电容传感器来检测；③通过喇叭口来检测。

控制处理单元：将检测所得的信号如位移波动（模拟量）转变成所需的数字量的变化；将采集到的信号按比例放大或再加以积分、累计，并与标准值比较，计算出调节信号；将调节信号到达变速电动机时，延迟一段时间，使棉条从检测点走到变速点才开始变速。

执行机构：即变速电动机，利用转换放大机构送来的信号使驱动中罗拉的伺服电动机调节速度，自动地调节牵伸。执行机构主要是由变频器或伺服电动机以及速度合成部分组成。

显示和键盘部分：完成各种数据、图形的输入和输出功能，显示自调匀整装置的工作状态和棉条并合后条干均匀度的有关质量情况。

并条机自调匀整控制形式分为开环控制、闭环控制、混合环控制三种类型。

（一）并条机开环控制系统

开环控制系统是按照补偿原理工作的，其主要特点是先检测后控制，系统中的控制回路是非封闭的。能够针对性匀整，调节性能高，对匀整短片段有较好的效果。

并条机开环控制系统的原理如图 5-18 所示，棉条在进入牵伸装置前由检测机构进行厚度检测，当棉条到达匀整控制点时，控制系统及时控制匀整电动机达到相应速度，此速度与棉条厚度达到正确的对应关系，从而消除一定频率范围内的不匀波，达到匀整的目的。此外，由于后罗拉的线速度低于前罗拉，开环系统的检测机构在牵伸机构上游，对检测机构的安装及性能要求相对较低。

由于开环系统各环节参数变化或外界干扰（如罗拉震动、电源变化等）引起的偏差无法修正，不能核定输出棉条的匀整结果，因此，一般都在前罗拉之后加装检测装置（如 FP 喇叭口），当棉条定量偏差超标或 *CV* 值过大，就报警或停车。

（二）并条机闭环控制系统

闭环控制是按反馈原理工作的，其特点是先匀整后检测，在系统中控制回路是封闭的。并条机闭环控制系统的原理如图 5-19 所示。

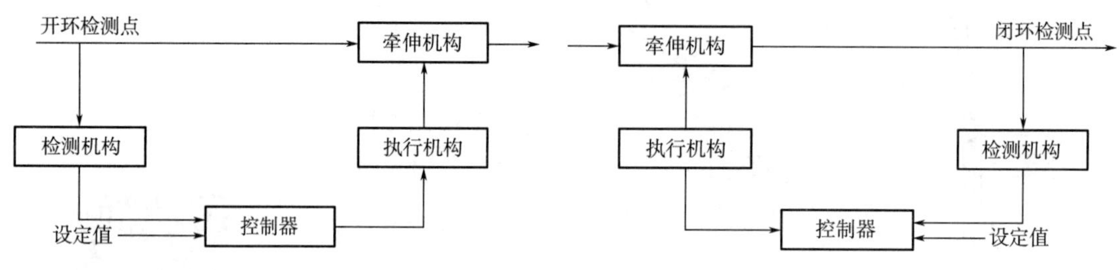

图 5-18　并条机开环控制系统原理图　　图 5-19　并条机闭环控制系统原理图

从控制理论的角度看，开环式控制不能消除从检测点到匀整点之间引入的干扰，而闭环式控制可以克服这个缺点，而且闭环式控制有较好的自适应控制能力。但闭环控制系统是上游调节下游检测（即先匀整后检测），加之检测点与控制点之间是匀整死区，不能匀整等于或短于检测点到匀整点之间距离的不匀波段，因此主要用于控制长片段不匀。由于在匀整后检测，棉条的输出速度较快，对检测设备要求较高。

（三）并条机混合环控制系统

并条机混合环控制系统的原理如图 5-20 所示，其特点是既有开环控制，又有闭环控制。既有开环系统的优点，能保持良好的针对性匀整效果，又有闭环系统的优点，能够自动修正各种干扰所引起的偏差，抗干扰能力较强，调节性能比较完善。但是并条机混合环控制自调匀整系统是两点检测，一点匀整，一般是在一套模糊规则的基础上进行模糊控制。从理论上说，这种方法最科学，但是由于其结构复杂，不容易控制，而且成本较高，因此使用较少。

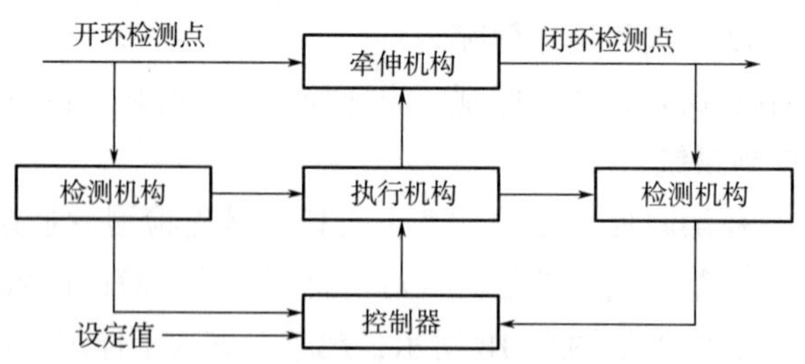

图 5-20　并条机混合环控制系统原理图

目前，国内外的并条机自调匀整装置大多采用开环控制方式，检测装置大多采用“凹凸罗拉+位移传感器”，执行机构大多采用“伺服电动机+差动机构”，控制对象为主牵伸倍数，棉条质量检测装置大多采用 FP（纤维压力）传感器，该部分不参与匀整控制。

二、一种开环式并条机自调匀整系统

一种开环式并条机的自调匀整系统结构如图 5-21 所示，主要由喂入机构、凹凸罗拉、棉条厚度检测装置、棉条质量检测装置、牵伸机构、主电动机、伺服电动机、编码器等构成。

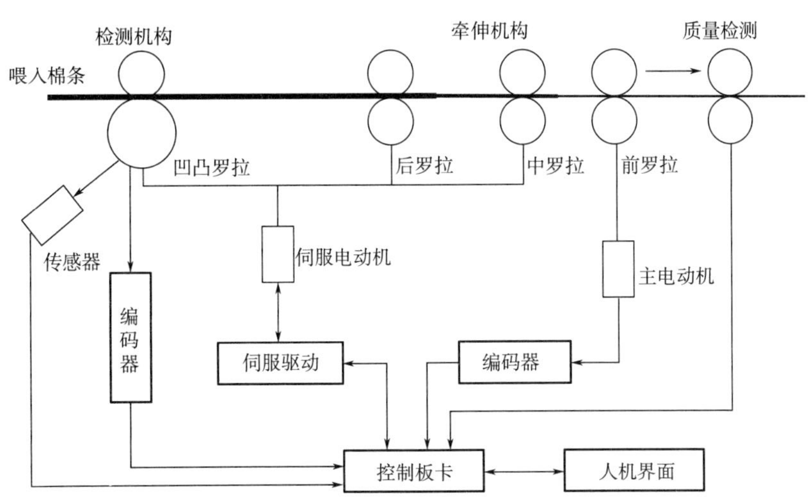

图 5-21　一种开环式并条机的自调匀整系统结构

该并条机的自调匀整工作过程是：主电动机传动前罗拉和输出压辊恒速旋转，中罗拉由伺服电动机传动，为变速旋转，其后各罗拉由 DGB 差速齿轮箱输出传动，为变速旋转。凹凸罗拉轴上装有编码器，编码器随凹凸罗拉轴同步转动，直接测量棉条前进距离。每当输送棉条的长度为 S（m）时，对棉条厚度进行一次采样。根据凹凸罗拉半径，可计算出棉条前进 S 编码器旋转的角度 A。在控制程序中，设定每当编码器转过角度值为 A 的整数倍时执行采样指令。同理，可以计算出棉条前进 L（罗拉隔距，也叫死区长度），编码器转过的角度 B，当控制程序中编码器角度等于 B 时，控制板卡驱动牵伸伺服电动机变速，从而改变主牵伸倍数，使输出棉条均匀一致。该变速值与棉条采样值有对应关系。

（一）喂入棉条检测（凹凸罗拉）

如图 5-22 所示，凹凸罗拉间棉条厚度的变化使凸罗拉的位置发生变化，凸罗拉的位移由杠杆臂放大后传递到位移传感器上，使位移传感器产生与棉条厚度相关的电压信号。放大倍数 $K=a/w=l/l'$。

为了使电压信号与棉条厚度严格对应，应使位移传感器在线性范围之内工作。位移传感器在±5mm 工作范围内的输出电压是线性变化，超出了这个范围则电压与位移不成比例变化，其工作特性如图 5-23 所示。基于位移传感器的工作特性，必须使位移传感器在±5mm 范围内工作，并且将位移传感器的输出电压在凹凸罗拉中有标准棉条时设定为 0 左右，以得到最大的工作范围。

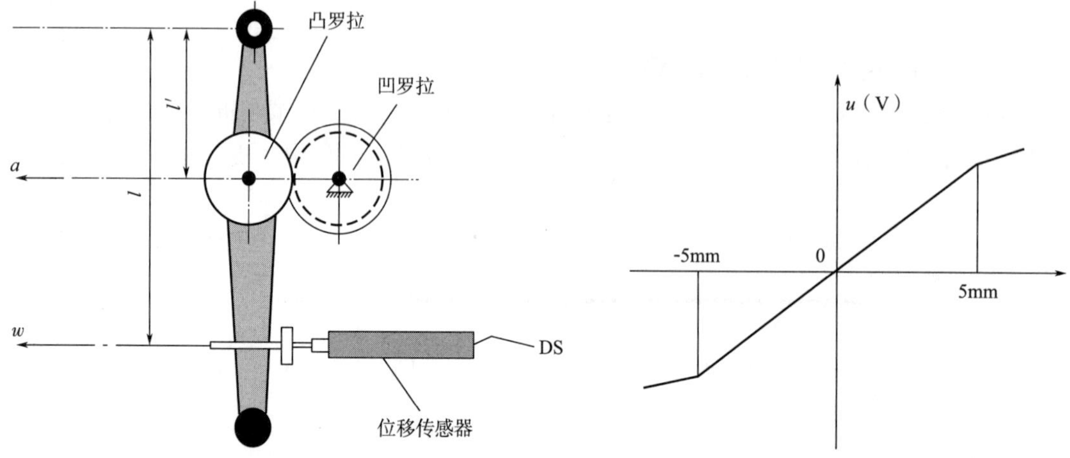

图 5-22　凹凸罗拉检测装置

a—凸罗拉的位移　w—位移传感器的相应位移

图 5-23　位移传感器工作特性

凹凸罗拉上的位移传感器将位移量的变化转换成模拟量电信号，放大电路和滤波电路将微小的模拟量放大，输入控制板卡，控制板卡将此模拟量转换成数字量，存入数据缓存区。人机界面通与控制板卡进行通信，操作人员可在界面上输入或修改参数，对设备参数进行调整或读取各种信息。

（二）输出棉条检测（FP 传感器）

由于开环控制本身是先检测后匀整，不核实调节结果，存在抗扰动性差的缺点，各环节参数的变化和外界扰动引起的偏差也无法修正，容易使棉条的定量出现偏差。由于外界扰动（如罗拉震动、电源变化等）引起的偏差还是无法通过开环自调匀整系统校正，因此，在棉条出口处安装 FP 传感器（纤维压力传感器）在线检测输出棉条的质量，并根据系统设定的质量极限报警和停车。由于棉条在 FP 传感器上高速摩擦，可用气动清洁单元对 FP 传感器进行冷却和清洁，以保证检测精度。

（三）棉条厚度与伺服电动机速度的关系

通过凹凸罗拉检测装置将棉条线密度变化转化为电信号，而棉条线密度与棉条厚度存在线性关系，设为：

$$u_1 = K_1 W_3 + C \tag{5-11}$$

式中：u_1 为棉条厚度信号值；K_1 为比例系数；W_3 为喂入棉条线密度；C 为常数。

传感器检测出棉条厚度信号后，经由信号调理送至控制单元，此过程信号放大倍数设为 K_2，则处理后的棉条厚度信号为：

$$u = K_2(K_1 W_3 + C) = K_2 K_1 W_3 + K_2 C \tag{5-12}$$

式中：u 为处理后的棉条厚度信号值；K_2 为放大比例系数。

根据式（5-10），$D = \frac{W_3}{W_1} = \frac{v_1}{v_3}$，结合式（5-12），推出：

$$D=\frac{v_1}{v_3}=\frac{W_3}{W_1}=\frac{u-K_2C}{K_1K_2W_1}$$

$$v_3=\frac{K_1K_2v_1W_1}{u-K_2C} \tag{5-13}$$

设中罗拉和后罗拉的传动系数为 K_3，即：

$$K_3=\frac{v_2}{v_3}$$

结合式（5-13），得伺服电动机速度为：

$$v_2=\frac{K_1K_2K_3v_1W_1}{u-K_2C}$$

式中：v_2 为伺服电动机速度（m/min）；v_1 为主电动机速度（棉条输出速度）（m/min）；u 为处理后的棉条厚度信号值。

（四）伺服电动机变速时刻的确定

自调匀整系统采用定长采样控制方式。凹凸罗拉轴上装有编码器，编码器随凹凸罗拉轴同步转动。棉条每前进 S（如 0.002m）对棉条厚度进行采样一次，根据凹凸罗拉半径 R_1 可计算出棉条前进 S 编码器旋转的角度 A。

$$\frac{A}{360}\times 2\pi R_1=S$$

得：

$$A=\frac{180S}{\pi R_1}$$

式中：S 为系统要求对棉条的采样长度（m）；A 为棉条前进 S 编码器旋转角度（°）；R_1 为凹凸罗拉半径（m）。

在控制程序中，设定编码器转过的角度为 A 的整数倍时执行一次采样指令。同理，也可以计算出棉条前进 L（罗拉隔距，也叫死区长度），编码器转过的角度 B。

$$B=\frac{180L}{\pi R_1}$$

式中：L 为死区长度（m）；B 为棉条前进 L 编码器旋转角度（°）。

当控制程序中编码器角度等于 B 时，控制板卡驱动牵伸伺服电动机变速，从而改变主牵伸倍数，使输出棉条均匀一致。此刻，伺服电动机的速度值不是对应此刻采集到的厚度信号值，而是对应控制板卡数据缓存区的前 n 个厚度信号值 U_n，$n=B/A$。当编码器转过的角度 E 小于 B 时，说明此时采样点未到达变速点，伺服电动机以初始速度 V_0 运转。当编码器转过的角度 E 大于或等于 B，并且 E 为 A 的整数倍时，说明此时采样点正好到达变速点或超过变速点（$E-B$）S（m），伺服电动机变速，速度值 V_{n1} 为：

$$V_{n1}=\frac{K_1K_2K_3v_1W_1}{U_n-K_2C}$$

在实际工作过程中，棉条与罗拉之间会有滑动。研究表明，通常情况下，后罗拉与前罗拉的滑动较小，滑动率设为 K_4（约 1%），并且是稳定的；中罗拉的罗拉滑动波较为复杂，此处不做研究，忽略此滑动。若设编码器旋转 F（°）时，罗拉所拉动的线条才到达变速点，得：

$$F=(1+K_4)\times B$$

当编码器转过的角度 E 小于 F 时，说明此时采样点未到达变速点，伺服电动机以初始速度 V_0 运转。当编码器转过的角度 E 大于或者等于 F，并且 E 为 A 的整数倍时，说明此时采样点正好到达变速点或超过变速点［$E-(1+K_4)B$］S（m），伺服电动机变速，速度值 V_n 为：

$$V_n=\frac{K_1K_2K_3v_1W_1}{U_n-K_2C}$$

综上，当 $E<\dfrac{180L}{\pi R_1}(1+K_4)$ 时，伺服电动机以初始速度 V_0 运转。

当 $E\geqslant\dfrac{180L}{\pi R_1}(1+K_4)$，且 $E=mA$（m 为整数）时，伺服电动机变速，速度值 V_n 为：

$$V_n=\frac{K_1K_2K_3v_1W_1}{U_n-K_2C}$$

综合本章分析，对棉条不匀片段长度的界定一般为：超短片段为 0.25m 以下；短片段为 0.25~2.5m；中片段为 2.5~25m；长片段为 25~250m；超长片段在 250m 以上。其中，长片段匀整装置主要用于梳棉机，中长片段匀整装置用于梳棉机和并条机，短片段匀整装置用于并条机。中长片段匀整装置一般采用闭环回路，短片段匀整装置采用开环回路。如果并条机采用的是长片段匀整装置，那么一般在其后还应再加一道并条工序。

思维导图

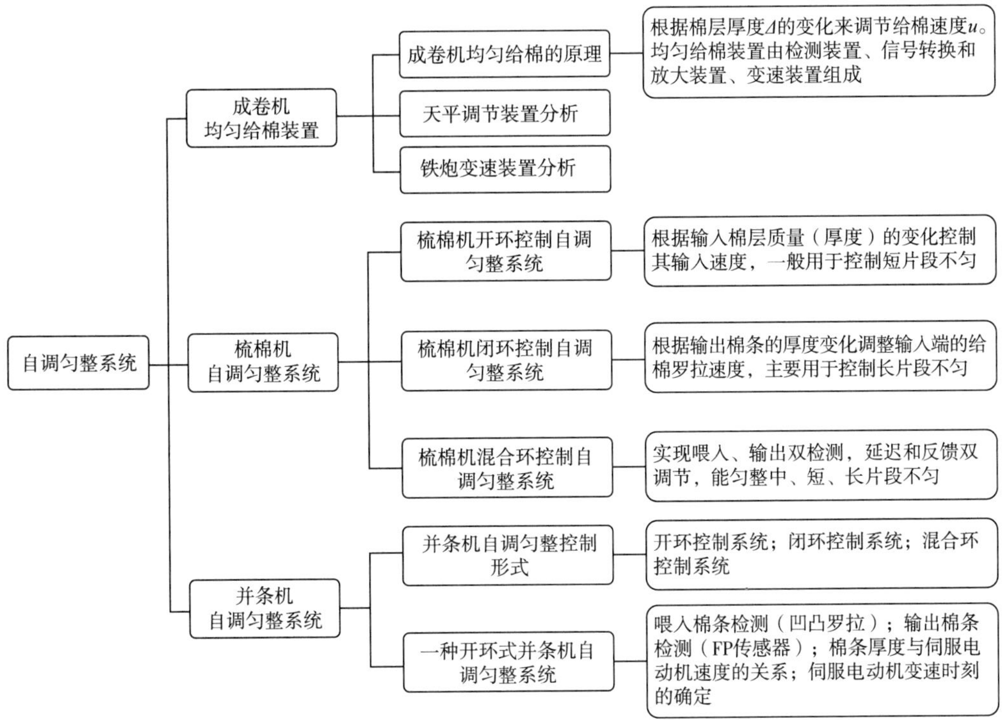

参考文献

[1] 陈革，杨建成．纺织机械概论［M］．北京：中国纺织出版社，2011.
[2] 魏雪梅，孙俊．纺纱设备与工艺［M］．北京：中国纺织出版社，2009.
[3] 吕汉明．纺织机电一体化［M］．2 版．北京：中国纺织出版社，2016.

第六章　圈条机构

引导语：在纺纱生产过程中，在梳棉机、精梳机和并条机上，按照工艺要求将棉条或毛条以一定的圈条成形，并有规律地盛放于条筒中，以供下道工序使用。由于条子结构松，纤维间抱合力小，条子的强度低，条子在圈入或引出条筒时，若承受较大拉力，容易产生意外牵伸或断头。此外，要求圈条成形正确，层次分明，条子间不互相纠缠，以便后道工序的加工，使筒内条子能被顺利地引出而无意外牵伸或紊乱断裂。

学习目标：

1. 了解圈条机构的原理。
2. 掌握圈条平面轨迹分析。
3. 掌握圈条盘传动比计算。

第一节　圈条机构的原理

梳棉机、并条机加工的棉条制品，一般都是通过圈条机构使棉条呈摆线轨迹存放在条筒内。典型的梳棉机圈条机构如图 6-1 所示，棉条经过一对回转的小压辊 2 牵引、紧压后进入圈条盘的斜管 3 输出，导入棉条筒内，使条子呈摆线轨迹存放在棉条筒内。

当圈条盘自转一周时条筒就接受一圈条子，相应地条筒须自转一个角度 θ，以便接受下一圈条。盘和筒的转向相同或相反均可，但条筒中心相对于圈条盘中心应保持偏距 e，以充分利用条筒容量。由图 6-1 可求得：

$$e=R-(r+c+r_0)$$

式中：R 为条筒半径；r 为圈条半径；c 为单侧间隙；r_0 为棉条的一般宽度（压扁时）。

圈条形式有大圈条和小圈条两种。大圈条如图 6-2（a）所示，圈条直径大于条筒半径，故条圈越出条筒中心。小圈条如图 6-2（b）所示，圈条直径小于条筒半径，故条圈不越出条筒中心。

无论哪一种圈条形式，在条筒中央都保留一个气孔。当条筒直径相同时，以小圈条的圈条盘直径为小，因此其轴承直径也较小。以前低产梳棉机上，由于条筒直径小到 350mm 以下，往往采用大圈条形式。现今在中、高产梳棉机上条筒直径已增大到 600～1200mm 或更大，因而大都采用小圈条形式，这样有利于圈条盘轴承的制造。目前的圈条机构都配有自动换筒装置，以减少人工换筒劳动和换筒停机时间。

由于大卷装的棉条筒随回转底盘回转的动力消耗大，新型高产梳棉机多采用行星式圈条器，行星式圈条器没有回转底盘，棉条筒放在地面上静止不动，圈条盘在绕自身轴线自转的同时还绕条筒中心轴公转。当圈条盘自转一周时，条筒就接受一圈条子，相应地圈条盘须同时公转一

个角度 θ，以便铺放下一圈条子。行星式圈条器节省动力消耗，但设计和制造的要求较高。

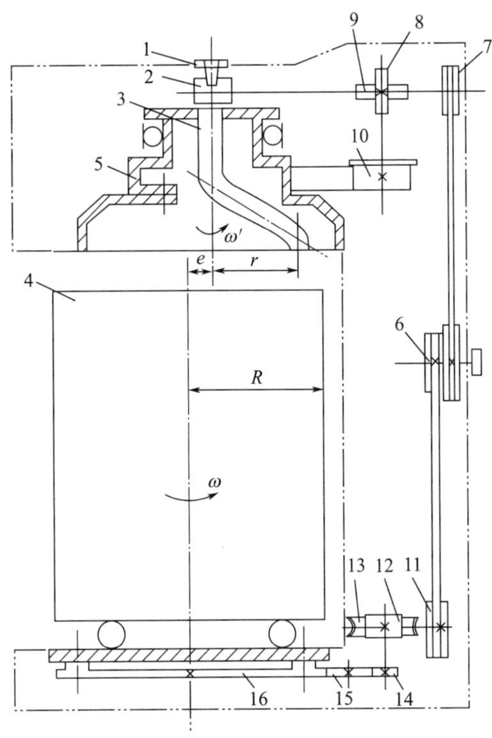

图 6-1　圈条机构示意图

1—喇叭口　2—小压辊　3—斜管　4—棉条筒　5—圈条盘　6，7，11—皮带轮
8，9—螺旋齿轮　10—同步带轮　12，13—蜗杆、蜗轮　14，15，16—齿轮

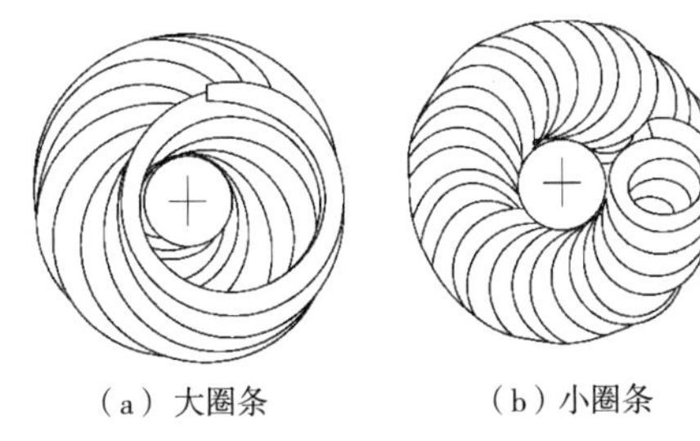

（a）大圈条　　（b）小圈条

图 6-2　圈条形式

动画：盖板式梳棉机及其圈条机构

视频：并条机及其圈条机构

第二节　圈条机构的设计参数分析

圈条机构的设计应满足以下工艺要求。

（1）圈条成形正常，条筒内气孔能在全部高度内贯通，圈的层次分明，相邻两圈棉条紧

邻排列而不重叠，棉条在下道工序中能被顺利引出。圈条外圆整齐，靠条筒边缘处不出现过大的空隙。

（2）棉条卷装重量大，减少换筒频率，提高生产效率。

一、圈条平面轨迹分析

圈条机构的传动比设计应满足：圈条盘转一圈所完成的圈条轨迹长度等于小压辊在同一时间内的输出长度。否则，若圈条盘转速偏慢，将会导致条子在斜管内拥挤堵塞；若圈条盘转速偏快，将导致条子的意外牵伸而影响圈条成形和成纱质量。

在图 6-1 中，设小压辊 2 的角速度为 ω_g，半径为 r_g，则其出条速度为 $r_g\omega_g$（$=2\pi r_g n_g$）。该速度应等于圈条器的圈条速度 v（即出条口回转线速度）。下面根据圈条轨迹求出圈条速度 v。

如图 6-3（a）所示，以条筒中心 O 为坐标原点，建立固定坐标系 XOY，设 P 为圈条盘上出条点，O_Q 为圈条盘中心，r 为圈条半径（即 $\overline{O_QP}$），那么：

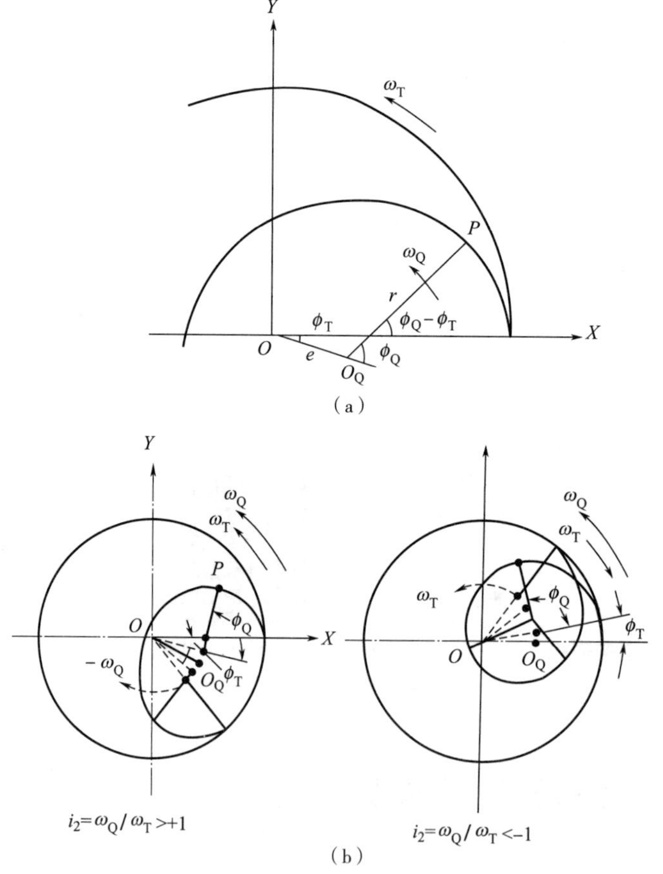

图 6-3　圈条轨迹分析

圈条盘转角为 $\phi_Q(=\omega_Q t)$，逆时针方向。

条筒转角为 $\phi_T(=\omega_T t)$，逆时针方向。

按照反转法，当圈条盘完成转角 $\phi_Q(=\omega_Q t)$ 的同时，圈条盘中心 O_Q 的转角为 $-\phi_T$，故得点 P（x，y）的坐标位置为：

$$\begin{cases} x = r\cos(\phi_Q - \phi_T) + e\cos\phi_T \\ y = r\sin(\phi_Q - \phi_T) - e\sin\phi_T \end{cases} \tag{6-1}$$

对式（6-1）求时间导数，得：

$$\begin{aligned} \dot{x} &= -r(\dot{\phi}_Q - \dot{\phi}_T)\sin(\phi_Q - \phi_T) - e\dot{\phi}_T\sin\phi_T \\ \dot{y} &= r(\dot{\phi}_Q - \dot{\phi}_T)\cos(\phi_Q - \phi_T) - e\dot{\phi}_T\cos\phi_T \end{aligned} \tag{6-2}$$

那么，圈条速度 v 为：

$$\begin{aligned} v^2 &= \dot{x}^2 + \dot{y}^2 = r^2(\dot{\phi}_Q - \dot{\phi}_T)^2 + e^2\dot{\phi}_T^{\,2} - 2er(\dot{\phi}_Q - \dot{\phi}_T)\dot{\phi}_T\cos\phi_Q \\ &= (\dot{\phi}_Q - \dot{\phi}_T)^2\left[r^2 + \frac{e^2}{(\dot{\phi}_Q/\dot{\phi}_T - 1)^2} - \frac{2er\cos\phi_Q}{(\dot{\phi}_Q/\dot{\phi}_T - 1)}\right] \\ &= (\omega_Q - \omega_T)^2(r^2 + \Delta^2 - 2r\Delta\cos\phi_Q) \end{aligned} \tag{6-3}$$

在式（6-3）中，$\Delta = \dfrac{e}{i_2 - 1}$，$i_2 = \dot{\phi}_Q/\dot{\phi}_T = \omega_Q/\omega_T$。

i_2 为圈条盘与条筒的速比，两者同向取正值，异向取负值。

于是可得：

$$v = (\omega_Q - \omega_T)(r^2 + \Delta^2 - 2r\Delta\cos\phi_Q)^{1/2} \tag{6-4}$$

由式（6-4）可见：推导得出的圈条速度 v 随圈条盘转角 ϕ_Q 做周期性变化，其变化范围如下：

$$\begin{aligned} \phi_Q = 0 \text{ 时},\quad v_0 &= (\omega_Q - \omega_T)(r - \Delta) \\ \phi_Q = \pi \text{ 时},\quad v_\pi &= (\omega_Q - \omega_T)(r + \Delta) \end{aligned} \tag{6-5}$$

然而，实际上小压辊的出条速度是不变的，故在 $\phi_Q = 0$ 位置，由于 v_0 偏小，条子张力松弛，条子将向斜管外侧偏离，使圈条半径 r 增大（增大到 r_0）；而在 $\phi_Q = \pi$ 位置，由于 v_π 偏大，条子被拉紧，张力增加，条子被拉向斜管内侧，圈条半径 r 减小（减小到 r_π）。这样，通过 r 大小变化来适应小压辊出条速度不变。理论上当 r 不变化时，在条筒内的圈条呈摆线分布，但实际上 r 是有微小变化的，故呈近似摆线分布。

二、圈条盘传动比计算

在进行机构设计时，可取圈条速度平均值 $v_{av}[=(v_0 + v_\pi)/2]$ 等于小压辊出条速度 $r_g\omega_g$。根据式（6-5）可得：

$$\omega_g r_g = (v_0 + v_\pi)/2 = (\omega_Q - \omega_T) r = (1 - 1/i_2)\omega_Q r \tag{6-6}$$

由此得圈条盘与小压辊的传动比 i_1 为：

$$i_1 = \frac{\omega_Q}{\omega_g} = \frac{r_g}{r(1 - 1/i_2)} = \frac{r_g}{r}\frac{\omega_Q}{\omega_Q - \omega_T} \tag{6-7}$$

下面分析如何确定 $i_2 = \omega_Q/\omega_T$ 。

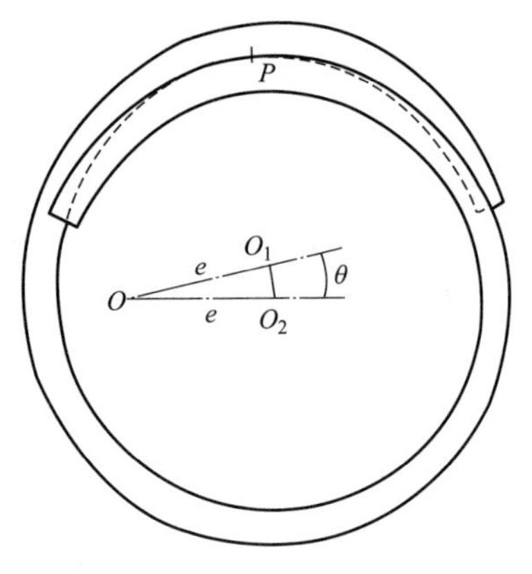

图 6-4　圈条排列分析

如图 6-4 所示，根据相对运动，圈条盘中心相对于条筒中心 O 的相对轨迹 O_1O_2 是一个半径为 e 的圆上的圆弧。

设条子宽度为 $2r_0$，条子铺放要求相邻两根条子紧密排列，不重叠也无间隙，任一圈条外弧曲线（半径为 $r + r_0$）应与相邻圈条内弧曲线（半径为 $r - r_0$）在 P 点处相互内切，且 $\overline{O_1O_2} = C = 2r_0$，其所对应的圆心角 θ 应等于每圈放一圈条子（即圈条盘每转一周）时条筒所转过的角度，即：

$$\theta \approx C/e = 2r_0/e$$

那么条筒转一周所能容纳的 θ 数，应等于圈条盘与条筒之间的传动比 i_2，故得：

$$i_2 = \omega_Q/\omega_T = \pm 2\pi/\theta = \pm \pi e/r_0 \tag{6-8}$$

式（6-8）确定的 i_2 值是当两圈条子紧密排列时的极限值，实际上 i_2 值应略小于此极限值，使相邻两圈棉条之间出现一点空隙（$C>2r_0$），这样的卷装弹性较好，还可减少在棉条从筒子引出时因相互粘连而拉乱表层纤维的机会。

将式（6-8）代入式（6-7），可求得圈条盘与小压辊的传动比 i_1：

$$i_1 = \frac{r_g}{r}\frac{\pi e}{\pi e \pm r_0} \tag{6-9}$$

在式（6-9）中，当圈条盘与条筒转向相同时，分母取负号，相反时取正号。

在实际生产中，只有当圈条层接近圈条盘时，才能使圈条成形良好，故一般在条筒内都装有弹簧托盘，使在空筒开始工作时能贴近圈条盘，这样可以保持成形良好，还能减小条子从筒内引出时的张力变化。

设圈条盘每转一周的时间为 $T = 2\pi/\omega_Q$ ，则可根据式（6-6）算得该时间内圈条长度为：

$$S_0 = r_g\omega_g T = (1 - 1/i_2) r\omega_Q T = 2\pi r(1 - 1/i_2) \tag{6-10}$$

参见图 6-3（b）。

三、圈条容量计算

当棉条以摆线形式存放在条筒中时，沿棉条筒直径方向棉层密度的分布很不均匀。图 6-5 为条筒内棉层密度分布情况。气孔周围的圆环处（宽度为棉条直径）密度最高。棉条筒高度方向的空间利用，显然就取决于气孔周围这一最密圈内所能容纳的棉层数。在一定的卷装尺寸下，要提高卷装容量，就应尽量使各处棉层密度分布比较均匀。

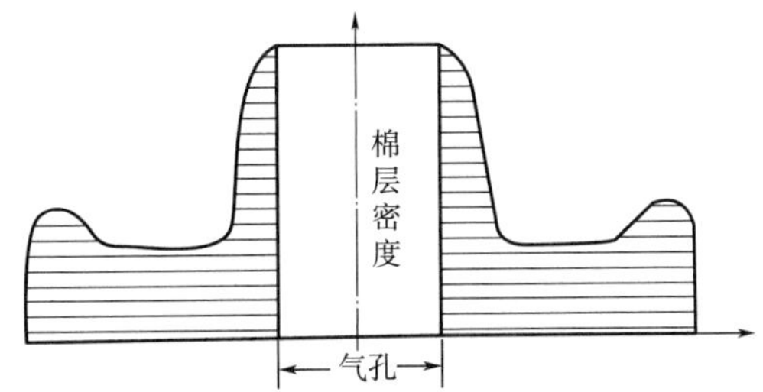

图 6-5　条筒内棉层密度分布

棉条筒的理论容量为：

$$G = \frac{H}{t} \cdot \frac{2\pi}{\alpha} \cdot S_0 \cdot \rho \tag{6-11}$$

式中：G 为棉条筒所能容纳的棉条总重量；ρ 为单位长度的棉条重量；S_0 为棉条在条筒内的轨迹长度；H 为棉条筒高度+棉层允许超出条筒口的高度；t 为在气孔周围最密圈部分的单层棉条厚度；α 为棉条每绕一圈在气孔周围最密圈部分所对的圆心角。

将式（6-10）代入式（6-11），得：

$$G = \frac{H}{t} \cdot \frac{2\pi}{\alpha} \cdot 2\pi r\left(1 - \frac{1}{i_2}\right)\rho = K\frac{r}{\alpha}\left(1 - \frac{1}{i_2}\right) \tag{6-12}$$

式中：$K = 4\pi^2\rho H/t$，对一定的卷装尺寸和棉条而言，K 为常数。

图 6-6 中阴影部分为大圈条状态下每圈棉条与筒中最密圈的重叠部分，其所对的圆心角为 α。因此，在厚度为 t 的棉层中，最多可能容纳的棉条圈数为 $\frac{2\pi}{\alpha}$。

现在求 α。按照图 6-6 中几何关系，可得：

$$r = R - e - r_0$$

$$b = OH = r + r_0 - e$$

将前式代入，得：

$$b = R - 2e$$

$$a = O_1H = r - r_0$$

根据余弦定理，得：

$$\begin{aligned}\cos\frac{\alpha}{2} &= \frac{a^2 - b^2 - e^2}{2be} = \frac{(r - r_0)^2 - (r + r_0 - e)^2 - e^2}{2be} \\ &= \frac{-4rr_0 - 2re + 2r_0e - 2e^2}{2be} = \frac{-4rr_0 - 2(r + r_0 - e)e}{2be} \\ &= \frac{-2rr_0 - be}{be} = 1 - \frac{2rr_0}{be} = 1 - \frac{R - e - r_0}{R - 2e} \cdot \frac{2r_0}{e}\end{aligned}$$

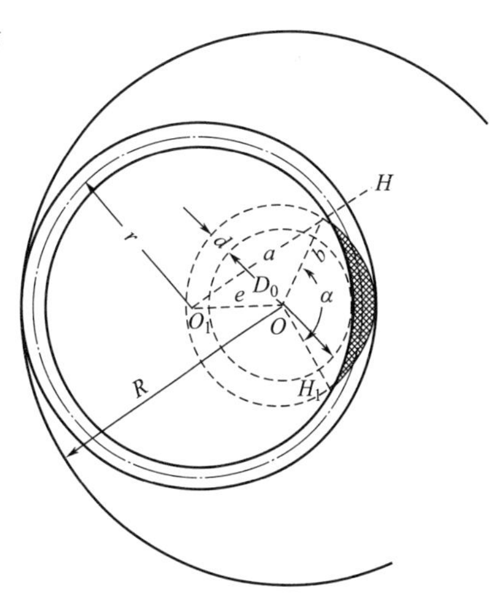

图 6-6　卷装容量

R—棉条筒半径　D_0—气孔直径

r—圈条轨迹半径（$r=R-e-r_0$）

e—圈条偏心距（$e=OO_1$）

d—棉条直径

当 $e = r_0$ 或 $e = \frac{R - r_0}{2}$ 代入上式，得：

$$\cos\frac{\alpha}{2} = -1\text{，即}\frac{\alpha}{2} = \pi\text{ 或 }\alpha = 2\pi$$

通过作图可知，当 $e = r_0$ 时，圈条气孔为最大，仅仅靠筒壁部分有棉条，棉条的容量显然是最小的；当 $e = \frac{R - r_0}{2}$ 时，圈条的气孔已缩小为零，最密圈也缩到最小，每增加一圈棉条，最密圈的厚度即增大一个 t 值，棉条的容量亦受到限制。因此如在上述两极限范围内，当 e 取某一中间值时，就将使 α 值为极小。

用微分方法对上列分式求导，并使其等于零，即：

$$\delta\left(\frac{R - e - r_0}{Re - 2e^2}\right) = 0$$

得：

$$(Re - 2e^2)(-\delta e) - (R - e - r_0)(R - 4e)\delta e = 0$$

$$Re - 2e^2 + (R^2 - 5Re - Rr_0 + 4e^2 + 2de) = 0$$

或：

$$e^2 - 2(R - r_0)e + \frac{2R^2 - Rd}{4} = 0$$

解得：

$$e = R - r_0 - \frac{1}{2}\sqrt{(2R - 2r_0)^2 - (2R^2 - 2Rr_0)}$$

$$= R - r_0 - \frac{1}{2}\sqrt{2R^2 - 6Rr_0 + 4{r_0}^2}$$

$$= R - r_0 - \frac{\sqrt{2}}{2}\sqrt{\left(R - \frac{3r_0}{2}\right)^2 - \frac{{r_0}^2}{4}}$$

由于 $\frac{{r_0}^2}{4}$ 远远小于 $\left(R - \frac{3r_0}{2}\right)^2$，因此近似可得：

$$e \approx R - r_0 - \frac{\sqrt{2}}{2}\left(R - \frac{3r_0}{2}\right)$$

$$= \left(1 - \frac{\sqrt{2}}{2}\right)R + \left(\frac{3\sqrt{2}}{4} - 1\right)r_0$$

$$\approx \left(1 - \frac{\sqrt{2}}{2}\right)R$$

此时，α 值将是最小的。按式（6-12）可知，容量 G 主要与 r/α 成正比，α 值最小当然对容量 G 有利；但式中 $r = R - e - r_0$，也与 e 值有关，e 值越小，r 值越大。因此实际上必须取 e 值比上式之值更小些，才能获得 G 的极大值。数学推算复杂，不易求得简单公式，但可用试凑法求解。

偏心值 e 决定之后，可求得气孔大小为：

$$D_0 = 2(b - 2r_0) = 2(R - 2e - 2r_0)$$

思维导图

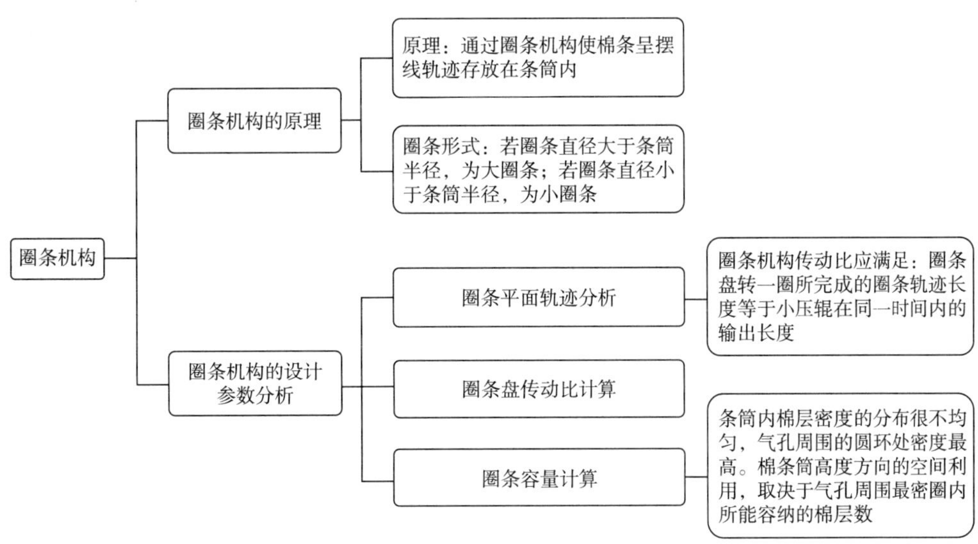

参考文献

[1] 刘裕瑄，陈人哲．纺织机械设计原理：上册［M］．北京：纺织工业出版社，1982.

[2] 陈人哲．纺织机械设计原理：上册［M］．2 版．北京：中国纺织出版社，1996.

[3] 陈革，杨建成．纺织机械概论［M］．北京：中国纺织出版社，2011.

第七章　纱线卷绕机构

引导语：卷绕广泛应用于纺织、电池、电子元件等行业。在卷绕过程中，绕线通过旋转运动和往复移动，形成层层叠加的结构。在纺织生产过程中，纱线的卷绕主要发生在粗纱、细纱、络筒、捻线、卷纬等工序，主要是为了便于制品（或半制品）的存储和运输，便于喂给下道工序进行加工，必须把这些制品按一定规律绕成具有一定紧密度的卷装形式。

学习目标：

1. 了解纱线卷绕的要求、类型和特点。
2. 掌握粗纱卷绕运动规律和锭翼纺纱卷绕系统的原理。
3. 掌握细纱卷绕导纱运动规律和环锭纺纱卷绕机构设计。
4. 了解络筒卷绕原理和卷绕机构。

第一节　纱线卷绕概述

一、纱线卷绕的要求

纱线的卷绕工艺一般有以下基本要求。

（1）卷装应足够坚固，便于存储和运输；相邻纱圈排列要整齐，并能稳定地平衡于纱层中，不会松脱，无重叠、凸边、松垮、塌边等。

（2）要便于下道工序的上机喂给，要能在高速下顺利退绕，在轴向抽出时或受冲击时不脱圈，不纠缠断头。

（3）卷绕张力的大小要适中，张力波动要小。

（4）要尽可能增加卷装容量，提高卷绕密度。

（5）对于要后处理的卷装，要求密度均匀，使工作介质能顺利均匀地渗透卷装整体，以获得良好的处理效果。

二、纱线卷绕的类型和特点

纱线卷绕是粗纱机、细纱机、络筒机、捻线机、卷纬机等纺织机械的重要工艺。纱线卷绕是按照一定的螺旋线式绕成管纱卷装，卷绕运动由回转运动和往复运动复合而成。

卷绕回转运动有两种类型。对于传统纺纱机和捻线机，其卷装的回转运动除了完成卷绕作用，还起到对纱线的加捻作用，故称为加捻卷绕运动；对于络筒机和卷纬机，卷装的回转运动只有单纯的卷绕功能，不起加捻作用；在自由端纺纱的新型纺纱机上，虽然同时完成加捻和卷绕两个作用，但二者是完全独立且分开进行的，即由加捻器单独完成加捻作用，再由槽筒单独完成卷绕。

往复运动也称导纱运动，一般由导纱器完成。在环锭细纱机上，钢领、钢丝圈往复升降完成导纱运动；在锭翼纺纱机（如粗纱机）上，导纱器是锭翼压掌，它本身不做升降运动，而是由卷装本身升降运动完成导纱；在槽筒卷绕装置上，由槽筒上的曲线槽迫使纱线做往复运动，槽筒和卷装都不做往复运动。

根据卷绕面的几何形状，卷绕形式分为两类：圆柱形卷绕，如翼锭粗纱卷绕，螺距较密的平行卷绕；圆锥形卷绕，如环锭细纱卷绕，螺距较稀的交叉卷绕。

第二节　粗纱卷绕

一、粗纱卷绕运动规律

粗纱卷装一般采用圆柱形平行卷绕，纱与纱之间相互紧挨着，故纱圈螺距就等于纱的直径或略大些（因粗纱受压而被压扁），这样可以获得密绕的卷装以提高卷装容量。其缺点是退绕时筒管必须回转（纱从横向抽出），会使纱产生意外牵伸，而且退绕速度较慢，所以不适用于细纱卷绕，因为不适应细纱高速退绕的要求，而且如果细纱采用圆柱形平行卷绕，各层纱容易嵌乱，不能分清层次，容易导致退绕困难。故细纱卷绕一般都采用圆锥形交叉卷绕，相邻两层纱圈螺旋线的交叉角虽不是很大，但纱圈螺距比细纱直径大得多。

无论是圆柱形平行卷绕，还是圆锥形交叉卷绕，为始终保证纱层厚度均匀，以维持应有的纱层曲面形状，按理想要求应把纱线绕成法向等螺距的螺旋线，即维持法向螺距 h_n 为常值，以使纱在卷绕面上分布均匀。

在粗纱圆柱形卷绕时，如把纱的轴心线所在圆柱面展开为一平面，如图 7-1 所示，则纱的轴心线在此展开面上将成为一倾斜直线 AC，与周向展开线 AB 之间夹角为 α，则得：

$$\sin\alpha = \frac{h_n}{\pi d_k} \tag{7-1}$$

式中：d_k 为卷绕直径；α 为螺旋线导角；h_n 为法向螺距。

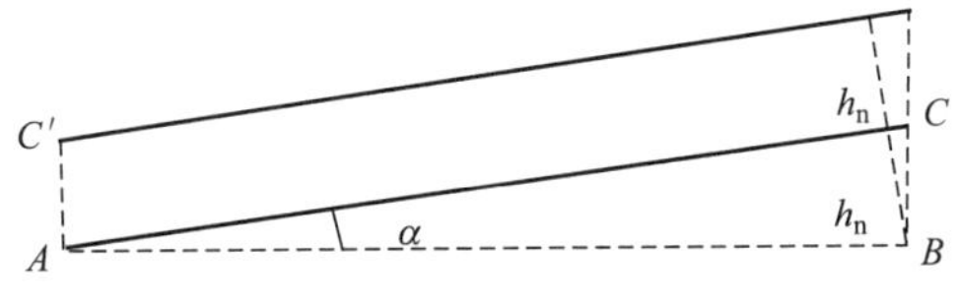

图 7-1　圆柱面螺旋线展开图

动画：粗纱机及其卷绕

另外，按几何关系应得：

$$\sin\alpha = \frac{BC}{AC} = \frac{v_h}{V}$$

式中：v_h 为导纱速度，即龙筋升降速度；V 为单位时间内的绕纱长度，即卷绕线速度或机器的单锭生产率。

当龙筋从 B 点升到 C 点，与此同时，纱从 A 点绕到 C 点，上式表示在相同时间内两者的位移值应与各自的速度成正比，即 $BC/AC = v_h/V$。将上式代入式（7-1），得：

$$\frac{v_h}{V} = \frac{h_n}{\pi d_k} \text{或} \frac{v_h}{V} \cdot \frac{d_k}{h_n} = \frac{1}{\pi} \tag{7-2}$$

由式（7-2）可知，如要维持 h_n 为常值，则 v_h 与 V 之间的比值必须与卷绕直径 d_k 成反比。V 决定于前罗拉转速，v_h 由变速机构（常用铁炮变速）控制。因粗纱采用了圆柱形卷绕，在同一层中 d_k 是不变的，故 v_h 在同一层中也应不变，即导纱运动应做等速升降。在整个卷绕过程中，因 d_k 逐层递增，故 v_h/V 应按式（7-2）的反比关系而逐层递减，故应该按这一规律进行变速机构的设计。

在环锭细纱机上进行圆锥形卷绕时，式（7-1）和式（7-2）同样也能适用，后面将证明。若把 d_k/h_n 作为横坐标，$\sin\alpha$ 或 v_h/V 作为纵坐标，作出的图像是一条等腰双曲线，如图 7-2 所示。这一规律可称为卷绕的双曲线规律，是粗纱和细纱卷绕往复导纱运动的共同规律。当然，除了这一共性外，它们之间也存在着一定的差别，主要有下面两点。

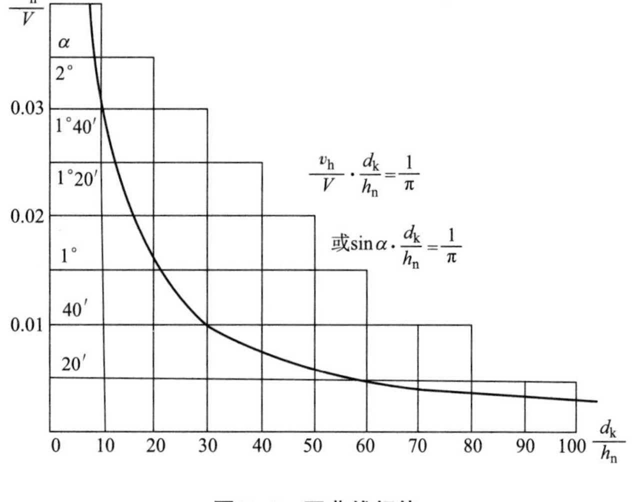

图 7-2 双曲线规律

（1）在粗纱圆柱形卷绕时，h_n 约等于或略大于粗纱直径，而在细纱卷绕时，h_n 要等于细纱直径的好几倍。

（2）在粗纱圆柱形卷绕时，v_h 应随着 d_k 的递增而逐层递减，但在每一层中的 v_h 保持不变。而在细纱圆锥形卷绕时，则因每一层中的 d_k 一直是在不断变化的，所以 v_h 也应按式（7-2）所示关系在每一层中都要随 d_k 的变化而不断变化。

细纱机采用恒速传动时，V 不变，v_h 应与 d_k 成反比关系变化。但当细纱机采用整机变速传动时，V 本身也在变化，那么 v_h 就不是简单地与 d_k 成反比关系变化了，而是速比 v_h/V 或 $\sin\alpha$ 要与 d_k 成反比关系变化，如图 7-2 所示。按此规律进行卷绕，导纱运动就能获得圆锥面上的等距螺线，维持法向螺距 h_n 恒定不变，使纱在圆锥面上均匀分布。

根据以上分析可知，式（7-2）是粗纱或细纱两种加捻卷绕往复导纱运动的共同规律，故不论是粗纱变速铁炮或是细纱成形凸轮的设计，都是以此式为依据，以下两节将对此分别详细讨论。

下面研究各种类型加捻卷绕的回转运动，先研究它们的共同规律，然后研究它们之间的差别或特殊规律（图 7-3）。

设卷装转速（单位时间内的卷装转数）为 n_k，加捻转速（单位时间内所加的捻回数，即尚未绕到卷装上去的那段自由纱段的转速）为 n_t，则两者之差等于卷绕转速（单位时间内绕纱圈数）n_h：

$$n_h = | n_k - n_t | = \pm (n_k - n_t) \tag{7-3 (a)}$$

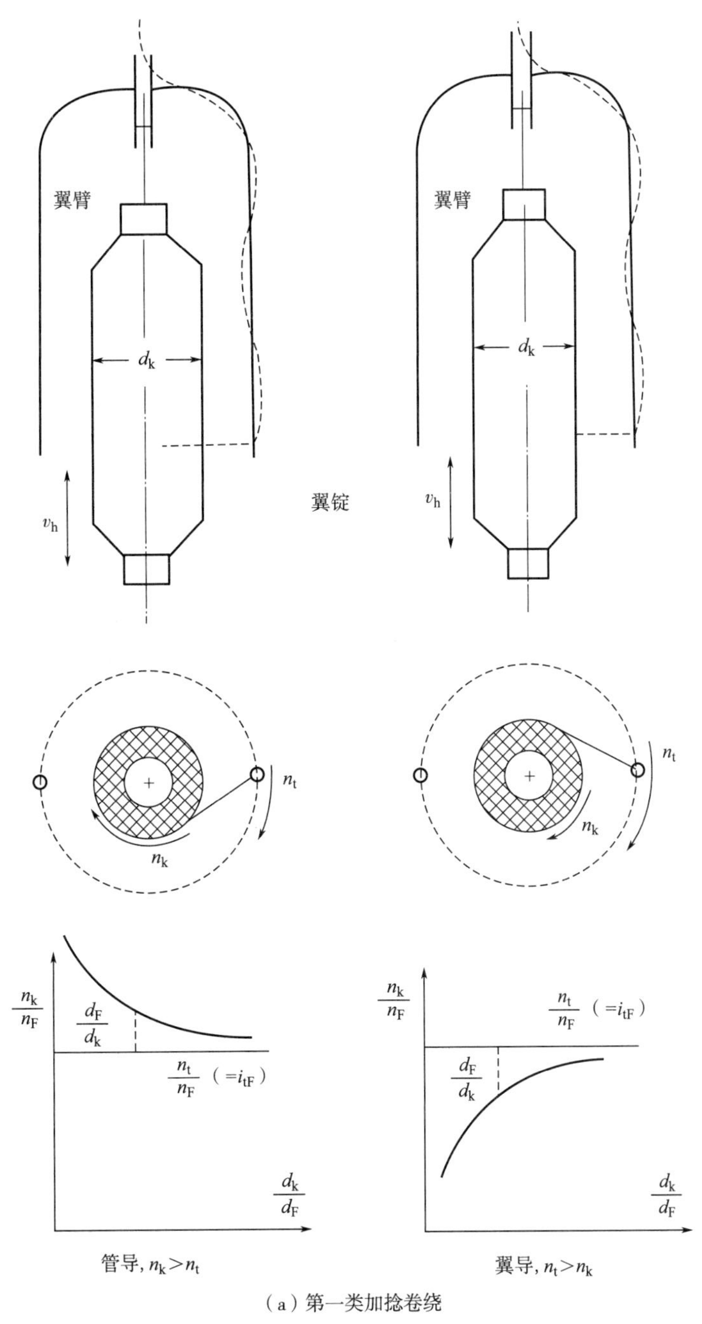

（a）第一类加捻卷绕

图 7-3

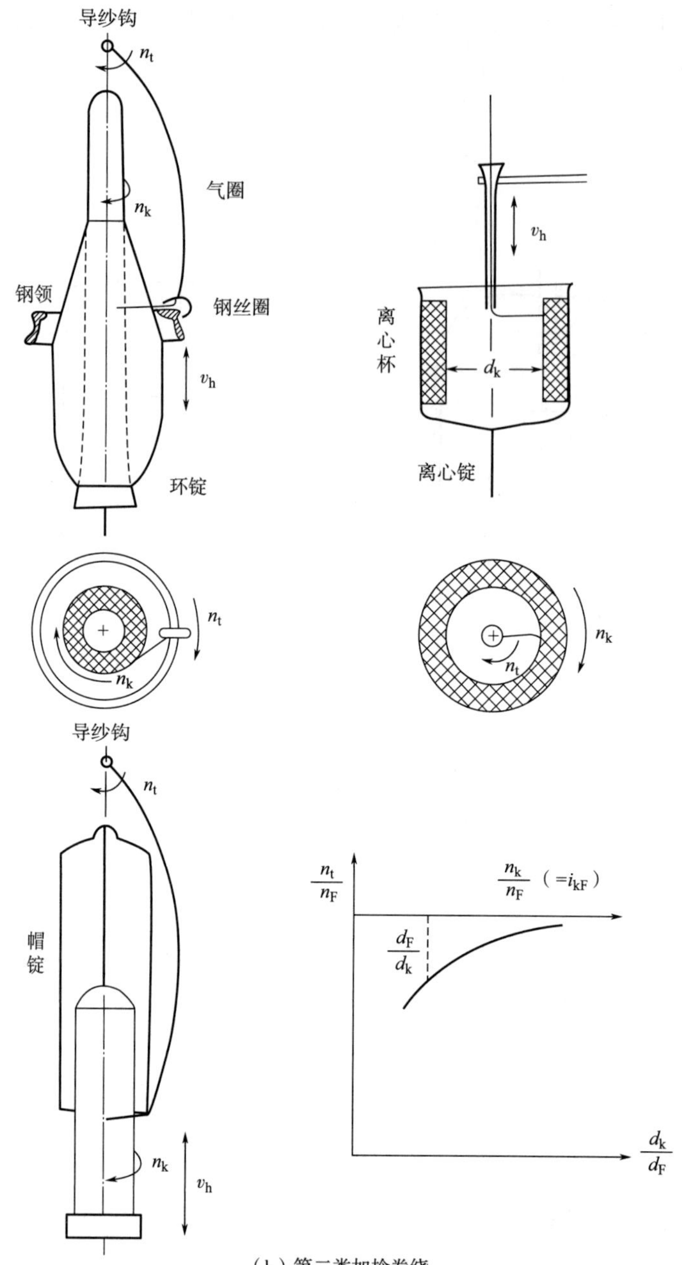

（b）第二类加捻卷绕

图 7–3 加捻卷绕类型和转速规律

n_k—卷装转速 n_t—加捻转速 n_F—罗拉转速 d_F—罗拉直径

当卷装转速 n_k 等于纱线转速（即加捻转速）n_t，两者之间并无任何相对运动时，纱线不可能绕到卷装上去。只有在两者不相等（$n_k > n_t$ 或 $n_t > n_k$）而有相对运动时，纱线才能卷绕上去，此时卷绕转速 n_h 就应等于它们之间的相对转速（即差速）。

设卷绕线速度为 V（即单位时间内卷绕长度或以长度表示的单锭生产速度），又设纱层卷

绕直径为 d_k，则得卷绕转速为：

$$n_h = \frac{V}{AC} = \frac{V}{\pi d_k/\cos\alpha} = \frac{V}{\pi d_k}\sqrt{1-\sin^2\alpha} = \frac{V}{\pi d_k}\sqrt{1-\left(\frac{h_n}{\pi d_k}\right)^2}$$

由于 h_n 远远小于 πd_k，则：

$$n_h \approx \frac{V}{\pi d_k} \quad [7\text{-}3\ (b)]$$

因 d_k 是变化的，故在 V 不变时，n_h 应随 d_k 成反比变化，即在 d_k 小时多绕几圈，d_k 大时少绕几圈。又因式［7-3（b）］与式（7-2）相似，也是双曲线规律，故有可能利用同一机构来同时完成 v_h 和 n_h 的变速要求。设前罗拉直径为 d_F，转速为 n_F，如略去捻缩不计，则应得：

$$n_F = \frac{V}{\pi d_F}$$

以上二式相除，得：

$$\frac{n_h}{n_F} = \frac{d_F}{d_k}\sqrt{1-\left(\frac{h_n}{\pi d_k}\right)^2} \approx \frac{d_F}{d_k}$$

再代入式（7-3），得：

$$\pm\frac{d_F}{d_k} = \frac{n_k}{n_F} - \frac{n_t}{n_F} \quad (7\text{-}4)$$

当 $n_k>n_t$ 时，左边取正号；$n_k<n_t$ 时，则取负号。

式（7-4）左边 d_F 是常值，但 d_k 是变化的。故式（7-4）右边也必须相应变化，其变化情况可分为两类：①n_t/n_F 不变，n_k/n_F 随 d_k 而变；②n_k/n_F 不变，n_t/n_F 随 d_k 而变。

第一类即翼锭式加捻卷绕，加捻转速 n_t=锭速，这是因为锭翼固装在锭子上，纱则穿过锭翼臂绕到纱管卷装上去，故锭速即是纱线转速 n_t（=加捻转速），而纱线获得的捻度 t_w 应等于：

$$t_w = \frac{n_t}{V} = \frac{n_t}{\pi d_F n_F} = \frac{i_{tF}}{\pi d_F} \quad [7\text{-}5\ (a)]$$

$$i_{tF} = \frac{n_t}{n_F} \quad [7\text{-}5\ (b)]$$

i_{tF} 表示锭速 n_t 与前罗拉转速 n_F 之间的传动比，是通过轮系传动来保证其恒定不变的。为适应对不同纱支有不同捻度 t_w 的要求，在从前罗拉到锭子间的传动路线中设有变换齿轮，以变换 i_{tF} 的大小。当齿轮已换定后，那么在机器运转过程中 i_{tF} 是不变的，故 t_w 也恒定不变，这就保证了产品捻度 t_w 均匀的要求。

把式［7-5（b）］代入式（7-4），则得：

$$\frac{n_k}{n_F} = \frac{n_t}{n_F} \pm \frac{d_F}{d_k} = i_{tF} \pm \frac{d_F}{d_k} \quad (7\text{-}6)$$

式中，右边的 d_k 是变数，故 n_k/n_F 的速比就应按式（7-6）的关系随着 d_k 的变化而变化。在翼锭式纺机上的筒管卷装是活套在锭子上的，其转速 n_k 可以大于或小于锭速 n_t。前者称为管导（$n_k>n_t$），在式（7-6）中取正号；后者称为翼导（$n_t>n_k$），在式（7-6）中取负号。以上所述，示于图 7-3（a）和图 7-4（a）中。

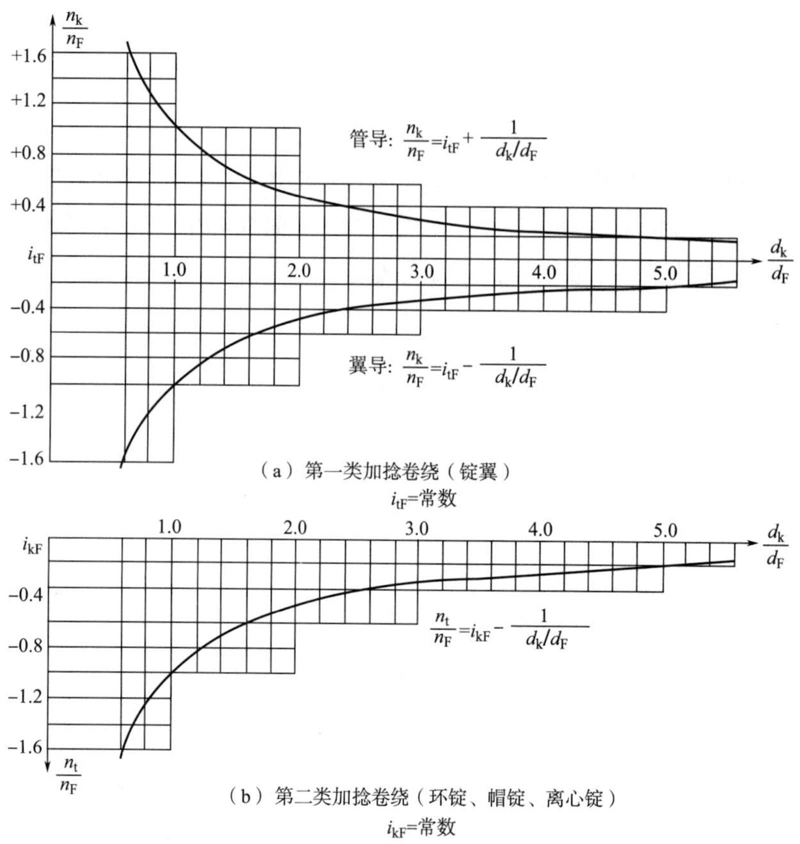

图 7-4　加捻卷绕转速变化规律

n_F—前罗拉转速　n_k—卷装转速　n_t—加捻转速

d_F—前罗拉直径　d_k—卷绕直径　$i_{kF}=n_k/n_F$　$i_{tF}=n_t/n_F$

在管导时（$n_k>n_t$），筒管的变速必须采用积极传动，机构很复杂。在翼导时（$n_t>n_k$），则有可能利用纱线来拖动筒管，另在筒管底部施加一定的阻力以维持纱线张力，卷装转速 n_k 就将随着 d_k 的逐层递增而自动变化，不必采用积极传动，机构可大大简化，适用在毛纺、麻纺、绢纺机器上。但当纱线强度较弱，就不能用纱来拖动筒管回转。即使在翼导情况下，也必须通过变速机构来传动筒管。

第二类有环锭、离心锭、帽锭式加捻卷绕，其卷装转速 n_k 就等于锭速，此时的卷装或锭子回转是通过恒速比来积极传动的，故卷装转速 n_k 与前罗拉转速 n_F 之间的速比应是恒值：

$$n_k/n_F = i_{kF} = \text{恒值}$$

至于加捻转速 n_t，即纱线转速（指尚未绕到卷装上去的还在自由空间的那段纱线的转速），则并无任何机构积极传动，完全是靠卷装转速 n 来消极拖动回转的，并由于摩擦阻力和空气阻力的作用，而始终落后于 n_k，即 $n_k>n_t$，故在式（7-6）中应取正号，即相当于管导的情况。如把上式代入式（7-6），即得：

$$\frac{n_t}{n_F}=\frac{n_k}{n_F}-\frac{d_F}{d_k}=i_{kF}-\frac{d_F}{d_k} \tag{7-7}$$

式中，右边 d_k 是变化的，纱线转速 n_t 则因受阻力控制而自动落后于 n_k，即按式（7-7）所示规律随 d_k 的变化而变化，如图 7-3（b）和图 7-4（b）所示。因这一变化不必采用机构传动，与翼锭式积极传动的加捻卷绕相比，传动机构大大简化了。可是 n_t 的变化却造成了纱线捻度也要跟着变化的问题，如把式（7-7）代入式［7-5（a）］，可得：

$$t_w=\frac{1}{\pi d_F}\cdot\frac{n_t}{n_F}=\frac{1}{\pi d_F}\left(i_{kF}-\frac{d_F}{d_k}\right)=\frac{i_{kF}}{\pi d_F}-\frac{1}{\pi d_k} \tag{7-8}$$

即捻度 t_w 将随卷绕直径的变化而变化。设 d_k 的最小值和最大值各为 d_{min} 和 d_{max}，则得捻度差异为：

$$\Delta t_w=\frac{1}{\pi d_{min}}-\frac{1}{\pi d_{max}}=\frac{\Delta d_k}{\pi d_{min}d_{max}}$$

但差异率 $\Delta t_w/t_w$ 一般不大，影响很小。

在退绕时，纱线按轴向抽出，管纱不转，则每退一圈，将增加一个捻回，按单位长度计，将使捻度增加 $1/\pi d_k$，故得退绕后的捻度为：

$$t'_w=t_w+\frac{1}{\pi d_k}=\frac{i_{kF}}{\pi d_F}$$

即捻度差异能在退绕后得到补偿。当然，为适应不同纱支，在卷装转速 n_k 和前罗拉转速 n_F 之间必须设有捻度变换齿轮，使 i_{kF} 可以变换。但在运转过程中 i_{kF} 是恒定不变的，故 t'_w 也恒定不变。

在环锭和帽锭加捻时的纱线都形成气圈，气圈纱线的回转速度即是加捻转速 n_t。在离心锭加捻时并不形成气圈，但与气圈相类似，在导纱管出口到卷装的卷绕点之间有一自由纱段，此纱段的回转速度即是加捻转速 n_t。离心锭目前主要用在纺丝生产上。帽锭纺纱有一个缺点，就是在落纱时要先拔下锭帽，然后才能取出筒管，从而影响了生产效率。

二、锭翼纺纱卷绕系统

要实现粗纱在圆柱面上做螺旋线卷绕运动的基本规律，需由粗纱机的变速装置、差动装置、摆动装置、升降和换向装置以及成形装置等共同完成。各机构间的内在联系如图 7-5 所示，其代表机型有 A456 型、FA401 型、FA423 型、EJ521 型粗纱机。

（一）变速装置

粗纱机变速装置的作用是传动筒管卷绕回转和龙筋升降运动，这两种运动的速度都共同随卷绕直径的增加而逐层递减。在传统粗纱机上采用一对锥轮（铁炮）做变速装置。筒管每绕完一层纱，锥轮皮带受成形装置棘轮传动，向主动轮小头（被动轮大头）方向移动一微小距离，使下锥轮转速变低，从而使筒管的卷绕转速和龙筋的升降速度都相应降低，以满足工艺要求。

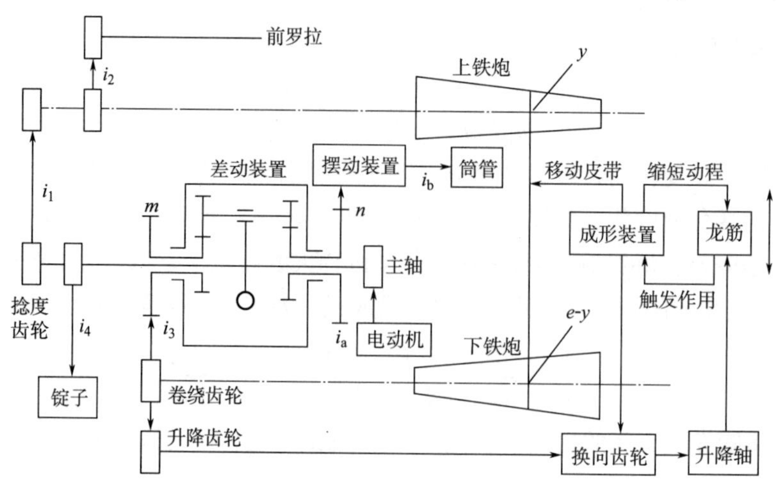

图 7-5　粗纱机传动示意图

（二）差动装置

差动装置由首轮、末轮和臂等机件组成，装在粗纱机的主轴上，其主要作用是将主轴的恒转速和变速机构传来的变转速合成后，通过摆动装置传向筒管，以实现变速驱动卷绕作用。

根据差动装置臂的传动方式，可分为臂由变速机构传动（Ⅰ型）、臂由主轴传动（Ⅱ型）和臂传动筒管（Ⅲ型）三种类型，如图 7-6 所示，n_0 是主轴转速，n_y 是差动机构的变速件转速，n_z 是差动机构的输出件转速。

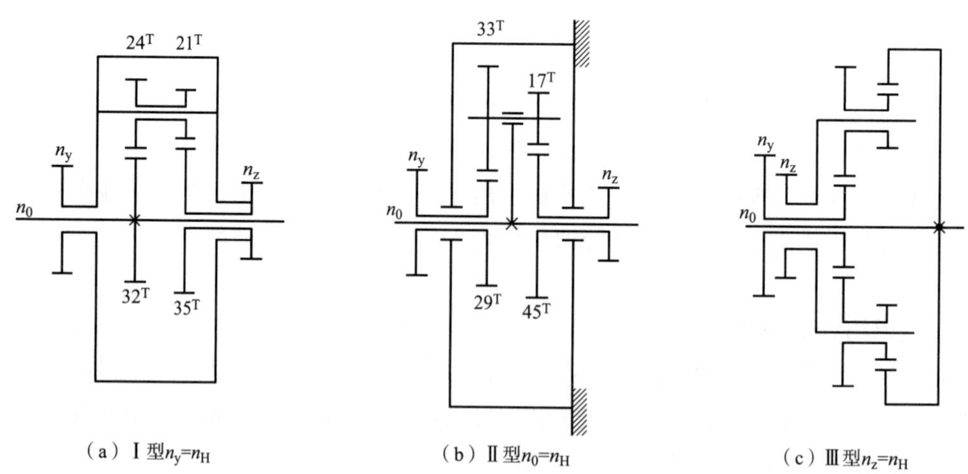

（a）Ⅰ型 $n_y=n_H$　　（b）Ⅱ型 $n_0=n_H$　　（c）Ⅲ型 $n_z=n_H$

图 7-6　差动装置类型

（三）摆动装置

摆动装置位于差动装置输出合成速度齿轮和筒管轴端齿轮之间，其作用是将差动装置输出的合成速度传递给筒管。新型粗纱机上则位于卷绕变速传动齿轮与筒管轴端齿轮之间，将变频器输出的变速传至筒管。筒管既要做回转运动，又要随升降龙筋上下移动，因而这套传动装置的输出端也必须随升降龙筋的升降而摆动。新式粗纱机普遍采用万向联轴节式摆动装置，如图 7-7 所示。

（四）升降和换向装置

升降装置是将变速装置的输出转动转换为龙筋和筒管的升降移动，为了满足龙筋改变运动方向的要求，在升降传动系统中还设有换向装置。升降装置一般有链条式和齿条式两种。齿条式升降装置如图 7-8 所示，这种结构的优点是安装后不易走动，传动比正确，缺点是龙筋的升降动程和卷装高度受到一定的限制。链条式升降装置如图 7-9 所示，该装置通过龙筋势能和重锤势能相互转换，使龙筋升降运动平稳和减轻升降功率消耗。

换向装置由一对换向齿轮组成，不同机型的换向齿轮设置不同，FA425 型粗纱机的换向装置如图 7-10 所示。

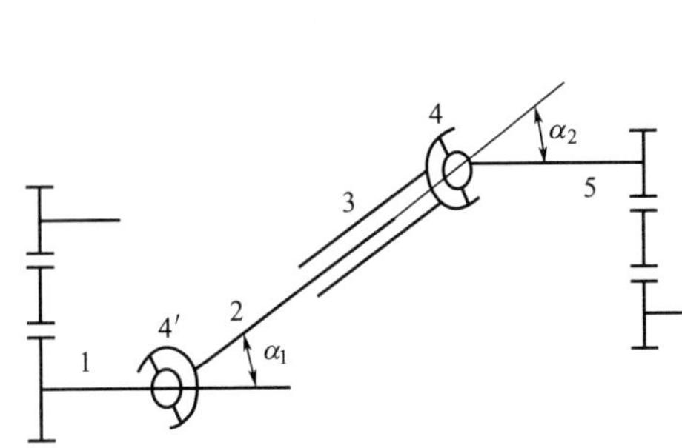

图 7-7　万向联轴节式摆动装置

1—输出轴　2—花键轴　3—花键套筒
4，4′—万向十字头　5—输入轴

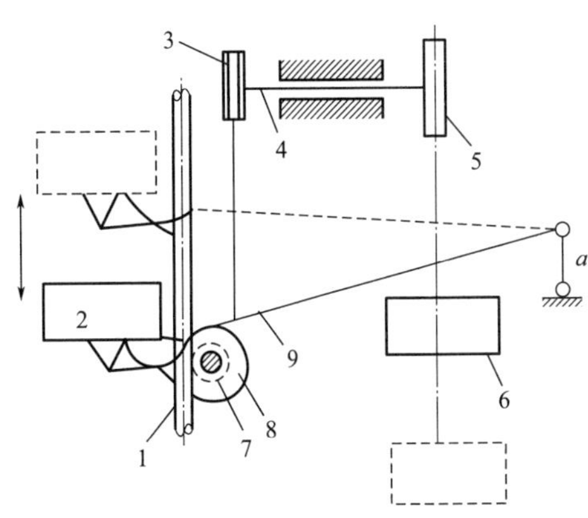

图 7-8　齿条式升降装置

1—升降齿条　2—升降龙筋　3—升降链轮
4—平衡轴　5—平衡链轮　6—平衡重锤
7—升降轴　8—齿轮　9—升降杠杆

（五）成形装置

成形装置是一种自动控制装置，其种类较多，有压簧式、摇架式、机电结合式等形式。机电结合式成形装置完成三个动作：锥轮皮带移位、上龙筋换向、升降动程缩短，龙筋升降动程的缩短、锥轮皮带的位移是由机械动作完成的，而改变龙筋升降方向则由机械和电气动作来完成。

三、四电动机驱动的粗纱机卷绕系统

新型粗纱采用 PLC 及工业计算机，通过变频、伺服系统控制多台电动机分别传动锭翼、罗拉、卷绕部分和龙筋，以代替原有的传动系统，使复杂的机械传动系统大为简化，其代表机型有 FA468 型、FA491 型粗纱机。下面介绍常见的四电动机驱动的粗纱机传动系统。

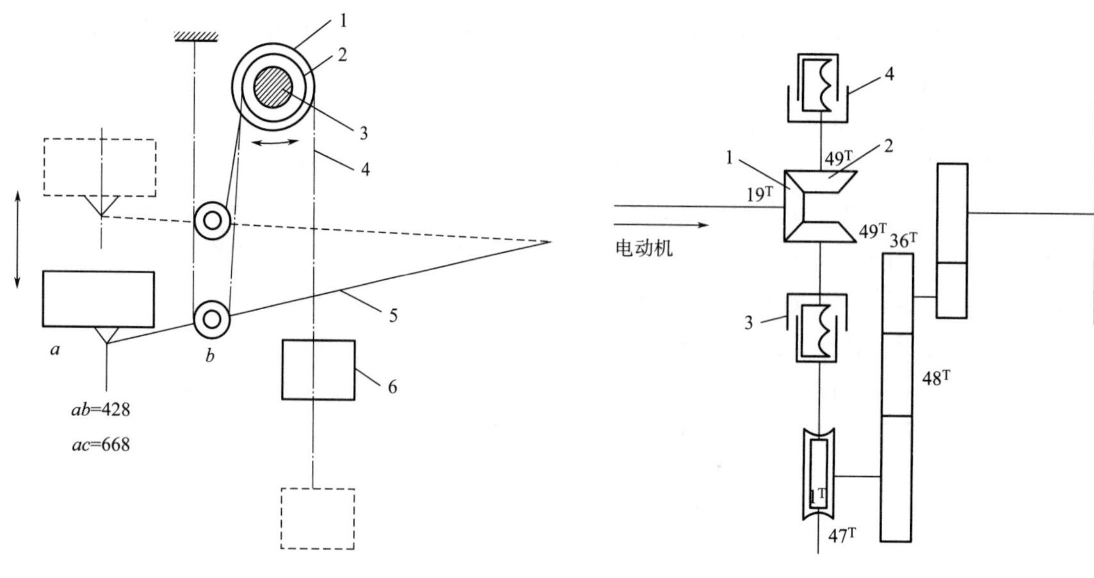

图 7-9　链条式升降装置

1—重锤链轮　2—升降链轮　3—平衡轴

4—链条　5—升降杆　6—平衡重锤

图 7-10　FA425 型粗纱机的换向装置

1—齿轮　2—换向齿轮

3，4—离合器

（一）四电动机驱动的粗纱机传动系统

粗纱机的前罗拉转速决定出条速度，前罗拉出条速度与锭翼转速决定粗纱捻度，筒管转速与龙筋升降速度决定粗纱卷绕速度，龙筋升降速度决定粗纱成形。因此，采用四台电动机分别控制前罗拉转速、锭翼转速、筒管转速及龙筋升降速度，如图 7-11 所示，取消了传统粗纱机中的锥轮、成形机构、差动机构、摆动机构及换向机构等，还取消了捻度、升降、卷绕、张力、成形角度等变换齿轮，简化了机械结构，降低了噪声，提高了车速，减少粗纱断头，增加单机产量，可保证粗纱质量稳定，同时改变工艺简便、快捷。

（二）电动机速度控制数学模型

1. 锭翼电动机 M_1 转速

锭翼在纺纱过程中的转速是恒定的，且消耗整机大部分功率，因此，在多电动机传动的粗纱机中，将锭翼电动机 M_1 定为主电动机，其转速可根据传动系统计算：

$$n_{Dt} = n_t \frac{Z_2 Z_4}{Z_1 Z_3}$$

式中：n_{Dt} 为锭翼电动机速度（r/min）；n_t 为锭翼速度（r/min）。

2. 前罗拉电动机 M_2 转速

一般情况下，在纺纱工艺固定时，前罗拉以恒速回转，前罗拉转速和前罗拉电动机 M_2 转速按下式计算：

$$n_F = \frac{100 n_t}{\pi d_F T_w} = \frac{100\sqrt{\mathrm{Tt}}}{\pi d_F \alpha_t}$$

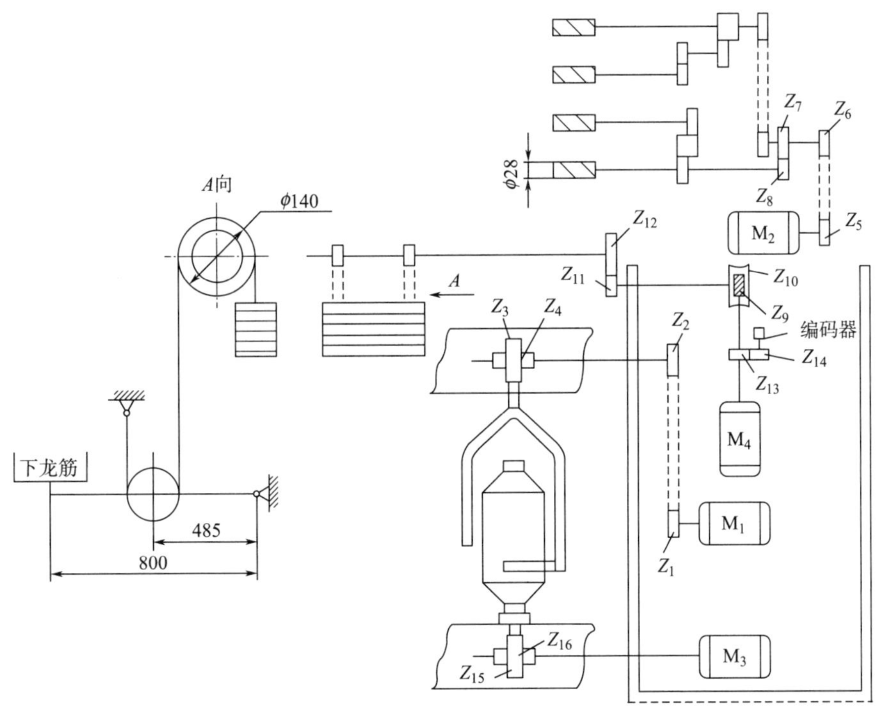

图 7-11 四电动机粗纱机传动系统

$$n_{DF} = n_F \frac{Z_6 Z_8}{Z_5 Z_7}$$

式中：n_F 为前罗拉速度（r/min）；n_{DF} 为前罗拉电动机速度（r/min）；d_F 为前罗拉直径（mm）；T_w 为粗纱捻度（捻/10cm）；Tt 为粗纱线密度（tex）；α_t 为粗纱捻系数。

3. 筒管电动机 M$_3$ 转速

新型粗纱机一般采用管导方式卷绕粗纱，即筒管转速高于锭翼转速，靠随筒管与锭翼的转速差实现粗纱的卷绕，粗纱每卷绕一层，其卷绕直径增大，筒管转速与锭翼转速的差值应相应减小。因此，在纺纱过程中，筒管转速是逐级减小的。筒管电动机 M_3 转速控制模型可由下式确定：

$$n_{ki} = n_t + \frac{\varepsilon n_F d_F}{d_{ki} + \Delta P} + n_f \tag{7-9}$$

$$n_{Dki} = n_{ki} \frac{Z_{16}}{Z_{15}} \tag{7-10}$$

式中：n_{ki} 为筒管卷绕第 i 层粗纱时的筒管转速（r/min）；n_{Dki} 为筒管卷绕第 i 层粗纱时的筒管电动机转速（r/min）；d_{ki} 为筒管卷绕第 i 层粗纱时的粗纱的卷绕直径（mm）；ε 为粗纱张力系数；n_f 为手动张力补偿（r/min）；ΔP 为粗纱张力测量值与目标值之差，没有 CCD 张力传感器时为 0。

在正常生产过程中，粗纱卷绕直径为变化量，随着粗纱卷绕层数的增加而增加。如果确定了粗纱卷绕直径的变化规律，就可以确定筒管电动机转速。d_{ki} 规律确定若出现误差，将严重影响粗纱的卷绕。图 7-12 所示为粗纱筒子的轴向截面示意图。粗纱卷绕时，应使纱圈沿筒管轴向整齐排列，粗纱的圈层之间既不重叠，又无空隙。假设每根粗纱截面均为椭圆形，其沿筒管轴向的长轴为 h（mm），也称为粗纱卷绕的圈距；沿筒管半径方向的短轴为 λ（mm），也称为粗纱卷绕的层厚。由于内部纱层受到外部纱层的挤压，粗纱各层厚度并不一致，内部纱层厚度小于外部纱层的厚度。研究认为，粗纱各纱层的厚度由内向外基本成等差数列，即：

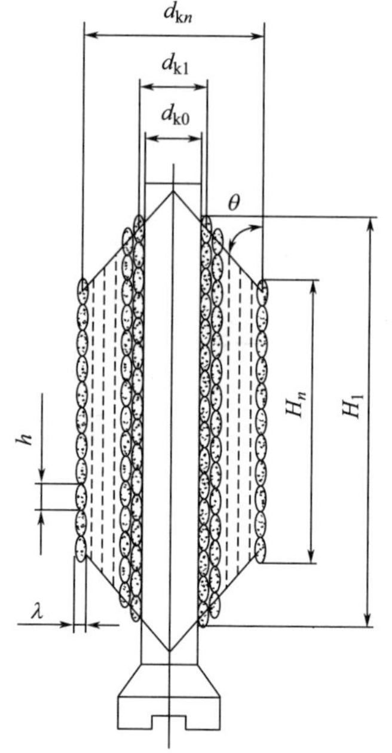

图 7-12　粗纱筒子轴向截面示意图

$$\lambda_i - \lambda_{i-1} = \delta$$

式中：δ 为相邻两层粗纱之间的厚度差。

各纱层的厚度可分别表示为：

第 1 层：λ_1

第 2 层：$\lambda_2 = \lambda_1 + \delta$

第 3 层：$\lambda_3 = \lambda_2 + \delta = \lambda_1 + 2\delta$

…

第 i 层：$\lambda_i = \lambda_{i-1} + \delta = \lambda_1 + (i-1)\delta$

粗纱各卷绕层的卷绕直径分别为：

第 1 层：$d_{k1} = d_{k0} + \lambda_1$

第 2 层：$d_{k2} = d_{k1} + \lambda_1 + \lambda_2 = d_{k0} + 3\lambda_1 + \delta$

第 3 层：$d_{k3} = d_{k2} + \lambda_2 + \lambda_3 = d_{k0} + 5\lambda_1 + 4\delta$

…

第 i 层：$d_{ki} = d_{ki-1} + \lambda_{i-1} + \lambda_i = d_{k0} + (2i-1)\lambda_1 + (i-1)^2\delta \quad (i = 1 \sim n)$　　(7-11)

式中：d_{k0} 为筒管直径（mm）；i 为粗纱卷绕层数，由内向外 $i = 1 \sim n$，n 为粗纱卷绕总层数。

粗纱在卷绕过程中，纱层之间存在相嵌情况，而第一层纱是直接绕在筒管上的，没有相嵌的情况。因此，在系统控制程序计算卷绕直径时，第一层纱的卷绕直径就出现误差，构造粗纱筒管系数 σ，对第一层粗纱的卷绕直径进行修正，σ 的值域范围为 0.1～1.5，一般取 0.7，构造公式为：

$$d'_{k0} = d_{k0} + \sigma \times \lambda_1 \tag{7-12}$$

式中：σ 为筒管系数；d'_{k0} 为筒管修正计算直径（mm）。

式（7-11）修正后变为：

$$d_{ki} = d_{k0} + (\sigma + 2i - 1)\lambda_1 + (i-1)^2\delta \tag{7-13}$$

粗纱卷绕时，应使纱圈沿筒管轴向整齐排列，粗纱的圈层之间既不重叠，又无空隙。粗纱轴向卷绕密度与粗纱线密度的平方根成反比，经验公式如下：

$$\gamma = \frac{C}{\sqrt{\text{Tt}}} \tag{7-14}$$

式中：γ 为粗纱轴向卷绕密度（圈/cm）；C 为轴向卷绕常数，C 一般为 85~90。

粗纱径向卷绕密度一般根据实际经验并通过试验决定，下面给出的是粗纱径向卷绕密度与粗纱轴向卷绕密度之间关系的经验公式：

$$\eta=\gamma\times B \tag{7-15}$$

式中：η 为粗纱径向卷绕密度（圈/cm）；B 为粗纱压扁系数，即粗纱截面长短轴之比，一般为 5.5~8。

如果压掌压向粗纱的压力增加、粗纱锭速加快、粗纱捻系数增大、粗纱定量减轻、粗纱轴向卷绕密度减小，这些因素都能使径向卷绕密度增加，因此，B 可选得大些，反之则应选得小些。

由于：

$$h=10/\gamma \tag{7-16}$$

$$\lambda=10/\eta \tag{7-17}$$

可取 $\lambda_1=\lambda$，将上述公式依次代入式（7-9）并整理后得：

$$n_{ki} = n_t + \frac{\varepsilon n_F d_F}{d_{k0} + (\sigma + 2i - 1)\lambda_1 + (i - 1)^2\delta + \Delta P} + n_f \tag{7-18}$$

由式（7-18）可知，影响纺纱张力的因素包括以下五方面内容。

（1）筒管直径 d_{k0}。主要影响第一层纱和小纱的张力，与纺纱张力成反比。

（2）筒管系数 σ。值域范围为 0.1~1.5，一般取 0.7，主要影响小纱张力，与纺纱张力成反比。

（3）张力系数 ε。取值范围为 0.9~1.1，一般为 1.02，影响小纱、中纱、大纱的张力，与纺纱张力成正比。

（4）纱层厚度 λ_1。主要影响大纱的张力，与纺纱张力成反比。

（5）相邻两层粗纱之间的厚度差 δ。取值范围为 0.003~0.004λ_1，一般取 0.0035λ_1，主要影响中纱、大纱的张力，与纱的张力成反比。

4. 龙筋升降电动机 M_4 转速

龙筋升降速度为：

$$V_{Li} = \frac{(1 + \varepsilon)d_F n_F h}{d_{ki}}$$

式中：V_{Li} 为龙筋升降速度（mm/min）。

龙筋升降电动机 M_4 转速为：

$$n_{DS} = \frac{V_{Li}}{\pi d_s} \times \frac{485}{800} \times 2 \times \frac{Z_{12}Z_{10}}{Z_{11}Z_9}$$

式中：n_{DS} 为龙筋升降电动机转速（r/min）；d_s 为龙筋升降轴链盘直径（mm）。

龙筋换向时间为：

$$t_{hi} = \frac{H_1 - \tan\theta(d_{ki} - d_{k1})}{V_{Li} \times 60}$$

式中：t_{hi} 为龙筋换向时间（s）；θ 为粗纱成形角（°）。

在实际应用时，也可采用软件定时器计时或用计数器记录编码器发出的脉冲数产生龙筋换向中断信号，计算机响应中断，并发出换向指令。

第三节　细纱卷绕

一、细纱卷绕导纱运动规律

（一）细纱卷绕运动规律（圆周运动）

动画：环锭细纱机及其卷绕

细纱卷绕采用管导，其条件是纱管转速大于钢丝圈转速，钢丝圈由纱线拖动，纱管转速与钢丝圈转速的差值为卷绕转速 n_w。因纺纱速度为一定值，故卷绕转速 n_w 与卷绕直径 d_x 成反比，即 $n_w d_x$ = 常数。

由于纱管（锭子）是恒速，钢丝圈由纱线拖动，无须变速机构，故细纱机传动机构较粗纱机简单。

（二）细纱导纱运动规律

细纱卷装采用圆锥形卷绕，要求在其管身部分的圆锥表面上卷绕成等法向螺距的螺旋线纱圈，使纱在纱层面上分布均匀，以维持圆锥面成形正确并应有利于高速退绕。

1. 法向螺距 h_n

如图 7-13 所示，纱圈的法向螺距就是相邻纱圈之间的最短距离 h_n，也就是它们之间的公法线长度，为使相邻纱层层次分清而不紊乱，以利退绕时不易脱圈断头，故要求钢领板在上升时和下降时的速度快慢不相同，这样就能使上升时的螺距 h_s 和下降时的螺距 h_x 疏密不等。螺距小即卷绕密的，称为卷绕层；螺距大即卷绕稀的，称为束缚层。卷绕层与束缚层交替相间，就能使纱线层次分清不乱。

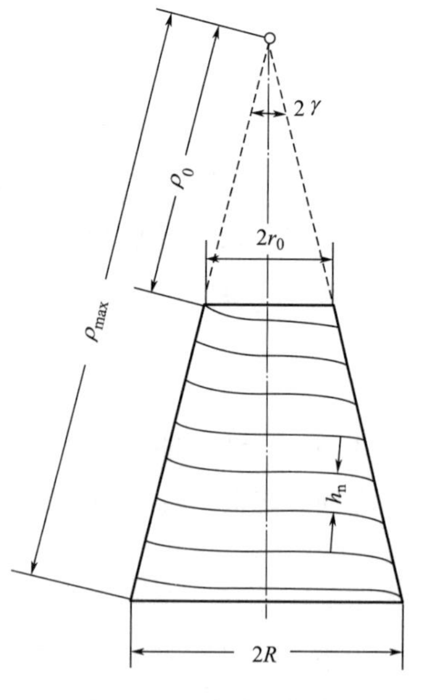

图 7-13　纱圈螺旋线

一般采用升慢而降快，则 h_s 为卷绕层螺距，而 h_x 为束缚层螺距，通常取其比值为：

$$i_h = h_x / h_s = 2 \sim 3$$

h_n 的值则与纱的粗细有关，一般取卷绕层螺距 h_s 等于纱线直径的 4 倍左右。例如，棉纱直径约为：

$$d \approx 0.0395\sqrt{\text{Tt}}\left(\approx \frac{1.25}{\sqrt{N_m}}\right)$$

式中：Tt 为棉纱线密度（tex）；N_m 为公制支数。于是可得卷绕层螺距 h_s（mm）和束缚层螺距 h_x（mm）：

$$h_s \approx 4d(\approx 5/\sqrt{N_m}) = 0.158\sqrt{\text{Tt}}$$

$$h_x(\approx 5i_h/\sqrt{N_m}) = 0.158i_h\sqrt{\text{Tt}}$$

2. 计算圆锥面上均匀分布的螺旋线纱线长度

绕到筒管上的细纱是由牵伸机构前罗拉输出的须条经加捻而成，要研究前罗拉与卷绕成形凸轮之间的传动速比（ifm），就要计算当成形凸轮每转一转时前罗拉共转几转，则首先应计算成形凸轮每转一转（即钢领板每升降一次）时所绕纱的总长。

卷绕成形凸轮的作用是控制钢领板的位移或升降速度，使在管纱圆锥面上卷绕成均匀分布的螺旋线纱层，以保证每一纱层厚度均匀锥角维持不变（除管底成形外），即保持卷装的形状稳定，因此需要计算在圆锥面上均匀分布的螺旋线纱圈长度。

设纱的线密度为 Tt，微元长度为 ds，则微元质量为 Tt/ds 。

与该微元段相对应，设沿锥面素线方向的微元长度为 dρ，设纱层平均厚度为 b，则所占圆锥的微元容积为 $2\pi r_k b \cdot \mathrm{d}\rho$，于是可得卷装容积平均密度 ρ_m 为：

$$\rho_m = \frac{\text{Tt}/\mathrm{d}s}{2\pi r_k b\mathrm{d}\rho} \quad (r_k = \rho\sin\gamma)$$

ρ 为自锥顶 O 至卷绕半径 r_k 处的锥面素线长度，参见图 7-14。要求 ρ_m、Tt、b、γ 全为常数，则应有：

$$\frac{\mathrm{d}\rho}{\mathrm{d}s} = \frac{\text{Tt}}{\rho_m \cdot 2\pi\rho\sin\gamma \cdot b} = \frac{C}{\rho},\ C = \frac{\text{Tt}}{2\pi\rho_m b\sin\gamma} = \text{常数} \tag{7-19}$$

对上式积分得：

$$C_s = \int\rho\mathrm{d}\rho = (\rho^2 - \rho_0^2)/2 = (r_k^2 - r_0^2)/2\sin^2\gamma \tag{7-20}$$

积分式给出了从卷绕半径 r_0 开始到 r_k 之间的纱圈螺旋线长度 s 值。

设螺旋角为 α_1，导角为 α，$\alpha_1 = 90° - \alpha$，则可得：

$$\sin\alpha = \frac{v_h}{V} = \frac{\mathrm{d}\rho}{\mathrm{d}s} = \frac{C}{\rho} \tag{7-21}$$

微分：$$\cos\alpha \cdot \mathrm{d}\alpha = -\frac{C}{\rho^2}\mathrm{d}\rho = -\frac{C}{\rho^2}(\rho\mathrm{d}\theta \cdot \tan\alpha) = -\sin\alpha \cdot \mathrm{d}\theta \cdot \tan\alpha$$

故：$$\mathrm{d}\theta = -\cot^2\alpha \cdot \mathrm{d}\alpha = \tan^2\alpha_1 \cdot \mathrm{d}\alpha_1 = (\sec^2\alpha_1 - 1)\mathrm{d}\alpha_1$$

但因：$$\cos\alpha_1 = \sin\alpha = C/\rho,\ \tan^2\alpha_1 = \sec^2\alpha_1 - 1 = \rho^2/C^2 - 1$$

故由前式积分可得：

$$\theta = \tan\alpha_1 - \alpha_1(=\text{inv}\alpha_1) = \sqrt{\rho^2/C^2 - 1} - \arccos(C/\rho)$$

这是渐开线的极坐标方程，也就是说，在圆锥面上均匀分布的纱圈螺旋线展开在扇形平面上应该是渐开线，如图 7-14 所示。图中清楚地表明了渐开线纱圈螺旋线之间的法向螺距 h_n 的确能严格地保持始终恒定不变，使纱线能够均匀地分布在扇形面上。由图中的几何关系可知，式（7-21）中的常数 C（$=\rho\sin\alpha$）即是渐开线的基圆半径。设扇形中心角为 θ_0，则对应于中心角的基圆弧长等于法向螺距 h_n：

$$\frac{h_n}{C} = \theta_0 = 2\pi r_k / \rho (= 2\pi \sin\gamma) \tag{7-22}$$

则：

$$\frac{C}{\rho} = \frac{h_n}{2\pi r_k}$$

将式（7-21）代入，得：

$$\frac{v_h}{V} = \frac{h_n}{2\pi r_k}$$

可见，粗纱圆柱形和细纱的圆锥形导纱运动规律是相同的，都是双曲线规律。

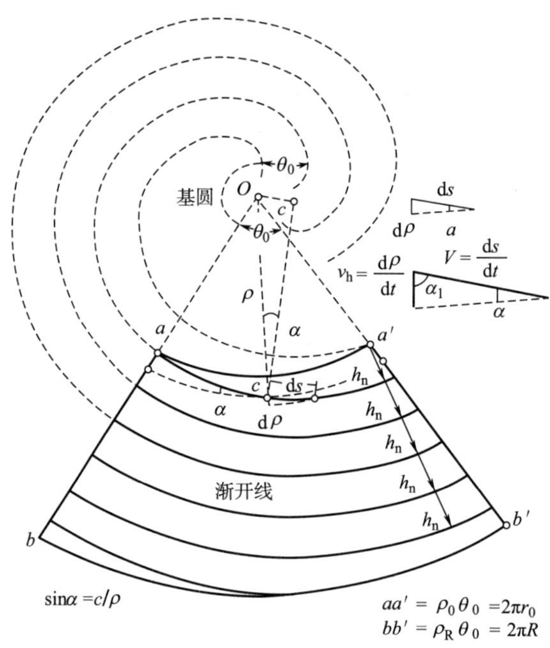

图 7-14　锥面螺旋线展开图

由式（7-22）可得：　$C = h_n/\theta_0 = h_n/2\pi\sin\gamma$

代入式（7-20）得：

$$h_n S = \pi\sin\gamma(\rho^2 - \rho_0^2) = \pi(r_k^2 - r_0^2)/\sin\gamma = A_r \tag{7-23}$$

式中：A_r 为从 ρ_0 到 ρ_1 的扇形面积，也即从 r_0 到 r_k 的锥面面积。

以 r_k 的最大半径 R 代入式（7-23）后，可求得每一纱层中的绕纱总长为：

$$S = \frac{A_R}{h_n} = \frac{\pi(R^2 - r_0^2)}{h_n\sin\gamma} \tag{7-24}$$

对于式（7-24）分母中的 h_n 应以 h_s 和 h_x 代入，分别求得卷绕层和束缚层的绕纱总长，然后相加即得成形凸轮每转一转时所绕纱长总和为：

$$S_s + S_x = \frac{\pi(R^2 - r_0^2)}{\sin\gamma}\left(\frac{1}{h_s} + \frac{1}{h_x}\right) = \frac{\pi(R^2 - r_0^2)}{h_s\sin\gamma}\left(1 + \frac{1}{i_h}\right) \tag{7-25}$$

这就是所要求的钢领板每一次升降在卷装圆锥面上所绕螺旋线的长度总和。

3. 卷绕传动比的设计计算

由式（7-24）所算得的纱长总和必须等于同一时间内前罗拉输出的实际纱长。设前罗拉直径为 d_F，前罗拉与成形凸轮之间的传动比为 i_{Fm}（$=n_F/n_m$），而细纱捻缩为 ξ，则应得：

$$\pi d_F i_{Fm} \xi = S_s + S_x$$

将式（7-24）代入后即得（如取 $i_h=3$）：

$$i_{Fm} = \frac{R^2 - r_0^2}{\xi d_F h_s \sin\gamma}\left(1 + \frac{1}{i_h}\right) = \frac{D^2 - d_0^2}{3\xi d_F h_s \sin\gamma}$$

对棉纱来讲，即：

$$i_{Fm} \approx \frac{R^2 - r_0^2}{\xi d_F \sin\gamma} \cdot \frac{\sqrt{1000/\mathrm{Tt}}}{5}\left(1 + \frac{1}{i_h}\right) = 2.11\frac{D^2 - d_0^2}{\xi d_F \sin\gamma}\sqrt{\mathrm{Tt}}$$

应按此式来安排前罗拉与成形凸轮之间的传动轮系和变换齿轮，为了能按不同的纱支选择恰当的传动比 i_{Fm}，必须在传动轮系中配备变换齿轮，其位置安排要便于操作。

二、环锭纺纱卷绕和成形机构

（一）加捻卷绕元件

1. 锭子

锭子由锭杆、锭盘、上下轴承和锭脚等组成。锭杆的上轴颈部分是圆柱体，直接与滚柱轴承（无内圈的）滚动配合；下底尖做成锥角为 60°带圆底的倒锥体，直接与锭底成滑动配合，转动轻快而消耗功率少。轴颈和底尖的硬度在 HRC 62 以上。锭杆顶部有锥度，用于插拔筒管；中部锥度则用于压配锭盘。锭盘是锭杆的传动盘，它装在锭杆上的位置应使锭带张力恰好通过锭杆的上轴颈部位，以利锭杆的运转。锭脚是锭杆的支座，内装上、下轴承和润滑油，它被固装在龙筋上。

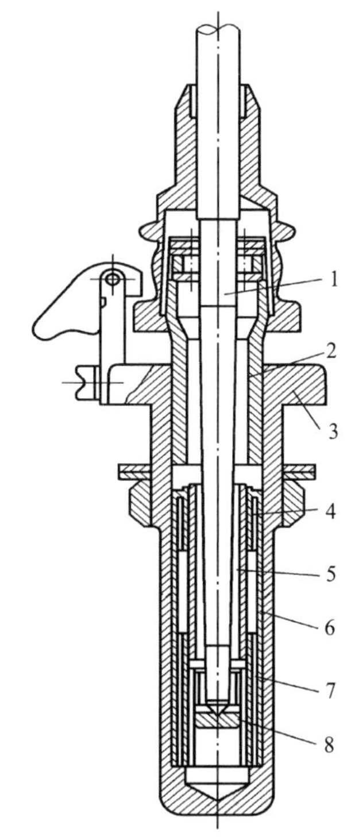

图 7-15 锭子图

1—锭杆 2—上支承 3—锭脚 4—弹性圈 5—中心套筒 6—定位套管 7—卷簧阻尼器 8—锭底

细纱锭子按其生产应用和技术发展的速度要求，可分为普通型（工作转速 12000～16000r/min）和高速型工作转速（16000～22000r/min）两类。锭子高速化取决于锭子结构和制造水平的提高，起决定因素的是锭杆上下支承（锭胆）结构的抗震性能。下轴承对于上轴承的装配关系有分离式和联结式两种。其中，D12 系列分离式锭子支承结构如图 7-15 所示。

2. 钢领

钢领是钢丝圈的跑道，钢丝圈在高速运行时因离心力作用，其内脚紧压在钢领圆环的内侧面（即跑道）上。目前普遍使用的棉纺钢领为平面钢领（PG 型），近年来还生产了锥面钢领（ZM 型），其跑道的几何形状为双曲线的近似直线部分，对水平线的倾角为 55°，特点为比压小，散热好，磨损小，运行平稳。

3. 钢丝圈

钢丝圈用于各种纱线的加捻和卷绕，其形式多样。它们的区别在于几何形状、截面形状、质量大小、材料、弯脚开口大小等。钢丝圈的质量大小决定了钢丝圈与钢领之间摩擦力的大小，而后者又决定了卷绕张力和气圈张力的大小。若钢丝圈的质量太小，则纱张力低，气圈太大，管纱卷绕太松软，使绕纱量减少。若钢丝圈质量太大，则纱张力大而引起纺纱断头。因此，钢丝圈的质量须与纱（粗细和强力）和锭速相匹配。

4. 筒管

细纱筒管有经纱管和纬纱管两种。经纱管的上部和下部刻有沟槽，纬纱管则在全部绕纱长度上刻有沟槽，以减少纱线退绕时脱圈。纬纱管下端开有探针槽孔，以控制织造时自动换管。另外，按材料分有塑料管和木管两种。筒管下端包有铜皮，可防止损坏。木筒管表面涂漆，光洁又防潮。筒管在使用中应不变形，管的顶孔与锭杆顶部配合应紧密并易拔取，其材料均匀性要好，质量偏心率要小。

（二）环锭纺纱成形机构

为了后道工序退绕方便，细纱采用等螺距圆锥形交叉卷绕。向上卷绕称为卷绕层，纱线排列比较密；向下卷绕称为束缚层，纱线排列比较疏，如图 7-16 所示。钢领板必须做短动程的升降运动，每次升降动程 h 后，钢领板还应有一个很小的升距 m（级升）。在卷绕管底部分时，每层纱的绕纱高度 h 和级升 m 都较管身部分卷绕时为小，这样就可使管底成凸出形状，而使容量较大。在管底卷绕过程中，每层纱的卷绕高度及级升都由小逐渐增大，当管底成形结束时，就增至正常的 h 及 m。

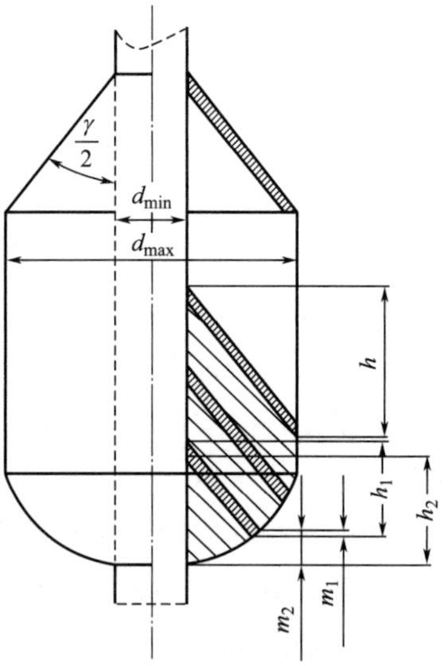

图 7-16 细纱圆锥形交叉卷绕

1. 凸轮成形机构

为了完成上述短动程圆锥形交叉卷绕，钢领板的运动包括：短动程升降，且要有一定的升降比；每次短程升降后有一级升；管底成形。

卷绕成形凸轮控制钢领板的升降运动，使纱线能在管身圆锥面上绕成均匀分布的等距螺旋线，其示意图如图 7-17 所示。即要求执行机构应做螺旋线运动，方能把纱线绕成等螺距圆锥形的管纱。若用一个执行机构完成，做螺旋线运动的执行机构分成两部分：一部分做往复直线变速运动，另一部分做匀速卷取运动。前者由钢领板完成，后者由锭子完成。

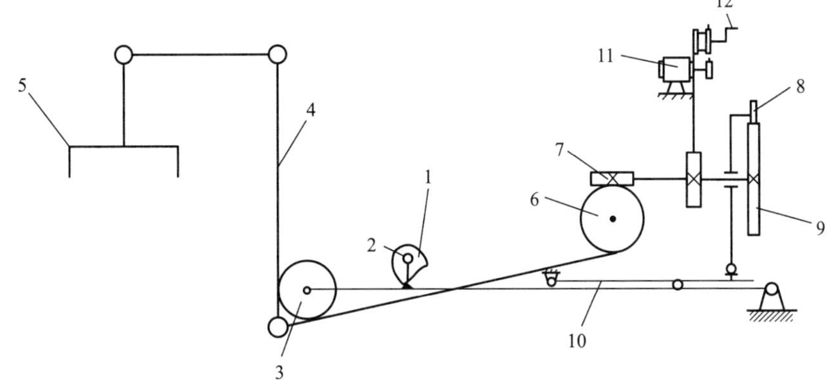

图 7-17 盘形凸轮成形机构示意图

1—成形凸轮 2—摆臂 3—链轮 4—链条 5—钢领板 6—链轮
7—蜗杆 8—撑爪 9—棘轮 10—小摆臂 11—电动机 12—手柄

2. 偏心凸轮成形机构

细纱机偏心凸轮成形机构控制是由单片机、变频器及交流异步电动机组成的变频调速系统控制偏心凸轮做变速运动，通过摆臂、链条控制钢领板做升降运动。这一系统只需改变控制程序的输入指令即可改变输出运动规律，可满足钢领板各种输出运动规律。

桃形成形凸轮转速为匀速运动，钢领板的运动规律由凸轮的廓形决定，而偏心凸轮钢领板的运动规律由凸轮的变速输入指令确定。图 7-18 为细纱机偏心凸轮成形机构传动原理图。电动机通过联轴器、一对伞齿轮和蜗轮蜗杆，把动力传给偏心凸轮。

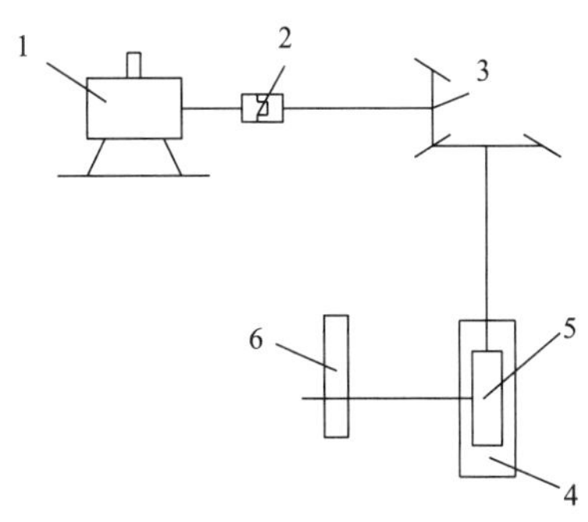

图 7-18 细纱机偏心凸轮成形机构传动原理图

1—异步电动机 2—联轴器 3—伞齿轮
4—蜗轮 5—蜗杆 6—偏心凸轮

3. 其他成形机构

除以上成形机构外，部分国内外厂家采用液压模板成形机构、液压缸式成形机构、差动轮系成形机构和伺服电动机成形运动机构等。如国产 VC443A 型牵伸加捻机、日本株式会社产 16S 型牵伸加捻机、日本帝人制机 DT200 型牵伸加捻机、德国青泽 517/2 型牵伸加捻机等，以仿形模板的廓线及光电管控制液压系统的切换完成卷装成形。细纱机液压传动系统的作用，是驱动并控制钢领板的升降运动以及停车时刹车制动。近年来，国外的同类机器采用周转轮系控制升降的新型成形装置，它取消了成形凸轮和升降杠杆等结构。

新型数控细纱机除了锭子传动用变频调速，罗拉传动、集体落纱用交流伺服电动机外，还采用了电子凸轮替代原机械凸轮。传动路线为：伺服电动机（电子凸轮）+减速器→分配轴→钢领板、导纱板、气圈环升降。其原理为 PLC 或计算机控制交流伺服电动机驱动钢领板升降运动。采用了电子凸轮技术后，改变了传统的纺纱成形工艺，可根据用户纺纱品种的要求，通过参数设置，任意改变纺纱成形，以满足新产品发展的需要。

三、新型环锭细纱机多电动机传动与控制

图 7-19 所示为一种新型细纱机传动与控制系统，传动系统采用四轴独立传动。

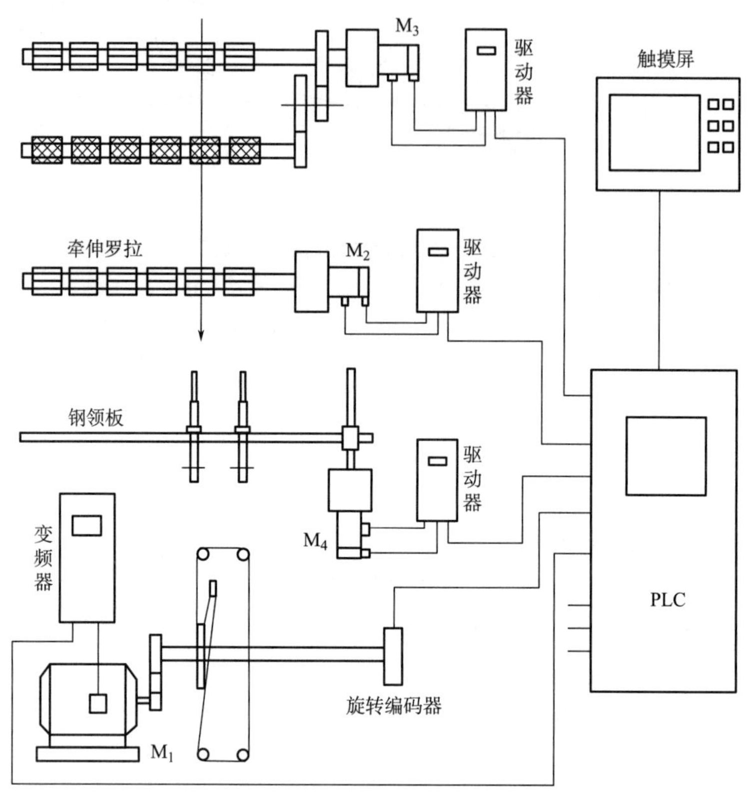

图 7-19　一种新型细纱机的传动与控制系统

（1）主电动机 M_1。驱动锭子回转，一般为变频调速，可根据设置的锭子变速曲线在纺小纱、中纱、大纱时以不同的锭速回转。

（2）前罗拉电动机 M_2。驱动前罗拉回转，一般为交流伺服电动机，控制细纱出条速度，与主电动机配合控制细纱捻度。

（3）中后罗拉电动机 M_3。驱动中后罗拉回转，一般为交流伺服电动机，与前罗拉电动机配合，控制细纱牵伸倍数。

（4）钢领板升降电动机 M_4。驱动钢领板升降，一般为交流伺服电动机，与主电动机和前罗拉电动机配合，控制细纱卷绕位置，实现细纱电子凸轮成形。

下面讨论各电动机传动的数学模型。建立数学模型就是建立系统输入和输出的关系，具体来说，就是设备的基本工艺参数与传动电动机转速或频率的关系。

（一）主电动机转速与锭子转速

根据主电动机 M_1 到锭子传动的路线，得到主电动机的转数公式如下：

$$n_{M_1} = n_s \times \frac{(D_4 + \delta) \times D_2}{(D_3 + \delta) \times D_1 \times A}$$

式中：n_s 为锭子转速（r/min）；n_{M_1} 为主电动机转速（r/min）；D_1 为主动皮带盘直径（mm）；D_2 为被动皮带盘直径（mm）；D_3 为滚盘直径（mm）；D_4 为锭盘直径（mm）；δ 为锭带厚度（mm）；A 为滑溜系数。

（二）前罗拉传动

前罗拉使用单独的电动机传动，其转速及其传动电动机转速的数学模型如下：

$$V_f = \frac{n_s}{T},\ n_f = \frac{V_f \times 10^3}{(1 - B)\pi d_f C},\ n_{M_2} = n_f i_2 = \frac{V_f i_2 \times 10^3}{(1 - B)\pi d_f C}$$

式中：V_f 为前罗拉出条速度（m/min）；n_f 为前罗拉转速（r/min）；n_{M_2} 为前罗拉电动机转速（r/min）；T 为细纱捻度（捻/m）；d_f 为前罗拉直径（mm）；B 为细纱捻缩率；C 为牵伸效率；i_2 为前罗拉减速器速比。

（三）牵伸分配与中后罗拉电动机转速

由于中后罗拉转速接近，后区牵伸倍数不大，且不经常变化，因此中后罗拉由同一台电动机驱动，以降低成本。牵伸分配与中后罗拉电动机转速的数学模型如下：

$$D_z = D_f D_b = \frac{\mathrm{Tt_c}}{\mathrm{Tt_x}},\ n_{M_3} = \frac{n_f d_f i_3}{D_z d_b}$$

式中：D_z 为总牵伸倍数；D_f 为前区牵伸倍数；D_b 为后区牵伸倍数；$\mathrm{Tt_c}$ 为粗纱线密度（tex）；$\mathrm{Tt_x}$ 为细纱线密度（tex）；n_{M_3} 为中后罗拉电动机转速（r/min）；d_b 为后罗拉直径（mm）；i_3 为中后罗拉减速器速比。

（四）细纱成形与钢领板升降电动机转速

细纱管纱的卷绕成形必须卷绕紧密、层次分明、不相互纠缠，且后工序高速轴向退绕时不脱圈，以及便于搬运和储存等。管纱卷装尺寸和容量，除直接纬纱受梭子内腔大小限制外，其余都应尽量大一些，以减少落纱和后工序退绕时的换管次数，提高设备生产率和劳动生产率。细纱管纱都采用圆锥形交叉卷绕形式，满纱位置如图 7-20 所示。

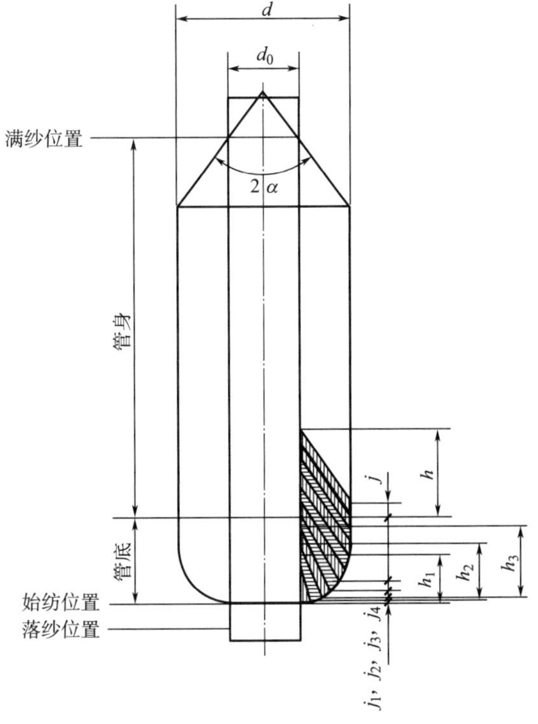

图 7-20　细纱管纱卷绕结构示意图

圆锥形的大直径即管身的最大直径 d（比钢领直径小 3mm 左右），小直径 d_0 就是筒管的直径，每层纱的绕纱高度为 h（即钢领板升降动程），管纱成形角为 α。为了完成管纱的全程卷绕，钢领板每升降一次要有一个很小的升距 j（称为级升）。细纱在纱管底部卷绕时，为了增加管纱的容纱量，钢领板升降动程和级升均较管身部分卷绕时要小。设从空管卷绕开始，钢领板经过 n 次升降后，其动程由 h_1 逐渐增大至正常动程 h，其级升由 j_1 逐渐增大至正常级升 j，至此管底卷绕完成，转变为管身成形，钢领板升降动程 h 和级升 j 不再变化。

在数字式小样细纱机上，管底成形时，只要给定起始动程 h_1 和管身动程 h、起始级升 j_1 和管身级升 j 以及管底成形所需钢领板往复升降次数 n，由 PLC 自动计算钢领板每次往复升降的目标高度，其算法如下：

$$\Delta h = \frac{h - h_1}{n},\quad \Delta j = \frac{j - j_1}{n}$$

管底成形时，$1 \leqslant i \leqslant n$

钢领板第 i 次升降动程：$h_i = h_1 + (i-1)\Delta h$

钢领板第 i 次升降的级升：$j_i = j_1 + (i-1)\Delta j$

钢领板第 i 次升降的下降目标位置：$H_{di} = i \times j_1 + \frac{(i-1)i}{2}\Delta j$

钢领板第 i 次升降的上升目标位置：$H_{ui} = H_{di-1} + h_i = H_{di-1} + h_1 + (i-1)\Delta h$

管身成形时，$i > n$

钢领板第 i 次升降的下降目标位置：$H_{di} = H_{di-1} + j$

钢领板第 i 次升降的上升目标位置：$H_{ui} = H_{di-1} + h$

当钢领板上升目标位置高于满纱位置时即达到满纱，启动满纱自停程序。

在细纱成形过程中，钢领板上升时卷绕的纱层称为卷绕层，钢领板下降时卷绕的纱层称为束缚层。一般情况下，钢领板升降速度是上升慢而下降快。在电子凸轮成形细纱机上，可设置两个成形参数，一个是绕层卷绕数 m（圈/层），另一个是钢领板下降速度与上升速度的比值 k，则有：

$$V_u = \frac{2 \times V_f \times h \times 10^3}{\pi \times (d_0 + d) \times m},$$

$$V_d = k \times V_u$$

式中：V_d 为钢领板下降速度；V_u 为钢领板上升速度。

第四节　络筒卷绕

一、络筒卷绕原理

络筒卷绕的路线是往复的螺旋线，由卷取运动和导纱运动两个基本运动叠加而成。卷取运动是指因筒子回转使纱线所产生的运动，导纱运动指的是使纱线沿筒子母线方向所做的往复运动，卷取运动和导纱运动是相互垂直的。

视频：络筒机及其卷绕

（一）筒子的传动方式

络筒卷绕的机构按照筒子的传动方式可分为锭轴直接传动和卷装表面摩

擦传动两大类。

1. 锭轴直接传动(导纱器往复导纱)

锭轴直接传动卷绕机构的特点是筒管直接由锭轴带动，故筒子表面的纱线不受磨损。在精密卷绕时，筒子的锭轴是积极传动的，往复的导纱机构与锭轴之间由齿轮精确传动，从而保证在筒子从空筒到满筒的所有直径上，每一往复动程内的纱圈数都保持不变。同时，为了保持恒定的卷绕速度，必须配备变速机构使筒子转速随卷绕直径增大而减慢。天然长丝和合成长丝的络卷中大多采用这种卷绕方法。

2. 卷装表面摩擦传动

卷装表面摩擦传动方式可分为滚筒摩擦传动和槽筒摩擦传动两种。

(1) 滚筒摩擦传动筒管（导纱器往复导纱）。筒子在传动半径处的圆周速度始终保持不变，保证了从小筒到满筒的络卷速度和纱线张力基本稳定，从而适合于高速络卷，但是导纱器做往复运动时的惯性力限制了络卷速度的进一步提高。

(2) 槽筒摩擦传动筒管（槽筒沟槽导纱）。传动筒管和往复导纱均由槽筒本身来完成，不仅简化了机构，而且消除了往复部件的惯性力，有利于络卷速度的提高。目前，几乎所有的高速络筒机都采用这种槽筒摩擦传动筒管的方式。在槽筒的圆周面上刻制有两条首尾相互衔接的封闭螺旋沟槽，一条左旋，另一条右旋。槽筒转动时，左螺旋沟槽控制纱线向左运动，而右螺旋沟槽则控制纱线向右运动，从而完成左右往复的导纱运动，同时又利用槽筒与筒子的表面摩擦来传动筒子回转，纱线便以螺旋线卷绕在筒子上。

纱线卷绕到筒子表面某点时，纱线的切线方向与筒子表面该点圆周速度方向所夹的锐角为螺旋线升角，通常称为卷绕角。来回两相纱线之间的夹角称为交叉角，数值上等于来回两个卷绕角之和。卷绕角是筒子卷绕的一个重要特征参数。

衡量络筒机产量的重要指标是卷绕线速度，它表示单位时间内卷绕在筒子上的纱线长度。纱线络卷到筒子表面某点时的络筒速度 V，可以看作这一瞬间筒子表面该点圆周速度 V_1 和纱线沿筒子母线方向移动速度即导纱速度 V_2 的矢量和，如图 7-21（a）所示。

络纱速度大小为： $$V = \sqrt{V_1^2 + V_2^2}$$

卷绕角为： $$\tan\alpha = V_2/V_1$$

筒子上每层纱线卷绕的圈数 m'，可用下式确定：

$$m' = n_k/m$$

式中：n_k 为筒子卷绕转速（r/min）；m 为导纱器单位时间内单向导纱次数（次/min）。

(二) 筒子的卷装形式

卷绕机构的不同传动方式，对应着不同的纱线卷绕规律，它们所卷绕成的筒子形式不同。

1. 圆柱形筒子

圆柱形筒子卷绕时，通常采用等速导纱运动规律，除筒子两端折回区域外，导纱速度 V_2 为常数，在卷绕同一层纱线过程中 V_1 为常数，于是除折回区域外，同一纱层纱线卷绕角恒定不变，将圆柱形筒子的一层纱线展开如图 7-21（b）所示，展开线为直线。由图可知：

$$\sin\alpha = V_2/V = h_n/\pi d_k$$
$$\cos\alpha = V_1/V = h_n/h$$
$$\tan\alpha = V_2/V = h/\pi d_k$$
$$V_1 = \pi d_k n_k$$
$$h = V_2 \pi d_k / V$$

式中：d_k 为筒子卷绕直径（mm）；n_k 为筒子卷绕转速（r/min）；h 为轴向螺距（mm）；α 为螺旋线升角（°）；h_n 为法向螺距（mm）。

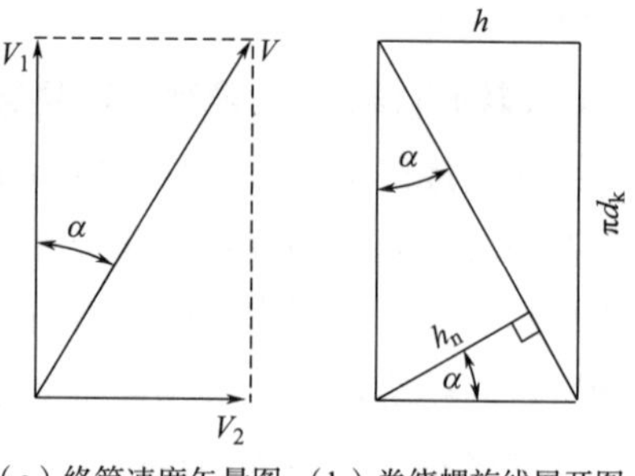

（a）络筒速度矢量图 （b）卷绕螺旋线展开图

图 7-21 卷绕螺旋线图

采用筒子表面摩擦传动的卷绕机构，能保证整个筒子卷绕过程中 V_1 始终不变，于是 α 为常数，称为等升角卷绕，这时法向螺距 h_n 和螺距 h 分别与卷绕直径 d_k 成正比关系，但 h_n/h 之值恒定不变。随着筒子卷绕直径增加，筒子卷绕转速 n_k 不断减小，而导纱器单位时间内单向导纱次数 m 恒定不变，因此每层纱线卷绕圈数 m' 不断减少。

采用筒子轴心直接传动的锭轴传动卷绕机构，能保证 V_2 与 n_k 之间的比值恒定不变，从而 h 值不变，称为轴向等螺距卷绕。在这种卷绕方式中，随着卷绕直径增大，每层纱线卷绕圈数恒定不变，而纱线卷绕角逐渐减小。生产中对这种卷绕方式，规定筒子直径不大于筒管直径的 3 倍。

2. 圆锥形筒子

在络卷圆锥形筒子时，一般采用滚筒或槽筒对筒子摩擦传动。由于筒子两端的直径大小不同，因此筒子上只有一点的速度等于滚筒表面线速度，这点称为传动点。其余各点在卷绕过程中均与滚筒表面产生滑移，如图 7-22 所示，在传动点 B 的左边各点上，槽筒的表面线速度均大于筒子表面的线速度，而 B 点右边各点上槽筒的表面线速度均小于筒子表面的线速度，只有 B 点保持纯滚动。B 点处的筒子半径 ρ 称为传动半径，根据理论推导可得：

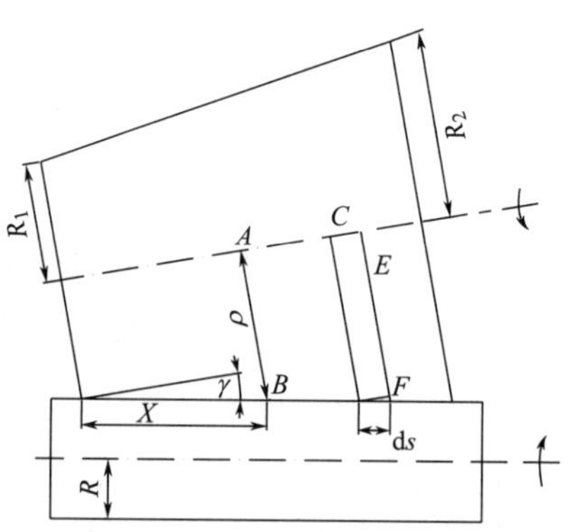

图 7-22 圆锥形筒子的传动半径

$$\rho = \sqrt{\frac{R_1^2 + R_2^2}{2}}$$

式中：R_1 为筒子小端的半径（m）；R_2 为筒子大端的半径（m）。

在卷绕过程中，筒子两端半径不断发生变化，因此筒子的传动半径也在不断改变着传动半径的位置，即传动点 B 的位置由图 7-22 所示的几何关系确定。

$$X = \frac{\rho - R_1}{\sin\alpha}$$

式中：X 为筒子小端到传动点 B 的距离（m）。

进一步分析可知，传动半径总是大于筒子的平均半径（R_1+R_2）/2，并随筒子直径的增大，传动点 B 逐渐向筒子的平均半径方向移动，筒子的大小端圆周速度趋向一致。

在摩擦传动条件下，随着筒子卷绕直径增加，筒子转速 n_k 逐渐减小，于是每层绕纱圈数 m' 逐渐减小，而螺旋线的平均螺距 h_p 逐渐增加，即：

$$h_p = \frac{h_0}{m'}$$

式中：h_0 为筒子母线长度（m）。

由于传动点 B 靠近筒子大端一侧，于是筒子小端与槽筒之间存在较大的表面线速度差异，卷绕在筒子小端处的纱线与槽筒的摩擦比较严重，故可将槽筒设计成略具锥度的圆锥体，或减小圆锥形筒子的锥度，这样可减小筒子小端纱线磨损的程度。

以锭轴传动的卷绕机构络卷圆锥形筒子时，经常采用筒子转速 n_k 与导纱器单位时间内单向导纱次数 m 之比固定不变的方式，这时每层绕纱圈数 m' 和螺旋线平均螺距 h_p 也固定不变。

（三）卷装容量

络筒机要求卷装容量达到一定的卷绕直径及卷绕密度，并力求均匀一致。自动络筒机可按定长或定直径方式进行络筒，以达到所要求的卷装容量。其工作原理是：单锭控制系统连续接受来自槽筒轴转速传感器和筒子轴转速传感器的脉冲信号，以控制卷绕长度和卷绕直径。自动络筒机卷装定长误差应小于 2%，卷装定直径误差应小于 1%。

普通络筒机是按定长方式进行络筒，目前均采用电子计长装置。其工作原理是：在槽筒轴上做一标记，在相对应位置处安装一接近开关，通过槽筒转动一周产生的脉冲数，计算纱的长度。当达到设定长度时，自动停车。采用电子清纱器的络筒机，其计长功能也可在清纱器上完成。定长设定范围一般小于 600000m，定长计算如下。

1. 槽筒转一圈纱线长度 L_0（mm）

$$L_0 = \pi D\sqrt{\left(1 + \frac{W}{N\pi D}\right)}$$

式中：D 为槽筒直径（mm）；W 为槽筒横向动程（mm）；N 为槽筒圈数。

2. 筒纱长度 L（mm）

$$L = L_0 \times \frac{P}{P_0} \times \eta$$

式中：P 为设定长度内产生的脉冲总数；P_0 为槽筒旋转一圈脉冲数；η 为滑移系数，一般取 0.94~0.96。

二、络筒机卷绕机构

（一）锭子驱动式

对于直接传动的卷绕机构，为了保持纱线卷绕线速度不变，必须采取措施让卷绕转速随着卷绕直径的增加而逐渐减小。卷绕线速度可以根据纱线张力的变化来控制，也可以根据卷装直径的变化来控制。图 7-23 所示为张力控制式卷绕机构。

（二）摩擦驱动式

摩擦驱动式卷取机构如图 7-24 所示，卷装由摩擦辊摩擦传动，导纱凸轮由一电动机带动，卷装直径虽然越来越大，但是与之接触的摩擦辊表面线速度保持不变，所以卷绕速度不变，卷绕的转速随半径的增大而减小。

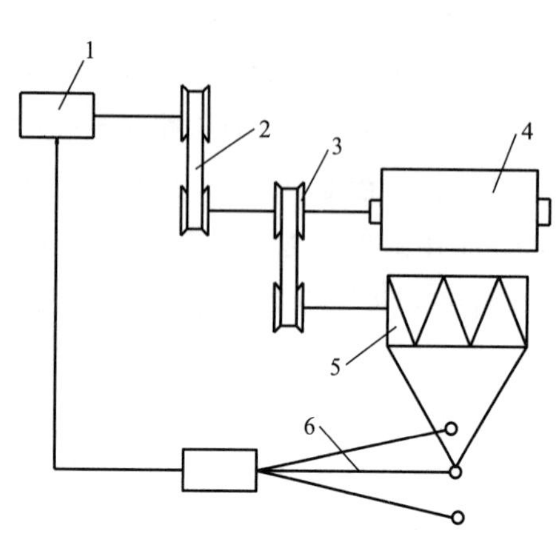

图 7-23　张力控制式卷绕机构

1—电动机　2—齿形带　3—带轮
4—筒管夹头　5—导纱凸轮　6—张力检测杆

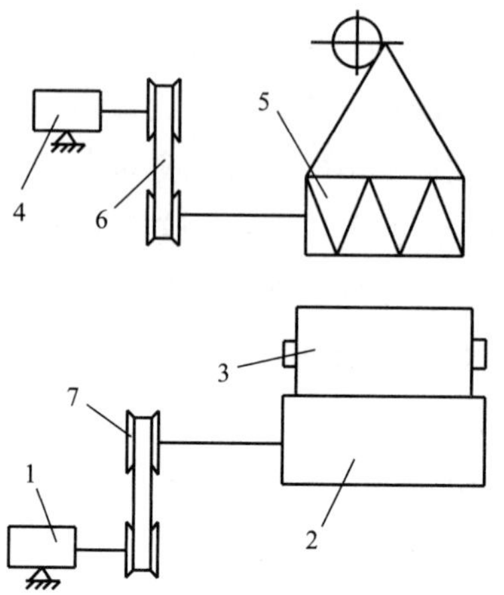

图 7-24　摩擦驱动式卷取机构

1，4—电动机　2—摩擦辊　3—筒子
5—导纱凸轮　6—齿形带　7—带轮

三、络筒导纱机构

（一）槽筒式导纱机构

槽筒实际上是一个圆柱形沟槽凸轮。在槽筒的圆周面上刻制有两条首尾相互衔接的封闭螺旋沟槽，一条左旋，另一条右旋。槽筒转动时，左螺旋沟槽控制纱线向左运动，而右螺旋沟槽则控制纱线向右运动，从而完成左右往复的导纱运动，同时又利用槽筒与筒子的表面摩擦来传动筒子回转，纱线便以螺旋线卷绕在筒子上。

1. 槽筒导纱运动规律

槽筒沟槽中心曲线根据工艺要求可选择等速、等加速及变加速等导纱规律来进行设计。等速导纱规律多用于卷绕圆柱形筒子，对于需要染色等后加工的筒子，可以获得染色均匀的效果，由于络筒线速度 V 是常数（在筒子两端纱线折返时除外），络筒张力也比较均匀；另一方面筒子上纱线的导纱角 θ 也是常数，筒子的卷绕密度也较均匀。这时，无论是槽筒的沟槽中心曲线或是筒子上的纱圈，都是等节距的螺旋线。图 7-25 是一种三圈等速导纱槽筒的展开图，其节距 $h_1=h_2=h_3$，槽筒每

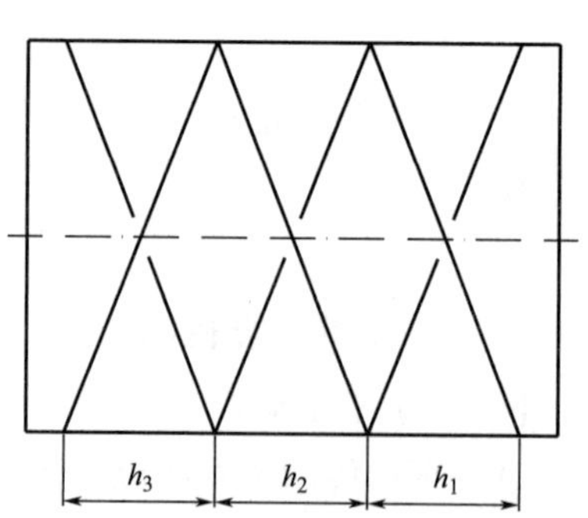

图 7-25　三圈等速导纱槽筒中心线展开图

回转六圈，完成一次左右往复导纱运动。

圆柱形筒子虽有许多优点，但是其最大的缺点是不宜高速退绕。凡需高速退绕的场合，都采用圆锥筒子。

在络卷圆锥形网眼筒子时，为了保持络纱张力变化平稳，即要满足等线速度卷绕的条件，那么导纱速度就应按某种正弦曲线的规律变化；而要满足等密度卷绕的条件，则需采用等速导纱规律。但前者做等线速度卷绕时所获得的卷装密度很不均匀，成形也不良；而后者做等密度卷绕时则纱线张力波动较剧烈，卷装成形也不佳。以前络筒机槽筒沟槽中心线是介于等线速度和等密度两者之间的，导纱规律是一种两次抛物线，这种槽筒也称为等加速槽筒。

目前多采用一种直径为 82.5mm，导纱动程 155mm 的两圈半（单向导纱一次槽筒转数为 2.5 圈）加速导纱槽筒，这种导纱规律卷绕的筒子成形好，且有利于整经工序的高速退绕。

为了提高槽筒的防叠功能，应将上述曲线加以修正，使之成为左右往复不对称的沟槽曲线，即左旋沟槽曲线改为 $2\frac{5}{12}$ 圈，而右旋沟槽曲线则改为 $2\frac{7}{12}$ 圈。

目前槽筒络筒机上安装的槽筒，其沟槽一般为节距不等的螺旋线。节距自右向左逐渐增大，即 $h_1<h_2<h_3$，如图 7-26 所示。纱线从筒子大端向小端运动时导纱速度逐渐加快；而从小端向大端返回时，导纱速度逐渐减慢。由于大端对应的沟槽节距小，使筒子底部绕纱密度将有所增加，从而可获良好而坚实的成形。

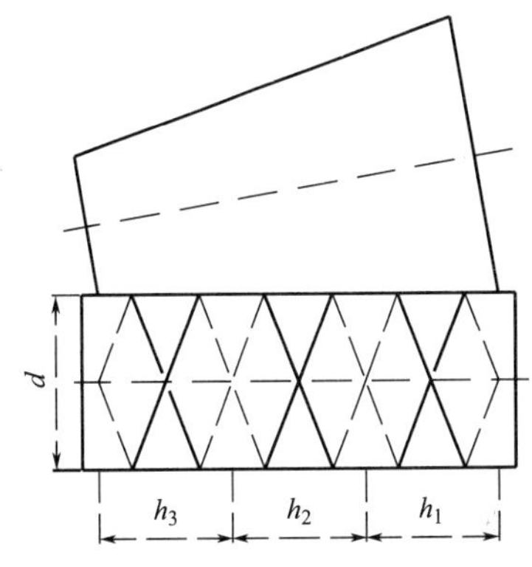

图 7-26　不等节距槽筒

2. 离槽和回槽

槽筒的沟槽有离槽和回槽之分，图 7-27（a）是沟槽曲线展开图。假设从张力装置至槽筒中央引一垂直线作为张力装置至槽筒的最短距离。当沟槽的作用是推动纱线从该最短距离向两边移动的时候，对应的沟槽称为离槽。而当纱线如图 7-27（b）所示依靠其张力 T 沿沟槽从槽筒两侧向中间最短距离移动时，对应的沟槽则称为回槽。离槽作用于纱线使其伸长，张力增加，为防止纱线滑出，沟槽宜窄而深；纱线在回槽中则主要依靠其自身张力返回，故沟槽宜宽而浅，以利于纱线落入槽中。在离、回沟槽的交叉处，离槽必须深且槽壁连续；而回槽则浅、宽且槽壁间断。

（二）拨叉导纱机构

拨叉导纱是采用正、反两个方向转动的拨叉推动纱线往复运动，在往复动程末端实现拨叉对纱线控制的轮换。为了实现连续导纱，每一叶轮有两片拨叉或三片拨叉，如图 7-28 所示。拨叉 1 拨动纱线沿导纱板 2 往复运动，每片拨叉只做单向匀速转动，多片拨叉接力完成连续导纱。拨叉导纱机构不存在往复移动构件，可实现高速往复导纱运动。

（三）电子导纱机构

电子导纱机构如图 7-29 所示，往复横动传动是由伺服电动机带动主动同步带轮 2，通过同步齿形带带动从动同步带轮 4，导纱器 3 固接在同步齿形带上。伺服电动机 1 正反换向转动使得同步齿形带带动导纱器 5 在导轨上往复运动，实现导纱运动。电子导纱的卷绕的筒子成型好，具有柔性化特点，使所有的纱型可以软件控制实现。

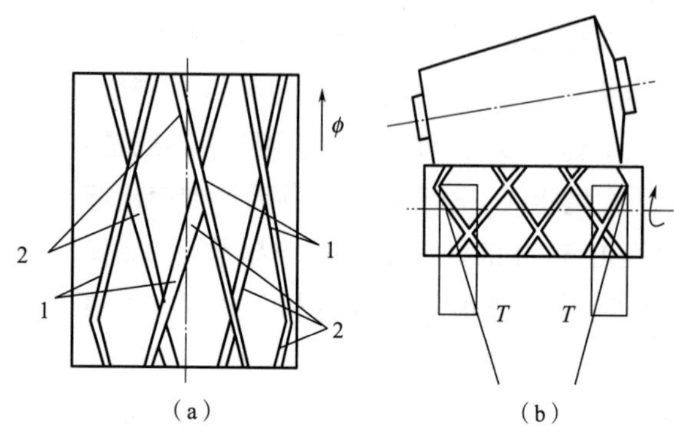

图 7-27　槽筒的离槽和回槽

1—离槽　2—回槽

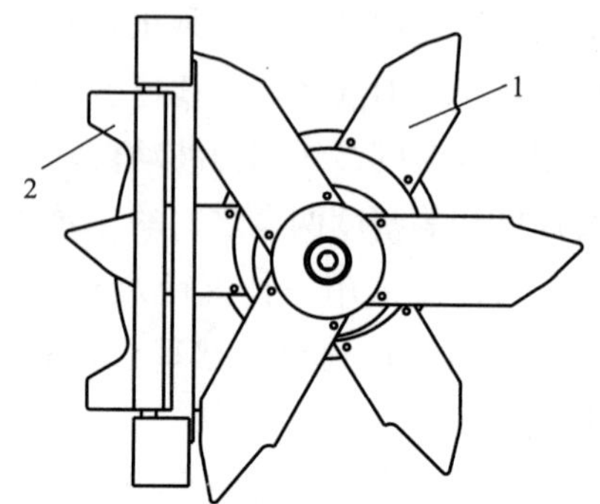

图 7-28　拨叉导纱机构

1—拨叉　2—导纱板

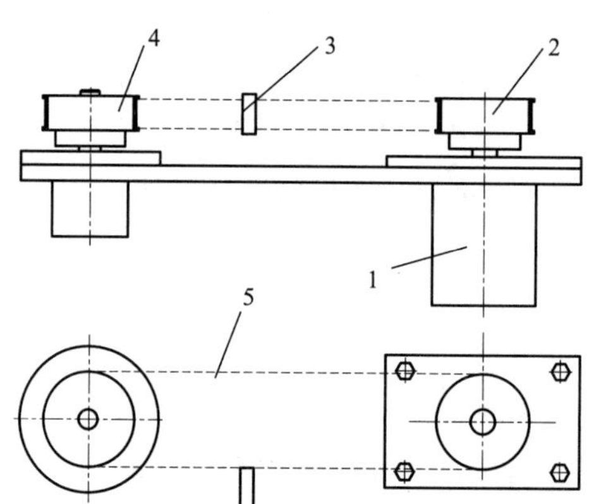

图 7-29　电子导纱机构

1—伺服电动机　2—主动同步带轮　3—导纱器　4—被动同步带轮　5—同步带

思维导图

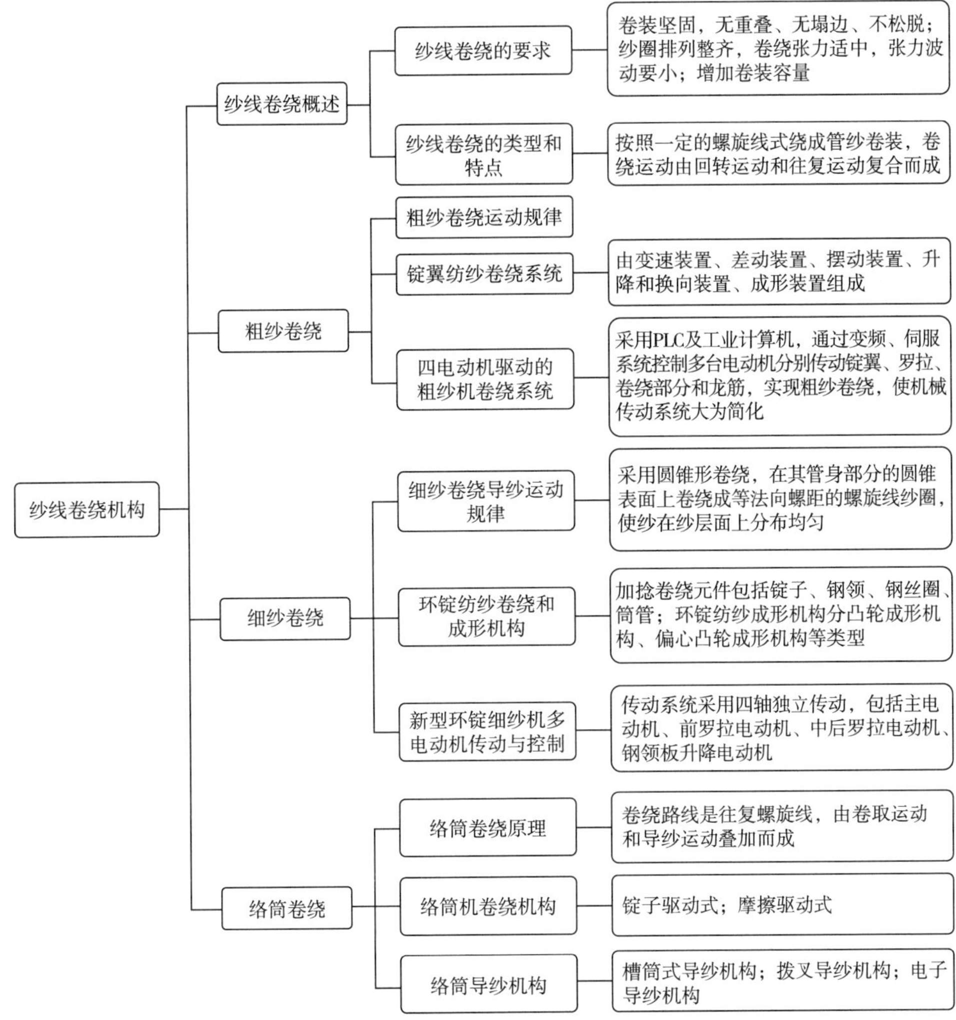

参考文献

［1］刘裕瑄，陈人哲．纺织机械设计原理：上册［M］．北京：纺织工业出版社，1982.

［2］陈人哲．纺织机械设计原理：上册［M］．2版．北京：中国纺织出版社，1996.

［3］陈革，杨建成．纺织机械概论［M］．北京：中国纺织出版社，2011.

［4］魏雪梅，孙俊．纺纱设备与工艺［M］．北京：中国纺织出版社，2009.

第八章　针织成圈机构

引导语：针织是利用织针将纱线弯曲成圈，并相互串套连接而形成织物的工艺过程。针织机按工艺类别可分为经编针织机与纬编针织机，而纬编针织机包括圆纬机、横机、袜机、无缝内衣机；按针床数量可分为单针床针织机和双针床针织机；按针床形式可分为圆型针织机和平型针织机；按使用织针的类型可分为钩针机、舌针机和复合针机。本章主要论述针织成圈机构的设计。

学习目标：

1. 了解成圈机件及成圈过程。
2. 了解织针的设计要求和设计原理。
3. 掌握三角主要尺寸的设计计算。

视频：针织原理概述

第一节　针织成圈概述

针织机包含的机构及其功能如下。

（1）给纱或送经机构，将纱线从纱筒子上退绕下来送入编织区。

（2）编织机构，将纱线编织成线圈并相互串套起来形成织物。

（3）牵拉卷取机构，将形成的织物从编织区引出并形成一定形式的卷装。

（4）传动机构，将动力通过主轴传递到各机构，以使各机构协调工作。

（5）辅助机构，为了保证编织的正常进行而附加的各种机构。

一、成圈机件及其功能

针织机械上成圈机件的作用是将纱线编织成线圈并相互串套起来形成织物。成圈机件包括织针、针筒、沉降片、沉降片圆环、导纱器、压针钢板、针筒和三角等，如图 8-1 所示。

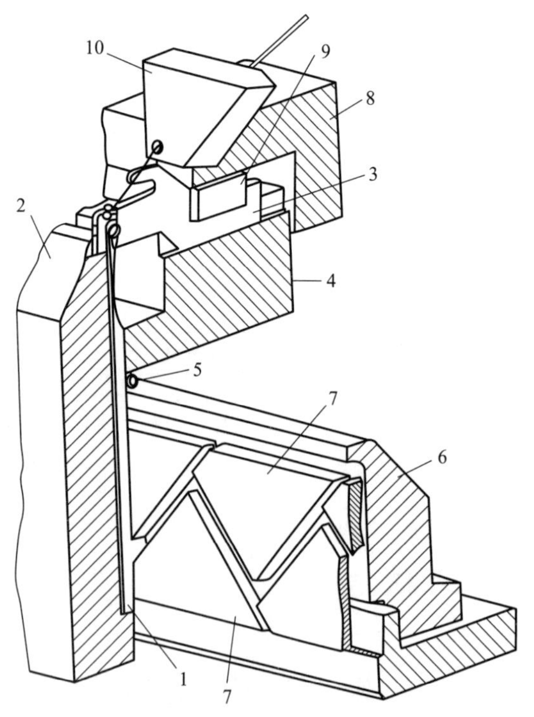

图 8-1　针织机成圈编织机件

1—织针　2—针筒　3—沉降片　4—沉降片圆环　5—箍簧　6—织针三角座　7—织针三角　8—沉降片三角座　9—沉降片三角　10—导纱器

（1）织针。织针安置在针筒上，是最主

要的成圈机件，织针的类型主要有钩针、舌针和复合针三种。钩针和舌针主要用于纬编机（圆纬机和横机），复合针主要用于经编机。每种针的结构如图 8-2 所示。

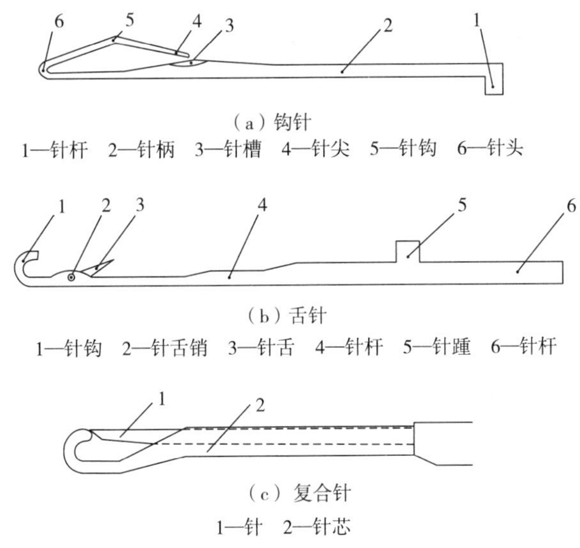

（a）钩针

1—针杆　2—针柄　3—针槽　4—针尖　5—针钩　6—针头

（b）舌针

1—针钩　2—针舌销　3—针舌　4—针杆　5—针踵　6—针杆

（c）复合针

1—针　2—针芯

图 8-2　三种织针的结构简图

钩针的结构简单，制造方便，可以做得较细，编织较紧密织物，但配套的成圈机件复杂，针的寿命短，在纬编中成圈路数少；舌针所配套的成圈机件简单，在纬编中可形成花色品种多，使用较多，但成圈张力波动大，针的结构复杂，制作要求高；复合针在编织过程中针的运动动程小，利于编织高速化，形成线圈张力均匀，线圈结构均匀。

（2）针筒。针筒上带有针槽，织针嵌在针槽内并能够在织针三角的控制下自由滑动。

（3）沉降片。沉降片采用薄钢片制成，结构上有片鼻、片喉、片颚和片踵，如图 8-3 所示。沉降片在针织机上与织针相间配置，用于握持住旧线圈，同时还作为织物的搁置平面，协助织针脱圈。

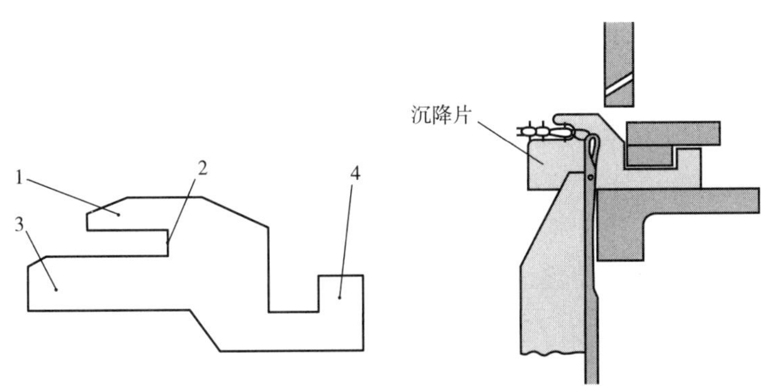

图 8-3　沉降片的结构及其使用

1—片鼻　2—片喉　3—片颚　4—片踵

（4）沉降片圆环。沉降片圆环上带有辐射状槽，用于安插沉降片。

（5）导纱器。用于将纱线垫入织针，并防止针舌反拨。

（6）压板与压片。用于在钩针机上压向针钩，将针口关闭。

（7）织针三角。织针形成针道，织针的针踵在其中上升或下降运动，完成编织动作。织针三角包括退圈三角、弯纱三角、护针三角和回针三角，如图 8-4 所示。

① 退圈三角。包括起针三角和挺针三角，使织针沿其上升到退圈最高点。

② 弯纱三角。又称压针三角，使织针沿其下降到弯纱最深点。

③ 护针三角。用于织针的非工作区，防止织针的上串或下落。

④ 回针三角。使织针从弯纱最低点回到起始位置，以便于进行下一成圈循环。

（8）沉降片三角。用于推动沉降片沿径向进出运动。

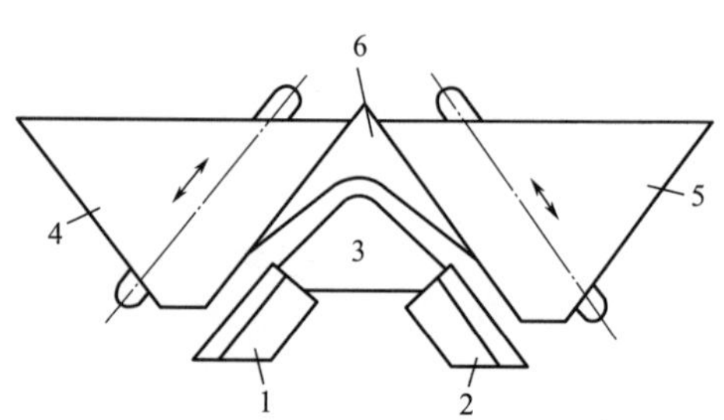

图 8-4　平式三角结构

1，2—起针三角　3—挺针三角
4，5—弯纱三角　6—导向三角

二、成圈过程

（一）钩针的成圈过程

钩针一般用在台车上，钩针的成圈系统由退圈圆盘 1、辅助退圈轮 2、导纱器 3、弯纱轮 4、压针钢板 5、套圈轮 6 和成圈轮 7 组成，如图 8-5 所示。

成圈过程共分十个步骤，如图 8-6 所示。

（1）退圈。在退圈圆盘及辅助退圈轮的作用下，将旧线圈从针钩里移到针杆上。

（2）垫纱。导纱器将新纱线垫放到针杆上，新纱线位于旧线圈与针槽之间。

（3）弯纱。弯纱轮将垫放到针杆上的新纱线弯曲成一定大小的未封闭线圈。

（4）带纱。弯纱轮把未封闭线圈从针杆上带到针钩内。

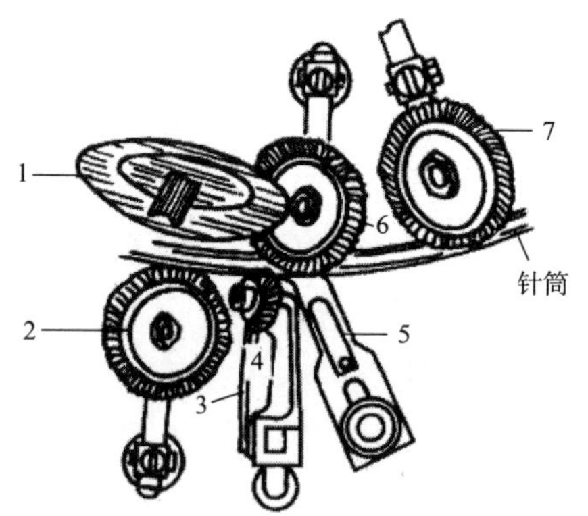

图 8-5　台车的成圈系统

（5）闭口（压针）。压针钢板将针尖压入针槽，使针口封闭。

（6）套圈。在套圈轮作用下将旧线圈套在针口封闭的针钩上，随即套圈轮脱离织针使针钩释压，针口开启。

（7）连圈。旧线圈与未封闭的新线圈在针头处接触。

（8）脱圈。在成圈轮的作用下，旧线圈从针头上脱落到未封闭的新线圈上，使新线圈封闭。

(9) 成圈。旧线圈的针编弧与新线圈的沉降弧接触，新线圈形成规定的大小。

(10) 牵拉。在牵拉卷取机构的作用下，新线圈被拉向针背，防止在下一成圈循环中旧线圈重新套在针上。

动画：钩针成圈过程

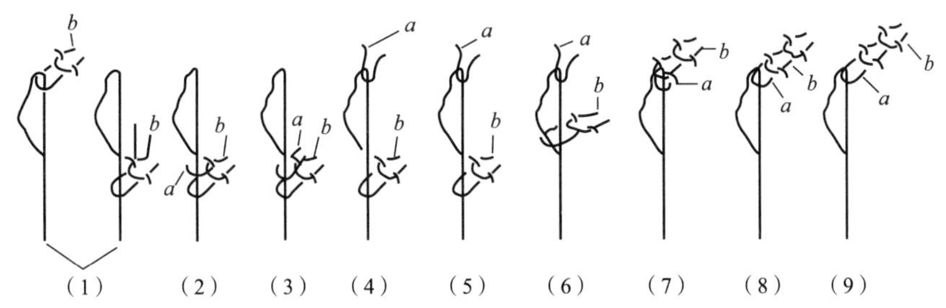

图 8-6　钩针的成圈过程

(二) 舌针的成圈过程

舌针成圈系统如图 8-1 所示，由舌（织）针 1、针筒 2、沉降片 3、沉降片圆环 4、箍簧 5、织针三角座 6、织针三角 7、沉降片三角座 8、沉降片三角 9 和导纱器 10 组成。

舌针的成圈过程包括十个步骤，如图 8-7 所示。

(1) 退圈。织针上升，旧线圈从针钩里退到针杆上。

(2) 垫纱。将新纱线垫到打开的针钩里。

(3) 带纱。舌针下降，将新垫入的纱线带入针钩内。

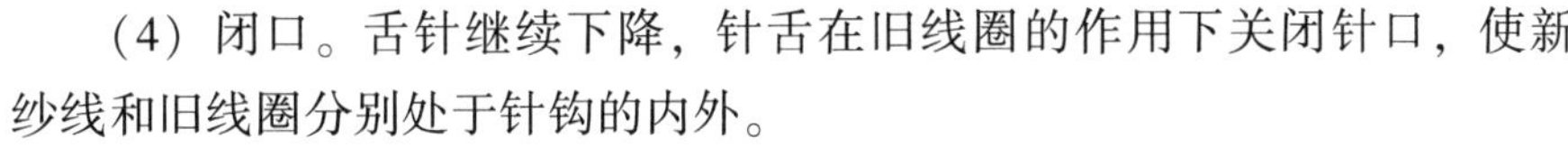

(4) 闭口。舌针继续下降，针舌在旧线圈的作用下关闭针口，使新纱线和旧线圈分别处于针钩的内外。

动画：舌针成圈过程

(5) 套圈。舌针继续下降，旧线圈上移到关闭的针舌外边。

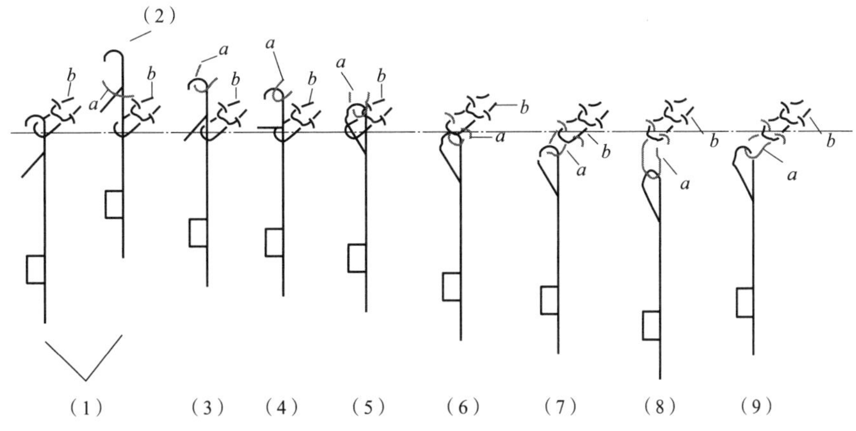

图 8-7　舌针的成圈过程

（6）连圈。舌针继续下降，旧线圈与新线圈在针头处接触。

（7）弯纱。随着舌针的连续下降，新纱线逐渐弯曲成未封闭的线圈。

（8）脱圈。舌针下降到筒口线以下，旧线圈从针头上脱下，套在未封闭的新线圈上，使新线圈封闭。

（9）成圈。舌针下降到弯纱最低点，新线圈形成规定的大小。

（10）牵拉。在牵拉力的作用下，新线圈被拉向针背，防止在下一成圈循环中旧线圈重新套在针上。

第二节　织针的设计

一、织针设计的基本要求

设计和加工织针时，要考虑如下要求。

（1）织针表面需光滑，没有条纹及毛刺，保证成圈过程中纱圈滑动时不被针表面拉毛。针头部分的表面粗糙度在 *Ra* 1.6 或 *Ra* 0.8 以上，其余部分也要达到 *Ra* 3.2 以上。

（2）织针要具有良好的力学性能，如弹性、塑性、硬度等，针踵处的表面硬度应比三角工作面的硬度低一些。

（3）随着针织机械生产速度的提高，对织针的耐冲击、耐疲劳的要求越来越高。

（4）织针结构要具有良好的加工工艺性，如冲压、弯绕、压延、铣槽、冲眼、研磨和抛光等加工工艺。

（5）织针的形状和尺寸要充分适应织针工作过程的工艺动作及成圈要求。织针的尺寸公差要与实际需要和加工能力相结合。现行规定的公差如下。

针身长度允许尺寸公差±0.06mm。

针身厚度允许尺寸公差-0.01mm（厚度 0.5mm 以下），-0.02mm（厚度 0.5mm 以上）。

针身宽度允许尺寸公差-0.06mm。

针身粗细允许尺寸公差±0.015mm。

针钩外径允许尺寸公差±0.03mm。

二、舌针的设计

舌针分钢皮针和钢丝针两种。钢丝针的表面光滑，针头比较牢固，但针踵易断裂。具有特殊针踵或具有多个针踵的针不宜采用钢丝针。钢皮针是用钢皮冲压制成，针踵可制成各种形状，一枚针上也可以有多个针踵。针踵的强度比钢丝针高，寿命长，制造工艺流程短。高速针织机上采用钢皮针较多。

舌针是由针杆、针头、针钩、针舌及针踵组成，如图 8-2 所示。针杆是针的主体，用以连接针头、针钩与针踵等，除针舌要能灵活转动外，其他部分之间成为一个刚体。舌针各部分的外形尺寸是设计针织机的主要参数，它们将影响到成圈过程，最终决定机器的生产效率和产品质量。

舌针的名义尺寸根据机号 K、纤维种类、舌针的作用等而定。通常舌针与机号之间的关系用经验公式表达。例如，棉毛机上针头部位的主要尺寸可以用以下经验公式表达（公式中各符号的意义如图 8-8 所示）。

(1) 针头直径 D (mm/10)。

$$D = 6 + \frac{16}{K} \tag{8-1}$$

上针盘上针头的直径比上式计算值小 0.16mm。

(2) 针舌打开时舌尖与针头距离 L_2 (mm)。

$$L_2 = 5.7D \tag{8-2}$$

上针盘上 L_2 比上式计算值小 1mm。

(3) 针杆厚度 a (mm/100) 与机号 K 的关系。

$$a = 15 + \frac{645}{K} \tag{8-3}$$

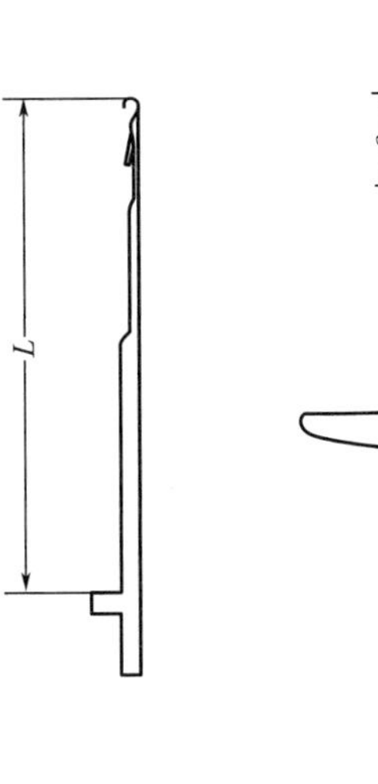

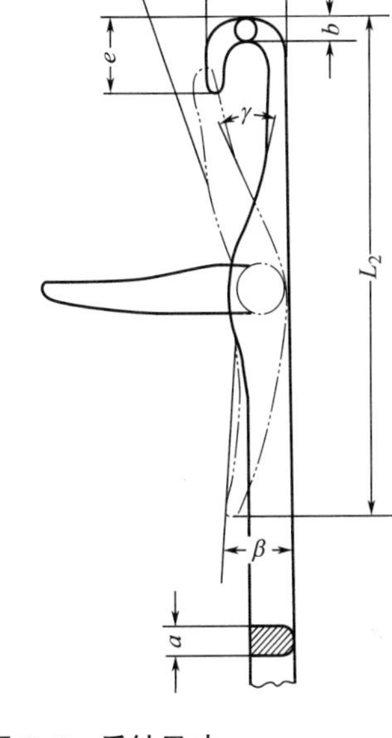

图 8-8　舌针尺寸

(4) 针头钢丝直径 b。

$$b = 0.7a \tag{8-4}$$

(5) 针钩高度 e。

$$e = 0.9D \tag{8-5}$$

决定针织机生产效率的主要因素是针在成圈过程中的动程。当三角的角度一定时，增加针在成圈过程中的动程，一路三角所占据的位置也将增加。在成圈过程中，舌针上下运动的动程与针在完全开启状态下针头到针舌尖的距离 L_2 有关，减小针舌尺寸，有利于增加针织机的成圈路数，提高生产率。但是，在针头直径 D 不变的情况下，这一尺寸缩短后，会使针舌闭合时与针杆背部所成的夹角 α 增大，将增加套圈时纱线上的张力波动幅度，引起断头及线圈的稳定性。相反，增大这一尺寸，会造成成圈机构尺寸的扩大而降低针床上能够容纳的成圈系统数量，同时会影响织针上下运动的速度，增大针舌与针头之间的冲击，不利于车速的提高。因此，设计时，α、β 的取值范围建议如下：

$$\alpha = 15° \sim 20°,\ \beta = 15° \sim 17°$$

针舌关闭时，针舌内侧与针杆内侧之间的夹角 γ 应满足：

$$\tan\frac{\gamma}{2} \geqslant \mu \tag{8-6}$$

式中：μ 为纱线与针之间的摩擦系数。

在设计舌针时，除了应合理选择针的外形尺寸以外，也要研究针的结构要素。

(1) 针头。如图 8-9 所示，针头的外形有圆头［图 8-9（a）］和扑头［图 8-9（b）］两种。后者用于生产有添纱要求的织物，它使处于针钩下的两根纱线不易改变相互位置，从而使面纱能良好地包覆在地纱上面。针头的截面一般是圆形的。高机号机器上的针头截面是椭圆的，目的是增加其抗弯强度，其截面长短轴之比为 10 : 8 左右。在针勺部分，两边要带截面，使针舌关闭时可以把它包住，线圈容易滑落。在针头与针杆衔接处，横机针在针杆脊部有一凹口［图 8-9（c）圆弧部分］，使针舌侧面的尺寸 K 和 K_1 接近，减小由于针舌的倾角引起 K_1 处侧面宽度加大，而使线圈长度扩大的弊端。

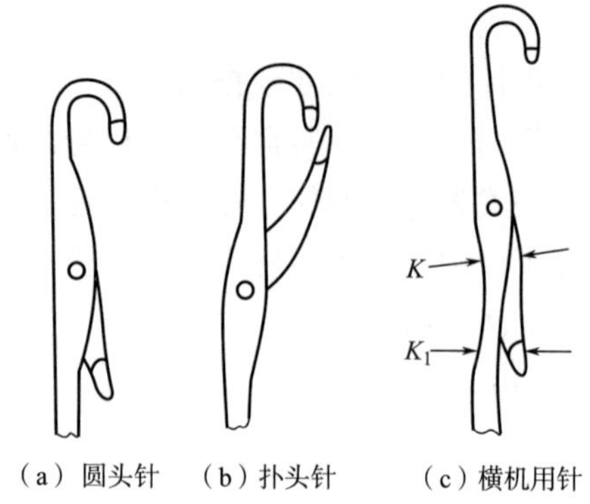

图 8-9　舌针针头

(2) 针舌。在设计针舌形状时，要考虑舌针封闭时夹线脱圈区的长度与宽度。为了增加夹线脱圈区的长度，舌针要带圆弧形，以便于勾纱、脱纱，在针上升时不至于钳住纱和带断纱。针舌的形状要为流线型，使纱在针杆和针舌间滑动顺畅，不至于发生急剧的动作而使纱线张力变化突然。针舌的前面弯曲处呈 15°左右的角度，如图 8-10（a）所示。

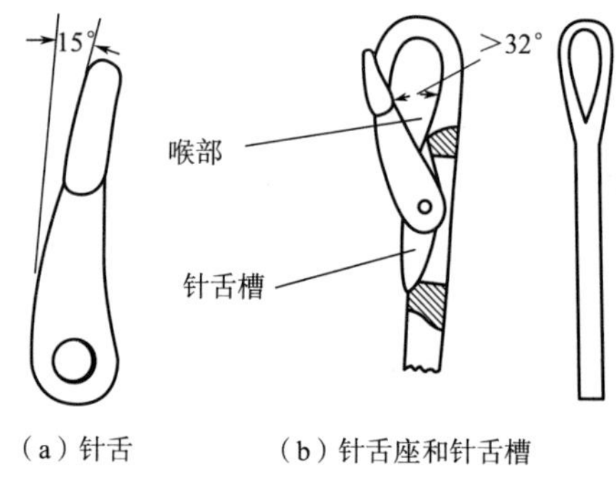

图 8-10　针舌

(3) 针舌座和针舌槽。如图 8-10（b）所示，针舌槽是在针舌座上铣出的圆弧形槽，底部铣通，以减小针舌座侧面的宽度，图 8-8 中的 α 角和 β 角也可以相应减小。同时，排垢作用也好。设计针舌座时，山头部分的曲线要光滑，在喉部与针舌之间呈较大的角度（一般大于 32°），可以避免夹纱。针舌在针槽中要能灵活转动，尽量减小针舌与针舌座之间的撞击，尽量增大针舌与针舌槽壁之间的接触面。

(4) 针舌的固定。针舌采用冲销与针槽固定。冲销是利用冲头在针槽两外侧对冲，材料向针槽内侧突出并伸进针舌的轴孔中，就形成假销以固定针舌［图 8-11（a）］。冲压方式有整圆体移位［图 8-11（b）］和斜移位［图 8-11（c）］两种。整圆体移位的材料容易剪断飞脱，斜移位的牢度较高。采用激光焊接移位柱销的方法可得到更高的牢度。

(5) 针踵。为使织针三角与针踵之间的接触面靠近针身，减小两者之间的压力，避免应力集中，并提高冲模的使用寿命，应在针踵与针杆相连接处倒两个圆角 r_1 和 r_2，如图 8-12 所示。

(6) 针尾。针尾的作用是防止针在针槽中运动时的倾覆，提高其运动稳定性。针尾端部一般加工有圆角（图 8-12），当针断裂时，可以利用这个圆角将针从针槽中取出。

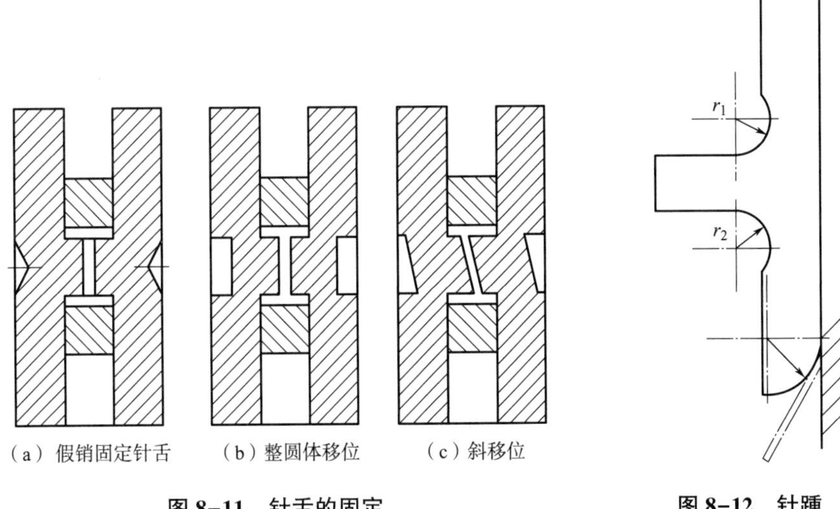

图 8-11 针舌的固定

图 8-12 针踵

第三节 三角的设计

一、三角的作用

织针三角的作用是控制织针在针槽中的运动。三角实际上就是凸轮。如图 8-13 所示，三角包括起针三角（P）、弯纱三角（K）和平针三角（B）三种。起针三角和平针三角属于下三角，而弯纱三角属于上三角。图 8-13 中，甲、乙、丙表示针与三角之间相对滑动的三个主要位置。甲表示针的起始位置，此时旧线圈压住针舌，与针舌端部相距距离 a，为 1~1.5mm。乙表示针在退圈结束后旧线圈落到针舌下面的针杆上，此时线圈离开针舌端部的距离为 b，为 1.5~2mm。丙是完成填纱后针头落到最低处并进行弯纱成圈的位置，此时针头离针筒筒口线的距离是 h_K，h_K 即表示弯纱深度。从此刻起，新线圈既已形成，针又重复升到甲的位置，恢复到起始高度，完成一个工作循环。由此可见，三角装置直接控制织针的运动规律，是成圈机构中最基本和最重要的零件之一。

对织针三角进行设计时，要满足如下要求。

（1）工艺要求。控制针的运动要符合针的尺寸及所需的弯纱深度，使所形成的线圈具有一定长度，并能很好地控制针的上下运动速度，适当减小纱在弯纱过程中的张力，提高成圈均匀性。

（2）表面硬度。三角的表面硬度要比织针的表面硬度高 HRC 5 以上，主要三角硬度为 HRC 62~65，辅助三角的硬度为 HRC 55~58。三角与针的表面粗糙度要在 *Ra* 3.2 以上，以尽量减少针在工作过程中针踵与三角之间的磨损，避免因此引起的轧针事故等。

（3）表面质量。三角走针表面的形状要能与针踵之间良好接触，尽量减少针与三角之间的压力和接触应力，尽可能避免针与三角之间的撞击，以提高它们的寿命。

（4）标准化、系列化。三角设计尽可能系列化、通用化。三角的尺寸公差要合理，以利于安装及互换。尽量减小特殊三角的数量，增加通用三角的数量，利于制造和管理。

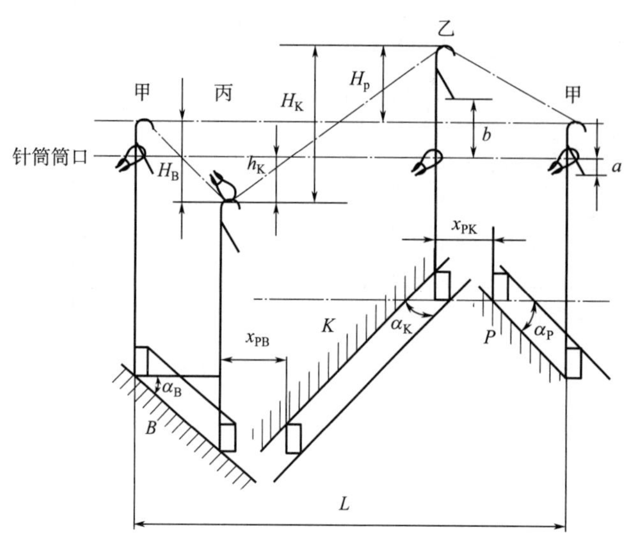

图 8-13　针与三角做相对滑动的三个位置

视频：三角的作用及舌针成圈过程

二、三角主要尺寸的设计计算

决定三角主要尺寸的因素，包括织针沿针床纵向移动的动程和在一个成圈过程中针床与三角之间相对运动的距离。由图 8-14 可知，针的总动程 H_K 等于 H_P 和 H_B 之和。

$$H_K = H_P + H_B \tag{8-7}$$

式中：H_K 为弯纱三角作用下织针的下降动程；H_P 为织针在退圈过程所上升的距离；H_B 为织针从最低位置回升到起始位置的升距。

三角常用的工作面是一个斜平面，如图 8-13 所示，设起针三角、弯纱三角和平针三角工作面的倾斜角度分别为 α_P、α_K、α_B，针从起针三角上转移至与弯纱三角相接触时，需要水平移动的距离为 x_{PK}，而从弯纱三角上转移至与平针三角相接触需要水平移动的距离为 x_{PB}，则在一个成圈过程中，不计入两成圈系统间的间隙距离时，针床与三角之间的相对距离（也是一个三角系统在针床上所占的最短距离）是：

$$L = H_P\cot\alpha_P + H_K\cot\alpha_K + H_B\cot\alpha_B + x_{PK} + x_{PB} \tag{8-8}$$

对圆纬机而言，沿针筒圆周方向所允许设置的成圈系统的最大数目 N 是：

$$N = \frac{\pi D}{L} \tag{8-9}$$

式中：D 为三角安装的内径。

由此可见，三角主要尺寸的确定实际上包括 H_K、H_P 和 H_B 这些距离的确定，α_P、α_K 和 α_B

这几个角度的确定，以及 x_{PK} 和 x_{PB} 的尺寸确定，是一个十分复杂的问题。下面主要研究确定针在针槽中纵向移动距离 H_K、H_P 和 H_B 的方法。

（一）织针的动程计算

实际情况下，沉降片做水平运动，而针在沉降片之间做上下垂直运动。为了作图方便，将针的位置固定，着重研究沉降片相对于针做上升、下降的动作。

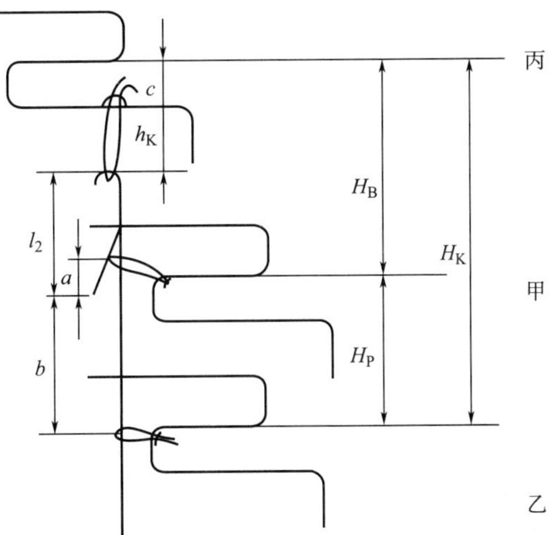

图 8-14　带沉降片的舌针与针床间相对运动的三个主要位置

图 8-14 中所示的沉降片处于甲、乙、丙三个位置，相当于图 8-13 中甲、乙、丙这三个位置，即甲是起针位置，乙是退圈结束后针上升到最高而沉降片相对处于最低的位置，丙是弯纱结束后针下降到最低、沉降片相对处于最高的位置。图 8-14 中，a 是保证针舌被线弧压住所需要的距离，为 1.5~2mm；b 是保证退圈时线圈移至针舌下面的距离，为 1.5~2mm；c 为沉降片开口的高度。c 值越小，针相对于沉降片的动程也越小，但 c 值太小对冲模的寿命不利，因此 c 值一般在 1.2mm 左右。h_K 为弯纱深度。

由图 8-14 可知：

$$H_P = a+b \tag{8-10}$$

$$H_B = l_2 - a + h_K + c \tag{8-11}$$

$$H_K = H_B + H_P = l_2 + b + h_K + c \tag{8-12}$$

（二）弯纱深度 h_K 的计算

在计算弯纱深度 h_K 之前，一般已知下面的数据。

针距：$t = \dfrac{25.4}{K}$（K 是英制机号）

纱的直径：$f = \dfrac{0.97}{K\sqrt{N_e}}$（$N_e$ 是纱的英制支数）

针头直径：$b = \dfrac{2}{3}a$（a 是针杆的厚度，$a = 15 + \dfrac{645}{K}$ mm/100）

沉降片的厚度：$p = \dfrac{t}{3} \sim \dfrac{t}{5}$

线圈模数：$\sigma = \dfrac{l}{f}$（l 为弯纱长度）

图 8-15 表示沿纱的弯曲方向针头与沉降片之间的剖面。纱线被针头牵拉到最低位置时，其中心下沉的距离为 h，则有：

$$h_K = h - f \tag{8-13}$$

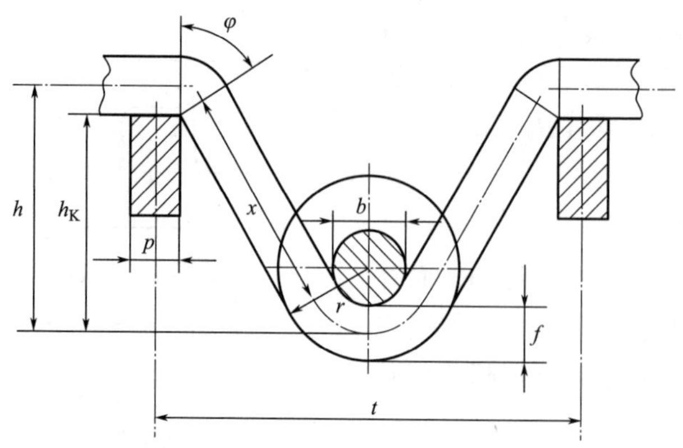

图 8-15 弯纱过程

由图 8-15 可知：

$$r = f + \frac{b}{2} \tag{8-14}$$

$$\frac{t}{2} = \frac{p}{2} + r\sin\varphi + x\cos\varphi \tag{8-15}$$

$$\frac{l}{2} = \frac{p}{2} + r\varphi + x \tag{8-16}$$

式中：l 为纱线外缘的长度。

将式（8-16）和式（8-14）代入式（8-15），得：

$$\frac{t-p}{2} = \left(f + \frac{b}{2}\right)\sin\varphi + \left[\frac{l-p}{2} - \left(f + \frac{b}{2}\right)\varphi\right]\cos\varphi \tag{8-17}$$

式（8-17）是关于角 φ 的方程式，可以利用计算机求解其值。

由图 8-15 可知：

$$h = (1 - \cos\varphi)r + x\sin\varphi \tag{8-18}$$

将式（8-16）代入式（8-18），得：

$$h = (1 - \cos\varphi)r + \left(\frac{l-p}{2} - r\varphi\right)\sin\varphi \tag{8-19}$$

求出 h 值后代入式（8-13），即可求出弯纱深度 h_K，然后代入式（8-11）、式（8-12），可求出 H_B、H_K 和 H_P。

需要说明的是，上述计算中忽略了新老线圈之间的摩擦及纱的伸长变形等因素，所得的数值是近似的，可作为设计织针三角的依据。

三、曲线三角的设计

针织机的三角实际上就是一个个凸轮，而织针是做直线往复运动的从动件，因此，三角的设计也就像设计凸轮廓线一样，在满足工艺要求的基础上，织针的速度变化率（加速度）尽可能小，从而使织针运行平稳，避免惯性力引起的冲击，使机器运行平稳并延长织针的寿命。常用的三角廓线为曲线，可以是单一的多项式曲线，也可以是组合式曲线。

图 8-16 为一组三角的位移曲线，与图 8-13 相同，*AB* 段为挺针三角，高度为 H_B，宽度为 d_B；*BC* 段为压针三角，高度为 H_K，宽度为 d_K；*CD* 段是起针三角，高度为 H_P，宽度为 d_P。其中：

$$l=d_K+d_B+d_P \tag{8-20}$$

采用多项式运动规律时，必须分别设计 *AB*、*BC*、*CD* 段，且 *B*、*C* 和 *D* 三个衔接点处，要保证织针的位移、速度和加速度曲线都光滑连接。

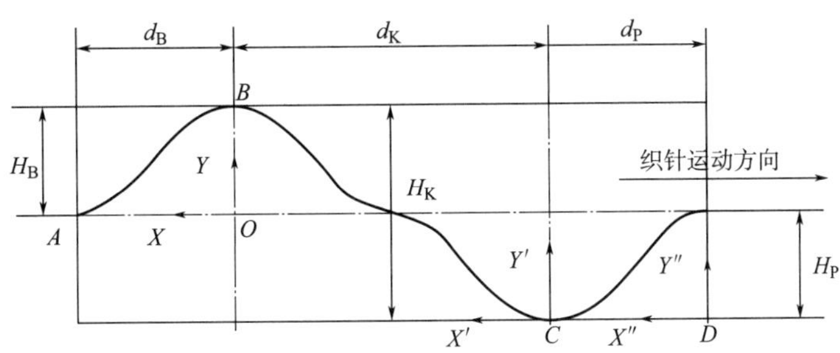

图 8-16　三角位移曲线

（一）*AB* 段（挺针三角）的运动规律

建立如图 8-16 所示的坐标原点在 *O* 点的左手直角坐标系 *XOY*，*A* 点是运动的起始点，织针从静止开始运动，即：

$$x=d_B,\ y=0,\ y'=0,\ y''=0$$

B 点是织针运动的最高点，速度和跃度（加速度的导数）也应该为 0，即：

$$x=0,\ y=H_B,\ y'=0,\ y'''=0$$

从上面可以看出，在 *AB* 段的边界条件有六个，因此可以采用五次多项式运动规律，其一般表达式是：

$$y=C_0+C_1x+C_2x^2+C_3x^3+C_4x^4+C_5x^5 \tag{8-21}$$

对式（8-21）分别求一阶导数、二阶导数和三阶导数，得：

$$\begin{cases} y'=C_1+2C_2x+3C_3x^2+4C_4x^3+5C_5x^4 \\ y''=2C_2+6C_3x+12C_4x^2+20C_5x^3 \\ y'''=6C_3+24C_4x+60C_5x^2 \end{cases} \tag{8-22}$$

将 *B* 点的边界条件（即 $x=0$，$y=H_B$，$y'=0$，$y'''=0$）代入方程（8-21）和方程组（8-22），可得：

$$C_0=H_B,\ C_1=0,\ C_3=0$$

将这三个系数的值及 *A* 点的边界条件代入方程（8-21）和方程组（8-22），可得方程组：

$$\begin{cases} 0=H_B+C_2d_B^2+C_4d_B^4+C_5d_B^5 \\ 0=2C_2d_B+4C_4d_B^3+5C_5d_B^4 \\ 0=2C_2+12C_4d_B^2+20C_5d_B^3 \end{cases} \tag{8-23}$$

将方程组（8-23）写成矩阵形式：

$$\begin{bmatrix} d_B^2 & d_B^4 & d_B^5 \\ 2d_B & 4d_B^3 & 5d_B^4 \\ 2 & 12d_B^2 & 20d_B^3 \end{bmatrix}\begin{bmatrix} C_2 \\ C_4 \\ C_5 \end{bmatrix} = \begin{bmatrix} -H_B \\ 0 \\ 0 \end{bmatrix} \tag{8-24}$$

解上述方程组，得：

$$C_2 = -\frac{10H_B}{3d_B^2},\ C_4 = \frac{5H_B}{d_B^4},\ C_5 = -\frac{8H_B}{3d_B^5}$$

因此，由式（8-21）得 AB 段（挺针三角）的位移曲线方程为：

$$\frac{y}{H_B} = 1 - \frac{10}{3}\left(\frac{x}{d_B}\right)^2 + 5\left(\frac{x}{d_B}\right)^4 - \frac{8}{3}\left(\frac{x}{d_B}\right)^5 \tag{8-25}$$

在 B 点，挺针结束，此时，织针的加速度为：

$$y'' = -\frac{20}{3}\frac{H_B}{d_B^2}\ (令\ Q = -\frac{20}{3}\frac{H_B}{d_B^2})$$

（二）BC 段（压针三角）的运动规律

在图 8-17 中，建立直角坐标系 $X'CY'$，其坐标原点在 C 点，B 点是压针运动的起始点，同时也是挺针运动的最高点，故有：

$$x = d_K,\ y = H_K,\ y' = 0,\ y'' = Q,\ y''' = 0$$

C 点是压针运动的终止点，应满足：

$$x = 0,\ y = 0,\ y' = 0,\ y''' = 0$$

从上面可以看出，在 BC 段，边界条件有七个，因此可以采用六次多项式运动规律：

$$y = C_0 + C_1x + C_2x^2 + C_3x^3 + C_4x^4 + C_5x^5 + C_6x^6 \tag{8-26}$$

该方程的一阶、二阶、三阶导数为：

$$\begin{cases} y' = C_1 + 2C_2x + 3C_3x^2 + 4C_4x^3 + 5C_5x^4 + 6C_6x^5 \\ y'' = 2C_2 + 6C_3x + 12C_4x^2 + 20C_5x^3 + 30C_6x^4 \\ y''' = 6C_3 + 24C_4x + 60C_5x^2 + 120C_6x^3 \end{cases} \tag{8-27}$$

将 C 点的边界条件代入式（8-26）、方程组（8-27），可得：

$$C_0=0,\ C_1=0,\ C_3=0$$

则式（8-26）和方程组（8-27）变为：

$$\begin{cases} y = C_2x^2 + C_4x^4 + C_5x^5 + C_6x^6 \\ y' = 2C_2x + 4C_4x^3 + 5C_5x^4 + 6C_6x^5 \\ y'' = 2C_2 + 12C_4x^2 + 20C_5x^3 + 30C_6x^4 \\ y''' = 24C_4x + 60C_5x^2 + 120C_6x^3 \end{cases} \tag{8-28}$$

将 B 点的已知条件（$x=d_K$，$y=H_K$，$y'=0$，$y''=Q$，$y'''=0$）代入方程组（8-28），则得：

$$\begin{cases} H_K = C_2d_K^2 + C_4d_K^4 + C_5d_K^5 + C_6d_K^6 \\ 0 = 2C_2d_K + 4C_4d_K^3 + 5C_5d_K^4 + 6C_6d_K^5 \\ Q = 2C_2 + 12C_4d_K^2 + 20C_5d_K^3 + 30C_6d_K^4 \\ 0 = 24C_4d_K + 60C_5d_K^2 + 120C_6d_K^3 \end{cases} \tag{8-29}$$

将方程组（8-29）写成矩阵形式：

$$\begin{bmatrix} d_K^2 & d_K^4 & d_K^5 & d_K^6 \\ 2d_K & 4d_K^3 & 5d_K^4 & 6d_K^5 \\ 2 & 12d_K^2 & 20d_K^3 & 30d_K^4 \\ 0 & 24d_K & 60d_K^2 & 120d_K^3 \end{bmatrix} \begin{bmatrix} C_2 \\ C_4 \\ C_5 \\ C_6 \end{bmatrix} = \begin{bmatrix} H_K \\ 0 \\ Q \\ 0 \end{bmatrix} \tag{8-30}$$

解该方程组，得：

$$C_2 = H_K\left(\frac{5}{d_K^2} + \frac{Q}{2H_K}\right),\quad C_4 = -\frac{5}{2}H_K\left(\frac{6}{d_K^4} + \frac{Q}{H_Kd_K^2}\right),$$

$$C_5 = H_K\left(\frac{16}{d_K^5} + \frac{3Q}{H_Kd_K^3}\right),\quad C_6 = -H_K\left(\frac{5}{d_K^6} + \frac{Q}{H_Kd_K^4}\right)$$

因此 BC 段曲线的方程为：

$$\frac{y}{H_K} = \left(5 + \frac{Q}{2}\frac{d_K^2}{H_K}\right)\left(\frac{x}{d_K}\right)^2 - \frac{5}{2}\left(6 + Q\frac{d_K^2}{H_K}\right)\left(\frac{x}{d_K}\right)^4 + \left(16 + 3Q\frac{d_K^2}{H_K}\right)\left(\frac{x}{d_K}\right)^5 - \left(5 + Q\frac{d_K^2}{H_K}\right)\left(\frac{x}{d_K}\right)^6 \tag{8-31}$$

在 C 点，$x=0$，$y'' = 2C_2 = 2H_K\left(\frac{5}{d_K^2} + \frac{Q}{2H_K}\right)$，令 $R = 2H_K\left(\frac{5}{d_K^2} + \frac{Q}{2H_K}\right)$。

（三）*CD* 曲线（起针三角）的运动规律

如图 8-17 所示，建立坐标原点在 D 点的左手直角坐标系 $X''DY''$，C 点是起针运动的起始点，也是压针运动的终止点，故有：

$$x = d_P,\ y = 0,\ y' = 0,\ y'' = R,\ y''' = 0$$

D 点是起针运动的终止点，应满足：

$$x = 0,\ y = H_P,\ y' = 0,\ y'' = 0$$

从以上分析可以看出，在 CD 段的边界条件有七个，同样可以采用六次多项式运动规律：

$$y = C_0 + C_1x + C_2x^2 + C_3x^3 + C_4x^4 + C_5x^5 + C_6x^6 \tag{8-32}$$

该方程的一阶、二阶、三阶导数为：

$$\begin{cases} y' = C_1 + 2C_2x + 3C_3x^2 + 4C_4x^3 + 5C_5x^4 + 6C_6x^5 \\ y'' = 2C_2 + 6C_3x + 12C_4x^2 + 20C_5x^3 + 30C_6x^4 \\ y''' = 6C_3 + 24C_4x + 60C_5x^2 + 120C_6x^3 \end{cases} \tag{8-33}$$

将 D 点的边界条件代入式（8-32）、方程组（8-33），可得：

$$C_0 = H_P,\ C_1 = 0,\ C_2 = 0$$

式（8-32）和方程组（8-33）可变为：

$$\begin{cases} y = C_3x^3 + C_4x^4 + C_5x^5 + C_6x^6 \\ y' = 3C_3x^2 + 4C_4x^3 + 5C_5x^4 + 6C_6x^5 \\ y'' = 6C_3x + 12C_4x^2 + 20C_5x^3 + 30C_6x^4 \\ y''' = 6C_3 + 24C_4x + 60C_5x^2 + 120C_6x^3 \end{cases} \tag{8-34}$$

将 C 点的已知条件（$x=d_p$，$y=0$，$y'=0$，$y''=R$，$y'''=0$）代入方程组（8-34），得方程组：

$$\begin{cases} 0 = C_3d_P^3 + C_4d_P^4 + C_5d_P^5 + C_6d_P^6 \\ 0 = 3C_3d_P^2 + 4C_4d_P^3 + 5C_5d_P^4 + 6C_6d_P^5 \\ R = 6C_3x + 12C_4d_P^2 + 20C_5d_P^3 + 30C_6d_P^4 \\ 0 = 6C_3 + 24C_4d_P + 60C_5d_P^2 + 120C_6d_P^3 \end{cases} \tag{8-35}$$

将上述方程组（8-35）写成矩阵形式：

$$\begin{bmatrix} d_P^3 & d_P^4 & d_P^5 & d_P^6 \\ 3d_P^2 & 4d_P^3 & 5d_P^4 & 6d_P^5 \\ 6 & 12d_P^2 & 20d_P^3 & 30d_P^4 \\ 6 & 24d_P & 60d_P^2 & 120d_P^3 \end{bmatrix} \begin{bmatrix} C_3 \\ C_4 \\ C_5 \\ C_6 \end{bmatrix} = \begin{bmatrix} 0 \\ 0 \\ R \\ 0 \end{bmatrix} \tag{8-36}$$

解该方程组，得：

$$C_3 = -H_P\left(20 - 2R\frac{d_P^2}{H_P}\right)\left(\frac{1}{d_P}\right)^3，\quad C_4 = H_P\left(45 - \frac{11R}{2}\frac{d_P^2}{H_P}\right)\left(\frac{1}{d_P}\right)^4，$$

$$C_5 = -H_K\left(36 - 5R\frac{d_P^2}{H_P}\right)\left(\frac{1}{d_P}\right)^5，\quad C_6 = H_P\left(10 - \frac{3R}{2}\frac{d_P^2}{H_P}\right)\left(\frac{1}{d_P}\right)^6$$

其中，因此 CD 段曲线的方程为：

$$\frac{y}{H_P} = 1 - \left(20 - 2R\frac{d_P^2}{H_P}\right)\left(\frac{x}{d_P}\right)^3 + \left(45 - \frac{11R}{2}\frac{d_P^2}{H_P}\right)\left(\frac{x}{d_P}\right)^4 - \left(36 - 5R\frac{d_P^2}{H_P}\right)\left(\frac{x}{d_P}\right)^5 + \left(10 - \frac{3R}{2}\frac{d_P^2}{H_P}\right)\left(\frac{x}{d_P}\right)^6 \tag{8-37}$$

在已知 H_B，H_P，H_K 和 d_B，d_K，d_P 之后，就可以分别利用式（8-25）、式（8-31）、式（8-37）求得三角各段的位移曲线。

采用多项式运动规律的曲线三角，其位移、速度和加速度的变化是连续的，因此没有刚性冲击和柔性冲击，可以避免织针与三角之间的冲击，有利于提高机器速度。

但对于凸轮机构来说，衡量其传力性能好坏的一项重要指标是压力角。在织针的动程 H^* 和织针三角横向宽度 d^* 相同的情况下，曲线三角的最大压力角大于直线三角的压力角。同样，在最大压力角相同的情况下，若要实现织针动程相同，曲线三角的横向宽度要大于直线三角的宽度，这样，纱线在弯纱过程中被织针和沉降片弯折的次数就增多，会增加纱线上的张力。

图 8-17（a）表示纱线的成圈过程，S 为沉降片，N 为针头。图 8-17（b）表示不同最大压力角下直线三角和曲线三角控制的织针成圈过程，从图中可以看出，直线三角由于所占横向距离小，纱线在沉降片和针头之间弯曲的次数也少。图 8-17（c）表示直线三角的纱线张力比曲线三角小。三角倾角（压力角）越大，则纱的张力越小。曲线三角所占的距离大，在弯纱过程中纱线弯折的次数多，因此张力较大。同样，最大压力角越小张力就越大。为了减小弯纱时纱线的最大张力，在采用曲线三角时，必须适当地减小纱线的初始张力。

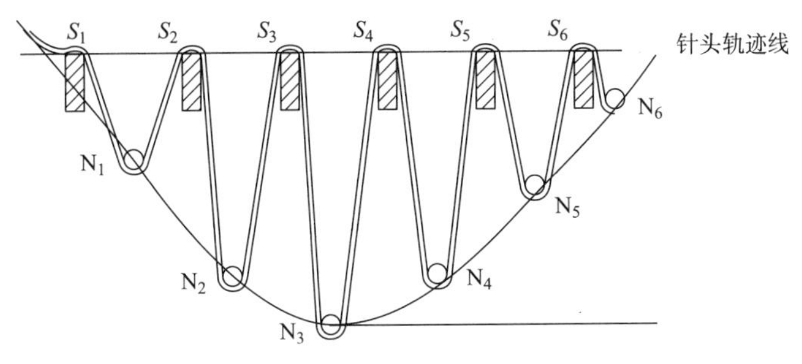

（a）弯纱过程中纱线的行程

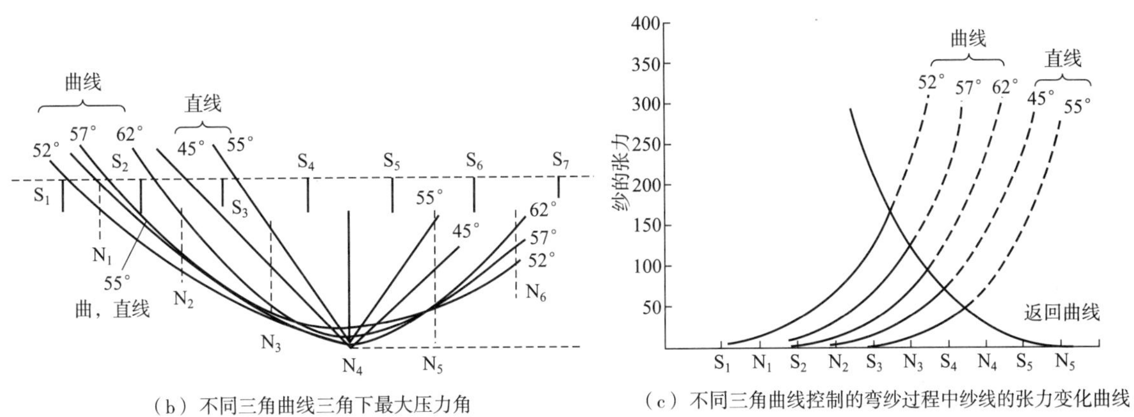

（b）不同三角曲线三角下最大压力角

（c）不同三角曲线控制的弯纱过程中纱线的张力变化曲线

图 8-17　不同三角曲线的织针运动比较

思维导图

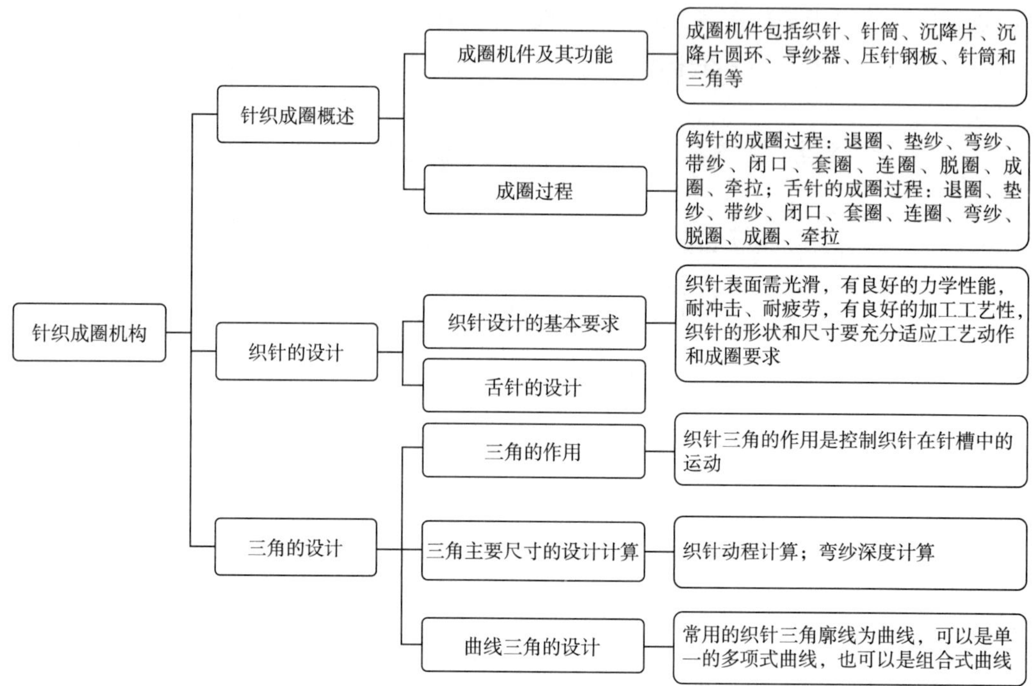

参考文献

[1] 陈明．针织机设计原理［M］．北京：纺织工业出版社，1982.

[2] 陈革，杨建成．纺织机械概论［M］．北京：中国纺织出版社，2011.

[3] 天津纺织工学院．针织学［M］．北京：纺织工业出版社，1980.

[4] 杨善同，瞿履修．舌针与三角［M］．北京：纺织工业出版社，1987.

第九章　织机引纬机构

视频：织造原理概述

引导语：织机的引纬运动是将纬纱穿过梭口，以便与经纱交织。在有梭织机、剑杆织机、片梭织机等平织机上，需要借助载纱器（梭子、剑杆、片梭）携带纬纱穿过梭口，载纱器的运动需要引纬机构的驱动，引纬运动是高速往复式运动；喷气织机和喷水织机利用高速喷射的气流和水流将纱线包裹并携带引入梭口；在生产编织袋、消防水龙带的圆织机上，引纬运动是圆周运动，梭子在推梭器的推动下沿圆形轨道连续运动，生产效率较高。

学习目标：

1. 了解剑杆织机引纬机构的分类。
2. 了解 TP500 型和 GA747 型剑杆织机的引纬机构及其运动分析。
3. 掌握剑杆织机共轭凸轮传剑机构、滑块齿条引纬机构的运动分析。
4. 了解剑杆织机的空间曲柄连杆传剑机构、变形空间摇杆传剑机构、变导程螺旋传剑机构、空间曲面凸轮传剑机构、椭圆齿轮-连杆引纬机构的基本原理。
5. 了解圆织机引纬机构的引纬原理。

第一节　剑杆织机引纬机构

剑杆织机的品种适应性广，可织造棉、毛、麻、丝绸、玻璃纤维、碳纤维等织物，是应用最广泛的一种新型织机。剑杆引纬是夹持纬纱的剑头在引纬机构的驱动下往复移动，积极地将从梭口外侧固定的筒子上退绕下来的纬纱引入梭口，引纬过程中纬纱始终在剑头的积极控制之下，无退捻，稳定性好。

视频：剑杆织机织造原理

一、剑杆织机引纬机构的分类

（一）根据剑杆的数量分类

根据织机上配置的剑杆数量，可分为单侧剑杆织机和双侧剑杆织机。单侧剑杆织机只在织机的一侧设置传剑机构，引纬时剑杆从织机的一侧出发，穿过梭口到另一侧引导纬纱，然后再退出梭口，最早使用剑杆织机都采用这种引纬方式。但在相同引剑速度下，双剑杆引纬机构中剑杆的动程几乎是单剑杆的一半，因此引剑时间短，织机的速度高。现代织机多为双侧剑杆织机。

双侧剑杆织机是在织机两侧都装有传剑机构，一侧是送纬剑，另一侧是接纬剑。引纬时，送纬剑和接纬剑同时进入梭口，并在筘座中部交接纬纱，然后各自退回。

（二）根据剑杆的材料分类

视频：多尼尔刚性剑杆织机

视频：RFRL31 型挠性剑杆织机

根据剑杆材料的刚柔性，可分为刚性剑杆织机和挠性剑杆织机。刚性剑杆一般由铝合金杆、薄壁钢管及碳素纤维或复合材料制成，不可弯曲。刚性剑杆织机梭口内不需要导剑装置，但机台占地面积大，至少为筘幅的两倍，且剑杆较笨重、惯性大，不利于高速，因此仅用于织造重型织物或特宽幅工业用布等特种织物的织机。图 9-1 所示是德国多尼尔（Dornier）刚性剑杆织机。挠性剑杆的剑带为扁平的条带，现在多采用多层复合材料制成，它是以多层高性能的碳纤维、聚酯纤维或聚四氟乙烯耐磨软带等为增强材料，浸渍树脂层压而成，表面覆盖耐磨层，一般厚 2.5～3mm。剑带质量轻，有利于高速；剑带退出梭口后可弯曲卷绕在传剑轮上，织机占地面积小。剑杆织机可用于宽幅织机。图 9-2 为山东日发纺织机械有限公司生产的 RFRL31 型挠性剑杆织机。

图 9-1　多尼尔（Dornier）刚性剑杆织机

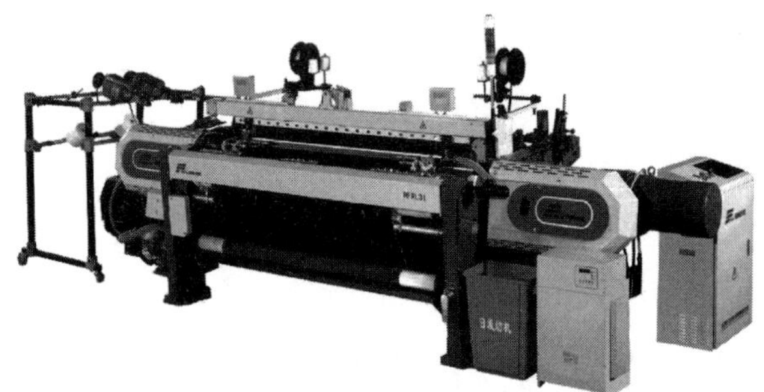
图 9-2　RFRL31 型挠性剑杆织机

（三）根据筘座形式分类

剑杆织机的传剑机构有分离筘座式和非分离筘座式两种。

二、非分离筘座式剑杆织机引纬机构及其运动分析

在非分离筘座式剑杆织机上，引纬部分与打纬部分的运动不分开，传剑机构固装在筘座上，随筘座一起摆动。为了减小打纬过程的惯性力，降低能耗，非分离筘座式引纬机构一般采用连杆机构，如四连杆机构和六连杆机构。其特点是打纬动程较大，要求梭口的高度较大，筘座脚的转动惯量大，因此限制了车速的提高。

（一）TP500 型剑杆织机引纬机构

1. 送纬剑传动机构

以 TP500 型剑杆织机为例，其送纬剑传动机构如图 9-3 所示，是一种齿轮连杆组合机构。其中，双臂杆 AOK 随织机主轴匀速转动，其两臂分别驱动曲柄摇杆机构 $OKJO'$ 和曲柄摇杆机构 $OABD$。其中，摇杆 JO' 与定轴转动的齿轮 2 同步转动；双臂杆 BDC 进而驱动四连杆机

构 *DCEO′*，摇杆 *EO′*与定轴转动齿轮 1 同步转动；齿轮 1 和 2 与齿轮 3 及构件 *H* 构成差动轮系，1、2 是太阳轮，H 为行星架，行星轮 3 与其铰接。与齿轮 2 固定在同一根轴上的圆锥齿轮 4、5 以及构件 H 构成空间差动轮系，齿轮 5 的运动通过圆锥齿轮 6、7 的啮合传动给传剑轮 8，进而驱动剑带在梭口中往复运动。

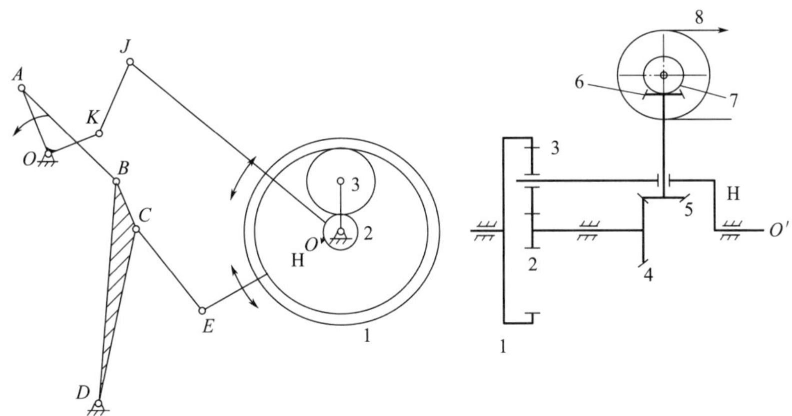

图 9-3　TP500 型剑杆织机送纬剑传动机构简图

视频：TP500 型剑杆织机

2. 送纬剑传动机构的运动分析

上述传剑机构由三套四连杆机构（*OABD*、*DCEO′*、*OKJO′*）、两套差动轮系（1-2-3-H、4-5-H）和一套圆锥齿轮机构（6、7）组成。四连杆机构 *DCEO′*中 *EO′*杆与齿轮 1 固结，四连杆 *OKJO′*中的 *JO′*与齿轮 2 固结，因此，四连杆机构的输出运动（*JO′*和 *EO′*的运动）为差动轮系（1-2-3-H 和 4-5-H）的输入，通过差动轮系进行速度合成后，通过圆锥齿轮 6、7 最终输出满足送纬剑运动要求的运动规律。

3. 引纬速度的计算

运用第二章第三节关于四连杆机构运动分析的原理和方法，可以从铰链四杆机构 *OKJO′*和 *DCEO′*中分别求出摆杆 *DB*、*EO′*和 *JO′*的运动，其中 *EO′*和 *JO′*分别和周转轮系中的太阳轮 1 和 2 固结在一起，即 ω_1 和 ω_2 已知。

对于 1-2-3-H 构成的差动轮系，差动轮系的传动比计算公式有：

$$i_{12}^{H}=\frac{\omega_1-\omega_H}{\omega_2-\omega_H}=-\frac{z_3z_2}{z_1z_3}=-\frac{z_2}{z_1}\tag{9-1}$$

整理得：

$$\omega_H=\frac{z_1\omega_1+z_2\omega_2}{z_1+z_2}\tag{9-2}$$

圆锥齿轮 4、5 和转臂 H 构成空间差动轮系，其中 $\omega_4=\omega_2$。

为了求出圆锥齿轮 5 相对于转臂 H 的转速，假设给该周转轮系加上一个与转臂 H 的转速大小相等而方向相反的公共角速度（$-\omega_H$），这样太阳轮 4 的角速度变为（$\omega_4-\omega_H$），转臂 H 的速度为零，成为固定不动的机架。在这个转化轮系中，齿轮 4 和齿轮 5 做定轴转动，在啮合点处线速度相等，所以有：

$$(\omega_4 - \omega_H)R_4 = (\omega_5 - \omega_H)R_5 \tag{9-3}$$

因此，齿轮 5 相对于转臂 H 的角速度为：

$$\omega_5 - \omega_H = (\omega_4 - \omega_H)\frac{R_4}{R_5} = (\omega_4 - \omega_H)\frac{z_4}{z_5} \tag{9-4}$$

剑带相对于转臂（即筘座）的线速度为：

$$v_{剑带} = v_8 = (\omega_5 - \omega_H)R_8\frac{z_6}{z_7} = (\omega_4 - \omega_H)\frac{z_4}{z_5}\frac{z_6}{z_7}R_8 = (\omega_2 - \omega_1)\frac{z_1 z_4 z_6}{(z_1 + z_2)z_5 z_7}R_8 \tag{9-5}$$

因此，只要利用四杆机构运动学方程求出构件 EO' 和 JO' 的转速（分别为 ω_1 和 ω_2），且已知传动齿轮的齿数及传剑轮 8 的半径，代入式（9-5）就可以计算出剑带相对于筘座的线速度，也就是引纬速度。

4. 接纬剑传动机构

TP500 型剑杆织机的接纬剑是由两套曲柄摇杆机构（$OKJO'$ 和 $OAEO'$）、两套差动轮系（1-2-3-H 和 4-5-H）和一套圆锥齿轮机构（6、7）传动的，如图 9-4 所示。双臂杆 AOK 分别驱动曲柄摇杆机构 $OKJO'$ 的摇杆 JO' 和曲柄摇杆机构 $OAEO'$ 的 EO' 摆动，JO' 和 EO' 又分别与差动轮系中的太阳轮 2 和太阳轮 1 同步转动，H 为差动轮系的转臂。圆锥齿轮 4 与齿轮 2 同步转动。圆锥齿轮 4、7 及转臂 H 构成空间差动轮系，齿轮 5 的运动通过同轴的齿轮 6 驱动齿轮 7，进而驱动传剑轮 8 实现传剑运动。

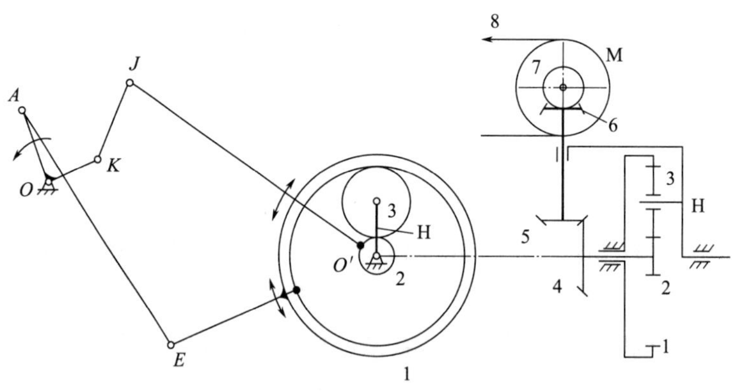

图 9-4　TP500 型剑杆织机接纬剑传动机构

接纬剑传动机构中差动轮系的传动比的计算方法与送纬剑传动机构完全相同，可以借鉴式（9-1）~式（9-5）的推导过程求解。

（二）GA747 型剑杆织机引纬机构

GA747 型剑杆织机是在国产有梭织机的基础上开发的挠性剑杆织机，目前国内使用的数量较多，且在此基础上衍生出了多种机型。其引纬机构为非分离式的曲柄—连杆—齿轮机构，原理如图 9-5 所示。

视频：GA747 型平绒剑杆织机

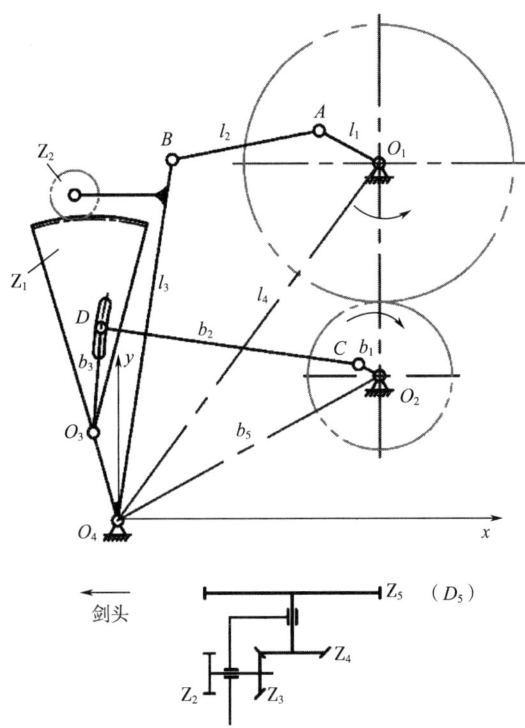

图 9-5　GA747 型剑杆织机引纬机构运动简图

O_1ABO_4 为四连杆打纬机构，其中 O_1 为织机主轴，O_1A 为曲柄，AB 为连杆（牵手），O_4B 为摇杆（筘座脚），O_4 为织机摇轴。引纬机构由平面五连杆机构 $O_2CDO_3O_4$ 及安装在筘座上的齿轮传动机构组成。O_2 为织机中轴，O_2C 为偏心曲柄，CD 与 O_3D 为连杆，O_3O_4 为摇杆，其与筘座脚 O_4B 固接并一起往复摆动。连杆 O_3D 与扇形齿轮 Z_1 固接。打纬曲柄 O_1A 逆时针等速转动，带动筘座脚 O_4B 及连杆 O_3O_4 往复摆动，且通过齿轮传动带动偏心曲柄 O_2C 顺时针转动（其转速为打纬曲柄的 2 倍）。由此产生扇形齿轮 Z_1（连杆 O_3D）相对筘座脚 O_4B 的往复摆动，并通过小齿轮 Z_2、圆锥齿轮 Z_3、Z_4 和传剑轮 Z_5 带动剑带、剑头在筘座脚上往复运动，完成引纬动作。显然，剑杆的运动是由四连杆打纬机构 O_1ABO_4 和五连杆机构 $O_2CDO_3O_4$ 的运动复合而成的。该引纬机构在织机的两侧对称安装，双剑杆（头）完成纬纱的交接，即送纬剑和接纬剑的运动规律相同。当曲柄 O_1A 在前死心打纬位置（主轴为 0°）时，引纬机构的偏心 O_2C 也在前死心位置附近。此时两剑杆（头）退至布边最外侧位置附近，当曲柄 O_1A 到达后心位置附近时，两剑杆（头）运动到筘座中央交接纬纱。曲柄 O_1A 转过后心，再带动两剑杆（头）后退，出布边。

1. 引纬机构的运动分析

引剑运动是由四连杆打纬机构 O_1ABO_4 和五连杆机构 $O_2CDO_3O_4$ 的运动复合而成的。下面先分别进行四连杆机构和五连杆机构的运动分析，然后通过齿轮传动机构求出剑头的运动规律。

（1）四连杆机构的运动分析。图 9-6 所示为铰链四连杆机构，已知各构件的尺寸及主动

件 O_1A 的角位移 ϕ_1、角速度 $\dot{\phi}_1$、角加速度 $\ddot{\phi}_1$，下面用复数矢量法推导从动件 O_2B 的角位移、角速度和角加速度表达式。

角位移分析：

建立如图 9-6 所示的直角坐标系，按四边形 O_1ABO_2 各矢量方向得：

$$\vec{l}_1 + \vec{l}_2 + \vec{l}_4 = \vec{l}_3$$

写成复数形式：

$$l_1 e^{i\phi_1} + l_2 e^{i\phi_2} + l_4 e^{i\phi_4} = l_3 e^{i\phi_3}$$

因为 $\phi_4 = 0$，故上式变为：

$$l_1 e^{i\phi_1} + l_2 e^{i\phi_2} + l_4 = l_3 e^{i\phi_3} \tag{9-6}$$

分别取实部和虚部，得：

$$\begin{cases} l_1\cos\phi_1 + l_2\cos\phi_2 + l_4 = l_3\cos\phi_3 \\ l_1\sin\phi_1 + l_2\sin\phi_2 = l_3\sin\phi_3 \end{cases} \tag{9-7}$$

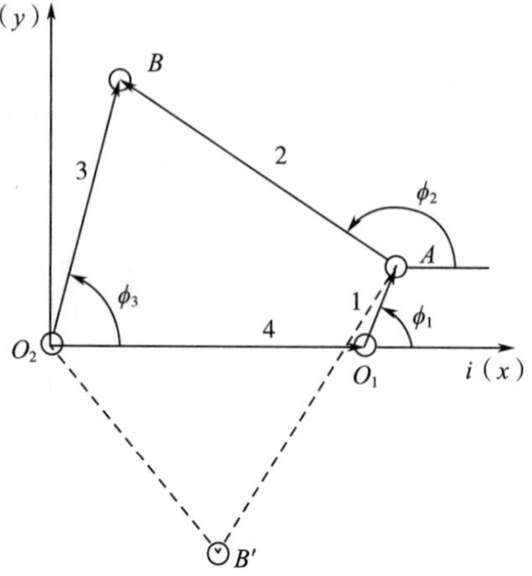

图 9-6　铰链四连杆机构的运动分析

消去 ϕ_2 后，得：

$$E\cos\phi_3 + F\sin\phi_3 + G = 0 \tag{9-8}$$

式中：$E = l_4 + l_1\cos\phi_1$；$F = l_1\sin\phi_1$；$G = \dfrac{l_2^{\ 2} - (E^2 + F^2 + l_3^{\ 2})}{2l_3}$。

将三角函数变换公式 $\cos\phi_3 = \dfrac{1 - \tan^2(\phi_3/2)}{1 + \tan^2(\phi_3/2)}$，$\sin\phi_3 = \dfrac{2\tan(\phi_3/2)}{1 + \tan^2(\phi_3/2)}$，代入式（9-8）得到关于 $\tan(\phi_3/2)$ 的一元二次方程式，由此解出：

$$\phi_3 = 2\arctan\frac{F \pm \sqrt{E^2 + F^2 - G^2}}{E - G} \tag{9-9}$$

式（9-9）中，根号前的“+”号适用于图 9-6 中 O_1ABO_2 位置，“-”号适用于图 9-6 中 $O_1AB'O_2$ 位置；若根号内数值小于零，表示机构相应位置无法实现。

然后按式（9-7）确定：

$$\phi_2 = 2\arctan\frac{F - l_3\sin\phi_3}{E - l_3\cos\phi_3} \tag{9-10}$$

角速度分析：

将式（9-6）对时间取导数：

$$l_1\dot{\phi}_1 i e^{i\phi_1} + l_2\dot{\phi}_2 i e^{i\phi_2} = l_3\dot{\phi}_3 i e^{i\phi_3} \tag{9-11}$$

为了消去 $\dot{\phi}_2$，每一项乘 $e^{-i\phi_2}$：

$$l_1\dot{\phi}_1 i e^{i(\phi_1-\phi_2)} + l_2\dot{\phi}_2 i = l_3\dot{\phi}_3 i e^{i(\phi_3-\phi_2)}$$

上式取实部，得：

$$\dot{\phi}_3 = \dot{\phi}_1 \frac{l_1 \sin(\phi_1 - \phi_2)}{l_3 \sin(\phi_3 - \phi_2)} \tag{9-12}$$

同理，为了消去 $\dot{\phi}_3$，式（9-11）每项乘 $e^{-i\phi_3}$：

$$l_1 \dot{\phi}_1 i e^{i(\phi_1 - \phi_3)} + l_2 \dot{\phi}_2 i e^{i(\phi_2 - \phi_3)} = l_3 \dot{\phi}_3 i$$

上式取实部，得：

$$\dot{\phi}_2 = \dot{\phi}_1 \frac{l_1 \sin(\phi_1 - \phi_3)}{l_2 \sin(\phi_2 - \phi_3)} \tag{9-13}$$

角加速度分析：

将式（9-11）对时间取导数：

$$l_1 \ddot{\phi}_1 i e^{i\phi_1} - l_1 \dot{\phi}_1^2 e^{i\phi_1} + l_2 \ddot{\phi}_2 i e^{i\phi_2} - l_2 \dot{\phi}_2^2 e^{i\phi_2} = l_3 \ddot{\phi}_3 i e^{i\phi_3} - l_3 \dot{\phi}_3^2 e^{i\phi_3} \tag{9-14}$$

为了消除 $\ddot{\phi}_2$，上式每项乘 $e^{-i\phi_2}$：

$$l_1 \ddot{\phi}_1 i e^{i(\phi_1 - \phi_2)} - l_1 \dot{\phi}_1^2 e^{i(\phi_1 - \phi_2)} + l_2 \ddot{\phi}_2 i - l_2 \dot{\phi}_2^2 = l_3 \ddot{\phi}_3 i e^{i(\phi_3 - \phi_2)} - l_3 \dot{\phi}_3^2 e^{i(\phi_3 - \phi_2)}$$

上式取实部，得：

$$\ddot{\phi}_3 = \frac{l_2 \dot{\phi}_2^2 + l_1 \ddot{\phi}_1 \sin(\phi_1 - \phi_2) + l_1 \dot{\phi}_1^2 \cos(\phi_1 - \phi_2) - l_3 \dot{\phi}_3^2 \cos(\phi_3 - \phi_2)}{l_3 \sin(\phi_3 - \phi_2)} \tag{9-15}$$

同理，为了消除 $\ddot{\phi}_3$，将式（9-14）每项乘 $e^{-i\phi_3}$：

$$l_1 \ddot{\phi}_1 i e^{i(\phi_1 - \phi_3)} - l_1 \dot{\phi}_1^2 e^{i(\phi_1 - \phi_3)} + l_2 \ddot{\phi}_2 i e^{i(\phi_2 - \phi_3)} - l_2 \dot{\phi}_2^2 e^{i(\phi_2 - \phi_3)} = l_3 \ddot{\phi}_3 i - l_3 \dot{\phi}_3^2$$

上式取实部，得：

$$\ddot{\phi}_2 = \frac{l_3 \dot{\phi}_3^2 - l_1 \ddot{\phi}_1 \sin(\phi_1 - \phi_3) - l_1 \dot{\phi}_1^2 \cos(\phi_1 - \phi_3) - l_2 \dot{\phi}_2^2 \cos(\phi_2 - \phi_3)}{l_2 \sin(\phi_2 - \phi_3)} \tag{9-16}$$

应用上述方法进行四连杆机构分析与设计时必须注意：

①上列各式是在右手直角坐标系中推演而得的，各构件的角位移、角速度和角加速度均以逆时针方向为正，顺时针方向为负；如按左手直角坐标系推导，则反之。

②各构件的角位移以实轴（x 轴）为基准度量，如实际分析中应用其他基准线，则上列公式仍可通用，但有关代号须做相应的换算。

③一般矢量的方向角 ϕ 应在四个象限内考虑，以反、正切函数值示例如下：

$$\phi = \arctan \frac{y}{x} (x > 0,\ y \geq 0)$$

$$\phi = \arctan \frac{y}{x} + \pi (x < 0)$$

$$\phi = \arctan \frac{y}{x} + 2\pi (x > 0,\ y < 0)$$

$$\phi = \frac{\pi}{2}(x = 0,\ y > 0)$$

$$\phi = \frac{3\pi}{2}(x = 0,\ y < 0)$$

（2）双自由度五连杆机构的运动分析。如图 9-7 所示的五连杆机构，已知双自由度铰链五连杆机构各构件的长度 l_1、l_2、l_3、l_4、l_5 及两连架杆 1、3 的输入运动规律 θ_1 和 θ_3，需求解构件 2 的转角 θ_2。

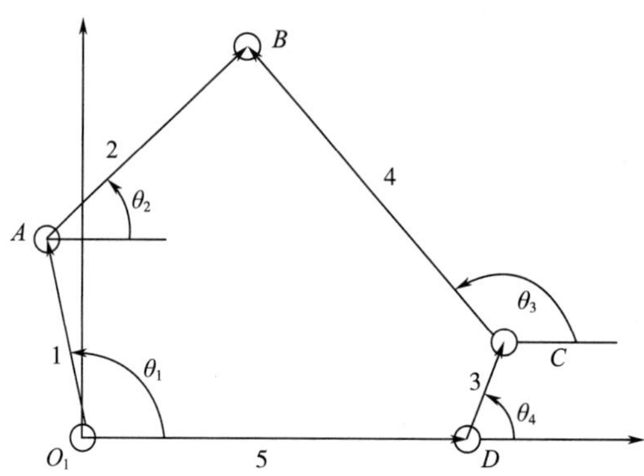

图 9-7　平面铰链五连杆机构的运动分析

根据图 9-7 所建立的坐标系，可得到矢量方程：

$$\vec{l_1} + \vec{l_2} = \vec{l_3} + \vec{l_4} + \vec{l_5} \tag{9-17}$$

上式的复数形式如下：

$$l_1 e^{i\theta_1} + l_2 e^{i\theta_2} = l_5 e^{i\theta_5} + l_4 e^{i\theta_4} + l_3 e^{i\theta_3}$$

因 $\theta_5 = 0$，上式可简化为：

$$l_1 e^{i\theta_1} + l_2 e^{i\theta_2} = l_5 + l_4 e^{i\theta_4} + l_3 e^{i\theta_3} \tag{9-18}$$

取式（9-18）的实部和虚部：

$$\begin{cases} l_1\cos\theta_1 + l_2\cos\theta_2 = l_5 + l_4\cos\theta_4 + l_3\cos\theta_3 \\ l_1\sin\theta_1 + l_2\sin\theta_2 = l_4\sin\theta_4 + l_3\sin\theta_3 \end{cases} \tag{9-19}$$

为使计算简便，令 $\begin{cases} A = l_1\cos\theta_1 - l_3\cos\theta_3 - l_5 \\ B = l_1\sin\theta_1 - l_3\sin\theta_3 \end{cases}$，则式（9-19）变为：

$$\begin{cases} A + l_2\cos\theta_2 = l_4\cos\theta_4 \\ B + l_2\sin\theta_2 = l_4\sin\theta_4 \end{cases} \tag{9-20}$$

将式（9-20）中上下两式的平方和相加，得：

$$A\cos\theta_2 + B\sin\theta_2 + C = 0 \tag{9-21}$$

其中：

$$C = \frac{A^2 + B^2 + l_2^2 - l_4^2}{2l_2}$$

同样，将 $\cos\theta_2 = \frac{1 - \tan^2(\theta_2/2)}{1 + \tan^2(\theta_2/2)}$，$\sin\theta_2 = \frac{2\tan(\theta_2/2)}{1 + \tan^2(\theta_2/2)}$ 代入式（9-21），解得：

$$\theta_2 = 2\arctan \frac{B \pm \sqrt{A^2 + B^2 - C^2}}{A - C} \tag{9-22}$$

（3）引纬机构扇形齿轮的转角。利用上面介绍的方法，能够分别求出图 9-5 所示的四连杆引纬机构 O_1ABO_4 中筘座脚 O_4B（对应图 9-6 中的构件 O_2B）的运动规律，五连杆机构 $O_2CDO_3O_4$ 中连杆 DO_3（对应图 9-7 中的构件 AB）的运动规律，也就是扇形齿轮 Z_1 的运动规律。

当扇形齿轮 Z_1 相对筘座脚有转角 $\Delta\beta$ 时才能驱使小齿轮 Z_2 转动，进而传动剑带带动剑杆（头）运动，剑杆（头）的位移：

$$s = \Delta\beta \times \frac{R_1}{R_2} \times \frac{Z_3}{Z_4} \times R_5 \tag{9-23}$$

式中：$\Delta\beta$ 为传剑小齿轮在扇形齿轮上转过的角度；R_1 为扇形齿轮的半径；R_2 为传剑小齿轮的半径；Z_3、Z_4 分别为圆锥齿轮 3、4 的齿数；R_5 为传剑轮的半径。

其中：

$$\Delta\beta = \beta_1 - \beta$$

式中：β_1 为初始位置时扇形齿轮相对筘座脚的转角；β 为任意瞬时扇形齿轮相对筘座脚的转角，且：

$$\beta = (\phi_3 + \angle BO_4O_3) - \theta_2 \tag{9-24}$$

式中：ϕ_3 为筘座脚 O_4B 的摆角，利用式（9-9）计算得到；θ_2 为扇形齿轮的转角，利用式（9-22）计算得到。且 $\theta_1 = 2\phi_1$。

由于剑头的位移 s 为曲柄转角 ϕ_1 的函数，即：

$$s = s(\phi_1) \tag{9-25}$$

上式两端对时间求导，得：

$$v = \frac{\mathrm{d}s}{\mathrm{d}t} = \frac{\mathrm{d}s}{\mathrm{d}\phi_1} \cdot \frac{\mathrm{d}\phi_1}{\mathrm{d}t} = \frac{\mathrm{d}s}{\mathrm{d}\phi_1} \cdot \omega_1 \tag{9-26}$$

式中：ω_1 为主轴的转动角速度。

剑头的加速度为：

$$a = \frac{\mathrm{d}v}{\mathrm{d}t} = \frac{\mathrm{d}^2 s}{\mathrm{d}{\phi_1}^2} \cdot \omega_1^2 \tag{9-27}$$

角速度 $\frac{\mathrm{d}s}{\mathrm{d}\phi_1}$ 和角加速度 $\frac{\mathrm{d}^2 s}{\mathrm{d}{\phi_1}^2}$ 可用下面的近似差分公式求得：

$$\frac{\mathrm{d}s}{\mathrm{d}\phi_1} \approx \frac{s(\phi_1 + \Delta\phi_1) - s(\phi_1 - \Delta\phi_1)}{2\Delta\phi_1} \tag{9-28}$$

$$\frac{d^2s}{d\phi_1^{\ 2}} \approx \frac{s(\phi_1 + \Delta\phi_1) - s(\phi_1 - \Delta\phi_1) - 2s(\phi_1)}{\Delta\phi_1^{\ 2}} \tag{9-29}$$

2. 实例计算结果和分析

设织机引纬工艺参数为：最大穿筘幅 $W=2000\text{mm}$，剑头在布边外空程 $a=200\text{mm}$，两剑头交接冲程（重叠量）$d=40\text{mm}$。要求剑杆的位移为：

$$S_{max} = \frac{W}{2} + \frac{d}{2} + a = \frac{2000\text{mm}}{2} + \frac{40\text{mm}}{2} + 200\text{mm} = 1220\text{mm}$$

织机的转速 $n=200\text{r/min}$，$i=21.18$，$b_3=150\text{mm}$，传剑轮直径 $D=241.75\text{mm}$；按上述计算公式编程计算，求得剑头的位移 s、速度 v、加速度 a 的曲线如图 9-8 所示，其特征数据见表 9-1。

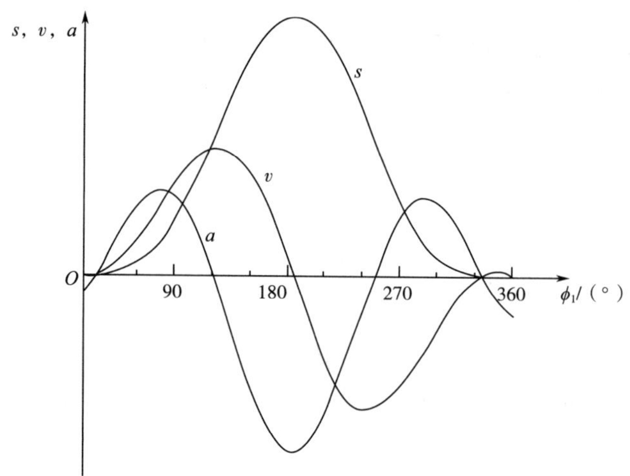

图 9-8　剑杆运动规律

表 9-1　织机运动特征参数

项目		数值	对应主轴转角 ϕ_1/（°）
最大位移		$s=1233\text{mm}$	183
最大速度	进剑	$v_{max}=16.9\text{m/s}$	123
	退剑	$v_{max}=-17.6\text{m/s}$	242
最大加速度	正向	$a_{max}=348\text{m/s}^2$	79
	负向	$a_{max}=-639\text{m/s}^2$	182
剑头进梭口时间			75~80
剑头出梭口时间			280~285

从图 9-8 及表 9-1 可以看出，由打纬机构和引纬机构组合成的剑杆运动规律，剑杆进、出梭口运动规律基本对称，在起始时运动缓慢，有利于送纬剑头在较短的距离内准确地夹持住纬纱，减少空程，缩小织机横向尺寸，计算得出的最大位移符合引纬的工艺要求。剑头的

动程可通过调节连杆 O_3D 的长度来改变扇形齿轮相对于筘座脚的摆角 β 的大小，还可通过变换小齿轮 Z_2、Z_3 和 Z_4 的齿数，即调节传动比 i 的大小来改变。

该引纬机构结构简单、制造方便，在运行中两剑的动作准确、交接平稳、调节方便，是一种实用性强、应用广泛的挠性剑杆织机引纬机构。由于本织机是在国产有梭织机的基础上开发出来的，因此受到原机型的诸多限制，但其基本原理可用于非分离筘座式剑杆织机。

需要注意的是，该引纬机构在织机幅宽超过 300cm 时，要进行动力学分析计算，并优化相关零部件的结构。

三、分离筘座式剑杆织机引纬机构及其运动分析

分离筘座式剑杆织机中，引纬部分与打纬部分的运动分开，传剑机构固装在机架上，因此大大减轻了筘座质量。另外，这种传剑方式所需的梭口高度较小，打纬动程也较小。分离筘座式剑杆织机车速比非分离式高。现有的分离筘座式传剑机构有共轭凸轮连杆机构、空间曲柄连杆机构和螺旋机构三种。

（一）共轭凸轮传剑机构

共轭凸轮传剑机构是应用最多的一种机构，如 SM93 型，GA731 型等剑杆织机采用该类型引纬机构，如图 9-9 所示。

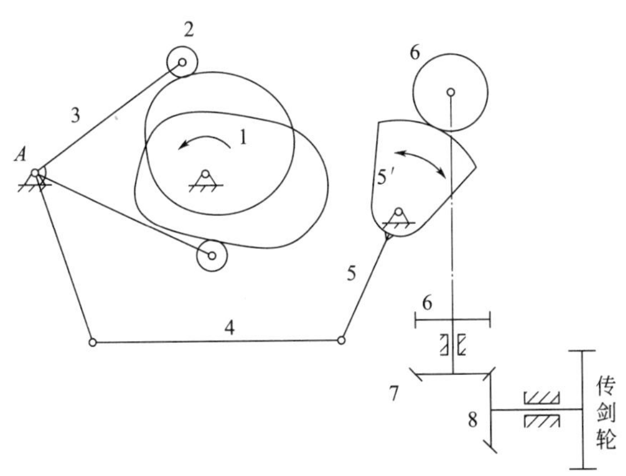

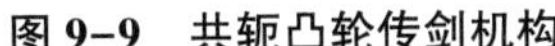

图 9-9　共轭凸轮传剑机构

视频：共轭凸轮引纬机构

该机构包括共轭凸轮 1、滚子 2、摆杆 3、连杆 4、摆杆 5 及扇形齿轮 5′、齿轮 6、圆锥齿轮 7 和 8 及传剑轮。当共轭凸轮 1 转动时，推动摆杆 3 绕 A 点往复摆动，然后通过连杆 4、摆杆 5（及扇形齿轮 5′）、齿轮 6、7、8 驱动传剑轮往复摆动，从而使剑带实现往复的引纬运动。

共轭凸轮传剑机构的剑头运动规律在理论上可按照任意要求来设计，如采用改进梯形加速度运动规律，如图 9-10 所示，可控制剑头缓慢地进入梭口，平稳交接，使织造过程中纬纱张力变化平缓，断纬、缩纬率低。

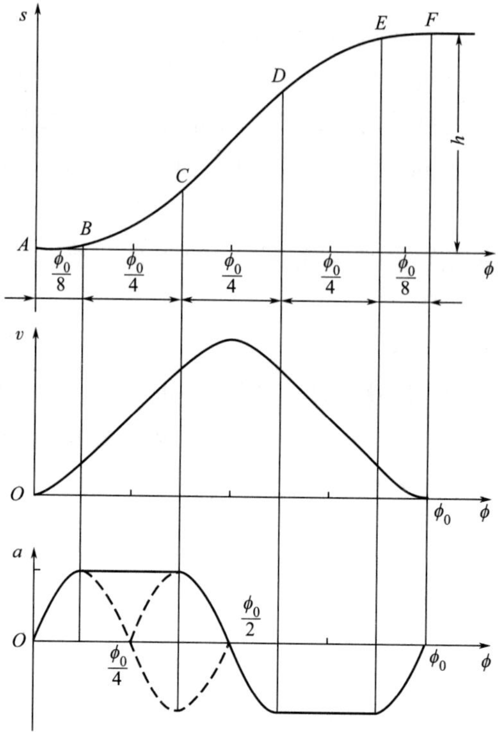

图 9-10　改进梯形加速度运动曲线

改进梯形加速度运动各段的曲线方程如下：

AB 段：$0 \leqslant \phi \leqslant \phi_0/8$

$$\left.\begin{aligned} s &= \frac{h}{2+\pi}\left(\frac{2\phi}{\phi_0} - \frac{1}{2\pi}\sin\frac{4\pi}{\phi_0}\phi\right) \\ v &= \frac{2h\omega}{(2+\pi)\phi_0}\left(1-\cos\frac{4\pi}{\phi_0}\phi\right) \\ a &= \frac{8\pi h\omega^2}{(2+\pi)\phi_0^2}\sin\frac{4\pi}{\phi_0}\phi \end{aligned}\right\} \tag{9-30}$$

BC 段：$\phi_0/8 \leqslant \phi \leqslant 3\phi_0/8$

$$\left.\begin{aligned} s &= \frac{h}{2+\pi}\left[\frac{\pi}{16} - \frac{1}{2\pi} - (\pi-2)\frac{\phi}{\phi_0} + 4\pi\left(\frac{\phi}{\phi_0}\right)^2\right] \\ v &= \frac{h\omega}{(2+\pi)\phi_0}\left[8\pi\left(\frac{\phi}{\phi_0}\right) - (\pi-2)\right] \\ a &= \frac{8\pi h\omega^2}{(2+\pi)\phi_0^2} \end{aligned}\right\} \tag{9-31}$$

CD 段：$3\phi_0/8 \leqslant \phi \leqslant 5\phi_0/8$

$$
\left.\begin{aligned}
s&=\frac{h}{2+\pi}\left[\frac{2(1+\pi)\phi}{\phi_0}-\frac{\pi}{2}+\frac{1}{2\pi}\sin\frac{4\pi}{\phi_0}\phi\right]\\
v&=\frac{2h\omega}{(2+\pi)\phi_0}\left(1+\pi+\cos\frac{4\pi}{\phi_0}\phi\right)\\
a&=-\frac{8\pi h\omega^2}{(2+\pi)\phi_0^2}\sin\frac{4\pi}{\phi_0}\phi
\end{aligned}\right\}\tag{9-32}
$$

DE 段：$5\phi_0/8\leqslant\phi\leqslant7\phi_0/8$

$$
\left.\begin{aligned}
s&=\frac{h}{2+\pi}\left[\frac{1}{2\pi}-\frac{33\pi}{16}+(7\pi+2)\frac{\phi}{\phi_0}-4\pi\left(\frac{\phi}{\phi_0}\right)^2\right]\\
v&=\frac{h\omega}{(2+\pi)\phi_0}\left(7\pi+2+8\pi\frac{\phi}{\phi_0}\right)\\
a&=-\frac{8\pi h\omega^2}{(2+\pi)\phi_0^2}
\end{aligned}\right\}\tag{9-33}
$$

EF 段：$7\phi_0/8\leqslant\phi\leqslant\phi_0/8$

$$
\left.\begin{aligned}
s&=\frac{h}{2+\pi}\left[\pi+\frac{2\phi}{\phi_0}-\frac{1}{2\pi}\sin\frac{4\pi}{\phi_0}\phi\right]\\
v&=\frac{2h\omega}{(2+\pi)\phi_0}\left(1-\cos\frac{4\pi}{\phi_0}\phi\right)\\
a&=\frac{8\pi h\omega^2}{(2+\pi)\phi_0^2}\sin\frac{4\pi}{\phi_0}\phi
\end{aligned}\right\}\tag{9-34}
$$

（二）空间曲柄连杆传剑机构

必佳乐的 GTM 型、SGA726-190A 型和 GA733-A 型剑杆织机，苏吴机械的 GA737 型剑杆织机等，采用的是空间连杆机构进行传剑，如图 9-11 所示。该机构由空间曲柄摇杆机构 *ABCD*、平面双摇杆机构 *DEFG* 及齿轮机构（6、7）组成。当织机主轴 1 匀速转动时，曲柄 2（*AB*）、叉状杆 3（*BC*）和摇杆 4（*CD*）组成的空间曲柄摇杆机构将运动传递给平面双摇杆机构 *DEFG*，*FG* 上扇形齿轮 6 的运动经小齿轮 7 和传剑轮 8 放大，使剑杆获得往复直线运动。

图 9-11 中的曲柄 *AB* 长 r_0，其转角为织机主轴角速度 ω 与时间 t 的乘积。空间曲柄摇杆机构 *ABCD* 中摇杆 *DC* 的摆角 γ 可由下式计算得出：

$$\gamma=\arctan\frac{r_0\cos(\omega t)}{L}\tag{9-35}$$

式中：L 为曲柄 *AB* 所在平面到 D 轴中心的距离；*BD* 连线的空间轨迹是一个锥面，设其锥顶角为 $2\theta_0$，则：

$$\frac{r_0}{L}=\tan\theta_0\tag{9-36}$$

将式（9-36）代入式（9-35）中，得：

$$\gamma=\arctan[\tan\theta_0\cos(\omega t)]\tag{9-37}$$

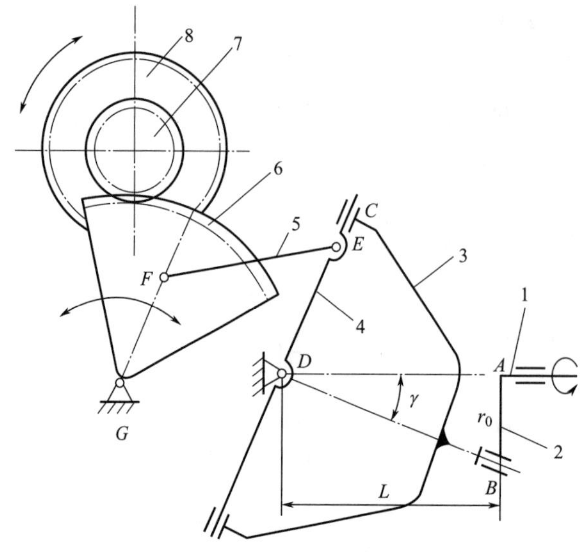

图 9-11　空间曲柄连杆传剑机构

1—织机主轴　2—曲柄　3—叉状杆　4—摇杆
5—连杆　6—扇形齿轮　7—小齿轮　8—传剑轮

视频：剑杆织机引纬机构

当 $\omega t = 0$ 时，$\theta = \theta_0$；当 $\omega t = \pi$ 时，$\theta = -\theta_0$；当 $\omega t = \dfrac{\pi}{2}$ 时，$\theta = 0$；当 $\omega t = \dfrac{3\pi}{2}$ 时，$\theta = 0$。

DC 的摆动通过平面双摇杆机构 *DEFG* 及扇形齿轮 6 和小齿轮 7 传递给传剑轮 8，进而传动剑带和剑头的引纬运动。剑头的最大位移量由下式计算：

$$s_{\max} = 2\gamma_0 R_0 \frac{R_1}{r_2} \tag{9-38}$$

式中：R_0 为传剑轮 8 的节圆半径；R_1 为扇形齿轮 6 的节圆半径；r_2 为小齿轮 7 的节圆半径。

在任意时刻，剑杆位移的表达式为：

$$s = \arctan[\tan\theta_0 \cos(\omega t)] \frac{R_0 R_1}{r_2} \tag{9-39}$$

（三）变形空间摇杆传剑机构

Simit Fast 型织机采用一种变形的空间曲柄摇杆机构进行传剑，如图 9-12 所示。在打纬凸轮轴的头端固装着歪头曲柄 1，其偏角为 γ，它与传动叉 2 组成空间摇杆机构（类似于平面偏心连杆机构），使传动叉 2 往复转动，再由摆臂 3 经连杆 4 带动扇形齿轮 5 摆动，扇形齿轮 5 与小齿轮 6 啮合，6 的转动经过传剑轮 7 放大后带动剑带做往复引纬运动。扇轮上有弧形槽，可调节剑头动程；调节时，中央剑头交接位置不变。

这种机构的结构精密、紧凑，传动链短，传动刚性好，传剑运动的加速度低，为高速引纬创造了条件。它采用更大的剑轮，可减小对剑轮传动的放大倍数。

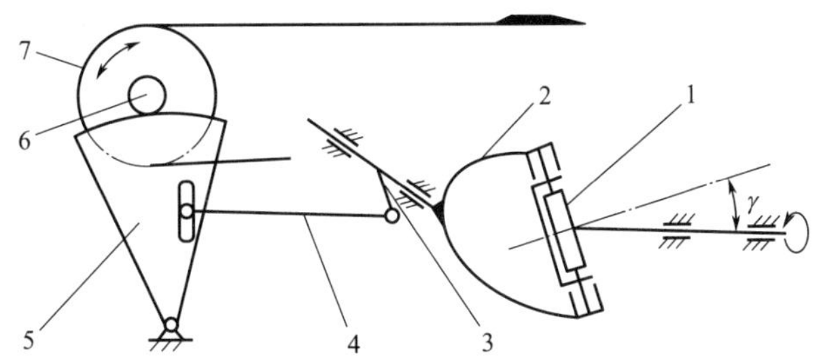

图 9-12 变形空间摇杆传剑机构

1—歪头曲柄 2—传动叉 3—摆臂 4—连杆 5—扇形齿轮 6—小齿轮 7—传剑轮

(四) 变导程螺旋传剑机构

C401 系列剑杆织机采用的是变导程螺旋传剑形式，如图 9-13 所示，由曲柄 1、连杆 2、滑座 3、螺母 4、变螺距螺杆 5 和传剑轮 6 组成。该机构可简化为一个曲柄滑块机构，当曲柄 1 匀速转动，通过连杆 2 推动螺母 4 往复直线运动，螺母 4 驱动变螺距螺杆 5 转动，从而带动与其同轴的传剑轮 6 往复回转。通过设计螺杆导程，可获得所需的剑杆运动规律。

视频：螺旋引纬机构

变导程螺旋传剑机构的优点是传动链短，结构紧凑，通过合理设计螺杆的导程可使剑杆进足时加速度为零，交接条件好。缺点是螺纹副的传动效率低，加工费用高。

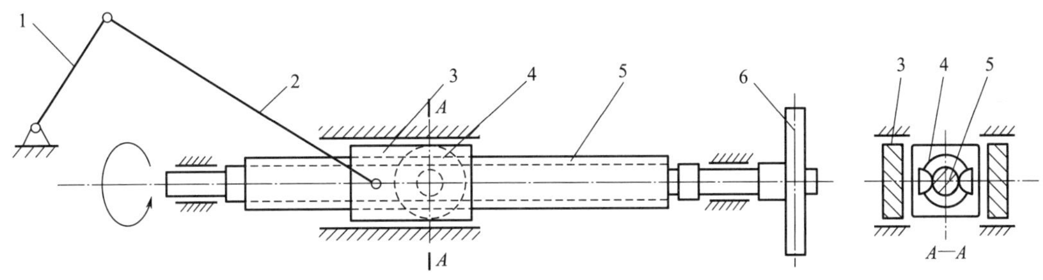

图 9-13 变导程螺旋传剑机构

1—曲柄 2—连杆 3—滑座 4—螺母 5—变螺距螺杆 6—传剑轮

(五) 空间曲面凸轮传剑机构

随着制造加工技术的高度发展，一些以前认为难以实现的传动方式得到了开发应用，如精确加工的空间曲面凸轮，被用于传剑机构，图 9-14 所示为在 Vamatex 9000 型织机上采用的传剑机构。该机构传动链明快简短，系统刚性好，传剑动程可调。空间凸轮的两个共轭曲面分布在同一端面凸轮的内外圈上，结构非常紧凑，凸轮曲线的规律可以按需设计，传剑运动特性好。

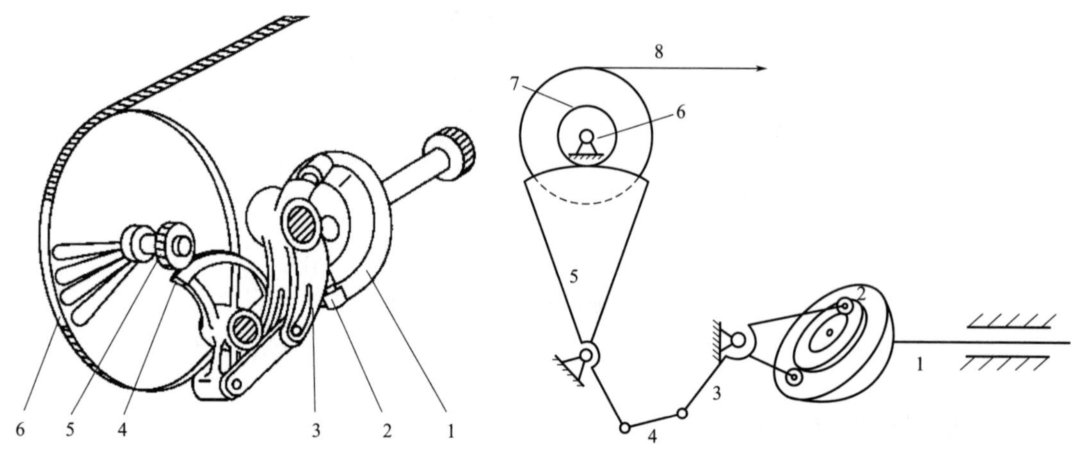

图 9-14　空间凸轮式传剑机构

1—曲面凸轮　2—转子　3—摆臂　4—连杆　5—扇形齿轮　6—小齿轮　7—传剑轮　8—剑带

（六）滑块齿条引纬机构

日本丰田 LT102 型剑杆织机采用如图 9-15 所示的滑块齿条式引纬机构。主轴 1 旋转，通过连杆 2 带动滑块 3 往复运动，滑块 3 上装有齿条，齿条与齿轮 4 啮合，齿轮 4 再与齿轮 5 啮合，齿轮 5 与传剑轮 6 固结在一起，从而带动传剑轮转动。

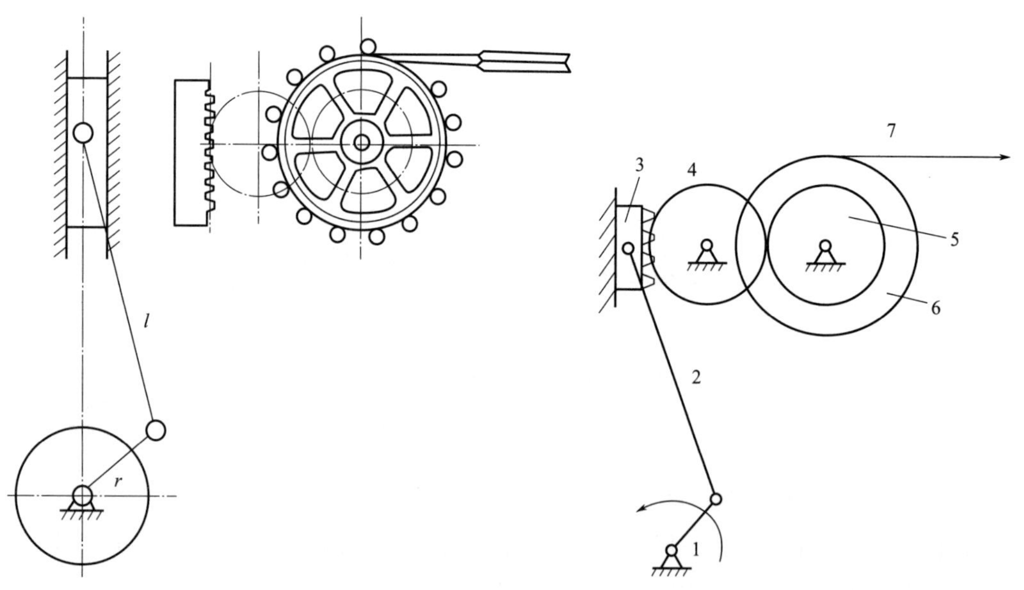

图 9-15　LT102 型剑杆织机引纬机构

1—主轴　2—连杆　3—滑块（齿条）　4，5—齿轮　6—传剑轮　7—剑带

下面分析引纬运动。

主轴 1、连杆 2 和齿条 3 构成正置曲柄滑块机构，建立如图 9-16 所示的直角坐标系，主轴 1、连杆 2 与 x 轴正向的夹角为 θ_1、θ_2，逆时针方向为正，则齿条 3 与连杆 2 铰接点 C 的位移方程为：

$$\begin{aligned} s &= y_C - s_0 \\ &= l_1\sin\theta_1 + \sqrt{l_2^2-(l_1\cos\theta_1)^2} - s_0 \\ &= l_1\sin\omega t + \sqrt{l_2^2-(l_1\cos\omega t)^2} - s_0 \end{aligned} \tag{9-40}$$

式中：$\theta_1 = \omega t$，ω 是主轴转动角速度；s_0 是齿条在最低位置时 C 点的纵坐标，$s_0 = l_2 - l_1$。

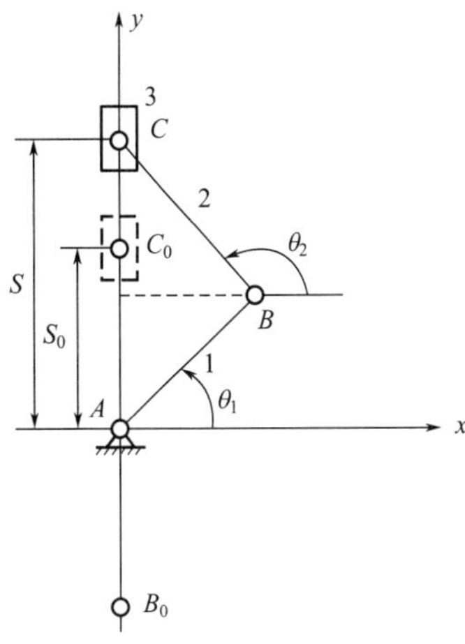

图 9-16　齿条的运动分析

将式（9-40）对时间求一阶、二阶导数，得到齿条的速度、加速度表达式如下：

$$\begin{cases} v_C = l_1\omega\cos(\omega t) + \dfrac{1}{2}\dfrac{0 + 2l_1\omega\cos(\omega t)\sin(\omega t)}{\sqrt{l_2^2-(l_1\cos\theta_1)^2}} \\ a_C = -l_1\omega^2\sin(\omega t) + \dfrac{l_1\omega^2\cos(2\omega t)}{\sqrt{l_2^2-(l_1\cos\theta_1)^2}} + \dfrac{1}{2}\dfrac{[l_1\omega\sin(2\omega t)]^2}{\sqrt{[l_2^2-(l_1\cos\theta_1)^2]^3}} \end{cases} \tag{9-41}$$

齿条的运动曲线如图 9-17 所示。齿条的运动经过齿轮 4 和 5 传递给传剑轮，从而驱动剑带运动。

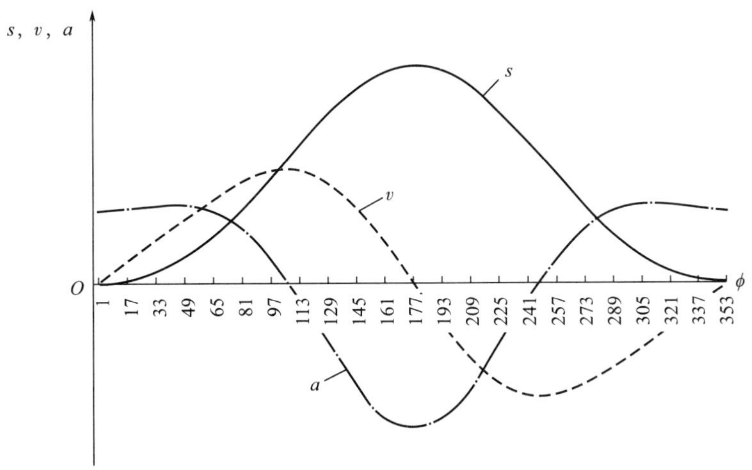

图 9-17　齿条的运动曲线

（七）椭圆齿轮—连杆引纬机构

椭圆齿轮和连杆机构组合而成的引纬机构由椭圆齿轮机构、曲柄摇杆机构和轮系组成，如图 9-18 所示。其工作原理如下：椭圆齿轮 1 与织机主轴同轴转动，椭圆齿轮 1 和 2 的转动中心分别是两椭圆的同相焦点，通过 1 和 2 的啮合，将织机主轴（即主动椭圆齿轮 1 的转轴）

的匀速转动转化为从动椭圆齿轮 2 的非匀速转动，再通过曲柄摇杆机构（*ABCD*）驱动与摇杆 *CD* 刚性连接的圆柱齿轮 Z_1 做非匀速往复摆动（曲柄 *AB* 与从动椭圆齿轮 2 固结，且 *A* 点为椭圆齿轮 2 的转动中心）；*C* 点位于圆柱齿轮 Z_1 的一段圆弧上，当处于中央交接极限位置时，该圆弧的圆心为 *B* 点，半径为连杆 *BC* 的长度，调整 *C* 点在圆弧的位置，可以调整剑头的动程，但不改变交接纬纱的位置。最后经过定轴轮系 Z_1、Z_2、Z_3、Z_4 的行程放大（Z_3 和 Z_4 还起到改变方向的作用），使得剑轮 3 做非匀速往复回转运动，从而使与剑轮啮合的剑带 4 获得满足引纬工艺要求的特殊非匀速往复直线运动规律。

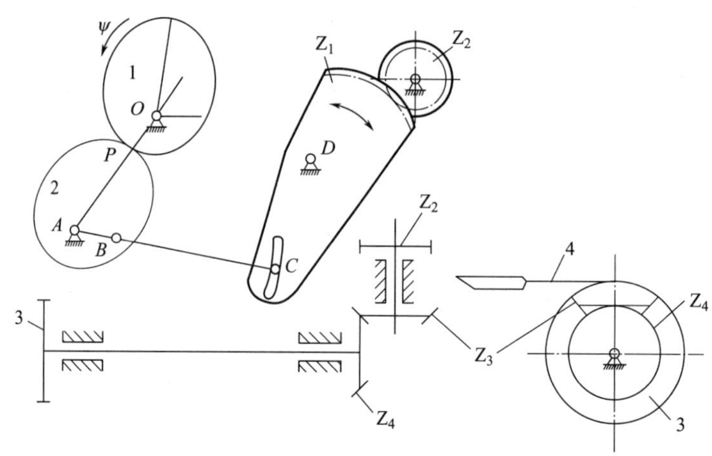

图 9-18　椭圆齿轮—连杆组合引纬机构

第二节　圆织机引纬机构

圆织机有分线盘开口式、凸轮开口式和电磁开口式三种。分线盘开口式圆织机主要用于生产消防水龙带等密度大的管状织物，凸轮开口式圆织机用于生产编织袋等工业用布。上述两种圆织机都只能生产单层管状织物，而且对纱线的耐磨性要求较高。由东华大学开发的电磁开口式圆织机则可用于生产多层立体管状织物，不仅可以织造棉、尼龙、芳纶、腈纶等高强、耐磨纤维，还可以织造碳纤维、玻璃纤维等脆性较高的特殊纤维。

上述三种圆织机，虽然开口的形式不同，但在织造过程中，这几种圆织机的船状梭子都要在推梭器的推动下沿门环上的固定跑道内做圆周运动，梭子上下两侧有滚轮（图 9-19），与上下门环滚动接触（图 9-20），并在推梭器的推动下运行。圆织机上梭子的数量有 2~12 只不等，一般为双数，织机的门环越大，可容纳的梭子越多，织物的直径也越大。

一、分线盘开口式圆织机引纬机构

分线盘开口形式的圆织机主要用于生产消防水龙带，织物的密度大，对纱线的强度和耐磨性要求高。分线盘是该圆织机关键的开口部件，结构如图 9-21 所示，其中安装孔与安装凸台为分线盘安装定位结构的特征；顶槽和底槽是分线盘握持经纱并完成开口动作的关键结构特征；导针的作用是与环形筘板啮合，使分线盘产生与经纱线速度方向相同的自转。

图 9-22 为分线盘式圆织机的开口引纬机构原理图。导纱板与分线盘均安装于梭子前方，并与梭子一起在推梭器的推动下向前运动，同时，分线盘还绕自身的中心轴自由旋转。圆织机工作时，导纱板首先从经纱下方穿过，将经纱带到高位随后释放。随着分线盘的自转，一部分经纱落入分线盘的顶槽中，而另一部分落入底槽中，形成一定的高度差，即梭口。分线盘圆织机的梭子一般前端均安装有梭剑（又称导纱板），随着梭子的前进，梭剑的剑尖从梭口中穿过，并逐渐将梭口扩大至整个梭子的大小，以使梭子携纬纱顺利通过织口，至此完成一次交织。

图 9-23 为分线盘式圆织机的结构图，主电动机通过齿轮传动系统进行降速，然后传动推梭器绕主轴旋转并推动梭子和分线盘在门环轨道内进行圆周运动。这种圆织机生产的织物是从中间管状通道内引向织机的下方并卷绕成形的。

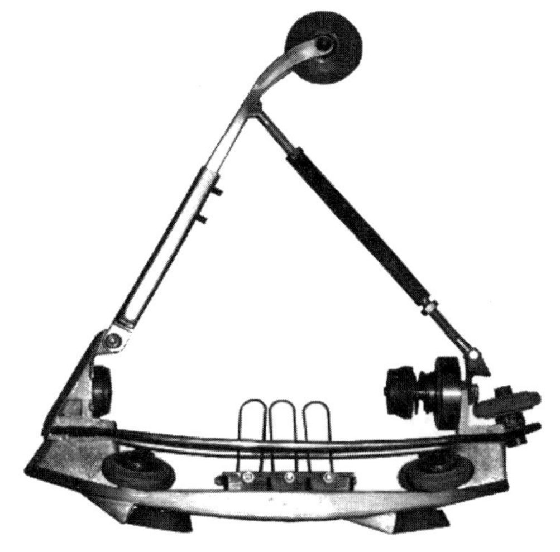

图 9-19　圆织机用梭子

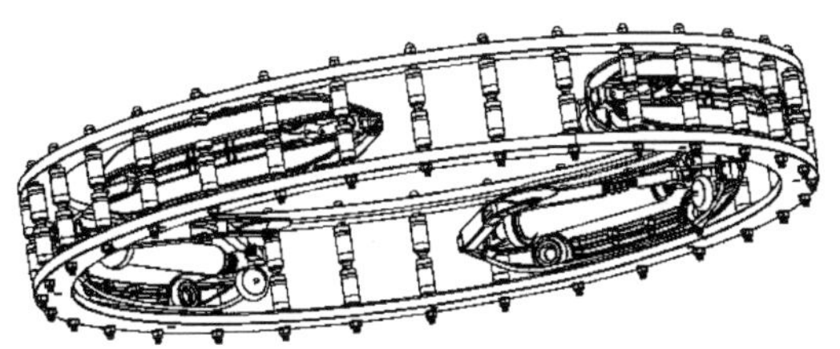

图 9-20　圆织机门环、梭子配置关系示意图

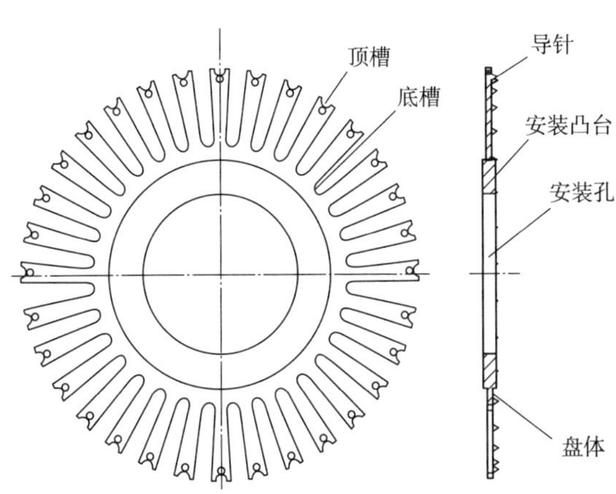

图 9-21　分线盘

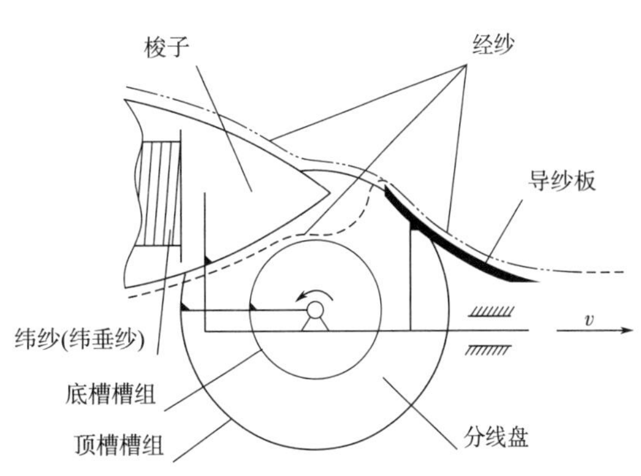

图 9-22　分线盘式圆织机的开口和引纬机构原理图

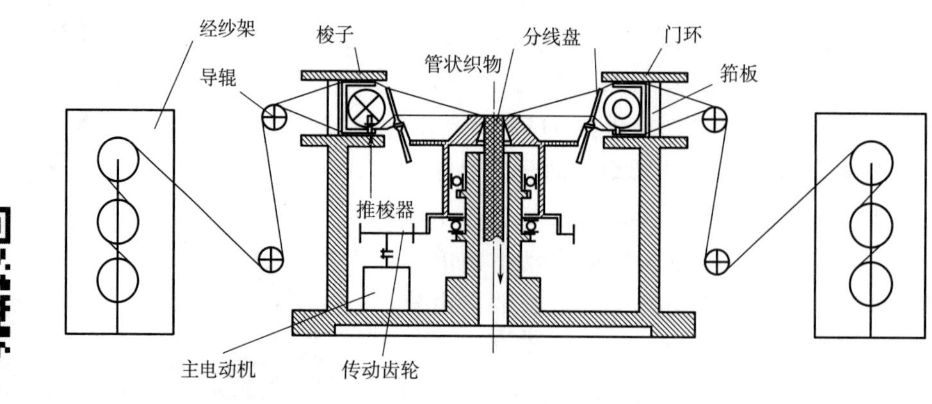

动画：分线盘开口原理

图 9-23　分线盘式圆织机结构图

二、凸轮开口式圆织机引纬机构

凸轮开口式圆织机，根据凸轮形状的不同可分为圆柱凸轮圆织机和平面凸轮圆织机；根据凸轮机构从动杆的运动形式又可分直动式从动件和摆动式从动件两种。早期的圆织机是采用圆柱凸轮配置直动从动件进行开口，摆动从动件平面凸轮形式圆织机是 20 世纪 80 年代出现的。

（一）圆织机的传动

凸轮开口式圆织机的传动图基本上如图 9-24 所示，主电动机的运动通过带传动 D_1 与 D_2、减速器减速、再次带传动 D_3 与 D_4 后，驱动织机的主轴旋转。主轴上装有开口凸轮和推梭器，它们随主轴同步旋转。在主轴上还装有带轮 D_5，D_5 带动从动轮 D_6 旋转，该运动经过变换齿轮 Z_1、Z_2 和 Z_3 变速，然后通过一对圆锥齿轮 Z_4 和 Z_5 将运动传递给牵引辊，将织好的织物卷绕存储。根据织物密度的要求，变换齿轮可以成对更换。

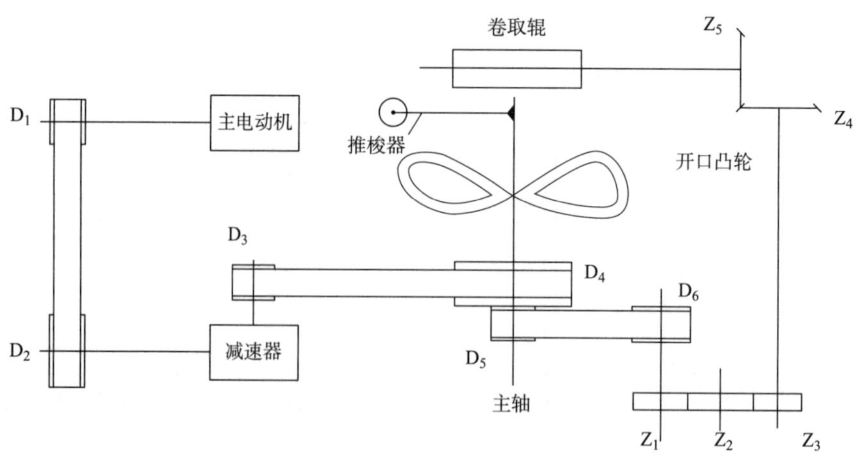

图 9-24　凸轮式圆织机传动图

（二）直动从动件凸轮开口式

图 9-25 为直动式端面凸轮圆织机的结构示意图。开口凸轮含有两组廓线，加工成槽道形式，里面分别安装有两组滑块，控制经纱的综杆下端分别与其中的一组相连。在凸轮旋转时，滑块带动综杆上下运动，从而带动经纱开口。由于织口的高度取决于最上方综杆和最下方综杆上综眼之间的距离，而对于直动从动件凸轮开口形式，这个距离等于凸轮上面廓线的最高点与下面廓线的最低点之间的距离，因此为了得到此高度，凸轮在高度方向上必须要大于开口高度；另外，圆织机门环的径向尺寸与梭子的个数有关，梭子越多，门环就要越大，综杆的位置也就离主轴越远，此外，凸轮径向尺寸也随之增大。大尺寸的凸轮必然质量也大，这不利于织机速度的提高。又由于滑块与综杆间是滑动摩擦，阻力大，这是织机能耗大的一个主要因素。

视频：直动从动件凸轮开口机构

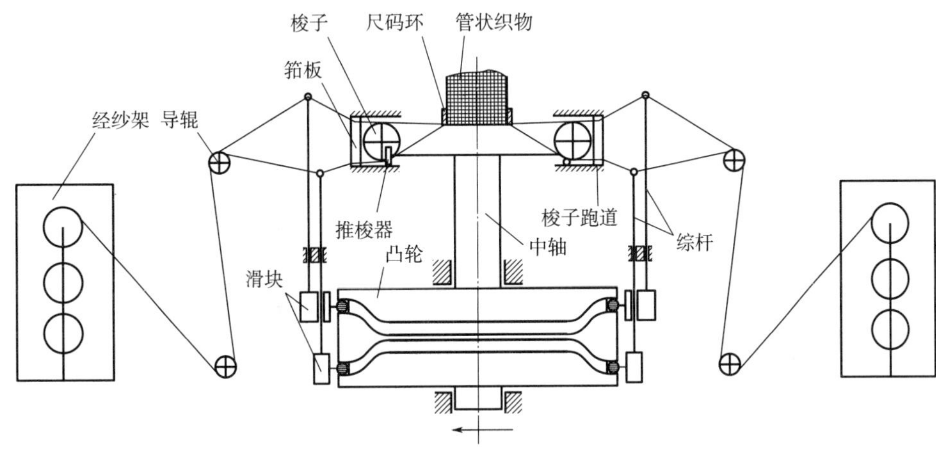

图 9-25 直动式端面凸轮圆织机结构图

（三）摆动从动件凸轮开口式

如图 9-26 所示，摆动从动件凸轮开口的圆织机取消了上面织机的滑块与综杆，而将从动件做成摆动形式，用挠性的综绳代替原先刚性的综杆，因此就去掉了综杆与导轨之间的滑动摩擦。摆杆 2 靠近凸轮 1 的一侧长度 L_1 小于外侧长度 L_2，这两侧长度的比例 L_1/L_2 根据需要可以调节，当 $L_1/L_2<1$，摆杆相当于一个杠杆将与凸轮槽道接触一端的动程放大至满足开口要求。因此，开口凸轮在轴向和径向的尺寸和质量比直动式端面凸轮圆织机小很多，降低了圆织机的运行阻力，从而机器的能耗和噪声下降，织造速度也大幅度提高。

（四）凸轮式圆织机的引纬机构

凸轮式圆织机的引纬机构十分简单，就是利用与主轴同步转动的推梭器推动梭子后侧使其在门环内前进。推梭器头部配有两个滚轮，一个滚轮在下门环内运动，起到支撑推梭杆防止其变形的作用，另一个滚轮在梭子后侧推动梭子运动，因此梭子与滚轮的摩擦是滚动摩擦，减小了摩擦阻力。

视频：圆织机的引纬

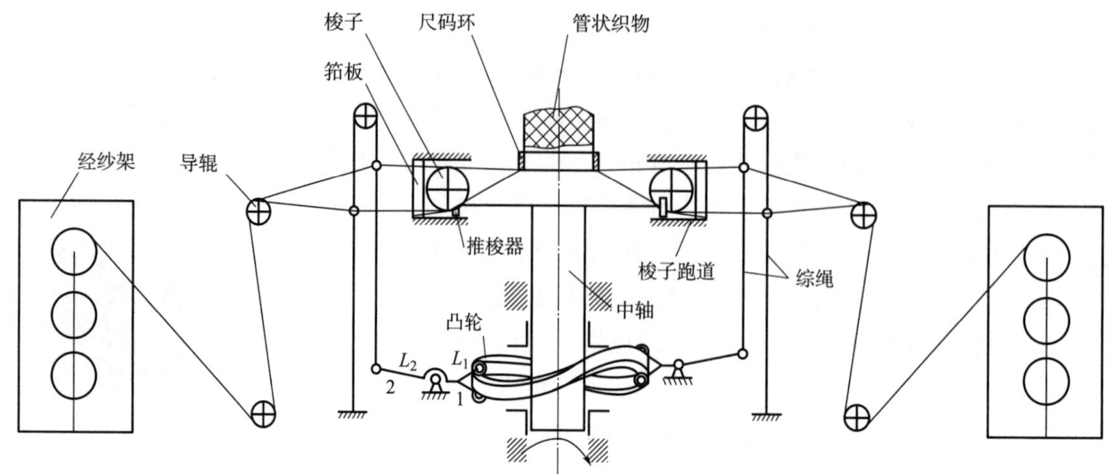

图 9-26 摆动从动件凸轮开口形式的圆织机结构图

三、电磁开口式圆织机引纬机构

（一）工作原理

电磁开口式圆织机是东华大学研发的一种能够以碳纤维、玻璃纤维等特种纤维为经纬纱织造多层立体织物的圆织机，图 9-27 是其结构图。该织机利用凸轮机构和电磁选针器共同作用实现经纱开口，凸轮仅作为综丝提升部件，电磁铁负责根据织物组织要求对综丝进行选择。凸轮两条廓线推动两组提刀上下运动，提刀向上运动时将综片推到最高位置，综片上开有卡口，若电磁铁没有通电，其铁芯在弹簧作用下卡入卡口，使综片保持在高位；而如果电磁铁通电，铁芯吸合收回释放综片，综片在回综弹簧的作用下向下运动至低位。位于上、下位置的综片就控制了经纱形成开口。

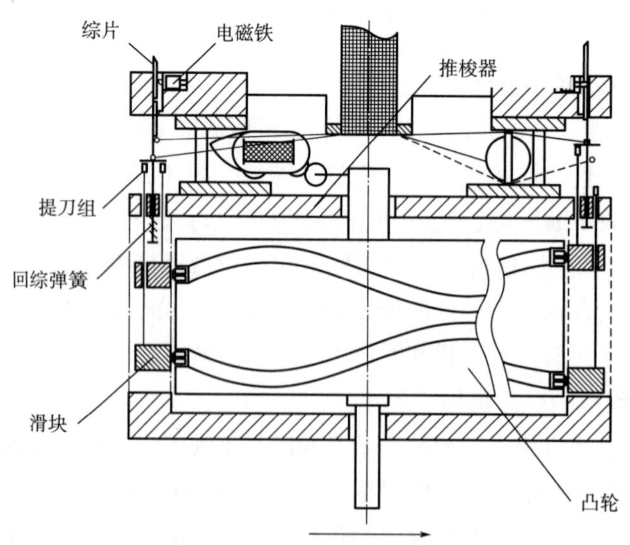

图 9-27 电磁开口式圆织机结构图

（二）引纬机构

电磁开口式圆织机是为生产碳纤维管状立体织物而专门设计研发的设备。虽然碳纤维具有比强度高、比模量大以及耐高温、耐腐蚀等诸多优点，但其耐磨性和抗折弯能力极差，可纺织性不好。在生产碳纤维织物时，由于碳纤维丝束在送纱路径上与机械零部件的接触摩擦，避免不了产生大量的飞絮，如果防护不好，会引起电器短路，同时织物的性能也会下降，因此在设计碳纤维织物生产设备时，要尽可能减少机械零部件对碳纤维丝束的接触。

电磁开口式圆织机的引纬机构（图 9-28）就充分考虑了上述因素，首先，改变梭子与门环的接触形式，去掉梭子上的滚轮，而将梭体采用位置固定的万象球支撑起来，从而避免了梭子跑动时滚轮对经纱的碾压；同时，去除传统圆织机的推梭器，而采用齿轮和圆弧齿条的背部驱梭方案，因此经纱就不会受到推梭滚轮与梭体接触的挤压。织机主轴的运动通过齿轮传动和带传动传递给均布在门环上的导梭齿轮柱，齿轮柱再与梭子背部的弧形齿条啮合，从而驱动梭子在万象球上滑行。同时与齿条啮合的齿轮柱的个数和同时支撑梭体的万象球个数都不能少于 2 个。图 9-29 是背部有圆弧齿条的梭子的示意图。

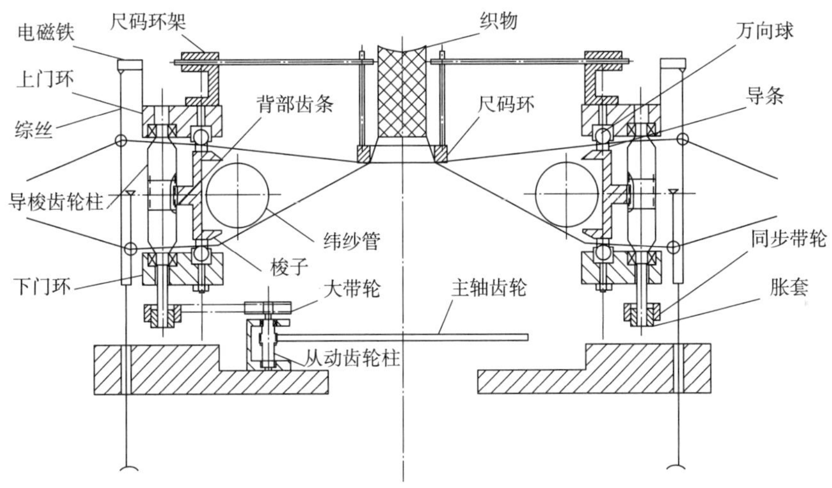

图 9-28 电磁开口式圆织机的引纬机构

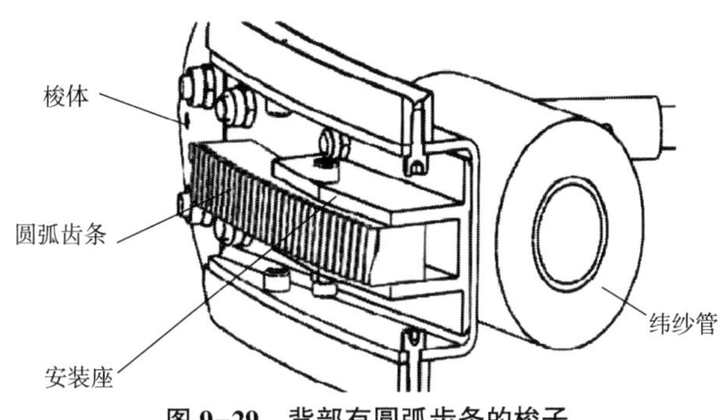

图 9-29 背部有圆弧齿条的梭子

思维导图

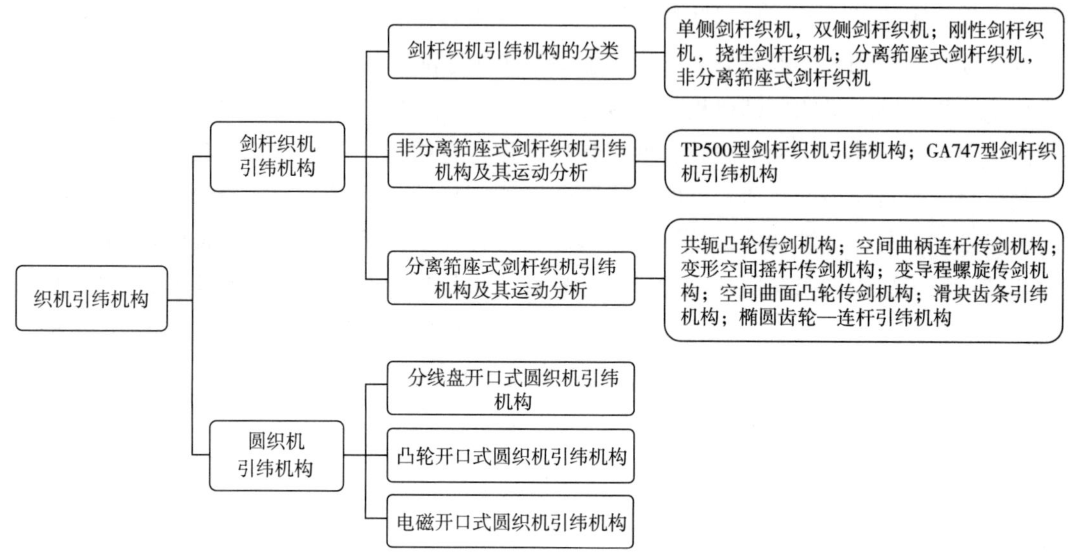

参考文献

[1] 刘裕瑄，陈人哲．纺织机械设计原理：上册［M］．北京：纺织工业出版社，1982.

[2] 陈人哲．纺织机械设计原理：上册［M］．2 版．北京：中国纺织出版社，1996.

[3] 吕汉明．纺织机电一体化［M］．2 版．北京：中国纺织出版社，2016.

[4] 陈革，杨建成．纺织机械概论［M］．北京：中国纺织出版社，2011.

[5] 西北工业大学机械原理及机械零件教研室．机械原理［M］．8 版．北京：高等教育出版社，2013.

[6] 黎想．碳纤维管状立体织造装备中引纬驱梭机构的设计与分析［D］．上海：东华大学，2015.

[7] 周申华．轻质高强复合材料的三维管状织物圆织法组织研究及其开口引纬机构的设计［D］．上海：东华大学，2011.

[8] 刘梦晴，陈志淡．高效节能型摆臂式小凸轮圆织机的开发［J］．包装世界，2012（1）：15-17.

[9] 赵雄，徐宾，陈建能，等．几种典型的剑杆织机引纬机构及其机构创新［J］．纺织机械，2008（2）：48-51.

[10] 孙志宏，周申华，黎想，等．一种圆形导梭滚道装置：中国，CN102634915A［P］.

2012-08-15.

[11] 魏奔，孙志宏，李子军．基于 Matlab 的共轭凸轮机构设计［J］．东华大学学报（自然科学版），2015，41（5）：663-669.

[12] 周国庆，刘日涛．GA747 型剑杆织机引纬机构运动分析［J］．纺织机械，2002（4）：27-30.

[13] 孙志宏，陈明，夏金国，等．K72 型丝织机改造为挠性剑杆织机［J］．中国纺织大学学报，1995，21（4）：55-59.

第十章　织机打纬机构

引导语：织机的打纬机构使钢筘将引入梭口的纬纱推向织口，与经纱交织成具有一定纬密的织物。在织机上应用最广泛的打纬机构形式有四连杆打纬机构、六连杆打纬机构和共轭凸轮打纬机构。本章主要介绍四连杆打纬机构、六连杆打纬机构和共轭凸轮打纬机构的运动分析和设计。

学习目标：

1. 掌握四连杆打纬机构的运动分析及短牵手打纬机构的设计。
2. 掌握六连杆打纬机构的运动特性及其打纬机构的运动分析。
3. 了解共轭凸轮打纬机构的筘座运动设计、从动件运动规律及共轭凸轮设计。

动画：有梭织机打纬机构

第一节　四连杆打纬机构

曲柄摇杆机构是一种将曲柄的匀速旋转运动转换为摇杆的往复摆动的四连杆机构，由于其设计简单，成本低廉，因此在多种织机上被采用，一般都采用双侧四连杆打纬机构。在织机上，曲柄被称作曲轴，摇杆被称作筘座脚，而连杆被称作牵手，如图 10-1 所示。

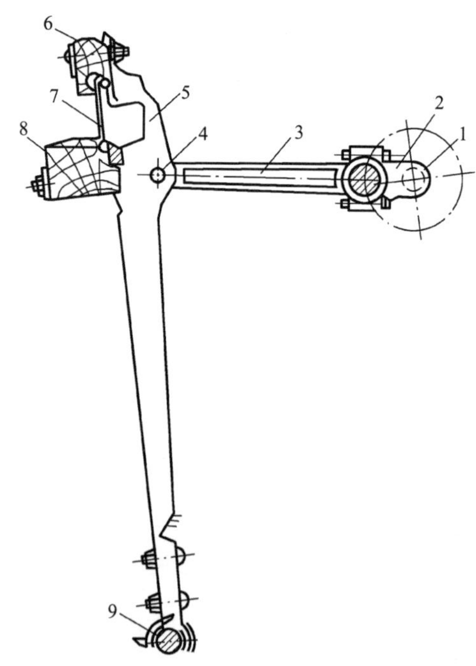

图 10-1　四连杆打纬机构

1—曲柄轴　2—曲柄　3—牵手　4—牵手拴　5—筘座脚　6—筘帽　7—钢筘　8—筘座　9—摆轴

四连杆打纬机构的运动性能，取决于各构件的尺寸安排。按曲轴位置来分，有轴向打纬机构与非轴向打纬机构。如图 10-2（a）所示，当筘座运动到最前和最后位置（曲柄与连杆两次共线）时，牵手与筘座脚之间的转动副（牵手栓）C 分别占据 C_0 和 C_n 两个位置，若 C_0、C_n 连线的延长线刚好通过曲轴中心 A 点，称为轴向打纬机构；若不通过 A 点，而是经过其上方［图 10-2（b）］或下方［图 10-2（c）］，称为非轴向打纬机构。该连线与 A 点的垂直距离叫作偏距 e。

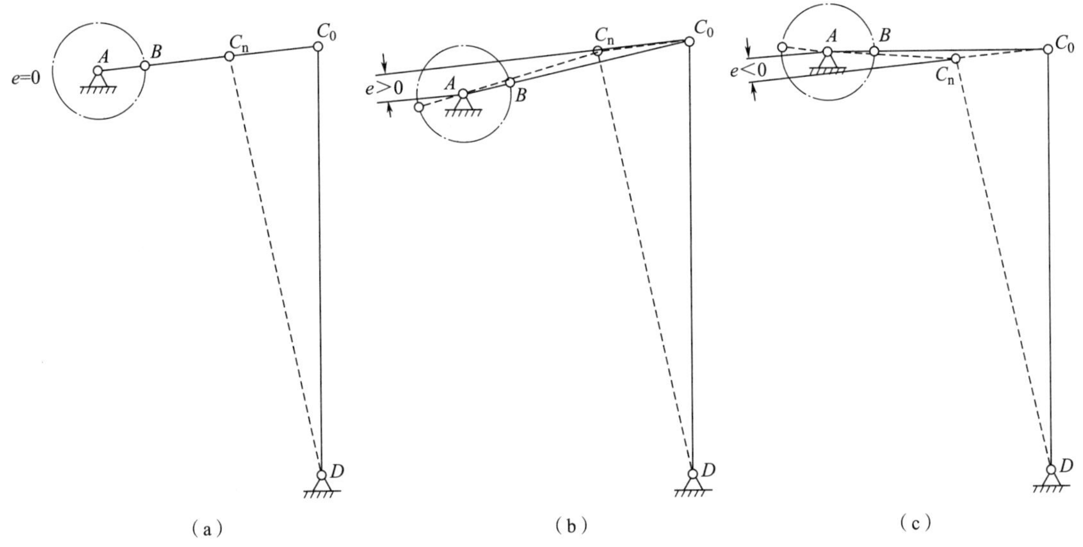

图 10-2　轴向打纬机构与非轴向打纬机构

根据牵手长度 l_2 与曲柄长度 l_1 的比值 l_2/l_1 的大小，四连杆打纬机构分长牵手、中牵手和短牵手三种打纬机构。当 $l_2/l_1<3$，为短牵手打纬机构；当 $l_2/l_1=3\sim6$，为中牵手打纬机构；当 $l_2/l_1>6$，为长牵手打纬机构。

一、l_2/l_1 值和 e 值对筘座运动规律的影响

为了分析 l_2/l_1 值和 e 值对筘座运动的影响，建立如图 10-3 所示的右手坐标系，令曲轴转动中心 A 点为坐标原点，x 轴平行于 C_nC_0 连线（C_0 是曲柄与牵手拉直共线时牵手栓的位置，即筘座打纬结束时的位置；C_n 是曲柄与牵手重叠共线时牵手栓的位置，即筘座脚退到最

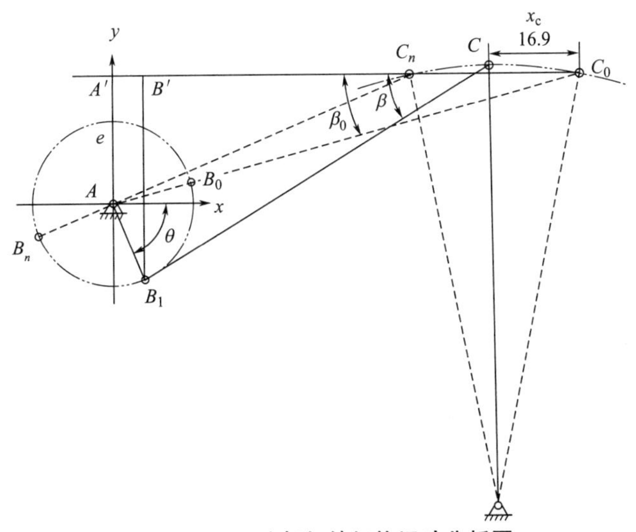

图 10-3　四连杆打纬机构运动分析图

后的位置)。过 A 点作 C_nC_0 连线的垂线,垂足为 A',$e=AA'$。设 AC_0 与 x 轴的夹角 $\angle AC_0A'=\beta_0$,根据几何关系有:

$$\sin\beta_0=\frac{e}{l_1+l_2} \tag{10-1}$$

$$A'C_0=(l_1+l_2)\cos\beta_0 \tag{10-2}$$

设 θ 为曲轴与 x 轴正向的夹角,顺时针为正,逆时针为负。当曲柄转到任意角度 θ 时,牵手栓对应位置 C 点的 x 轴坐标为:

$$x_c=A'C_0-(l_1\cos\theta+l_2\cos\beta)=(l_1+l_2)\cos\beta_0-(l_1\cos\theta+l_2\cos\beta) \tag{10-3}$$

由图 10-3 中几何关系可知:

$$\sin\beta=\frac{e+l_1\sin\theta}{l_2} \tag{10-4}$$

则:

$$\cos\beta=\sqrt{1-(\sin\beta)^2}=\sqrt{1-\left(\frac{e+l_1\sin\theta}{l_2}\right)^2}$$

利用二项式定理展开得:

$$\cos\beta=1-\frac{1}{2}\times\left(\frac{e+l_1\sin\theta}{l_2}\right)^2-\frac{1}{8}\times\left(\frac{e+l_1\sin\theta}{l_2}\right)^4-\cdots$$

对于中牵手、长牵手的织机打纬机构,可以略去上式的高次项,近似有:

$$\cos\beta\approx 1-\frac{1}{2}\times\left(\frac{e+l_1\sin\theta}{l_2}\right)^2 \tag{10-5}$$

将式(10-5)代入式(10-3),可得牵手栓在任一时刻的位置,可近似表达为:

$$x_c\approx A'C_0-(l_1\cos\theta+l_2\cos\beta)=(l_1+l_2)\cos\beta_0-l_1\cos\theta-l_2\left[1-\frac{1}{2}\times\left(\frac{e+l_1\sin\theta}{l_2}\right)^2\right] \tag{10-6}$$

令:

$$B=(l_1+l_2)\cos\beta_0-l_2+\frac{e^2}{2l_2}$$

则式(10-6)变为:

$$x_c\approx B-l_1\cos\theta+\frac{(l_1\sin\theta)^2}{2l_2}+\frac{el_1\sin\theta}{l_2} \tag{10-7}$$

式(10-7)就是四连杆打纬机构中牵手栓位移与曲轴转角 θ 之间的函数关系近似式。将该式对时间求一阶及二阶导数,可求得牵手栓的速度 v_c 和加速度 a_c 的计算式:

$$v_c\approx v_B\left(\sin\theta+\frac{l_1}{2l_2}\sin2\theta+\frac{e}{l_2}\cos\theta\right) \tag{10-8}$$

$$a_c\approx\frac{v_B^2}{l_1}\left(\cos\theta+\frac{l_1}{l_2}\cos2\theta-\frac{e}{l_2}\sin\theta\right) \tag{10-9}$$

下面利用方程式(10-7)~式(10-9)讨论 l_2/l_1 值和 e 值对筘座运动规律的影响。

（一）l_2/l_1 值对筘座运动规律的影响

在四连杆打纬机构中，牵手与曲柄的长度比值 l_2/l_1 对筘座脚的运动影响最大。为了便于比较，设非轴向偏距 $e=0$，将式（10-7）~式（10-9）进行无量纲化处理，可得筘座运动规律的无量纲普遍公式：

$$\frac{x_c}{l_1} \approx (1-\cos\theta) + \frac{l_1(\sin\theta)^2}{2l_2} \tag{10-10}$$

$$\frac{v_c}{l_1\omega} \approx \sin\theta + \frac{l_1}{2l_2}\sin2\theta \tag{10-11}$$

$$\frac{a_c}{l_1\omega^2} \approx \cos\theta + \frac{l_1}{l_2}\cos2\theta \tag{10-12}$$

假定主轴匀速回转，分别取 $l_2/l_1\to\infty$（长牵手），$l_2/l_1=4.1$（中牵手）和 $l_2/l_1=1.5$（短牵手）代入式（10-10）、式（10-11）和式（10-12）中，得到牵手栓的位移、速度和加速度的变化曲线，如图 10-4 所示。

从图 10-4 的三组曲线中可以看出，l_2/l_1 对筘座的运动影响如下。

（1）牵手越长，$l_2/l_1\to\infty$ 时，筘座的运动规律越接近简谐运动规律，即余弦加速度运动规律。

（2）根据织造工艺要求，引纬器进出梭口时，钢筘离织口须有一定的距离。设此时牵手栓的位移为 x_k。在有梭织机上，x_k 可取等于梭子宽度的某一个倍数。例如：厚重织物，$x_k=2$ 倍梭宽；中薄织物，$x_k=1.75$ 倍梭宽。以 x_k/l_1 值在筘座位移曲线上作水平线，其与曲线两次相交的交点在横坐标轴上的投影就是允许进出梭口的时间，两点之间的距离（θ_1、θ_2、θ_3）则分别表示允许梭子在梭口中飞行的时间，即引纬时间。

（3）牵手越短（$l_2/l_1=1.5$），允许梭子在梭口中运行的时间越长。因此，宽幅织机一般采用短牵手打纬机构。

（4）牵手越短，筘座在后死心处（$\theta=180°$）的运动越缓慢，相对静止时间越长，这有利于宽幅引纬。喷气织机就是利用短牵手打纬机构的这一特点，使筘座脚在后死心处近似停顿，便于喷嘴喷射气流和引纬。

（5）牵手越短，筘座加速度的变化越大，会增大机器震动。筘座在前死心附近时（$\theta=0$）加速度最大，这对惯性打纬有利，适合织毛、麻等厚重织物。对于高速织机，可采用轻的筘座脚，以减轻机器的震动。

（二）e 值对筘座运动规律的影响

为了便于比较，设曲轴长度 $AB=76$mm，牵手长度 $BC=289$mm，筘座脚长度 $CD=753.34$mm，并分别令 $e=0$，$e=+100$mm 和 $e=-100$mm，分别代入式（10-7）、式（10-8）和式（10-9），得到在不同的 e 值下，筘座位移、速度和加速度的变化规律曲线，如图 10-5 所示。

（1）由位移曲线图 10-5（a）可以看出，非轴向打纬机构牵手栓的动程大于轴向打纬机构牵手栓的动程，即大于 $2l_1$。如果以一定的 x_k 距离截取位移曲线，$e>0$ 时，引纬器可以提早进梭口，$e<0$ 时，引纬器可延迟出梭口。

（2）由速度图 10-5（b）可以看出，对于非轴向打纬，若 $e>0$，筘座由前死心摆向后死

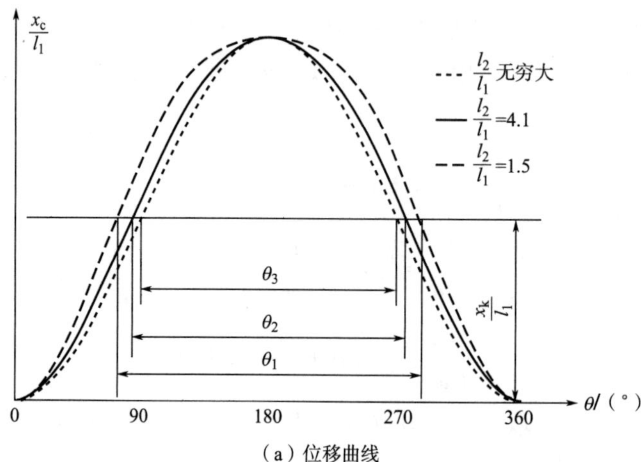

（a）位移曲线

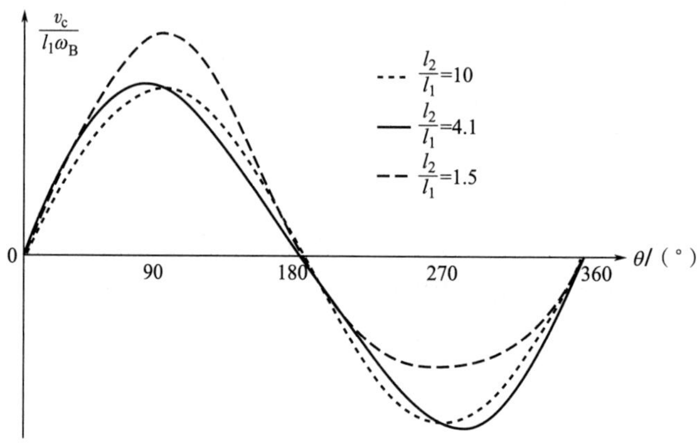

（b）速度曲线

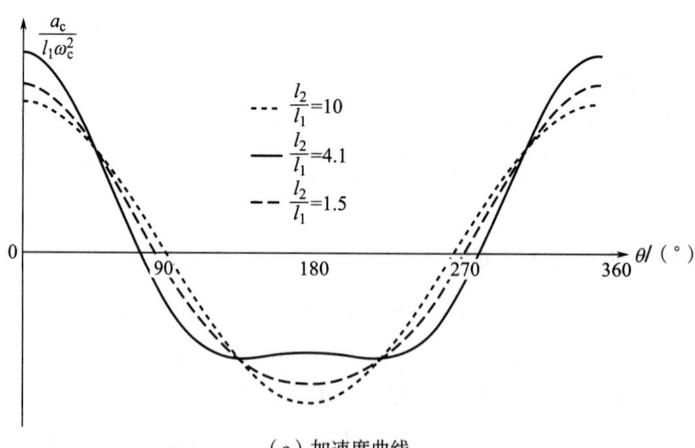

（c）加速度曲线

图 10-4　l_2/l_1 值对筘座运动规律的影响

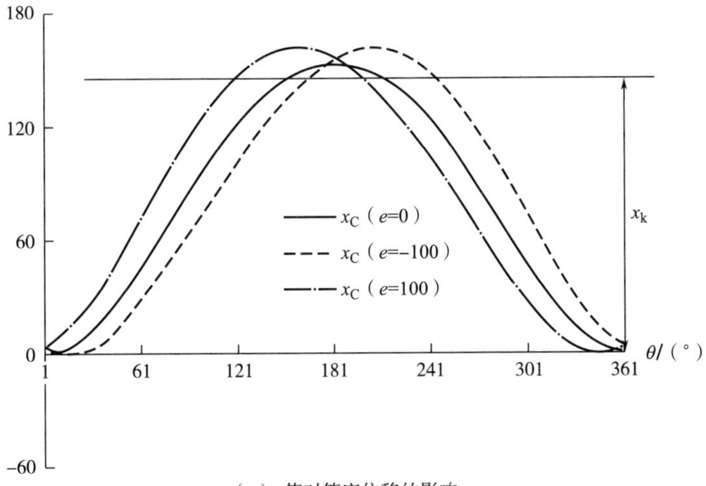

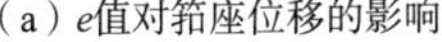
（a）e值对筘座位移的影响

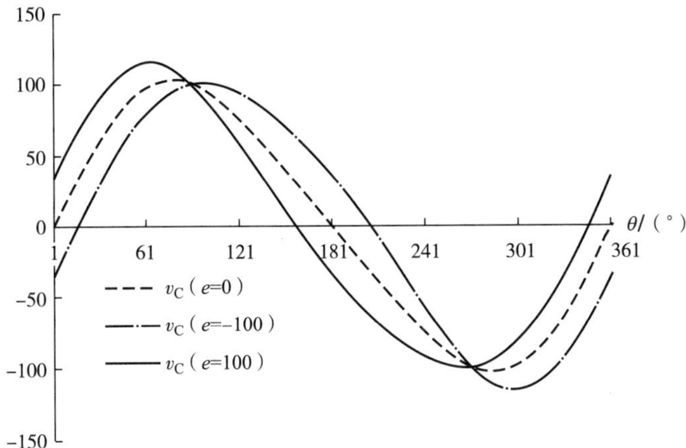

（b）e值对C点速度的影响

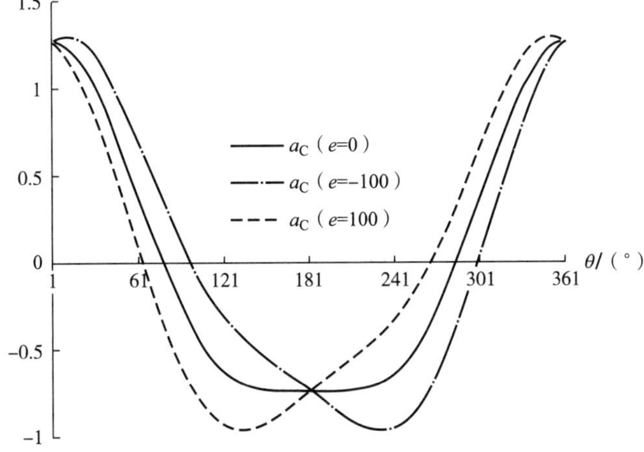

（c）e值对C点加速度的影响

图 10−5　非轴向偏距 e 对筘座运动规律的影响

心时，曲柄转过的角度小于180°，而筘座由后死心摆向前死心时，曲柄转过的角度大于180°；当 $e<0$ 时，情况恰好相反。

（3）由加速度图10-5（c）可以看出，非轴向打纬机构的筘座脚加速度最大值总是大于轴向打纬机构。因此，非轴向打纬机构更适用于织厚重的织物，但也导致织机的震动较大。

以上分析了 l_2/l_1 值和 e 值对筘座运动性能的影响，从而在设计织机的打纬机构时，可以根据织物的品种和织物宽度等合理选择四连杆打纬机构的尺寸。

有梭丝织机：有梭丝织机采用中、长牵手的较多。一方面因为丝织物轻薄，需要的打纬力小；另一方面，由于中、长牵手打纬机构能够提供充裕的空间安装提花机构。又因为有梭丝织机的速度不高，中、长牵手打纬机构提供的引纬时间足够满足梭子在织口飞行的需要，故在有梭丝织机上基本不采用短牵手打纬机构。

阔幅有梭毛织机、金属丝网织机、重型织机：过去这些织机采用短牵手打纬机构，主要是因为，短牵手打纬机构的筘座在后方运行缓慢，有利于延长引纬时间。

无梭织机（如喷气织机、喷水织机、剑杆织机）：因为短牵手打纬机构具有上述特点，这些织机无论织何种纤维、幅宽多大，都采用短牵手打纬机构。但同时为了减小机器的震动，大都采用轻质的铝合金或碳纤维筘座，并缩短筘座脚的长度，以减小筘座脚的惯性，达到减小震动的目的。

动画：喷气织机打纬机构

二、四连杆打纬机构的运动分析

式（10-7）~式（10-9）是构件尺寸与筘座运动关系的近似表达式，是为了说明 l_2/l_1 值和 e 值对筘座运动的影响，可以指导设计者在设计四连杆打纬机构时合理选择牵手与曲柄的尺寸关系和 e 值等，但上述公式不能精确计算出筘座的运动规律。下面将推导出四连杆打纬机构运动规律的精确计算公式。

设曲柄、牵手和筘座脚的长度分别为 l_1、l_2 和 l_3，曲柄中心到摇轴的距离为 l_4，以曲柄中心 A 为坐标原点，AD 为实轴，逆时针转过90°为虚轴，建立如图10-6所示的坐标系，则四连杆打纬机构 $ABCD$ 构成一个封闭的矢量四边形，按图中各矢量方向得：

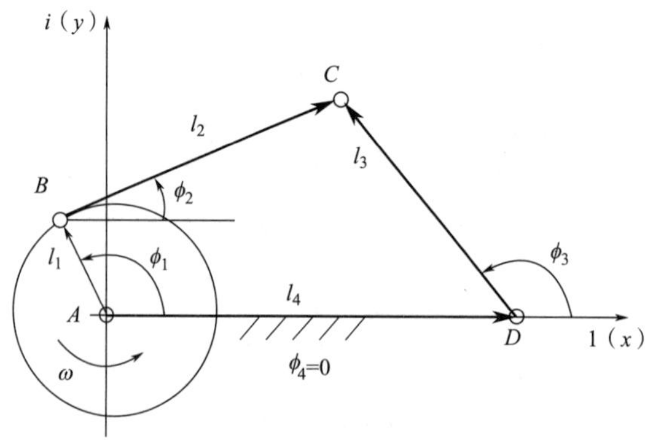

图10-6　铰链四杆机构

$$\vec{l_1}+\vec{l_2}=\vec{l_3}+\vec{l_4}$$

用复数表示为：

$$l_1 e^{i\phi_1}+l_2 e^{i\phi_2}=l_3 e^{i\phi_3}+l_4 \tag{10-13}$$

分别取实部和虚部：

$$\begin{cases} l_1\cos\phi_1+l_2\cos\phi_2=l_3\cos\phi_3+l_4 \\ l_1\sin\phi_1+l_2\sin\phi_2=l_3\sin\phi_3 \end{cases} \tag{10-14}$$

令：

$$\begin{aligned} E &= l_4-l_1\cos\phi_1 \\ F &= -l_1\sin\phi_1 \\ G &= \frac{E^2+F^2+l_3{}^2-l_2{}^2}{2l_3} \end{aligned} \tag{10-15}$$

式中，$\phi_1=\omega t$，ω 是织机主轴的转速。

将式（10-15）代入式（10-14），可得到筘座脚的摆动角位移计算公式：

$$\phi_3=2\arctan\frac{F+\sqrt{E^2+F^2-G^2}}{E-G} \tag{10-16}$$

同时得到牵手的角位移公式：

$$\phi_2=\arctan\frac{F+l_3\sin\phi_3}{E+l_3\cos\phi_3} \tag{10-17}$$

将式（10-13）对时间取一次导数，得：

$$l_1\dot{\phi}_1 i e^{i\phi_1}+l_2\dot{\phi}_2 i e^{i\phi_2}=l_3\dot{\phi}_3 i e^{i\phi_3} \tag{10-18}$$

为了消除 $\dot{\phi}_2$，每一项乘 $e^{-i\phi_2}$，可得：

$$l_1\dot{\phi}_1 i e^{i(\phi_1-\phi_2)}+l_2\dot{\phi}_2 i=l_3\dot{\phi}_3 i e^{i(\phi_3-\phi_2)} \tag{10-19}$$

对式（10-19）取实部，整理后得到筘座脚的角速度计算公式为：

$$\dot{\phi}_3=\dot{\phi}_1\frac{l_1\sin(\phi_1-\phi_2)}{l_3\sin(\phi_3-\phi_2)} \tag{10-20}$$

同理，为了消去 $\dot{\phi}_3$，对式（10-18）每项乘 $e^{-i\phi_3}$，可得：

$$l_1\dot{\phi}_1 i e^{i(\phi_1-\phi_3)}+l_2\dot{\phi}_2 i e^{i(\phi_2-\phi_3)}=l_3\dot{\phi}_3 i \tag{10-21}$$

取其实部，整理后可得牵手的角速度计算公式：

$$\dot{\phi}_2=-\dot{\phi}_1\frac{l_1\sin(\phi_1-\phi_3)}{l_2\sin(\phi_2-\phi_3)}$$

将式（10-18）对时间取一次导数，得：

$$l_1\ddot{\phi}_1 i e^{i\phi_1}-l_1\dot{\phi}_1^2 e^{i\phi_1}+l_2\ddot{\phi}_2 i e^{i\phi_2}-l_2\dot{\phi}_2^2 e^{i\phi_2}=l_3\ddot{\phi}_3 i e^{i\phi_3}-l_3\dot{\phi}_3^2 e^{i\phi_3} \tag{10-22}$$

为了消除 $\dot{\phi}_2$，将上式两边乘 $e^{-i\phi_2}$，可得：

$$l_1\ddot{\phi}_1 ie^{i(\phi_1-\phi_2)} - l_1\dot{\phi}_1^2 e^{i(\phi_1-\phi_2)} + l_2\ddot{\phi}_2 i - l_2\dot{\phi}_2^2 = l_3\ddot{\phi}_3 e^{i(\phi_3-\phi_2)} - l_3\dot{\phi}_3^2 e^{i(\phi_3-\phi_2)} \tag{10-23}$$

取其实部：

$$\ddot{\phi}_3 = \frac{l_2\dot{\phi}_2^2 + l_1\ddot{\phi}_1\sin(\phi_1 - \phi_2) + l_1\dot{\phi}_1^2\cos(\phi_1 - \phi_2) - l_3\dot{\phi}_3^2\cos(\phi_3 - \phi_2)}{l_3\sin(\phi_3 - \phi_2)} \tag{10-24}$$

式（10-24）就是筘座脚的角加速度计算公式。

同理，将式（10-22）每项乘 $e^{-i\phi_3}$，消除 $\ddot{\phi}_3$，可得：

$$l_1\ddot{\phi}_1 ie^{i(\phi_1-\phi_3)} - l_1\dot{\phi}_1^2 e^{i(\phi_1-\phi_3)} + l_2\ddot{\phi}_2 ie^{i(\phi_2-\phi_3)} - l_2\dot{\phi}_2^2 e^{i(\phi_2-\phi_3)} = l_3\ddot{\phi}_3 i - l_3\dot{\phi}_3^2$$

取其实部：

$$\ddot{\phi}_2 = \frac{l_3\dot{\phi}_3^2 - l_1\ddot{\phi}_1\sin(\phi_1 - \phi_3) - l_1\dot{\phi}_1^2\cos(\phi_1 - \phi_3) - l_2\dot{\phi}_2^2\cos(\phi_2 - \phi_3)}{l_2\sin(\phi_2 - \phi_3)} \tag{10-25}$$

式（10-25）就是牵手的角加速度计算公式。

三、短牵手打纬机构的设计

由于短牵手打纬机构在后死心附近筘座近似停顿时间长，为载纱器提供较长时间的飞行时间，有利于降低载纱器的速度和提高织机速度，因此，目前，短牵手打纬机构在有梭织机、喷气织机和剑杆织机等无梭织机上广泛使用。下面主要介绍短牵手打纬机构的设计，长牵手和中牵手打纬机构的设计原理和设计步骤与此相同。

由机械原理知，在曲柄摇杆机构中，当曲柄为主动件时，机构最大压力角出现在曲柄与机架共线的时刻，即：

$$\alpha_{max} = \max\left\{\arccos\left[\frac{l_2^{\ 2} + l_3^{\ 2} - (l_4 - l_1)^2}{2l_2l_3}\right],\ \arccos\left[\frac{l_2^{\ 2} + l_3^{\ 2} - (l_4 + l_1)^2}{2l_2l_3}\right]\right\}$$

从织造工艺和机构传力性能方面来看，对短牵手打纬机构设计的主要要求如下。

（1）能实现织造工艺所提出的筘座总摆角 β_{max}。

（2）筘座运动能保证足够的引纬时间，即筘座近似的静止时间 ϕ_s。

（3）机构的最大压力角 α_{max} 不能过大，一般不宜超过 50°，只有在不得已的情况下才允许达 60°。

因此，设计短牵手打纬机构时，首先控制压力角 α_{max}。由于轴向打纬机构的压力角总是小于非轴向打纬机构的压力角，而且短牵手打纬机构的压力角偏大，因此，短牵手打纬应该优先选用轴向打纬机构。

在轴向打纬机构中，四个杆件的长度应满足以下关系：

$$l_1^2 + l_4^2 = l_2^2 + l_3^2\ (\text{轴向打纬机构}) \tag{10-26}$$

$$l_1 < l_2 < l_4\ (\text{曲轴做整周转动}) \tag{10-27}$$

为了使设计公式具有普遍性，将上述尺寸无量纲化，即杆长都除以曲柄长度 l_1，且令 $a_0 = \frac{l_1}{l_1} = 1$，$b_0 = \frac{l_2}{l_1}$，$c_0 = \frac{l_3}{l_1}$，$d_0 = \frac{l_4}{l_1}$，于是式（10-26）化为：

$$1 + d_0^2 = b_0^2 + c_0^2 \tag{10-28}$$

$$a_0 < b_0 < d_0 \tag{10-29}$$

由式（10-28）可得：

$$c_0 = \sqrt{1 + d_0^2 - b_0^2} \tag{10-30}$$

则最大压力角为：

$$\alpha_{max} = \cos^{-1}\left(\frac{d_0}{b_0 c_0}\right) \tag{10-31}$$

筘座的总摆角 β_{max} 为：

$$\beta_{max} = \arccos\frac{d_0^2 + c_0^2 - (b_0 + 1)^2}{2d_0 c_0} - \arccos\frac{d_0^2 + c_0^2 - (b_0 - 1)^2}{2d_0 c_0} \tag{10-32}$$

如图 10-7 所示，B_1C_1 是筘座在前死心时（即曲柄与连杆拉直共线时）连杆上两个铰链点所在的位置，B_2C_2 是筘座在后死心时（曲柄与连杆重叠共线时）所占据的位置，则 DC_1 与 DC_2 之间的夹角就是筘座的摆角 β_{max}。设引纬期间，筘座允许微动 $\Delta\beta$，若以筘座摆到前死心为计时起点，设 β_1 为引纬器进、出梭口时筘座的摆角，则有：

$$\Delta\beta = \beta_{max} - \beta_1 \tag{10-33}$$

B_3C_3、B_4C_4 分别是曲柄转过 $\angle B_3AB_4$ 时连杆所占据的位置，其中，C_3、C_4 两点重合。设 $AC_3 = AC_4 = e_0$，则：

$$\angle C_3AB_3 = \angle C_4AB_4 = \cos^{-1}\left(\frac{a_0^2 + e_0^2 - b_0^2}{2a_0 e_0}\right) = \cos^{-1}\left(\frac{1 + e_0^2 - b_0^2}{2e_0}\right) \tag{10-34}$$

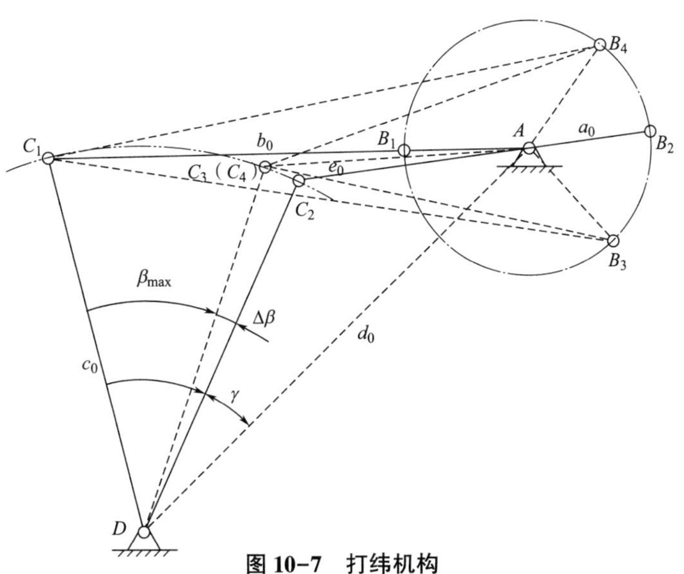

图 10-7　打纬机构

$$e_0 = \sqrt{d_0^2 + c_0^2 - 2d_0c_0\cos(\gamma + \Delta\beta)} \tag{10-35}$$

式中，γ 是筘座在后死心位置时 DC_2 与机架 AD 之间的夹角。

$$\gamma = \arccos\frac{d_0^2 + c_0^2 - (b_0 - 1)^2}{2d_0c_0} \tag{10-36}$$

在引纬期间，筘座近似停顿的时间用曲柄转角表示为：

$$\phi_s = 360° - \angle C_3AB_3 - \angle C_4AB_4 = 360° - 2\cos^{-1}\left(\frac{1 + e_0^2 - b_0^2}{2e_0}\right) \tag{10-37}$$

设计打纬机构时，若给定筘座总摆动角度 β_{max}、筘座近似停顿时间 ϕ_s（或 $\Delta\beta$）和许用压力角［α］，则通过联立式（10-32）、式（10-35）~式（10-37）就可以计算出打纬机构各杆件的相对尺寸 b_0、c_0 和 d_0。然后，根据实际的空间条件选取曲柄长度 l_1，就可以确定牵手、筘座脚及机架的尺寸。式（10-31）用于验证机构的最大压力角是否满足要求。

第二节　六连杆打纬机构

一、六连杆打纬机构的运动特性

六连杆打纬机构可以看作是两个四连杆机构的串联。其中，第一个四连杆机构是曲柄摇杆机构，其将曲柄的匀速转动转变为摇杆的往复摆动；第二套四连杆机构是双摇杆机构。利用两套四连杆机构串联，可使筘座脚在后死心位置具有较长的停顿时间，为引纬器提供充裕的时间经过梭口。图 10-8 是 PAT-A 型改进前六连杆打纬机构的运动曲线。从图中曲线可以看出，机构的打纬动程 S_{max} 较大，筘座的速度两次过 0 线，即有两次静止，说明筘座在后心附近相对静止时间较长（对应主轴转角在 120°~250°），这能保证引纬器有足够的时间通过梭口，对引纬有利。而随之而来的是在前止点处筘座的角加速度较大，虽然这有利于打紧纬纱，但在织造高密度织物时，加大了钢筘对经纱的磨损，并引起主轴回转不均匀。因此，六连杆打纬机构一般用于低速宽幅织机。

管道型喷气织机、宽幅槽箱型喷气织机以及剑杆织机等，要求箱座在后心附近有较长的静止时间，以满足引纬的要求。在不采用共轭凸轮打纬机构时，广泛使用六连杆打纬机构。六连杆打纬机构的形式有多种，图 10-9 所示为典型的六连杆打纬机构示意图，它由一个曲柄摇杆机构 *ABCD* 和一个双摇杆机构 *DC′EF* 组成。曲柄 *AB* 装在织机主轴 *A* 上，随着曲柄回转，通过连杆 *BC* 使摇杆 *CD* 绕过渡轴 *D* 摆动，再通过摇杆 *DC′*、连杆 *C′E* 带动摇杆 *EF* 绕摇轴 *F* 往复摆动，*FG* 即是筘座脚。

二、六连杆打纬机构的运动分析

六连杆打纬机构一般用于低速宽幅织机，其织造工艺要求主轴在 120°~150°（即筘座相对静止时间）之间转动，筘座在后心相对静止（摆动小于 18°）。要实现这个要求，关键在于

图片：六连杆打纬机构

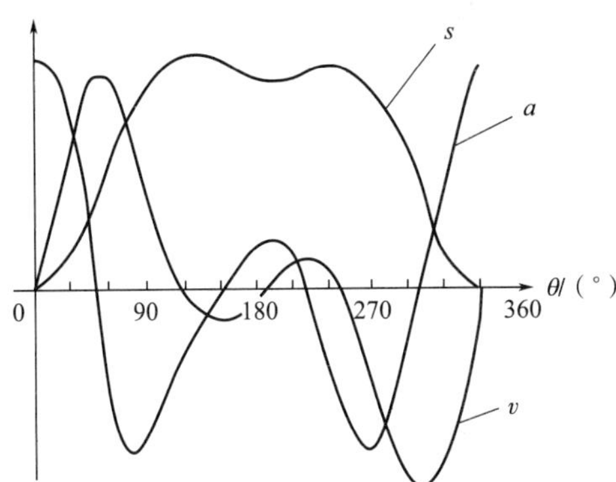

图 10-8　六连杆打纬机构运动曲线

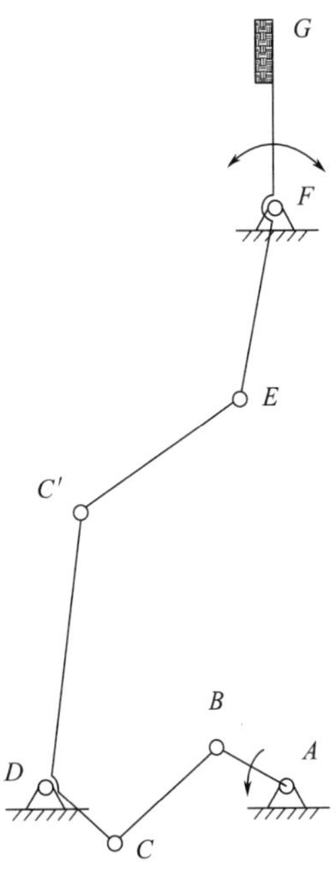

图 10-9　六连杆打纬机构示意图

两个机构极限位置的巧妙配合。如图 10-10 所示的六连杆机构，在曲柄摇杆机构 O_AABO_B 中，当曲柄在后极限位置 O_AA 前后自 O_AA_2 至 O_AA_6 回转 θ_{26}，摇杆自 O_BB_2 经 O_BB_3 摆至 O_BB_4，再经 O_BB_5 返回 O_BB_6（O_BB_2）。又在双摇杆机构 O_BCDO_D 中，连杆 C_3D_3（C_5D_5）与摇杆 O_BC_3（O_BC_5）拉直成一条直线，相当于前极限位置。当摇杆 O_BC 往复摆动 $\angle C_2O_BC_4$（$\angle C_4O_BC_6$）时，铰接点 D_2、D_4、D_6 已接近于与 D_3（D_5）重合。这就是说，在该机构中，当曲柄自 O_AA_2 至 O_AA_6 回转 θ_{26} 时，从动摇杆 O_DD 在 O_DD_3 处近似停顿。该机构从动摇杆的位移曲线如图 10-11 所示。其中，$\Delta\theta$ 故意放大画出。

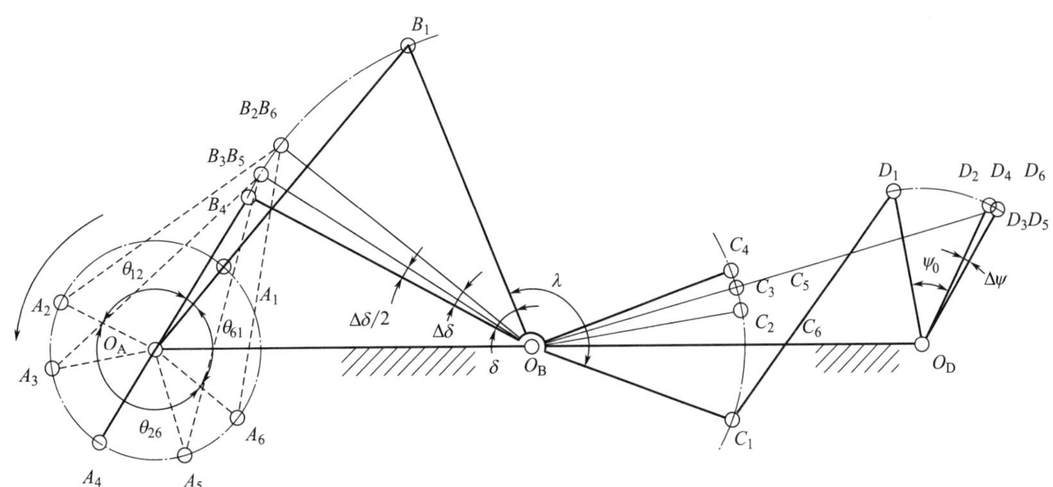

图 10-10　六连杆打纬机构

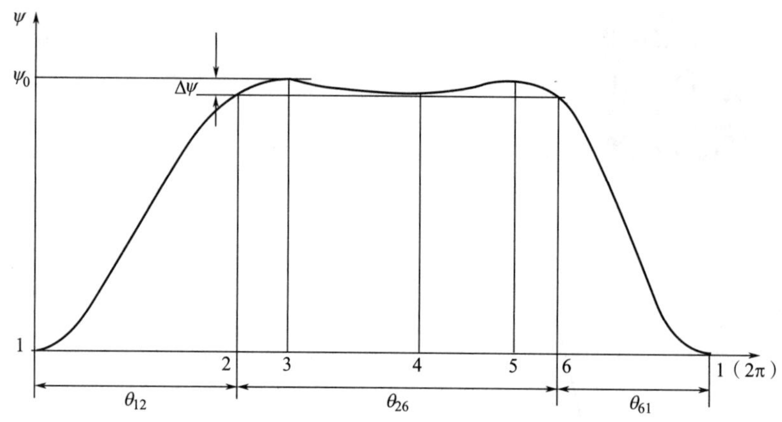

图 10-11　六连杆打纬机构筘座脚的摆动规律

如前所述，六连杆打纬机构是两个四连杆机构的串联，第一个四连杆机构是曲柄摇杆机构，第二个四连杆机构是双摇杆机构，曲柄摇杆机构的输出，即摇杆 O_BC 的角位移、角速度和角加速度作为双摇杆机构的输入，就可以利用式（10-16）、式（10-20）、式（10-24）求出最终摇杆的角位移、角速度和角加速度，这里不再赘述。

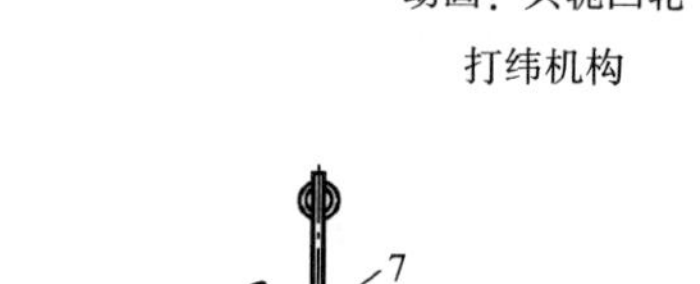

动画：共轭凸轮打纬机构

第三节　共轭凸轮打纬机构

共轭凸轮打纬机构的组成如图 10-12 所示，在主轴 1 上装有共轭凸轮，其由主凸轮 2 和副凸轮 9 刚性连接组成，与它们分别相接触的转子 3 和 8 铰接在筘座脚 4 上，筘座脚 4 承载着筘座 6 和钢筘 7。主凸轮回转一周，凸轮推动转子带动筘座做一次往复摆动；其中主凸轮 2 使筘座向前摆动实现打纬运动，副凸轮 9 使筘座向后摆动，钢筘撤离织口。

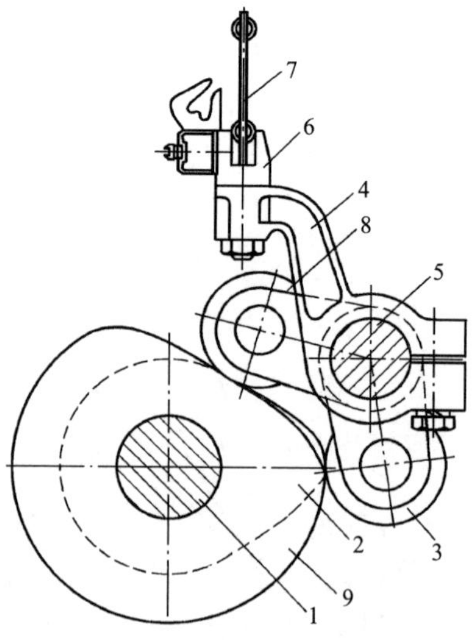

图 10-12　共轭凸轮打纬机构

1—主轴　2—主凸轮　3—主凸轮转子　4—筘座脚　5—摇轴　6—筘座　7—钢筘　8—副凸轮转子　9—副凸轮

由于工艺方面的原因，在某些织机上，例如片梭织机和剑杆织机，要求引纬阶段筘座有较长时间的静止，从而为引纬器提供足够的时间穿过梭口。而在凸轮机构中，可以通过精确设计凸轮廓线得到理想的从动件（筘座）运动规律，所以凸轮打纬机构在这些织机上常常被采用。

共轭凸轮打纬机构有以下特点。

（1）筘座有相当长的静止时间，可供纬纱飞行更长的时间，对纬纱的作用更为柔和，为高速、宽幅引纬创造了有利条件。

（2）为了适应不同幅宽的需要，可以采用不同轮廓的凸轮，更换方便。

（3）筘座能静止在梭口后方，可充分利用梭口高度，减小打纬动程。

（4）筘座在引纬时可以保证绝对静止，因此引纬机构能够与筘座分离，采用轻质筘座，短筘座脚，适应高速。

（5）共轭凸轮打纬机构多采用整体式凸轮轴、整体摆臂轴，系统结构性好，能适应各种织物打纬的需要。

（6）主要的传动构件（凸轮、转子和摆臂）被封闭在箱体内，浸在油浴中，润滑充分。在运动副间隙中所形成的油膜还可缓和打纬时引起的转子与凸轮之间的冲击，并可使用多个凸轮箱同步工作，能在宽度方向上由多个支点支撑筘座与钢筘，但对各凸轮箱的同步精度要求较高。

一、筘座运动的设计

（一）筘座动程的选择

凸轮打纬机构的特点是，筘座运动时间短，加速度大，惯性大，机器容易震动。因此，一般情况下，筘座的动程不宜太大。但筘座动程的大小又与引纬器的高度以及开口高度有关，当引纬器的高度一定时，筘座动程越大，开口动程就越小，反之，筘座动程越小，开口动程则越大，且前后综的动程差异也大，不仅容易引起断经，还会使前、后综经纱张力差异显著，织口上下跳动。因此，筘座的动程也不能过小。

（二）筘座运动时间的分配

主轴一转中，除了静止的时间，剩下的就是筘座做往复摆动的时间。静止时间长，为载纱器提供足够的时间穿过梭口，对引纬有利。但剩余的运动时间就短，筘座摆动的加速度大，织机震动厉害。因此，筘座静止时间不宜过长，需要根据引纬方式、筘幅宽度、织机速度以及筘座的动程和织造工艺等因素综合考虑而确定。

（三）筘座运动规律的选择

为满足工艺需要和减少机器震动，采用共轭凸轮打纬时对筘座运动规律有以下要求。

（1）筘座由静止开始运动或由运动转为静止，均应逐渐变化而不是突变，加速度峰值不能太高，以减小高速运转时由惯性力引起的激震作用。

（2）在打纬时刻，根据织物特点，筘座加速度值可有两种设计方式：对于厚重织物，为了形成惯性打纬，要保证加速度的大小能够产生足够的惯性力以克服打纬阻力；对于织造一般织物的高速织机，一般采用非惯性打纬，筘座的加速度曲线及其导数要求连续。

（3）高速运转时，还应考虑主轴回转不匀对运动规律产生的畸变影响。

为了满足上述要求，共轭凸轮机构从动件（筘座）的运动规律通常采用组合式运动规律。如修正梯形加速度规律，加速度最大值较小，运动起始和结束时加速度变化缓和，高速适应性好，在实际中应用较多。

二、凸轮机构从动件的运动规律

凸轮机构中组合式运动规律是由基本形式运动规律（三角函数运动规律、多项式运动规律）根据边界条件组合设计而成的，在《机械原理》《机构学》的书籍中都有论述，这里不再详细介绍，只是给出各种运动的表达式和特点。本节主要介绍组合式运动规律的设计过程。

（一）三角函数运动规律

1. 简谐运动规律(余弦加速度运动规律)

当一点沿圆周做等速运动时，该点在圆周直径上的投影运动称为简谐运动。若从动件运动规律为间歇运动，则其位移、速度和加速度与凸轮转角的关系表达式为：

$$\begin{cases} s = \dfrac{h}{2}\left(1 - \cos\dfrac{\pi}{\phi_0}\phi\right) \\ v = \dfrac{\pi h\omega}{2\phi_0}\sin\dfrac{\pi}{\phi_0}\phi \\ a = \dfrac{\pi^2 h\omega^2}{2\phi_0^2}\cos\dfrac{\pi}{\phi_0}\phi \end{cases} \tag{10-38}$$

式中：h 为直动从动件的动程；ϕ_0 为与 h 相对应的凸轮转角；ϕ 为某一时刻凸轮的转角；ω 为凸轮的角速度（常数）；s 为从动件的线性位移；v 为从动件的速度；a 为从动件的加速度。

以下关于凸轮从动件的运动规律方程中，如没有特别说明，各个符号的含义同上。

从式（10-38）可以看出，从动件做简谐运动时，其加速度按余弦规律变化，所以简谐运动又称为余弦加速度运动。

图 10-13 为余弦加速度运动规律的位移、速度和加速度曲线。当凸轮角转过 ϕ_0 角度，从动件从起始位置上升一个动程 h，其加速度曲线相当于余弦曲线的半个周期。若将此运动规律用于“停—升—停”型运动，则从动件的加速度在起始和终止时刻不连续，机构将产生柔性冲击，故该运动规律仅适用于中低速。若将该运动规律用于“升—降—升”型运动，即两个运动周期之间从动件没有停歇过程，则加速度曲线成为连续曲线，如图 10-14 所示，不存在柔性冲击，可用于高速。

2. 正弦加速度运动规律

这种运动规律的加速度方程式为整个周期的正弦曲线，其位移、速度和加速度的表达为：

$$\begin{cases} s = h\left(\dfrac{\phi}{\phi_0} - \dfrac{1}{2\pi}\sin\dfrac{2\pi}{\phi_0}\phi\right) \\ v = \dfrac{h\omega}{\phi_0}\left(1 - \cos\dfrac{2\pi}{\phi_0}\phi\right) \\ a = \dfrac{2\pi h\omega^2}{\phi_0^2}\sin\dfrac{2\pi}{\phi_0}\phi \end{cases} \tag{10-39}$$

图 10-15 为正弦加速度运动规律的位移、速度和加速度曲线。将其用于“停—升—停”型运动，从动件在起始和终止位置的加速度无突变，即无柔性冲击，运动平稳。

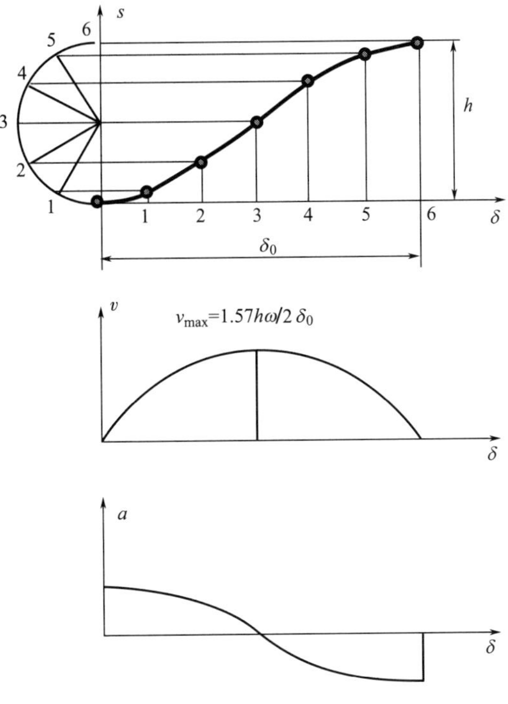

图 10-13　简谐运动曲线

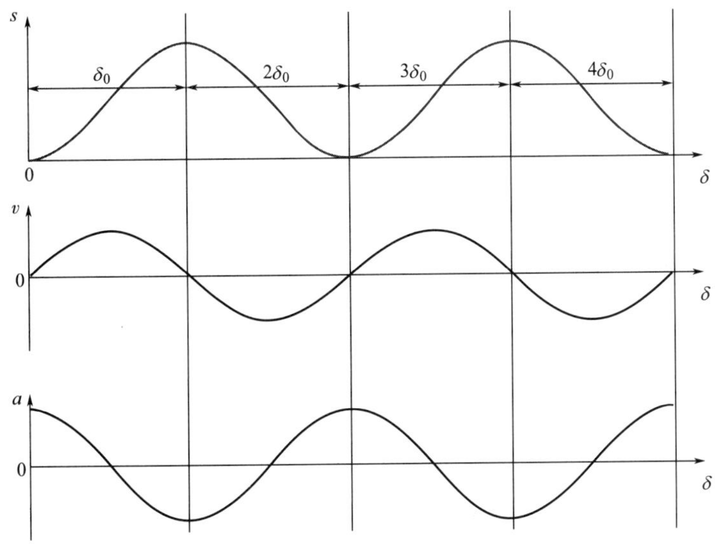

图 10-14　简谐运动用于“升—降—升”型运动

(二) 多项式运动规律

多项式运动规律的位移方程式一般表达为：

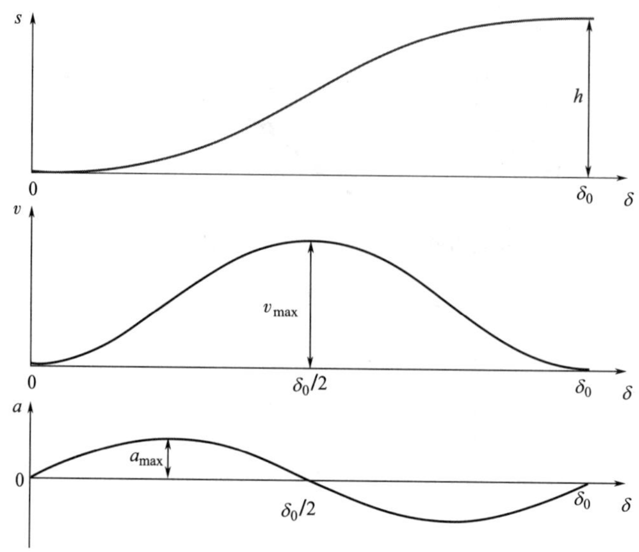

图 10-15　正弦加速度运动曲线

$$s = C_0 + C_1\phi + C_2\phi^2 + C_3\phi^3 + \cdots + C_n\phi^n \qquad (10-40)$$

式中，C_0，C_1，C_2，…，C_n 均为系数。常用的多项式运动规律有等速运动、等加速运动、等减速运动和五次多项式运动。

1. 一次多项式运动(等速运动) 规律

$$\begin{cases} s = \dfrac{h}{\phi_0}\phi \\ v = \dfrac{h}{\phi_0}\omega \\ a = 0 \end{cases} \qquad (10-41)$$

一次多项式运动规律的速度曲线是一条水平直线，故又称为等速运动规律，曲线如图 10-16 所示。这种运动规律用于“停—升—停”型运动，从动件在始、末位置分别有正、负无穷大的加速度，产生理论上无穷大的惯性力，出现所谓刚性冲击。所以单纯采用等速运动规律以实现“停—升—停”型运动是不合适的，需要在此基础上进行改进。

2. 二次多项式运动(等加速、等减速运动) 规律

二次多项式运动规律由两段组成，即等加速段和等减速段，其中，等加速段的位移、速度和加速度表达式为：

$$\begin{cases} s = 2h\left(\dfrac{\phi}{\phi_0}\right)^2 \\ v = \dfrac{4h\omega}{\phi_0}\cdot\dfrac{\phi}{\phi_0} \qquad \left(0 \leqslant \phi \leqslant \dfrac{\phi_0}{2}\right) \\ a = \dfrac{4h\omega^2}{\phi_0^2} \end{cases} \qquad (10-42)$$

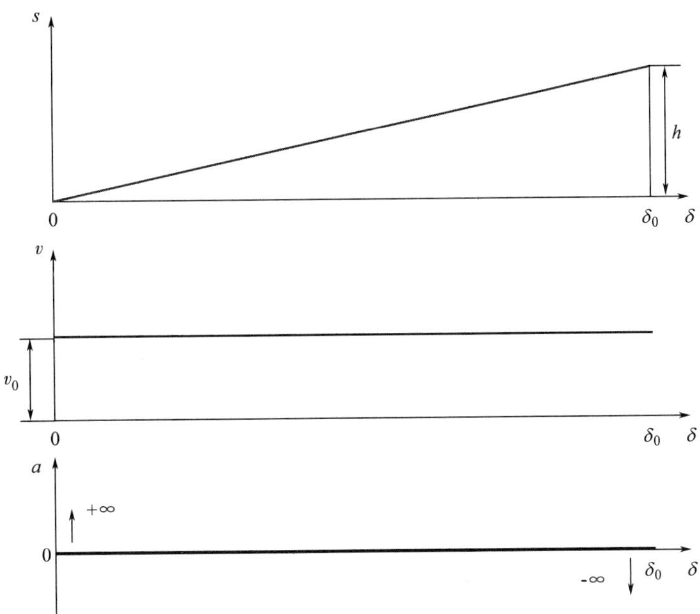

图 10-16 等速运动规律曲线

等减速段的位移、速度和加速度方程式为：

$$\begin{cases} s = h - \dfrac{2h}{\phi_0^2}(\phi_0 - \phi)^2 \\ v = \dfrac{4h\omega}{\phi_0}\left(1 - \dfrac{\phi}{\phi_0}\right) \quad \left(\dfrac{\phi_0}{2} \leqslant \phi \leqslant \phi_0\right) \\ a = -\dfrac{4h\omega^2}{\phi_0^2} \end{cases} \tag{10-43}$$

二次多项式运动规律曲线如图 10-17 所示。

等加速等减速运动规律在起始点和终止点虽然没有速度突变，但在这两点及中点仍有加速度突变，即存在柔性冲击。在高速条件下，震动、冲击仍较剧烈，因而在一定程度上限制了这种运动规律的应用。

3. 五次多项式运动(等速运动) 规律

五次多项式运动规律的表达式为：

$$\begin{cases} s = h\left[10\left(\dfrac{\phi}{\phi_0}\right)^3 - 15\left(\dfrac{\phi}{\phi_0}\right)^4 + 6\left(\dfrac{\phi}{\phi_0}\right)^5\right] \\ v = \dfrac{h\omega}{\phi_0}\left[30\left(\dfrac{\phi}{\phi_0}\right)^2 - 60\left(\dfrac{\phi}{\phi_0}\right)^3 + 30\left(\dfrac{\phi}{\phi_0}\right)^4\right] \\ a = \dfrac{h\omega^2}{\phi_0^2}\left[60\left(\dfrac{\phi}{\phi_0}\right) - 180\left(\dfrac{\phi}{\phi_0}\right)^2 + 120\left(\dfrac{\phi}{\phi_0}\right)^3\right] \end{cases} \tag{10-44}$$

图 10-18 所示为五次多项式运动规律的运动曲线，由图可见，其加速度变化比较缓和，因而常在较高速度的凸轮机构中应用。

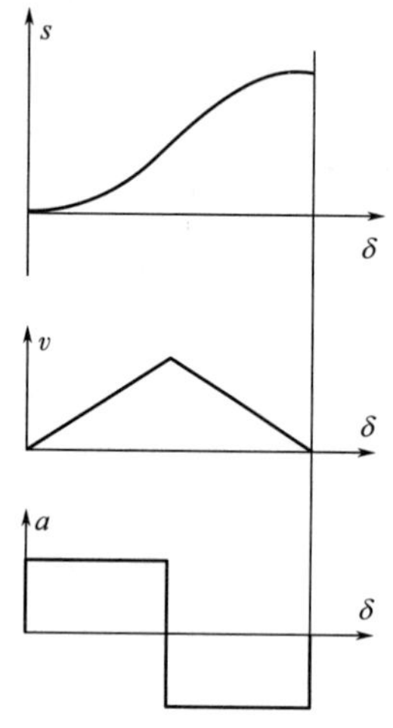

图 10-17　等加速等减速运动规律曲线

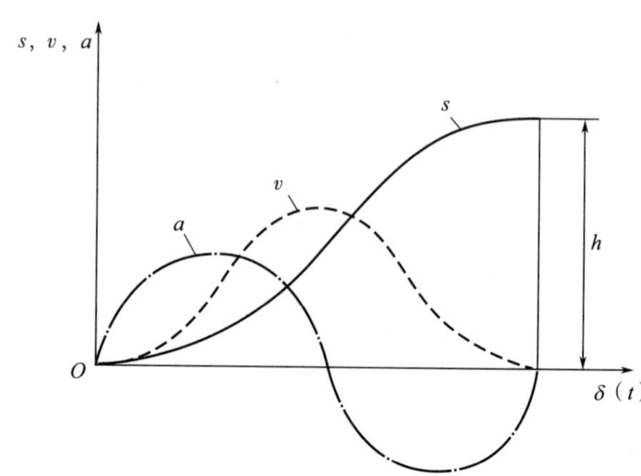

图 10-18　五次多项式运动规律曲线

用同样的方法，可以得到从动件回程时的运动方程为：

$$\begin{cases} s = h - h\left[10\left(\dfrac{\phi}{\phi_0}\right)^3 - 15\left(\dfrac{\phi}{\phi_0}\right)^4 + 6\left(\dfrac{\phi}{\phi_0}\right)^5\right] \\ v = -\dfrac{h\omega}{\phi_0}\left[30\left(\dfrac{\phi}{\phi_0}\right)^2 - 60\left(\dfrac{\phi}{\phi_0}\right)^3 + 30\left(\dfrac{\phi}{\phi_0}\right)^4\right] \\ a = -\dfrac{h\omega^2}{\phi_0^2}\left[60\left(\dfrac{\phi}{\phi_0}\right) - 180\left(\dfrac{\phi}{\phi_0}\right)^2 + 120\left(\dfrac{\phi}{\phi_0}\right)^3\right] \end{cases} \tag{10-45}$$

对于更高次方的运动规律，如七次多项式运动规律，再添两个系数，可相应增加两个边界条件，以控制从动件在始、末位置的跃度（加速度的导数）。推导方法与上述相同。

（三）组合式运动规律

为了消除上述单一运动规律中存在的刚性冲击或柔性冲击，将两种或两种以上的单一运动规律按照一定的原则进行组合，可得到组合运动规律。为了消除冲击，在两种运动规律的连接点处，要保证它们的位移、速度和加速度分别相等，这就是两种运动规律进行组合时应满足的边界条件。

下面以正弦加速度与等速运动规律的组合为例进行分析。

等速运动规律的从动件在运行的过程中速度平稳，加速度为 0，故对机构的运行有利，但其在运动的始、末存在刚性冲击。如果单一采用该运动规律，将会在运动的起始和终止时产生巨大的惯性冲击，对机器极其不利，所以需进行改进。改进的方法是，在运动的始、末两端用正弦加速度曲线、余弦加速度曲线或其他曲线进行光滑连接。

下面介绍用正弦加速度运动规律对其进行修正的方法，其他的组合方式可参考此方法进行。

正弦加速度与等速运动规律组合的位移、速度和加速度曲线如图 10-19 所示，ϕ_1、ϕ_3 为正弦加速度对应的凸轮转角，ϕ_2 为等速运动规律对应的凸轮转角。通常，取 $\phi_1 = \phi_3 = \phi_0/4$，即升程运动的一半时间为正弦加速度运动，且分布在前四分之一和后四分之一段。因为这种组合运动规律在始、末两点处的加速度均为零，可用于工作行程需等速的“停—升—停”型运动。

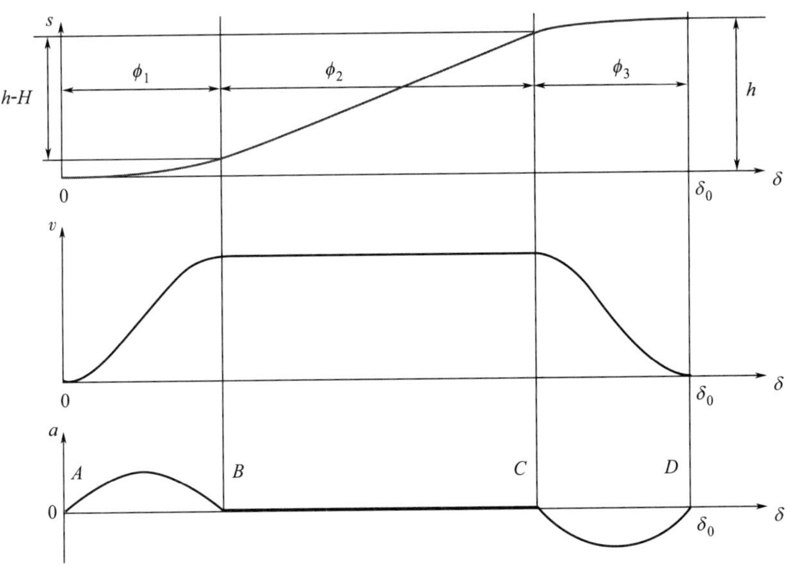

图 10-19 正弦加速度与等速运动规律组合

设正弦加速度运动所对应的从动件位移（AB 段和 CD 段位移之和）为 H，则以 $\phi_0/2$ 和 H 分别替换式（10-39）中的 ϕ_0 和 h，有：

$$\begin{cases} s = H\left(\dfrac{2\phi}{\phi_0} - \dfrac{1}{2\pi}\sin\dfrac{4\pi}{\phi_0}\phi\right) \\ v = \dfrac{2H\omega}{\phi_0}\left(1 - \cos\dfrac{4\pi}{\phi_0}\phi\right) \\ a = \dfrac{8\pi H\omega^2}{\phi_0{}^2}\sin\dfrac{4\pi}{\phi_0}\phi \end{cases} \tag{10-46}$$

在 B 点处，$\phi = \phi_0/4$，代入式（10-46），可求得 B 点处从动件的位移、速度和加速度：

$$\begin{cases} s_B = H/2 \\ v_B = 4H\omega/\phi_0 \\ a = 0 \end{cases} \tag{10-47}$$

对于 BC 段，可直接应用式（10-40），并用上述相同的方法确定：$C_0 = H/2$，$C_1 = 4H/\phi_0$。这样，等速运动的规律可写为：

$$\begin{cases} s_B = H\left(\dfrac{4\phi}{\phi_0} - \dfrac{1}{2}\right) \\ v_B = \dfrac{4H\omega}{\phi_0} \\ a = 0 \end{cases} \tag{10-48}$$

当凸轮转过整个升程运动角的一半，即 $\phi = \phi_0/2$ 时，从动件也运动到升程的一半，即 $s = h/2$，把这个对应关系代入式（10-46）得 $H = h/3$。依次代入式（10-46）和式（10-48），就可以得 AB 段和 BC 段的运动方程式。

AB 段：$0 \leqslant \phi \leqslant \dfrac{\phi_0}{4}$

$$\begin{cases} s = \dfrac{h}{3}\left(\dfrac{2\phi}{\phi_0} - \dfrac{1}{2\pi}\sin\dfrac{4\pi}{\phi_0}\phi\right) \\ v_B = \dfrac{2h\omega}{3\phi_0}\left(1 - \cos\dfrac{4\pi}{\phi_0}\phi\right) \\ a = \dfrac{8\pi h\omega^2}{3\phi_0^2}\sin\dfrac{4\pi}{\phi_0}\phi \end{cases} \tag{10-49}$$

BC 段：$\dfrac{\phi_0}{4} \leqslant \phi \leqslant \dfrac{3\phi_0}{4}$

$$\begin{cases} s = \dfrac{h}{3}\left(\dfrac{4\phi}{\phi_0} - \dfrac{1}{2}\right) \\ v_B = \dfrac{4h\omega}{3\phi_0} \\ a = 0 \end{cases} \tag{10-50}$$

根据对称关系进一步导出与 AB 段对称的 CD 段的运动方程式。

CD 段：$3\phi_0/4 \leqslant \phi \leqslant \phi_0$

$$\begin{cases} s = \dfrac{h}{3}\left(1 + \dfrac{2\phi}{\phi_0} - \dfrac{1}{2\pi}\sin\dfrac{4\pi}{\phi_0}\phi\right) \\ v_B = \dfrac{2h\omega}{3\phi_0}\left(1 - \cos\dfrac{4\pi}{\phi_0}\phi\right) \\ a = \dfrac{8\pi h\omega^2}{3\phi_0^2}\sin\dfrac{4\pi}{\phi_0}\phi \end{cases} \tag{10-51}$$

各种单一运动规律及组合型运动规律的最大速度 v_{max} 和最大加速度 a_{max} 如表 10-1 所示，表中还列出了各种运动规律的荐用范围，供选择从动件运动规律时参考。

应注意的是，上述各种运动规律方程式都是以直动从动件为对象来推导的，如为摆动从动件，则应将式中的 h、s、v 和 a 分别更换为动程角 β_m、角位移 β、角速度 ω 和角加速度 ε 。

表 10-1　各种运动规律特性比较

运动规律	最大速度 v_{max} ($h\omega/\phi_0$) ×	最大加速度 a_{max} ($h\omega^2/\phi_0^2$) ×	冲击	适用工况
等速运动规律	1.00	∞	刚性	低速轻负荷
改进等速（正弦）	1.33	8.38	—	低速重负荷
改进等速（余弦）	1.22	7.68	—	低速重负荷
等加速等减速	2.00	4.00	柔性	中速轻负荷
余弦加速度	1.57	4.93	柔性	中低速中负荷
正弦加速度	2.00	6.28	—	中高速轻负荷
改进型正弦加速度	1.76	5.53	—	中高速重负荷
改进型梯形加速度	2.00	4.89	—	高速轻负荷
五次多项式	1.88	5.77	—	高速中载荷

三、共轭凸轮的设计

共轭凸轮打纬机构的设计，包括根据打纬工艺的要求，确定筘座的动程 β_{max}，在后死心处筘座的静止时间 ϕ_t ，设计从动件的运动规律，然后根据运动规律、空间条件、机构最大压力角 α_{max} 等要求设计凸轮机构，包括凸轮基圆半径、摆杆长度及主副摆杆之间的夹角、凸轮转动中心与摆杆摆动中心之间的距离等。当筘座运动规律设计好后，就要根据实际情况确定主、副摆杆的长度 l_1、l_2 及主、副摆杆之间的夹角 γ ，然后在保证最大压力角在许用范围之内的条件下确定凸轮转动中心至摆杆摆动中心之间的距离 a，最后设计出凸轮轮廓曲线。

（一）确定凸轮和摆杆的中心距 *a*

如图 10-20 所示，设 O_1 为凸轮转动中心，O_2 为摆杆摆动中心，A 点为主从动杆转子中心。当凸轮绕 O_1 点转动时，转子中心 A 点受到凸轮的作用力 F_{12}，该力沿凸轮理论廓线的法线方向。A 点的速度 v_2 则垂直于摆杆 O_2A。F_{12} 与 v_2 之间所夹的锐角就是此时凸轮机构的压力角 α。另外，根据三心定理，凸轮与摆杆的速度瞬心 P_{12} 是凸轮理论轮廓线在 A 点的法线与 O_1O_2 连线（或其延长线）的交点，分别如图 10-20（a）和图 10-20（b）所示。连接 AP_{12}，并过 O_1 点作 AP_{12} 的平行线，交于 O_2A（或其延长线）于 B 点。则有以下关系存在：

$$\frac{AB}{O_2A}=\frac{P_{12}O_1}{P_{12}O_2}=\frac{\omega_2}{\omega_1}$$

因此：

$$AB=O_2A\frac{\omega_2}{\omega_1}=\frac{v_B}{\omega_1} \tag{10-52}$$

由机械原理知，当 ω_2、ω_1 转向相反时，瞬心 P_{12} 在 O_1O_2 的连线上，B 点应在 O_2A 的延长线上［图 10-20（a）］；而当 ω_2、ω_1 转向相同时，瞬心 P_{12} 应在 O_1O_2 的延长线上，B 点应在 O_2A 的上［图 10-20（b）］。因此，在式（10-52）中引入“-”号，表示 AB 与 O_2A 的方

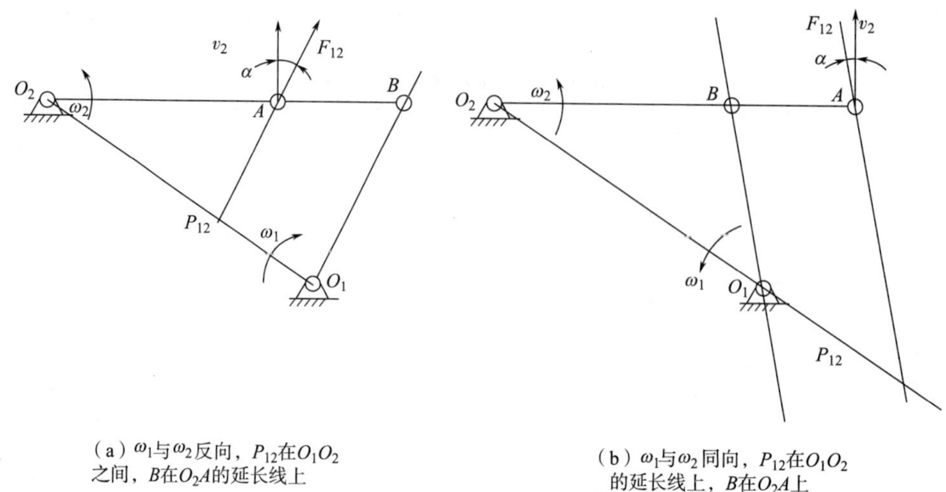

（a）ω_1与ω_2反向，P_{12}在O_1O_2之间，B在O_2A的延长线上

（b）ω_1与ω_2同向，P_{12}在O_1O_2的延长线上，B在O_2A上

图 10-20　凸轮和从动件转向与瞬心位置的关系

向之间的关系，则式（10-52）转化为：

$$\overrightarrow{AB}=-\overrightarrow{O_2A}\frac{\boldsymbol{\omega}_2}{\boldsymbol{\omega}_1}=-\frac{v_B}{\boldsymbol{\omega}_1} \tag{10-53}$$

由式（10-52）可知，AB 线段长度等于从动杆上滚子转动中心线速度 v_B 与凸轮角速度 ω_1 的比值。若给定凸轮机构的许用压力角为［α］，在机构运动的某一时刻，根据 ω_2、ω_1 的转向关系，自 A 点在 O_2A 或 O_2A 的延长线上量取线段 AB，使其大小等于上述瞬时速比，可得到 B 点。再自 B 点作两条直线，使其与 O_2A 分别成 90°-［α］和 90°+［α］（称为边界线），如图 10-21 所示。如果凸轮转动中心就设在此两条直线上，则凸轮的压力角均等于［α］。而在此两直线所夹区域内，凸轮压力角将小于许用压力角［α］，此区域即为该时刻凸轮转动中心的理想设置区。将凸轮机构一个运动周期内各时刻所对应的两根边界线都绘出，这一系列边界线所包围的共有区域就是满足 $\alpha<$［α］要求的凸轮转动中心理想设置区，叫作凸轮转动中心的可行域。且如图 10-21 所示，若凸轮转动中心 O_1 设在摆杆 O_2A 的下方，则边界线取下半部分（$O_{1下}$所在区域），

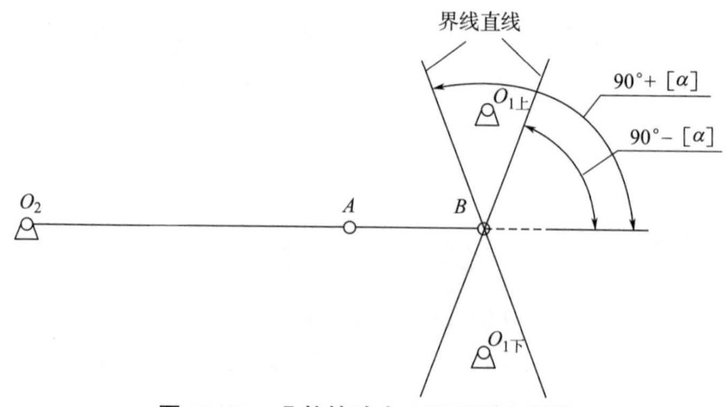

图 10-21　凸轮转动中心可行域边界线

反之，若凸轮转动中心 O_1 设在摆杆 O_2A 的上方，则边界线取上半部分（$O_{1上}$所在区域）。

由于共轭凸轮机构的主从动杆与副从动杆固结在一起，它们的运动规律完全相同，因此，通过上述方法所求出的主、副凸轮转动中心可行域图形完全一致，如图 10-22（a）中所示，左一区域与右一区域的线条族所围区域为主凸轮可行域；左二区域与右二区域的线条族所围区域为副凸轮可行域。图中右二与左二区域内线条族分别为左一与右一区域内线条族绕中心 O_2 顺时针旋转 γ 角所得。为清楚起见，只画出四个曲线族的包络线，如图 10-22（b）所示，结合图 10-22（a）（b）可知，求解共轭凸轮转动中心可行域时，只需绘制主凸轮可行域边界直线族所围区域，即图 10-22（b）中曲线 1、4 和曲线 2、3 所围区域，再将曲线 2、3 绕 O_2 点顺时针旋转 γ 角（主、副从动杆夹角）得曲线 2′和 3′，2′、3′两曲线所围区域即为副凸轮转动中心的可行域。两边界直线族所围共有区域［图 10-22（c）中阴影区域］即为满足许用压力角要求的共轭凸轮转动中心可行域。

图 10-22（c）中四条曲线的求解方法如下。

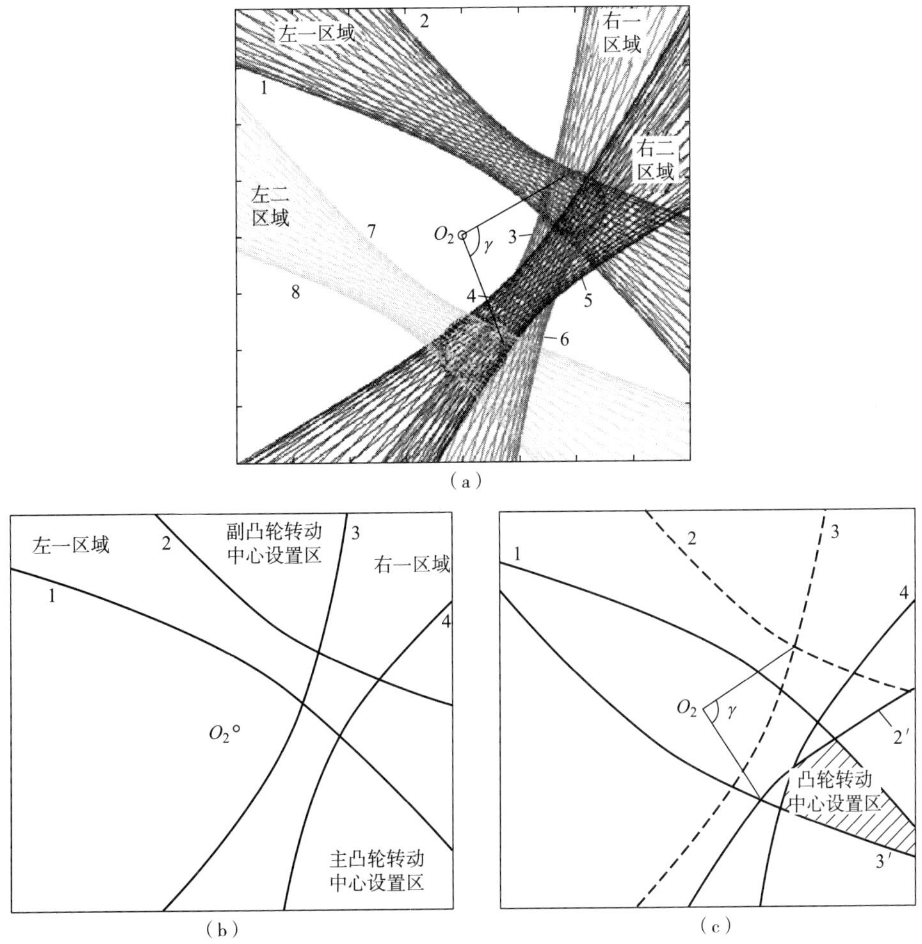

图 10-22 凸轮转动中心可行域求解

如图 10-23 所示，将从动件转动中心 O_2 设为极点，从动杆起始位置 O_2A_0 为极轴。设从动杆任意位置 O_2A 摆角为 ϕ，此时对应的边界线为 UU'，Q 为此直线上任意一点，该点的向径为 ρ，极角为 λ。取 $O_2A=1$，由式（10-53）得，$AB=e=-\dfrac{\omega_2}{\omega_1}(O_2A)=-\dfrac{\omega_2}{\omega_1}$。作 $O_2D\perp UU'$，则：

$$O_2D=(1+e)\sin\beta$$

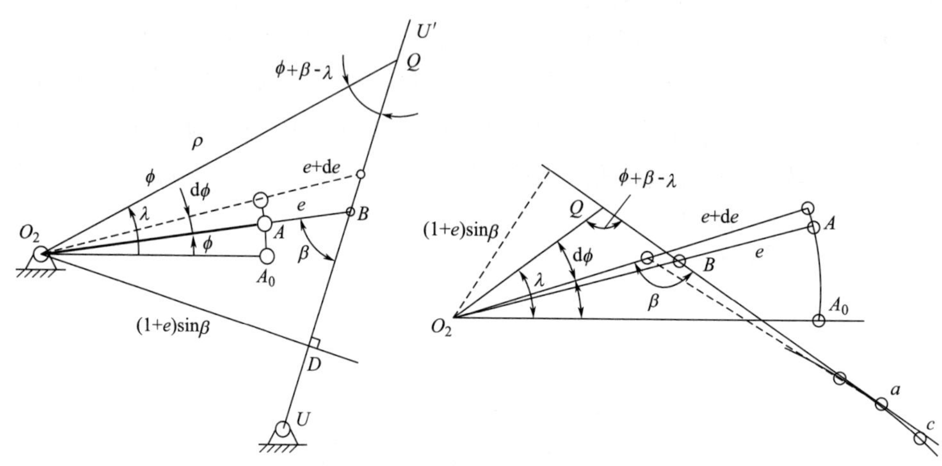

图 10-23　凸轮转动中心的可行域

在 ΔO_2QD 中：

$$\rho\sin(\phi+\beta-\lambda)=(1+e)\sin\beta \tag{10-54}$$

无限接近直线方程为：

$$\rho\sin(\phi'+\beta-\lambda)=(1+e')\sin\beta \tag{10-55}$$

其中，$\phi'=\phi+\mathrm{d}\phi$，$e'=e+\mathrm{d}e$。

将式（10-54）与式（10-55）相减，得：

$$\rho\mathrm{d}\sin(\phi+\beta-\lambda)=\sin\beta\mathrm{d}e$$

$$\rho\cos(\phi+\beta-\lambda)=\sin\beta\frac{\mathrm{d}e}{\mathrm{d}\phi} \tag{10-56}$$

将式（10-54）和式（10-56）两边平方后相加得：

$$\rho^2=\left[(1+e)^2+\left(\frac{\mathrm{d}e}{\mathrm{d}\phi}\right)^2\right]\sin^2\beta \tag{10-57 (a)}$$

将式（10-54）和式（10-56）相除得：

$$\tan(\phi+\beta-\lambda)=\frac{1+e}{\mathrm{d}e/\mathrm{d}\phi} \tag{10-57 (b)}$$

而 $\dfrac{\mathrm{d}e}{\mathrm{d}\phi}=\dfrac{\dfrac{\mathrm{d}e}{\mathrm{d}t}}{\dfrac{\mathrm{d}\phi}{\mathrm{d}t}}=\dfrac{\dfrac{-\varepsilon_2}{\omega_1}}{\omega_2}=\dfrac{-\varepsilon_2}{\omega_1\omega_2}$，代入式（10-57），可求得凸轮转动中心可行域边界包络线方

程式为：

$$\rho^2 = \left[\left(1 - \frac{\omega_2}{\omega_1}\right)^2 + \left(\frac{-\varepsilon_2}{\omega_1\omega_2}\right)^2\right]\sin^2\beta \qquad [10-58\ (a)]$$

$$\tan(\phi + \beta - \lambda) = \left(1 - \frac{\omega_2}{\omega_1}\right) \Big/ \left(\frac{-\varepsilon_2}{\omega_1\omega_2}\right) \qquad [10-58\ (b)]$$

在上式中，ε_2 为从动件角加速度，β 取 90°-［α］或 90°+［α］（选取规则在后文讨论）。

分别将推程和回程从动件运动参数（角位移 ϕ、角速度 ω_2 和角加速度 ε_2）代入式［10-58（a）］和式［10-58（b）］，即可求得极坐标下凸轮转动中心设置区。

在利用计算机求解式［10-58（a）］和式［10-58（b）］及绘图求解转动中心可行域时，应注意以下几个问题。

（1）在推程或回程起始和终止时刻摆杆角速度 ω_2 为零，但 $\sin\beta$ 不为零，因此由式［10-58（a）］得 ρ 为无穷大。为了提高计算机绘图的效率，可将起始时刻摆杆摆角设为 $\phi_b + \xi$，终止时为 $\phi_e - \xi$（其中 ξ 为大于 0 的一个很小的数据），从而避免因 ω_2 为零而引起 ρ 无穷大现象。

（2）因 ω_1 恒定，β 不变，由式［10-57（a）］可得 ρ 为常量，所以此时 4 条包络线为 4 段以 O_2 为圆心的圆弧，无法求出凸轮转动中心的设置区。解决办法是，先通过式［10-58（b）］求得 λ，再代入式（10-53）求得 ρ，问题得到解决。

（3）通过式［10-58（a）］和式［10-58（b）］或式（10-54）和式［10-58（b）］计算图 10-22（c）中 4 条包络线时，β 的取值见表 10-2。

表 10-2 β 取值表

β	曲线 1	曲线 2	曲线 3	曲线 4
η = 1	90°+［α］	90°+［α］	90°-［α］	90°-［α］
η = -1	90°-［α］	90°-［α］	90°+［α］	90°+［α］

注 当凸轮转向与从动件推程运动方向相同时 η = 1，反之 η = -1。

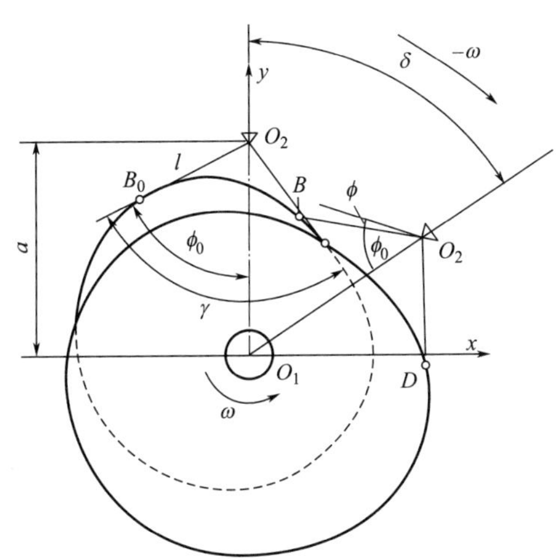

图 10-24 共轭凸轮廓线求解示意图

（4）因图 10-22（c）中曲线 2、3 由图 10-22（b）中曲线 2、3 顺时针旋转 γ 角获得，实际计算机计算时 ε 值应取 $\varepsilon - \gamma$。

（二）共轭凸轮廓线方程

下面采用反转法推导凸轮廓线方程。如图 10-24 所示，取凸轮转动中心 O_1 为原点建立直角坐标系，y 轴经过凸轮转动中心 O_1 和从动件转动中心 O_2。O_1 到 O_2 的距离为 a，从动件杆长为 l，主、副从动杆夹角为 γ，凸轮以 ω 逆时针旋转，从动杆 O_2B 起始角为 ϕ_0。在反转运动过程中，当从动件相对凸轮转过 δ 角时，从动件处于 BO_2D 位置，此时其角位移为 ϕ（规定构件逆时针转为正，顺时针为负），则 B、D 点坐标分别为：

$$\begin{cases} x_B = a\sin\delta - l\sin(\delta + \phi_0 - \phi) \\ y_B = a\cos\delta - l\cos(\delta + \phi_0 - \phi) \end{cases} \tag{10-59}$$

$$\begin{cases} x_D = a\sin\delta - l\sin(\delta + \phi_0 - \phi - \gamma) \\ y_D = a\cos\delta - l\cos(\delta + \phi_0 - \phi - \gamma) \end{cases} \tag{10-60}$$

式（10-59）、式（10-60）即为共轭凸轮埋论廓线方程。设滚子半径为 R，则共轭凸轮工作廓线方程为：

$$\begin{cases} x' = x + R\cos\theta \\ y' = y + R\sin\theta \end{cases} \tag{10-61}$$

式中：

$$\begin{cases} \sin\theta = (\mathrm{d}x/\mathrm{d}\delta)/\sqrt{(\mathrm{d}x/\mathrm{d}\delta)^2 + (\mathrm{d}y/\mathrm{d}\delta)^2} \\ \cos\theta = -(\mathrm{d}y/\mathrm{d}\delta)/\sqrt{(\mathrm{d}x/\mathrm{d}\delta)^2 + (\mathrm{d}y/\mathrm{d}\delta)^2} \end{cases} \tag{10-62}$$

计算主、副凸轮工作廓线时，求得凸轮理论廓线坐标 x、y 及对应 $\mathrm{d}x/\mathrm{d}\delta$、$\mathrm{d}y/\mathrm{d}\delta$，联立式（10-61）和式（10-62），即可求得共轭凸轮工作廓线方程 x'、y'。

四、共轭凸轮打纬机构的动态问题

由于打纬机构在一个运动周期中筘座静止时间长，运动时间短，动作急速，使凸轮打纬机构动态（机构实际运动）与静态（机构名义运动）之间有相当大的差异，主要体现在以下几方面。

（1）机构在急速的运动中显示出构件弹性的影响，筘座的实际运动实质上是围绕名义运动（类似梯形加速度规律）所做的弹性震动，实际的加速度峰值大于设计值。

（2）由于筘座运动时，实际在做弹性震动，当名义运动处于静止阶段时，筘座并不能真正静止不动，而是做衰减的自由震动，即有残余震动，这会影响在此期间引纬器引纬运动的稳定性，因此，引纬时必须加导向件；而有梭引纬无强制性导向，梭子受震动后会偏离正确飞行方向，这是凸轮打纬机构不能用于有梭引纬的一个原因。

（3）为适应高速，需压低最大加速度，并采用轻筘座结构，从而减小了打纬时的惯性力。凸轮打纬机构往往是非惯性打纬，在打纬时会产生两次间隙换向冲击，对机件的加工精度和材质要求高，并希望充分的油浴润滑，以在运动副间隙中形成油膜，可有效缓和换向冲击带来的转子对凸轮的碰撞；由于轻筘座的凸轮打纬机构往往是非惯性打纬，则启动中的首次打纬也是非惯性打纬，所以两者构件中的间隙状态是相同的，这就减少产生“开车稀弄”的可能性，并且缓和了对首次打纬时的转速要求。

（4）在动态的情况下，凸轮与转子的接触情况决定于筘座套件的动态受力状态。在空车运转不织布时，仅由惯性力的作用情况所决定，而惯性力的变化取决于加速度的规律，此接触情况关系到凸轮上磨损区域的分布以及共轭精度检测标准的掌握。

思维导图

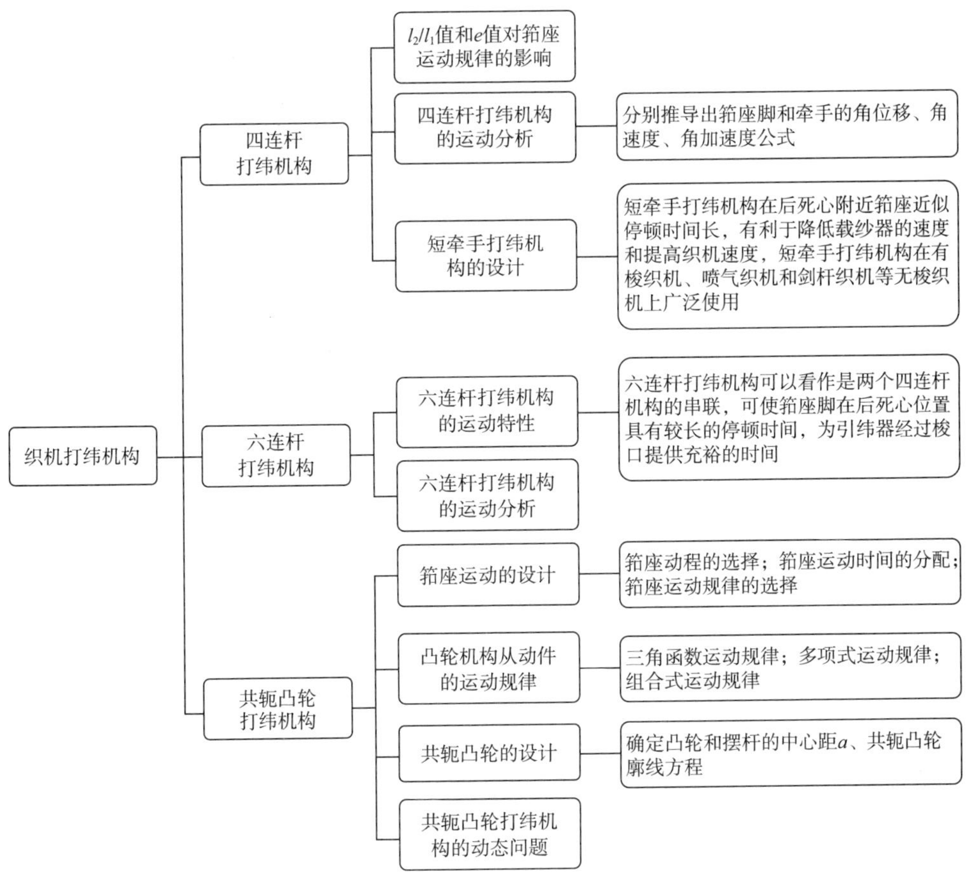

参考文献

[1] 陈革，杨建成．纺织机械概论［M］．北京：中国纺织出版社，2011.

[2] 西北工业大学机械原理及机械零件教研室．机械原理［M］．8 版．北京：高等教育出版社，2013.

[3] 魏奔，孙志宏，李子军．基于 Matlab 的共轭凸轮机构设计［J］．东华大学学报（自然科学版），2015，41（5）：663-669.

第十一章　织机的传动系统设计

引导语： 机械传动系统是指通过机械装置（电动机）将动力从一个部件传递到另一个部件的过程，它是现代工业中广泛应用的一种技术。机械传动可分为摩擦传动（靠机件间的摩擦力传递动力或运动）、啮合传动（靠主动件与从动件啮合传递动力或运动）。传动部分包括齿轮、皮带、链条、蜗轮蜗杆等，操纵部分包括离合器、变速器等，辅助部分包括轴承、密封件等。织机的传动系统是一种典型的机械传动系统，掌握其设计原理可了解机械传动的基本设计方法。

学习目标：

1. 掌握织机传动系统的组成。
2. 了解织机传动系统的离合器和制动器的工作原理。
3. 了解织机的直接式传动系统和间接式传动系统。

第一节　织机传动系统

织机的传动系统是将主电动机的动力传递到开口、引纬、打纬、送经、卷取五大执行机构，以及织边、废边、选纬、纬纱剪、废边剪、废边卷取及收集等辅助机构。本章重点讨论电动机驱动主轴（曲轴）的传动机构，包括电动机、离合器和制动器以及轮系等。

一、织机传动系统的设计要求

（一）传动系统的结构设计

重点考虑织机的负载大小（即轻型或重型织机）、启动、制动等操纵和控制要求。如高速、重型织机应考虑采用离合器以便迅速启动；宽幅织机主轴的转速低，应加装高速轴（中间轴）；高速织机为了启动、制动迅速有力，或为了结构紧凑，较多采用高速轴；多臂和提花织机为便于校正织纹组织，可加装慢速倒车装置；慢速寻纬装置用于按织物组织要求校正断纬停车的梭口，与卷取和送经机构配合，精确对准织口，方便挡车操作，可减少或消除开车稀密路。

（二）电动机的选择

电动机的力学性能需适应织机运转特性的要求，除选定合适的额定功率外，还应考虑电动机的最大转矩和最大转差率等特性参数，直接式传动系统中还要充分考虑电动机的启动转矩。

（三）传动系统的零部件设计

为确保织机的正常运转，需正确选定从电动机到主轴的传动比，根据打纬或打纬运动的剧烈程度，计算出织机在稳态运转过程中的回转不匀率（织机传动系统的等效转动惯量）等数据，依此确定三角皮带轮的直径或齿轮的模数、齿数等。在重型织机上，为保证其正常运转，大多考虑加装飞轮（惯性轮）。应全面分析织机的负载状况，并结合材料、加工、安装、调整等因素采取合理的结构设计。

织机传动系统的设计应在其他部件设计完成之后进行调整，它涉及整个织机传动系统的运动学和动力学综合计算，单凭理论分析和计算较难准确求解，需配合实验测定并应用一些经验数据，要求设计人员理论联系实际，采用适当的设计方法。设计首台样机时，应准备预案并留有足够的优化和改进空间。

二、织机传动系统的组成

织机的传动系统包括主电动机、离合器、制动器、主轴、主轴位置信号发生器（即信号盘或编码器）、慢车或倒车装置、寻纬装置等。其中，启、制动机构的性能不仅与织机的运转质量有密切的关系，还直接关系到整机能源消耗量的高低。典型的织机传动系统组成如图 11-1 所示。本章重点讨论电动机驱动主轴（曲轴）的传动机构，包括电动机、离合器和制动器以及轮系等，即图 11-1 左侧双点画线框内的部分。

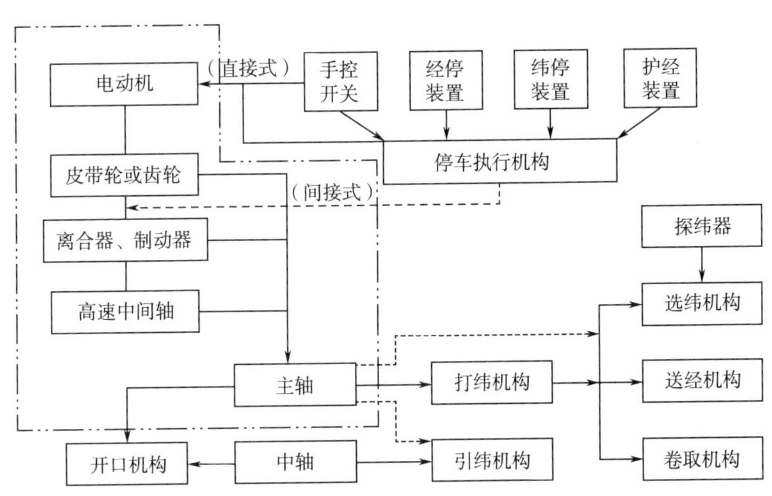

图 11-1　织机的传动系统组成

图 11-2 是一种典型的剑杆织机全机（间接式）传动示意图。主电动机 M_1 通过三角带和一对齿轮将驱动力矩传递到织机主轴 2，通过离合器与制动器 1 的接合或脱开来控制织机的启动或停止。在正常运转的情况下，M_1 和高速轴上的皮带轮是始终在运转的。

图 11-2 上方虚线框所示为寻纬装置的传动路线，寻纬小电动机 M_2 经过一对伞齿轮和蜗轮副减速后传动寻纬中间轴 17。纬停后，先踩下寻纬装置的控制踏板，使中间轴上的寻纬离

合器 16 与主传动脱开，再启动寻纬小电动机 M_2，开口凸轮 6 倒转，直到综框回到正确的梭口顺序位置时，松开踏板，停止倒转，从而处理断纬等纬向故障。

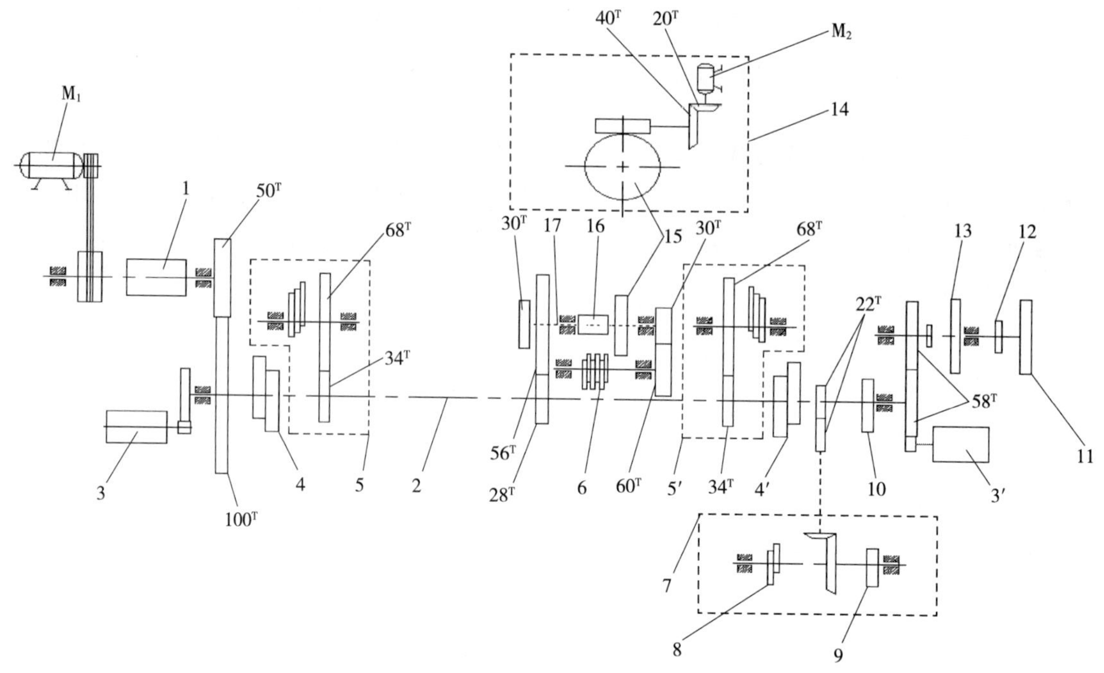

图 11-2　剑杆织机的全机传动示意图

1—离合器与制动器　2—主轴　3，3′—传剑机构　4，4′—打纬机构　5，5′—绞边机构　6—开口凸轮　7—纬纱控制箱　8—纬剪凸轮　9—混纬凸轮　10—卷取凸轮　11—手轮　12—定位控制板（信号盘或编码器）　13—送经凸轮　14—寻纬装置　15—蜗轮　16—寻纬离合器　17—寻纬中间轴　M_1—主电动机　M_2—寻纬小电动机

现代无梭织机大多将送经、卷取、储纬、织边、废边、纬纱剪、废边剪等采用独立的电动机驱动，从主传动中独立出来。

三、织机传动系统的功能要求

织机的传动系统应满足以下要求。

（1）启动迅速，在首次打纬时，织机车速就应达到或接近正常运转的速度，防止开车挡的发生。

（2）制动平稳、快捷，停车位置精确，符合工艺和操作要求，有利于重新开车启动。

（3）操作方便，既有正常启、制动功能，也可实现某些非常规操作，如慢车、一纬、手动正反向转动和寻纬等。

（4）结构紧凑，性能稳定可靠。

第二节　织机传动系统的控制原理

一、织机传动系统的离合器和制动器

织机传动系统大多使用摩擦式电磁离合器，它利用电磁力加压一对或多对摩擦面产生摩擦力来传递力矩，一般分为单片式和多片式，干式与湿式等类型。干式利用空气冷却，在离合器高速运转时，可得到良好的冷却效果；湿式将摩擦片浸在油浴中，浴油兼有润滑和冷却作用。

织机传动系统中大多采用干式单片型电磁离合器，如图 11-3（a）所示，干式单片型电磁离合器只有一个摩擦面，结构简单，散热效果好，摩擦面间无润滑油引起的黏滞，反应迅速，动作灵敏，无空转力矩，能承受高频率的离合动作，这些特点正好符合织机传动系统的需要。与湿式离合器相比较，干式离合器更容易磨损，可以通过合理的结构设计、摩擦材料的选择以及便捷的间隙调整予以弥补。

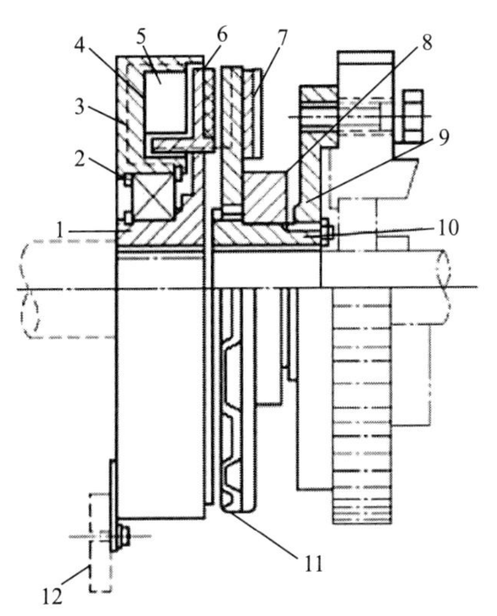

（a）干式单片型电磁离合器

1—转子　2—轴承　3—磁路　4—磁轭　5—线圈
6—摩擦片　7—衔铁　8—间隙调整装置　9—法兰
10—轴毂　11—弹簧片　12—安装板

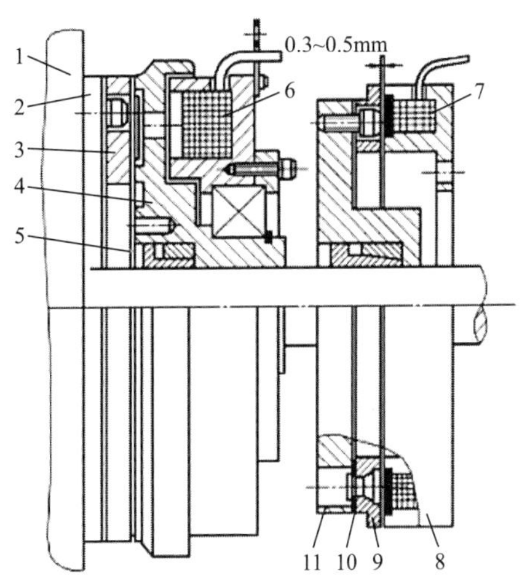

（b）单作用式电磁离合器和制动器

1—皮带轮　2—安装盘　3—离合衔铁　4—转子
5—紧定套　6—离合线圈　7—制动线圈　8—定子
9—制动衔铁　10—片簧　11—链接盘

图 11-3　织机传动系统的离合器和制动器

干式单片型制动器的工作原理与离合器相同，若离合器中的转子固装在磁轭上静止不动成为定子，离合器就变作了制动器。从结构上看，离合器和制动器既可以分开制作，独立作用，也可以合在一起，兼有两者的作用。

分开作用的称为单作用式，如图 11-3（b）所示，其结构简单，安装容易，调节方便，但占用空间大。其作用原理是：离合器安装盘 2 固定在皮带轮 1 上，盘 2 通过销钉可带动离合衔铁 3 转动，2 和 3 间装有片簧；转子 4 用紧定套 5 固定在主轴上，离合线圈 6 和磁轭固定在托架上，离合线圈 6 通电后，磁力透过转子 4 将离合衔铁 3 紧紧吸合在转子上，带动主轴旋转。得到制动信号时，6 断电，磁性吸力消失，离合衔铁 3 在片簧的作用下脱离转子复位。与此同时，制动线圈 7 通电，吸引制动衔铁 9 贴合在与机架固接的定子 8 上，通过链接盘 11 将主轴制动。在定子和转子与衔铁的摩擦接触面上均嵌有摩擦材料，摩擦面间的间隙为 0.3~0.5mm，长期运行后会因磨损造成间隙增加，该值超过 1mm 或有油污黏附其间，造成传递力矩降低或打滑时，应及时调整间隙或清理油污。值得注意的是，间隙过小会因摩擦面异常接触导致摩擦发热和急剧磨损，间隙过大会使离合或制动作用时间增加，造成打纬力不足或停车位置滞后等，影响织物质量。

图 11-3（b）所示的单作用式电磁离合器和制动器，也可将离合器和制动器分别安装在织机主轴的两端，结构简单，便于调整，还可以根据织机的需要加装惯性轮等。

织机传动系统可分为直接式传动和间接式传动两大类。为提高织机的工作性能或满足织机的特殊需要，还有一些特殊设计的传动系统。

二、织机的直接式传动系统

直接式传动系统是由电动机通过一对齿轮或皮带轮直接驱动织机的主轴，通过直接操纵电动机的开关来控制织机的启动和停止，通常配有制动机构，结构简单，多用于轻型或低速织机。图 11-4 为直接式传动系统的结构，采用直接式驱动制动器，是喷射织机常用的传动形式。

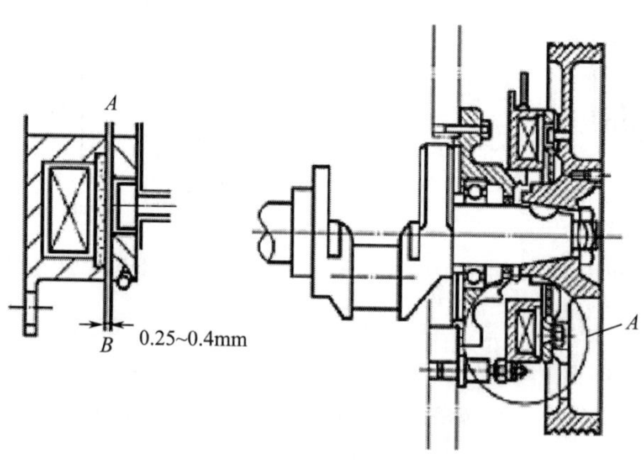

图 11-4　直接式传动系统的制动器

三、织机的间接式传动系统

间接式传动系统是电动机通过摩擦离合器驱动织机的主轴，一般离合器和制动器配对使用，在正常运转的情况下，电动机始终在运转，通过操纵离合器与制动器的接合或脱离来控制织机的启动或制动。电动机通过离合器与织机连接的示意图如图 11-5 所示。

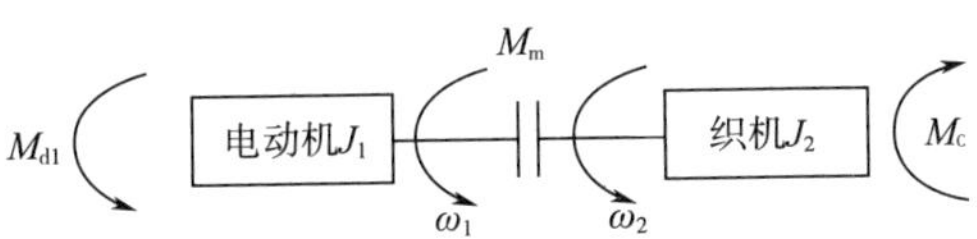

图 11-5　间接式织机传动系统示意图

在启动第一阶段，即离合器尚未接合前，电动机已在空载满速运行，接合后对电动机及离合器主动侧而言，离合器的接合力矩 M_m（动摩擦力矩）即为阻力矩，可认为是不变的常量（此时离合器处于打滑状态），此侧的等效转动惯量 J_1 也为常量。对离合器的被动侧和织机而言，M_m 即为驱动力矩，织机的负载阻力矩 M_c 是变量，此侧的等效转动惯量 J_2 也是变量。

织机间接式传动系统具有以下特点。

（1）能使织机迅速地实现启动和制动，并改善电动机的运行特性。

（2）在织机启动时，电动机已处于正常运行特性区，高速的电动机转子和与之相连的离合器动片已储存有较大的动能，起着部分飞轮的作用，对消除开车稀路有益处。

（3）缩短织机启动时间，尤其适合高速和重型织机使用。

（4）制动时不承担电动机转子和离合器动片的惯性，减轻制动负荷，有利于迅速制动。

间接式传动系统通常采用中间轴结构，即在电动机和主轴之间增加一级传动，由于中间轴的转速比织机主轴的转速高，又称高速轴。

若中间轴到织机曲轴的传动比为 i_{m1}，按功率传递公式有：

$$M_m\omega_m = M_1\omega_1$$

则织机得到的转动力矩为：

$$M_1 = \frac{\omega_m}{\omega_1}M_m = i_{m1}M_m$$

即织机主轴得到的转动力矩增大到了 i_{m1} 倍，这样离合器的制动效率可显著提高，能达到快速启动和制动的效果。

按机械动力学中质量转化的原理，中间轴及其附件的转动惯量 I'_m 在织机主轴上的转化值 I_m 为：

$$I_m = i_{m1}^2 I'_m$$

即增加 i_{m1}^2 倍，无疑增加了相当可观的飞轮质量，有利于降低织机的回转不匀率，即可提高织机的打纬力，可织造高密的织物。在同等情况下，可降低织机的能耗。

织机中间轴有以下作用。

（1）避免从电动机到织机主轴发生太大的速比变化，或可以用转速更高的电动机，因为同样功率的电动机，转速高则体积小，节省空间。

（2）传递相同的功率，中间轴上的转矩小，装于其上的离合器、制动器的规格小；或同样型号的离合器、制动器可以传递更大的功率。

(3) 中间轴可将动力传递到非动力侧，能减少传动轴系统的扭曲变形，对宽幅织机尤为有利。

(4) 带有中间（高速）轴的传动系统，已广泛应用于现代高速织机中。

(一) 间接式传动系统中电磁离合器的设计

双作用电磁离合器如图 11-6 所示，离合器和制动器合在一起的这种形式结构紧凑，外形可封闭，大多安装在高速轴上，在高速无梭织机上广泛应用。在结构上，离合片 3 和制动片 6 用销钉和中间座 4 相连，中间座以锥形张紧环和输出轴固接在一起。相对于中间座，两个摩擦片只能做轴向微动，不能做周向移动，中间座和离合器摩擦片之间有簧片隔开，实现既不阻碍与电磁铁吸合，又可传递转矩。图 11-6 所示离合器的摩擦面之间的间隙仅为（0.4±0.1）mm，结构紧密，动作灵敏可靠。

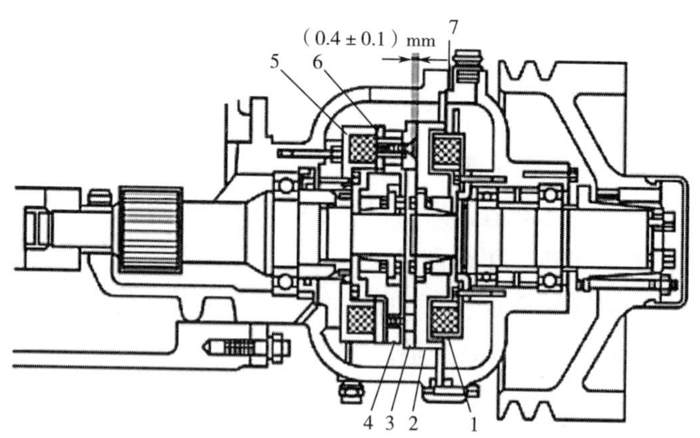

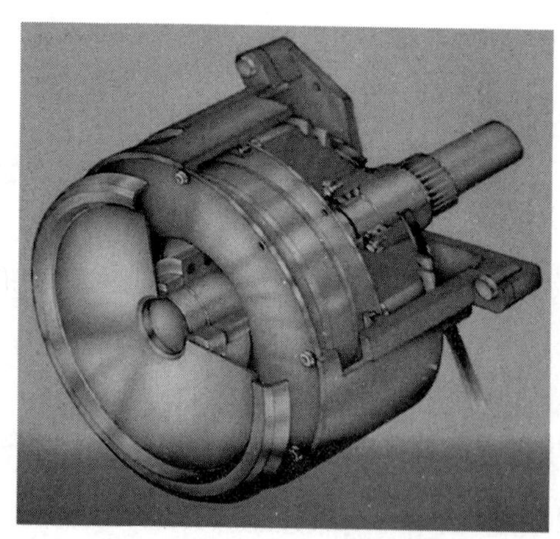

图 11-6 双作用离合器的典型结构

1—离合磁轭 2—转子 3—离合片（衔铁） 4—中间座 5—制动磁轭 6—制动片 7—间隙调整垫片

离合器的接合力矩 M_m 与使用状态有关。启动时，离合器处于打滑状态，此时的接合力矩是动摩擦力矩 M_{md}，比启动时的织机负载阻力矩 M_c 大，其差值就是加速力矩，即：

$$M_{md}=M_c+J_0\frac{dw}{dt} \tag{11-1}$$

动摩擦力矩是在接合过程中有滑移的情况下，主动侧传给被动侧的力矩值，起到启动加速的作用，是选定离合器的一个重要参数，如不能满足式（11-1），会导致织机主传动的失败。无论干式离合器还是湿式离合器，均应给出此值。

启动结束，织机以正常转速做稳态运转时，离合器完全接合，没有打滑，其接合力矩是静摩擦力矩 M_{mj}，应大于正常运转时织机的最大负载阻力矩 M_{cmax}，即：

$$M_{mj}>M_{cmax} \tag{11-2}$$

静摩擦力矩是离合器在完全接合的状态下，主动侧传给被动侧的最大力矩，负载超过此值将发生滑移，因此又称最大力矩。

若不能满足式（11-1）和式（11-2），负载不能启动或造成启动时间过长，离合器会打滑。由于离合器不像电动机有足够的过载容量，在上述两种情况下，离合器的摩擦片会急剧发热、烧坏。因此，离合器的接合力矩 M_{me} 必须大于电动机（输入端）的最大转矩 M_k，一般取 $M_{me}=1.1\sim1.4M_k$。

通常离合器的产品规格书中给出的是静摩擦力矩 M_j，动摩擦力矩在技术资料中有详细的介绍。无梭织机常用的额定静力矩值见表 11-1。

表 11-1　无梭织机常用的额定静力矩值

织机类型	额定静力矩值/（N·m）
高档剑杆织机	400~500
喷气、喷水、中速剑杆织机	350~400
普及型剑杆织机	250
高速、重载（即超大打纬力）织机	1200~2400

离合器的耗用功率一般为 40~70W，电源为 24V 直流电。电磁离合器的动作特性参数见表 11-2。

表 11-2　电磁离合器的动作特性参数

动作特性参数	参数定义
衔铁吸引时间	从通电到衔铁吸合开始产生摩擦力矩所经历的时间
力矩产生（或称接通）时间	从通电开始到摩擦力矩达到额定动摩擦力矩的 80%所经历的时间
力矩消失（或称断开）时间	从切断电流开始到降为 10%的额定力矩所经历的时间
连接时间	从发生摩擦力矩开始到连接过程结束所经历的时间

续表

动作特性参数	参数定义
启动时间	从通电开始到主动侧和被动侧同一转速回转所经历的时间
释放时间	从切断电流开始到降为空转力矩所经历的时间
线圈时间常数	电流增加到正常值的 63%所经历的时间

直流电磁线圈属于感性电路，当电流急剧发生变化时，将因自感作用而在电路内发生反电势，阻碍电流马上变化，这就是直流磁路的过渡现象。对于电磁离合器，从加上电压后到衔铁被释放，相应会有一段过渡时间，这对于织机要求快速反应是不利的。为缩短上述过程，提高灵敏度，在启动或制动开始阶段可采纳一些非常规电路。

启动时，采用快速励磁线路、过电压励磁线路或电容快速励磁线路等。过电压方式是其中常用的一种，即在启动的起始阶段，对离合线圈短时间加上额定电压 2~3 倍的高电压，缩短吸引时间，使接合力矩迅速上升，加快启动过程。

在制动时，离合线圈应及时断电，为了抑制此刻离合线圈断开时产生的过电压，可设置放电操纵回路、并联电阻、并联电容等。电容快速励磁线路在织机运转时充电，制动时以高电压对制动线圈放电，加速制动过程。

电磁离合器选型时，除满足上述基本要求外，还要向供应商充分了解其产品的技术参数以及控制要求，建议取得其一手的试验数据。

高速无梭织机还可采用超启动力矩电动机，进一步加快启动过程，以适应高速化，这种电动机的启动力矩可为正常值的 8~12 倍。

电磁离合器及其他机电接合装置的应用，使得织机的启、制动等操作可以按钮化，操作方便。常用的按钮种类有启动、停止、紧急停机、点动、后心位置、慢车、慢倒车等，以上都是操纵主传动的按钮。还有一些操纵辅助机构的按钮，例如，寻纬反转及正转，电子送经正、反转，电子卷取正、反转等。根据织机传动和设计的不同，各种机型按钮的种类略有不同。

（二）间接式传动系统的典型结构

1. MDC 单独传动控制系统

图 11-7 为 MDC 机械传动系统，是必佳乐公司推出的世界上首台电气控制的有梭织机，成功地应用于 PGW 剑杆织机上。其传动系统的动力由电动机 M 提供，经三角皮带轮 D_1、D_2 和主电磁离合器（C_1、C_2、F_1、R）传递到短高速轴 S_1，经减速轮系 RD_1 传递到织机的曲（主）轴。启动时，电磁线圈 C_1 通电，衔铁 F_1 与转子 R 吸合；制动时，离合器线圈 C_1 断开，电磁制动器线圈 C_2 通电，吸住衔铁 F_1，制动停机。按下慢车按钮，慢速线圈 C_3 通电，吸合衔铁 F_2，中心轮 Z_d 固定不（转）动，轴 S_1 由慢速轮系 RD_2 驱动，织机曲轴等反向慢速转动。MDC 系统为独立的箱式结构，可用于同系列各种型号的织机上。

2. 超级主电动机 SUMO 直接驱动系统

1999 年，必佳乐（PICANOL）公司率先将 SUMO 应用于伽玛（Gamma）剑杆织机，如

图 11-8 所示。

图文：SUMO直接驱动系统

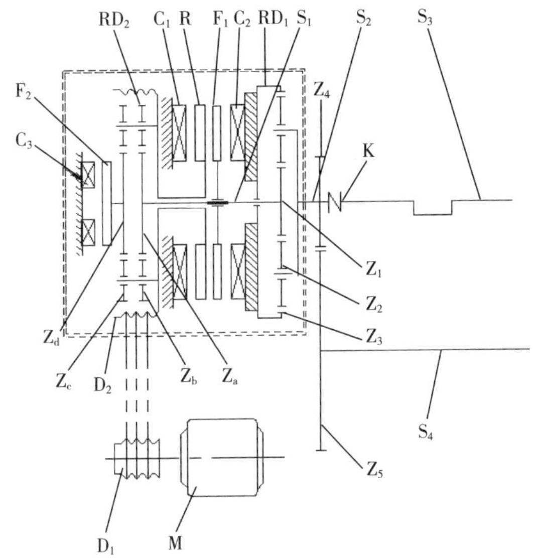

图 11-7　MDC 机械传动系统

M—电动机　D_1—电动机皮带轮　D_2—主轴皮带轮　C_1—离合器线圈　C_2—电磁制动器线圈　C_3—慢速线圈　R—转子　F_1，F_2—衔铁　S_1—高速轴　S_2—输出轴　S_3—曲轴　S_4—踏盘轴　RD_1—减速轮系　RD_2—慢速轮系　Z_1—中心轮（18^T）　Z_2—行星轮（21^T）　Z_3—内齿轮（60^T）　Z_4—曲轴齿轮（39^T）　Z_5—踏盘轴齿轮（齿数为 Z_4 的 2 倍或 3 倍）　K—联轴器　Z_a，Z_d—中心轮　Z_b，Z_c—行星轮

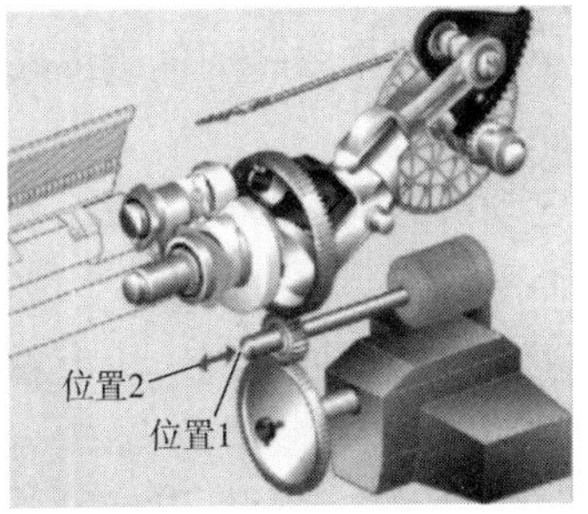

图 11-8　超级主电动机 SUMO 直接驱动系统示意图

视频：支持慢速运动的 SUMO 电动机

采用开关磁阻电动机驱动系统（SRM），通过液压控制等技术组成的简单的操纵机构，将磁阻电动机轴及轴上的齿轮轴向移动。在位置 1 时，主动小齿轮与织机的主轴齿轮和开口机构输入齿轮同时啮合，织机正常运行；在位置 2 时，主动小齿轮与织机的主轴齿轮脱离啮合，只与开口机构输入齿轮啮合，通过电动机速度的调整，可实现慢速运行、反转、寻纬等。开关磁阻电动机可使织机拥有诸如全速度控制、慢速运行、寻纬等瑕疵查找，甚至是自动综平设置等，这些性能特别适合织机工艺要求。

（1）开关磁阻电动机的特点。

①开关磁阻电动机直接驱动织机，可取消主传动皮带、主离合器、慢速自动寻纬电动机，相应功能由开关磁阻电动机完成，主机传动链得以简化。

②由于传动部件减少，易损件减少，因而物料消耗降低，且维修保养方便。

③相对采用离合器和制动器的传动系统，该系统可节能10%。

④开关磁阻电动机启动力矩大，开车和停车的参数可以通过计算机设定，织物质量得以保证。

⑤可由计算机设定织机速度等开车和停车参数，调速范围广，并能随纬纱纱线支数及强度采取在线同步变速，生产效率得以较大提高。

总之，SUMO启动时力矩为正常数值的8~12倍，织机启动的第一转就能达到正常转速，可有效防止开车挡的发生，织物质量得以保证。

（2）开关磁阻电动机调速驱动系统的主要优点。

①结构简单。电动机结构简单、成本低、可用于高速运转。SRM的结构比鼠笼式感应电动机还要简单。其转子机械强度极高，可以用于超高速运转（如每分钟上万转）。在定子方面，它只有几个集中绕组，因此制造简便、绝缘结构简单。

②电路可靠。功率电路简单可靠。因为电动机转矩方向与绕组电流方向无关，即只需单方向绕组电流，故功率电路可以做到每相一个功率开关。对比异步电动机绕组需流过双向电流，向其供电的PWM变频器功率电路每相需两个功率器件。因此，开关磁阻电动机调速系统较PWM变频器功率电路中所需的功率元件少，电路结构简单。另外，PWM变频器功率电路中每桥臂两个功率开关直接跨在直流电源侧，易发生直通短路烧毁功率器件。而开关磁阻电动机调速系统中每个功率开关器件均直接与电动机绕组串联，根本上避免了直通短路现象。因此开关磁阻电动机调速系统中功率电路的保护电路可以简化，既降低了成本，又有较高的可靠性。

③系统可靠性高。从电动机的电磁结构上看，各项绕组和磁路相互独立，各自在一定轴角范围内产生电磁转矩。而不像在一般电动机中，必须在各相绕组和磁路共同作用下产生一个旋转磁场，电动机才能正常运转。从控制结构上看，各相电路各自给一相绕组供电，一般也是相互独立工作。

④启动转矩大，启动电流低。控制器输出较少的电流，电动机得到较大的启动转矩是本系统的一大特点。典型产品的数据是：启动电流为额定电流的15%时，获得启动转矩为100%的额定转矩；启动电流为额定电流的30%时，启动转矩可达其额定转矩的250%。而其他调速系统的启动特性与之相比，如直流电动机为100%的电流，鼠笼式感应电动机为300%的电流，获得100%的转矩。启动电流小而转矩大的优点还可以延伸到低速运行段，因此本系统十分合适那些需要重载启动和较长时间低速重载运行的机械。

⑤适用于频繁启停及正反向转换运行。本系统具有的高启动转矩、低启动电流的特点，使之在启动过程中电流冲击小，电动机发热较连续额定运行时要小。适用于频繁启停及正反向转换运行。

⑥调速性能好。控制开关磁阻电动机的主要运行参数和常用方法至少有四种：相导通角、相关断角、相电流幅值、相绕组电压。可以根据对电动机的运行要求和电动机的情况，采取不同的控制方法和参数值，既可使其运行于最佳状态（如出力最大、效率最高等），还可使其实现各种不同的功能的特定曲线。如使电动机具有完全相同的四象限运行能力，并具有最高启动转矩和串励电动机的负载能力曲线。可用于速度闭环控制，并很方便地构成无静差调速系统。

⑦效率高。开关磁阻电动机调速系统是一种高效的调速系统。以3kW SRM系统为例，其系统效率在很宽范围内可以达到87%。

（3）开关磁阻电动机驱动系统的主要缺点。

①转矩脉动大，噪声、震动大。

②开关磁阻电动机转子上产生的转矩是由一些列脉冲转矩叠加而成的，这影响了SRM性能。

3. 其他电动机驱动系统的应用

超启矩电动机、直驱电动机和开关磁阻电动机驱动系统已逐渐推广，为提升织物品质、实现织机的智能化奠定了基础，尤其适用于高密度、高打纬力的特种织物。

直驱电动机采用高动态同步电动机是基于电子驱动及无刷电动机技术设计的，精确度极高，传统的齿轮、离合器等机械部件大幅减少，维护成本降低，可通过触摸屏方便地调节车速，减少设置时间，提高工作效率。

四、宽重型织机传动系统

织机传动系统是织机各个功能部件的动力站，也是织机实现其最终功能，生产出合格产品的基础和前提。需要综合运用机械、电气等各个方面的基本理论和现代设计手段，结合电力拖动、检测、数据传输及信息处理等技术，并充分借鉴先辈的经验，通过不断的实验、试验才能逐渐完善和优化。

宽重型织机大都用于工业或技术织物的织造，满足不同行业的特殊需要。

（1）宽重型织机（与普通织机相比）的特点。

①织物幅宽大，18m及以上。

②经纱的上机张力大，最大在4000kgf/m左右。

③打纬力大，最大在6000kgf/m左右。

④织造难度系数在0.9以上，甚至接近1.0。

（2）宽重型织机的传动系统设计方案。为了适应以上特点，宽重型织机传动系统设计可采取以下方案。

①采用通长的高速（中间）轴，既可适应宽重型织机转速低的需要，又可改善织机主轴的受力状况和引纬（投梭、传剑）机构的性能，保证打纬机构曲柄或共轭凸轮相对位置精确一致，兼顾改进曲轴的加工条件。传动用的离合器和制动器均安装在高速轴上，如图11-9所示。

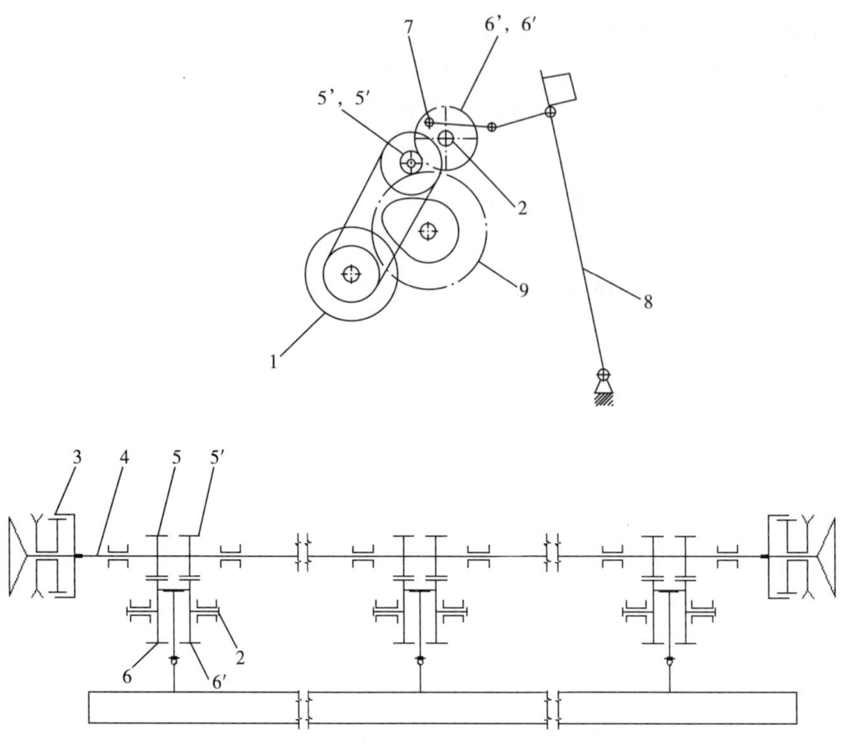

图 11-9　采用高速轴的宽重型织机传动系统示意图

1—电动机　2—主轴　3—离合器　4—高速轴　5，5′，6，6′—减速齿轮

7—曲柄销　8—筘座脚　9—投梭传动齿轮

对宽重型织机，若采用常规设计，传动力矩要通过较长的主轴（或中轴）才能传递到对侧的机构，即另一侧的打纬和引纬机构，因而对侧的打纬和引纬动作易发生相位偏差。而高速轴的采用，在传递相同功率的条件下，高速轴上承受的力矩按速比相应减小，运转时曲柄之间轴段上的扭转变形也减小，有利于多牵手或打纬凸轮相对筘座的同步传动，提高对侧引纬机构的传动刚性，改善引纬的正确性和打纬动作的一致性。

宽重型织机若不安装高速轴，而全靠织机主轴来传动整台织机的所有工作机构，由于力矩很大，离合器的接合力矩会很大，就需要相应地增加主轴的直径和离合器的尺寸。

②采用双电动机双侧同轴（同步）传动。

③采用大扭矩的气动（或液压驱动）离合器和弹簧制动器。

④采用多筘座脚打纬。

五、织机传动系统的润滑

由于织机的传动系统为其各个机构提供动力，具有载荷大、转速高的特点。因此，良好的润滑不仅是长期稳定运行的前提，还是降低能耗、延长寿命的重要保证。

织机的机构复杂而分散，润滑系统大多采用定时、定量自动润滑的方式，需要根据待润滑摩擦副载荷大小、运转速度的高低和结构尺寸等，精确计算所需的润滑油量，避免润滑不足造成的异常磨损或润滑过度造成的浪费及环境污染。现代高速织机，将主传动零部件安装在箱体内，采用油浴润滑，并对润滑油进行冷却的方式逐渐成为主流。

思维导图

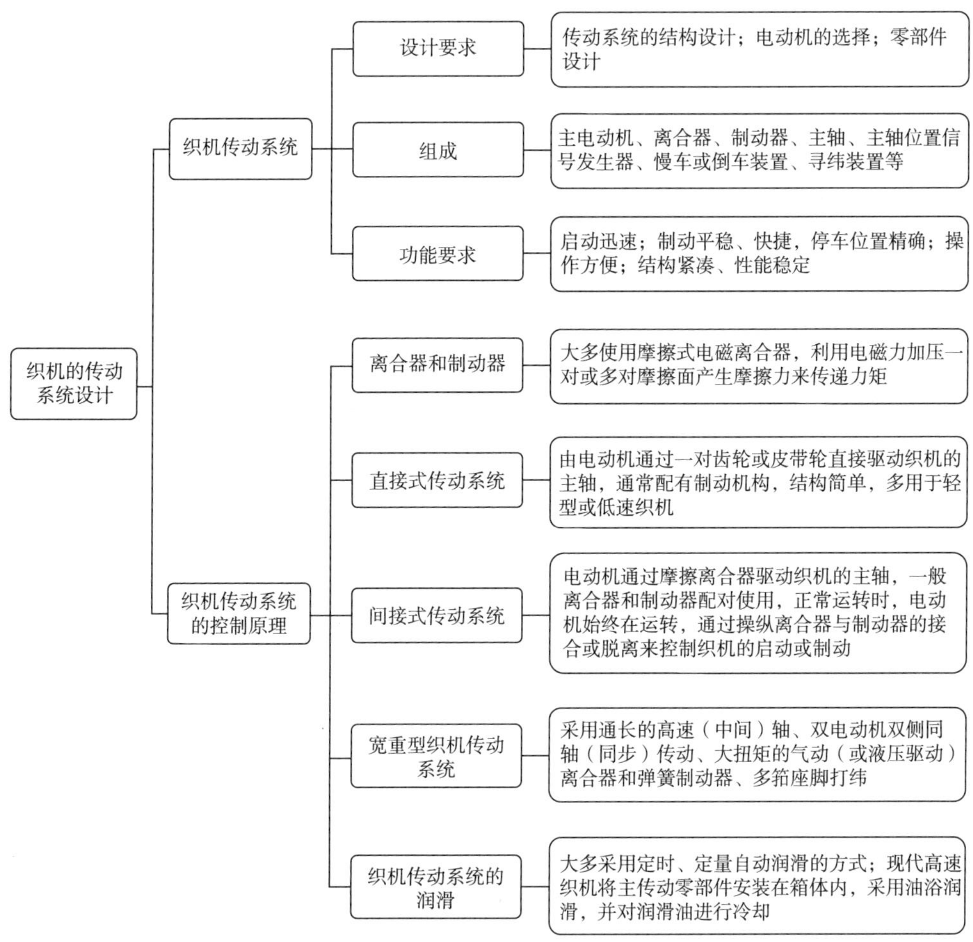

参考文献

[1] 陈人哲．纺织机械设计原理：下册［M］. 2 版．北京：中国纺织出版社，1996.

[2] 夏金国，李金海．织造机械［M］. 北京：中国纺织出版社，1999.

第十二章　纺织机械张力控制

引导语：张力控制广泛应用于纺织、印刷、包装、涂布和电子等领域，良好的张力控制对产品质量、生产效率、生产稳定性都具有重要意义。在纺织生产过程中，张力控制涉及纺丝、纺纱、织造、染整等绝大多数纺织工艺，是纺织装备开发需解决的关键共性技术问题。随着工业自动化和智能化的发展，张力控制在工业生产中的应用将会越来越广泛，要求越来越高。

学习目标：

1. 了解纺织领域典型张力应用场合。
2. 掌握纺织领域张力控制的基本方式。
3. 理解纺织领域张力闭环自动控制原理。

第一节　典型张力应用场合

在纺纱、化纤、机织、非织造、针织、印染等各大纺织领域，纺织品主要有纤维束、纱线、带材和面料等表现形态。在纺织加工过程中，不同物质形态需要不同的张力控制方式，可分为调参控制、机械控制、传感器控制和闭环自动控制。其中，张力闭环自动控制应用范围广、精度高，适用于张力控制要求高的场合，因此理解张力闭环自动控制的原理及算法是非常必要的。

一、纺纱领域

1. 平行牵伸卷绕

在纺纱生产中的卷绕主要发生在粗纱、细纱、络筒、捻线、卷纬等工序，主要是为了便于制品（或半制品）的存储和运输，便于喂给下道工序进行加工，必须把这些制品按一定规律绕成具有一定紧密度的卷装形式。

视频：筒子纱卷绕过程

以纱线平行牵伸卷绕为例，纱线卷绕是按照一定的螺旋线形式绕成管纱卷装，卷绕运动由回转运动和往复（导纱）运动复合而成。如图 12-1 所示，主传动力矩使卷绕辊回转运动，导纱瓷件做轴向往复运动，从而使纱线卷绕在纱管上。

在平行牵伸卷绕过程中，产生纱线张力的原因如下。

(1) 主动卷绕产生牵引力，主轴回转根据工艺要求略快于放卷运动，从而产生牵伸运动。

（2）导纱瓷件的往复换向运动会导致纱线张力突变，使纱线产生张力峰值。

（3）纱线在运动过程中与接触件产生的摩擦力和机械震动激励，也会产生张力。

2. 环锭加捻卷绕

在环锭纺纱过程中，环锭加捻卷绕如图 12-2 所示，锭子高速回转带动卷绕的回转运动，钢领和钢丝圈的上下运动是往复（导纱）运动。

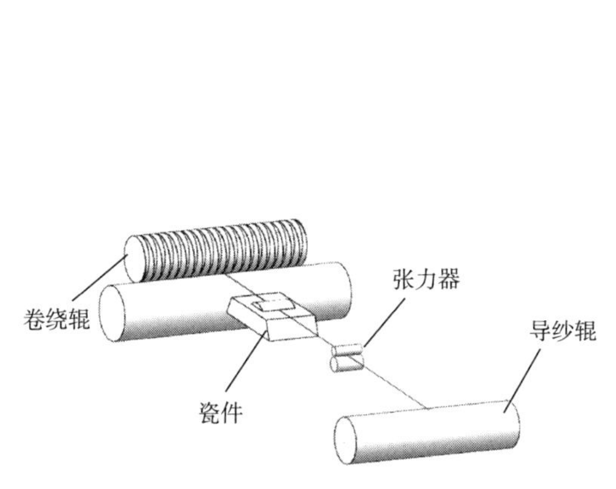

图 12-1 纱线平行牵伸卷绕

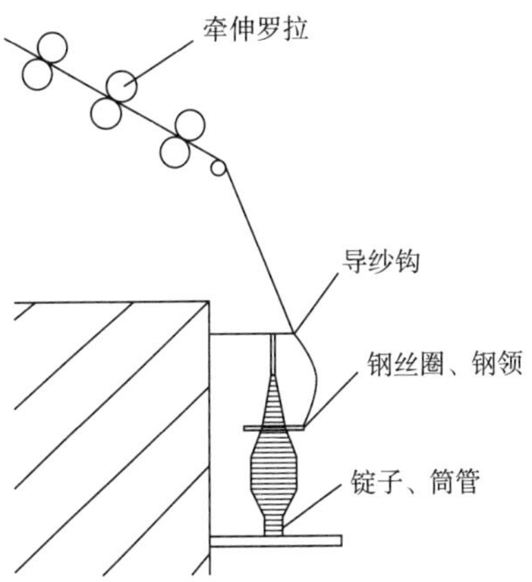

图 12-2 环锭加捻卷绕

在环锭加捻卷绕过程中，产生纱线张力的主要原因如下。

（1）钢丝圈在钢领上带动纱线做高速回转运动，使纱线产生离心力和空气阻力。

（2）纱线与导纱钩及钢丝圈之间产生的摩擦力。

（3）纱线在运动过程中因机械振动产生张力。

在纺纱过程中，若纱线张力太小，将不能实现必要的均匀捻度和筒管成形；若纱线张力过大，会导致纱线毛羽条不匀，甚至断纱。

视频：环锭纺细纱卷绕过程

二、化纤领域

在化纤长丝领域，喷丝头拉伸比（卷绕速度与挤出速度之比）是纺丝成型过程中的一个重要工艺参数。随着拉伸比增大，纺丝细流的流动向效应（流动向效应指液态纺丝流体的流动状态会对纺丝过程和成纤产品造成影响）增强，纤维强度增大。若喷丝头拉伸比过低，刚性大分子占纤维轴方向的反向程度很低，则纤维的实用价值不大。拉伸比的具体反映是张力，因此，在纺丝过程中，必须保持张力的均衡。

以化纤短丝后加工为例，其加工工艺包括集束、牵伸、水洗、上油、干燥、热定形、卷曲、切断等一系列工序。如图 12-3 所示，刀盘式切断机是化纤短丝后加工的单元机之一，位于牵引张力机之后，用于将通过牵引张力机后具有一定张力的长丝束纤维切断成定长的短纤维。

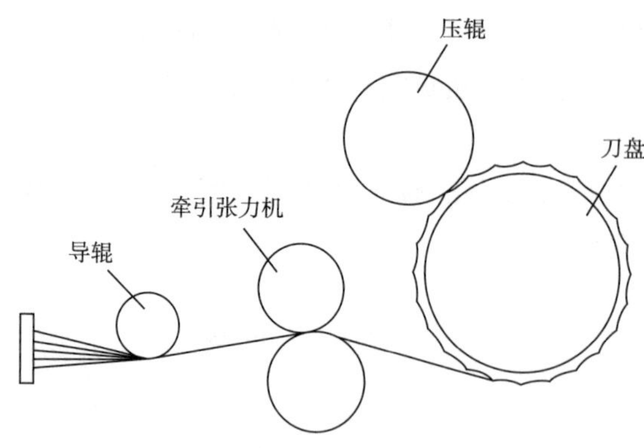

图 12-3　刀盘式切断机丝束加工示意图

视频：纤维切断机车间生产展示

由于丝束在刀盘式切断机上的缠绕厚度是随时变化的，因此丝束在随刀盘旋转时的线速度也是变化和波动的，而牵引张力机的速度不变，因此牵引张力机与切断机间丝束的张力将出现波动。按照工艺要求，丝束在切断前需经卷曲机进行卷曲加工，因此切断前的丝束存在一定的卷曲度，如果张力太小，将无法使丝束的卷曲度暂时消失，因而不能确保准确的切断长度；如果张力太大，则可能破坏丝束的卷曲度，致使丝束的卷曲度不可恢复，甚至导致丝束被拉断。因此，为确保化纤短丝的高品质，需确保合适的丝束张力，且张力变化尽可能小。

三、机织领域

机织的主要工艺流程如图 12-4 所示，其中，络筒和整经的卷绕原理比较相似，主要区别是：络筒是单头控制卷绕，整经是多头控制卷绕（图 12-5）。

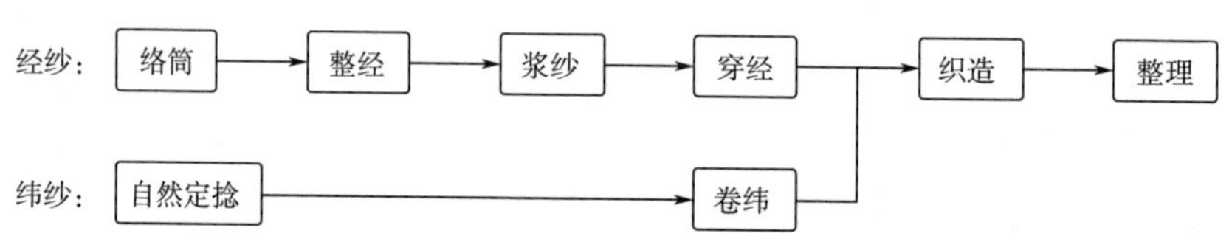

图 12-4　机织主要工艺流程

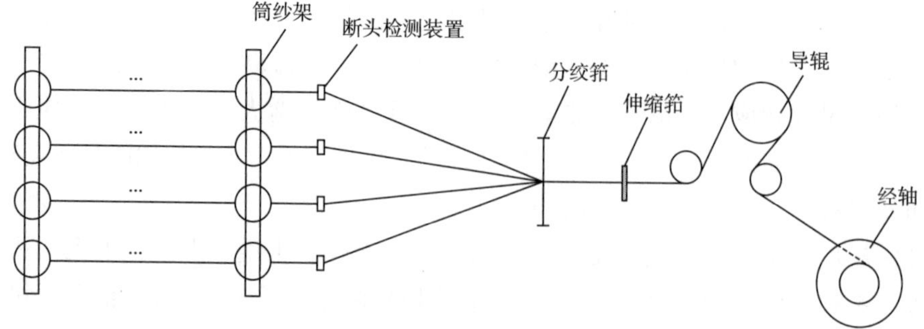

图 12-5　整经卷绕示意图

在络筒、整经过程中，应尽可能保持纱线的弹性，不损伤纱线的力学性能。单纱张力一般不宜过大，在满足经轴适当卷绕密度的前提下，尽量采用小张力卷绕，并保证张力波动要小。若单纱张力过大，会使纱线引起不必要的伸长，降低纱线的力学性能。

在络筒和整经过程中，产生纱线张力的主要原因如下。

（1）纱线的运动状态和方向突然改变。在络筒、整经工序中，纱线输送速度不匀和机件摆动会使纱线运动状态和方向改变，产生张力峰值。

（2）纱线与过纱线瓷件产生摩擦。瓷件材质颗粒大小、表面几何形状、粗糙度和硬度都会影响瓷件对纱线的摩擦力，从而影响纱线的张力。

（3）机械震动影响纱线张力。机械传动系统的震动传导到卷绕系统各零件上，会叠加产生纱线张力。

在织造过程中，包含了送经、开口、引纬、打纬、卷取五大步骤。图 12-6 为织造流程示意图。

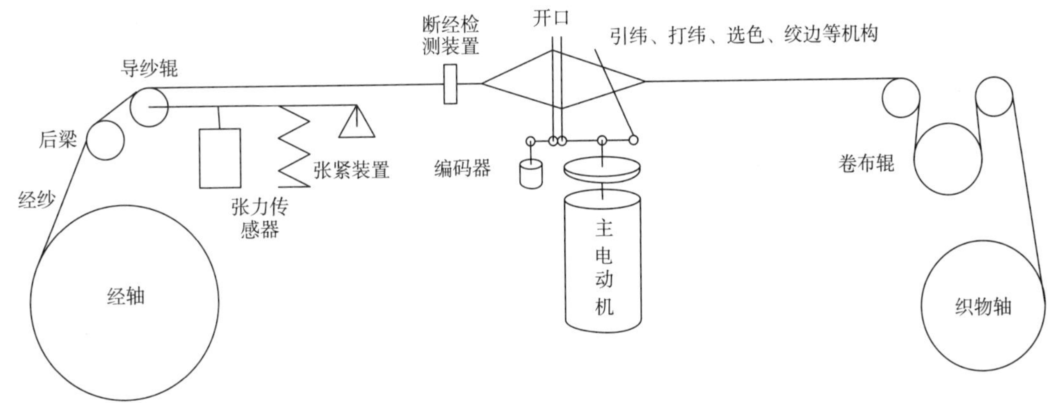

图 12-6　织造流程示意图

在织造过程中，影响经纱张力的主要原因如下。

（1）经纱的运动状态和方向突然改变。织造过程中，开口机构上下往复运动，打纬机构前后往复摆动等，使经纱的状态和方向发生显著改变，从而产生张力峰值。

（2）经纱与机件产生摩擦。在打纬过程中，钢筘与经纱毛羽产生摩擦，钢筘的筘号以及经纱的毛羽、条干均匀度等会影响经纱张力的大小。

（3）机械震动影响经纱张力。高速运转的织机开口、打纬等主要机构引起的震动传导到卷绕系统各零件上，叠加影响经纱张力。

（4）经轴直径的变化。在织造过程中，经轴直径因经纱退绕会逐渐变小，若经轴转速没有随之相应变化，将会导致经纱张力的变化。

视频：剑杆织机生产车间

在织造过程中，经纱张力的控制尤为重要，经纱张力应始终保持在规定的范围内。经纱张力过大，易导致断经停机，影响生产效率；经纱张力过小，易导致织机开口不清，影响引纬过程和织布质量。

四、非织造领域

非织造生产主要包括纤维准备、成网、加固、烘燥、后整理、成卷工艺过程。在非织造生产过程中，产品应保持恒定的张力，这要求传输辊具有稳定的线速度。如果上游非织造布产品线速度小于下游线速度，会导致非织造布松弛垮塌，甚至造成缠辊和事故；如果下游非织造布产品线速度大于上游线速度过多，将导致产品过度拉伸，出现拉痕，甚至拉断布面，损坏设备。一般来说，处于同一同步带的同步辊线速度应保持一致，处在不同同步带的单元应保持良好的速度比例关系，且同步速度需具有一定的调节能力，及时调节自身速度，使产品保持一定的张力。就非织造布生产来说，同步效果与张力控制的性能，对最终产品的质量和生产效率有着很大的影响。

视频：非织造布生产车间

五、针织领域

在经编机织造的过程中，纱线张力可分为静态张力和动态张力。静态张力也称上机张力，是经编机还未启动时的纱线张力值。若静态张力过大，会导致纱线磨损严重，从而影响织物的物理性能；若静态张力不足，纱线处于松弛状态，纱线间相互黏结，导纱针无法准确牵引纱线，影响效率。合适的静态张力，可在保证顺利成圈的同时，纱线断裂根数较少，加工的织物较平整，且成圈机件损耗较低。此外，还需根据织物的规格与样式来确定静态张力。通常情况下，对于密度较大的织物，需要选择较大的静态张力，使形成的纱路较清晰；对于密度较小的织物，在确保顺利织造的同时，应适当减小静态张力，以减少成圈机件的磨损、控制纱线断头率。

视频：针织成圈过程

图文：经编机成圈过程

动态张力是指经编机运行时的纱线张力值，其随编织时间的变化而变化，受诸多因素影响。动态张力的产生有两方面因素，一是由机械波动产生的力引起，并且受各成圈机件间运动轨迹、张力补偿装置性能影响；二是工艺参数引起的张力变化，受织物规格与样式要求和纱线本身性能等因素影响。在成圈过程中，成圈机件运动轨迹是循环变化的，这使纱线动态张力也呈周期性波动。图 12-7 所示为成圈机件的复杂运动，包括织针上下运动、导纱针前后摆动、导纱针针前/针背的垫纱运动以及沉降片前后运动，都有不同角度的需纱量，进而导致编织过程供纱量和需纱量不均衡，使纱线受到动态张力。

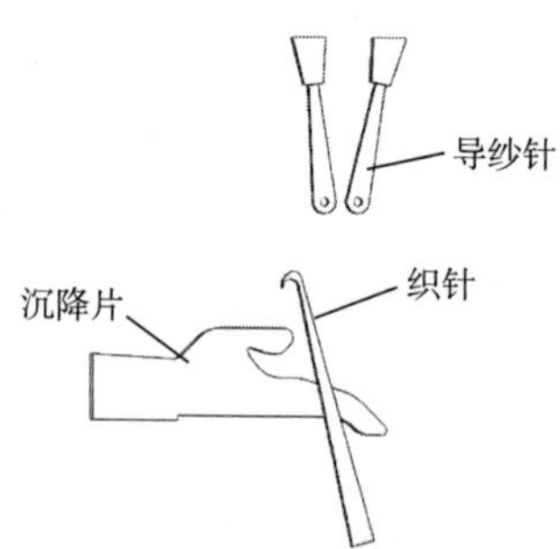

图 12-7　经编机成圈机构各部件相互关系

六、印染领域

印染工序主要包括前处理、染色、印花、整理。以柔幅针织物为例，主要有进布、轧染、收卷等主要环节（图 12-8）。

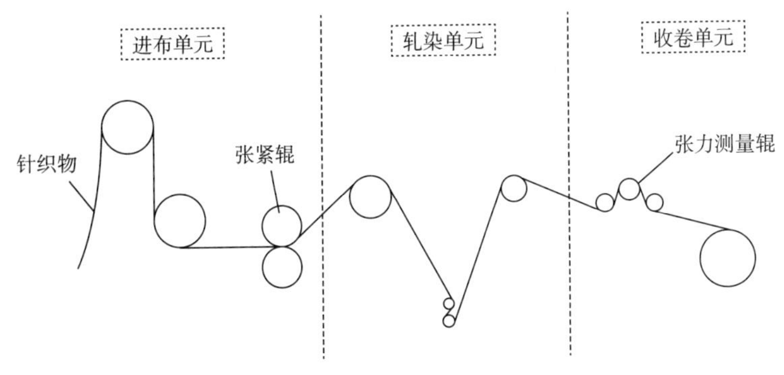

图 12-8　印染工序示意图

视频：针织物平幅印染

柔幅针织物在加工时包含干态拉伸、湿态拉伸和湿态卷绕三种形态，不同形态的张力要求也各不相同。另外，柔幅针织物由线圈相互串套而成，印染加工时受张力的作用易向中心收缩，当张力过大时，还会产生无法恢复的变形。另外，当张力波动较大时，其染色效果也会受到影响。因此，柔幅针织物在加工过程中需采用低张力控制并保持张力稳定。

在织染过程中，柔幅针织物收卷、放卷同时进行。若张力过小，织物不能紧卷成形；张力过大又易使机械过度受力，造成功率消耗，也影响布匹质量。在柔幅针织物印染过程中，张力控制应贯穿整个生产过程，只有实现稳定的张力控制才会得到高质量的针织物成品。其张力控制的主要特点如下：

（1）动态变化。运行时，收卷辊的质量会随着卷径、收卷时间的变化而变化。由于常规的控制器参数只能在某个点上进行整定，使张力控制无法达到目标。

（2）强耦合性。由于生产工艺的需要，生产线速度可能需要随时改变，而线速度的变化会导致张力的变化，同时也使针织物发生形变。因此，张力与线速度存在强耦合关系。另外，在收卷阶段，卷径与张力也存在强耦合关系。

（3）非线性和干扰因素多样性。收卷的张力系统是一个非线性、多干扰、时变、高阶的多变量系统。线速度变化时对系统的干扰最突出，如加速、减速、开机和停机；另外还有来自机械的干扰，例如机械摩擦、卷筒不圆、偏心等。

第二节　张力控制基本方式

纺织领域张力控制方式可分为调参控制、机械控制、传感器控制和闭环自动控制四种。

一、调参控制

在纱线生产过程中，工艺参数和工艺设置对纱线的张力影响较大。以环锭纺为例，纱线在加捻卷绕过程中产生的张力主要与拖拽钢丝圈高速回转、与导纱钩（钢丝圈、空气）的摩擦以及机械震动产生的力有关。因此，纱线张力的控制也可通过调整钢丝圈的型号、调整锭子转速、改善导纱钩（钢丝圈）过纱面材料与表面粗糙度、减小机架震动、提高纺纱环境空气对流稳定性等方式进行。

在织造生产过程中，可以通过调整织口位置、后梁高度等参数控制织物的张力；在针织过程，可以通过控制针数、针型、纱线线密度、织物织法等参数，控制织物的张力；在印染过程，可以使用张力稳定剂来控制织物的张力，以提高染色质量，其热定形环节可以通过控制加热和冷却织物的速度、时间来控制织物的张力。

图文：织造经纱张力调参控制

总之，通过调参进行纺织品张力控制，要求操作人员熟悉纺织品生产流程，并具有一定工艺经验知识。

二、机械控制

以络筒为例，常见的用于张力控制的机械装置有垫圈式张力装置、弹簧式张力装置、梳形式张力装置和弹簧式无柱芯张力装置，其工作原理大体相同，均以张力盘为执行部件。张力盘通常由中心孔圆盘和中心轴组成。在纱线通过张力盘时，受到与张力盘之间的摩擦力作用，可通过调整圆盘的直径、孔径、转速等参数来协助控制纱线的张力。以垫圈式张力装置为例，当纱线被卷取时，由于垫圈的存在，张力盘会施加给纱线与卷取速度成正比的摩擦力，使纱线保持一定张力。通过调整垫圈的数量和位置，可以精确地控制纱线的张力。

三、传感器控制

张力传感器可实时检测纱线的张力大小，并将信号传递给控制系统。常见的张力传感器有电阻式张力传感器、差动变压器式张力传感器、光纤张力传感器、超声波张力传感器和接近开关张力传感器等。

例如，织机通过两个接近开关传感器控制张力，不需要算法控制，直接由接近开关信号控制电动机的启、停，从而控制纱线张力在一定范围内波动，如图 12-9 所示。具体调节过程为：放纱时，铁片 4 遮盖接近开关 6。正常运行时，铁片 5 始终在接近开关 6 上方。张力过大时，铁片 5 遮盖接近开关 7，控制织机停车；张力过小时，铁片 4 遮盖接近开关 7，控制织机停车。

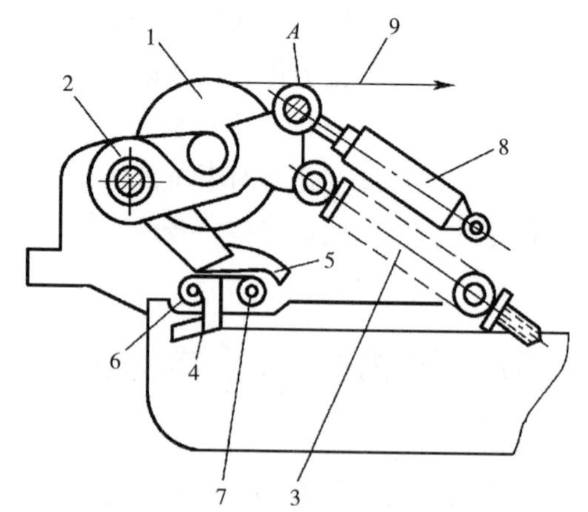

图 12-9 传感器直接控制经纱张力

1—后梁 2—摆杆 3—张力弹簧 4，5—铁片
6，7—接近开关 8—阻尼器 9—纱线 A—铰接点

四、闭环自动控制

开环控制和闭环控制是控制系统的两种

基本类型，它们的主要区别在于是否存在反馈机制。开环控制是指控制系统没有反馈机制，仅根据输入的指令来执行控制动作，而不考虑输出的实际结果。开环控制系统通常无法实现精确的控制，而且对外部环境的变化也比较敏感；闭环控制是指控制系统存在反馈机制，会将输出的实际结果与期望的结果进行比较，根据比较结果来调整控制动作。因此，闭环控制系统通常能够实现更精确的控制，而且对外部环境的变化也具有抗干扰性。

因此，在纺织领域，对张力控制要求较高的场合通常采用闭环控制。张力闭环自动控制系统通常由传感器、控制系统和执行机构组成。传感器用于检测张力的变化，可以是张力传感器、压力传感器或位移传感器等；控制系统则根据传感器的信号，通过算法计算出需调整的张力大小，并将控制信号发送给执行机构，实现理想的张力控制；执行机构可以是电动机、气缸或刹车器等，用于调整辊子的转速或施加适当的力来实现张力的调控。

复杂张力控制往往是非线性、多因素耦合、时变的系统问题。常见的张力闭环控制系统有 PID 控制系统、模糊控制系统和神经网络控制系统等。

第三节　经纱张力闭环自动控制

一、经纱张力闭环控制工作原理

织物由两组相互垂直的纱线交织而成，沿织物纵向排列的纱线叫经纱，沿织物横向排列的纱线叫纬纱。在织造过程中，送纱动作必须保持连续，且所形成的织物也需要不断地引离织口并卷取。因此，在织布过程中织机的送经系统和卷取系统需协同运动，保证织造过程中的张力和纬密符合要求，以加工出质量合格的织物。送经和卷取系统的结构简图如图 12-10 所示，主要由织轴、后梁、张紧装置和卷布辊等部分组成。

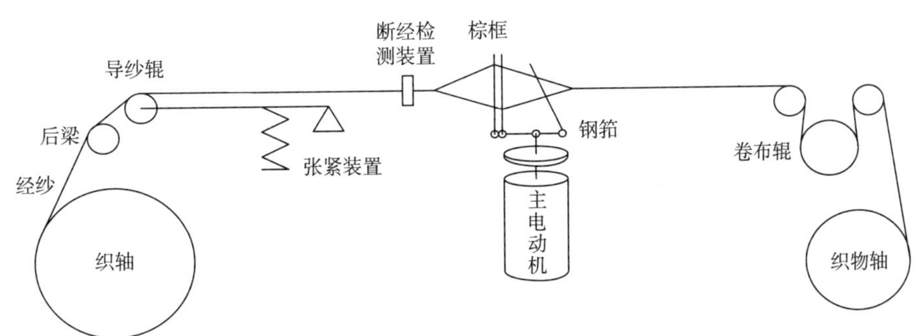

图 12-10　送经和卷取系统的结构简图

经纱张力控制主要要求如下。

(1) 能够根据交织的要求，送出相应长度的经纱。送经时，经轴转动放出经纱，从满轴到空轴的全过程中，送经机构都应能够按长度需求以稳定张力送出经纱，获得纬密均匀和布面平整的织物。

（2）经纱张力的大小符合要求，且均匀稳定。送纱过程中，经轴直径逐渐减小，为使张力大小与稳定性不受其影响，送经量的调节要求灵敏度高，调节范围大，而且最好可实现无级调节。

能否在织造过程中使经纱保持均衡一致的经纱张力，是衡量送经机构性能的主要标志。织机的送经机构一般可分为三部分：经纱张力检测部分、测量信号处理和调节部分、经纱放出部分。

经纱张力闭环控制原理简图如图 12-11 所示。

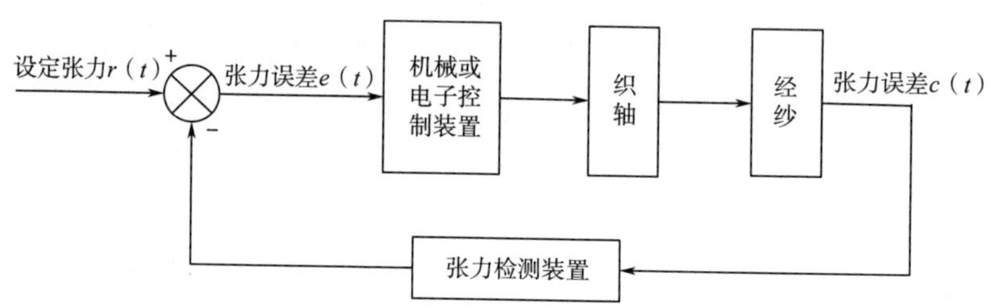

图 12-11　经纱张力闭环控制原理简图

送经装置的经纱送出量和卷取装置的卷取量需要达到一种动态平衡，才能保证织造过程中经纱张力动态恒定。当这两者的平衡关系因为某种因素而遭到破坏时，经纱张力就会发生变化，所以控制系统需对这些扰动进行补偿，当张力变化时能迅速改变输出保持张力恒定。动态平衡关系的关键在于送经量和卷取量的计算，需全面考虑影响因素且选择合适的算法，例如经轴直径的减小、对实测张力和设定张力偏差的补偿等，使织造过程中经纱张力在允许的范围内波动。随着新织物产品开发的要求，比如进行变纬密或变目标张力织造时，须采用特定的控制结构和算法快速跟随补偿，以满足控制要求。

二、经纱张力反馈控制算法

（一）算法方案

经纱张力控制是织机送经和卷取系统的关键功能之一，实时地控制张力到目标值和织造过程中保持经纱张力恒定对织机来说非常重要。经纱张力系统是一个非线性、时变和多扰动的系统，应寻找一种能适应这些变化的算法进行张力控制。

在工业控制中，PID（即比例、积分、微分控制）控制器具有原理简单、使用方便、结构简单、控制性能好、鲁棒性强等优点。它在很多领域都取得了良好的控制效果，也是工业生产过程中最普遍采用的控制方法。

在设计控制器时，传统的做法是依靠经验和试验在系统调试时确定 PID 控制器的参数 K_P、K_I 和 K_D，在后续使用过程中，保持参数不变，仅在外部条件发生重大变化时，重新手动确定参数。对于经纱的张力控制，固定不变的 PID 参数很难适应系统张力控制的要求，因此需要 PID 参数能够在线调整。常规 PID 控制不能满足这一要求。因此，在设计控制器时，对 PID 参数的实时智能整定是较为关键的问题。

传统的自动控制包括经典理论和现代控制理论，其共同特点是：控制器的综合设计都要建立在被控对象准确的数学模型（如微分方程、传递函数或状态方程）的基础上。对于织机经纱张力控制系统，用准确的数学解析式表示其特性十分困难。因此，织机张力控制系统用定量数学方法实施控制有一定的局限性。在选择控制器算法时，采取定量和定性相结合的方法。建立人脑思维的模糊控制理论对参数未知、模型不断变化的系统控制有独特的优势。模糊控制不需要建立精确的数学模型，根据实际系统的输入、输出的结果数据，参考现场操作人员的运行经验，就可对系统进行实时精确控制。模糊控制实际上是一种非线性控制，属于智能控制的范畴。模糊控制系统的鲁棒性强，干扰和参数变化对控制效果的影响会大大减弱，尤其适合对非线性、时变及滞后性系统的控制。

所以，根据织机经纱张力控制特点，结合模糊控制和 PID 控制各自的优点，在 PID 控制的基础上采用模糊控制，将模糊控制和 PID 控制两者结合起来，充分发挥模糊控制灵活性、适应性强的优点和 PID 控制精度高的优点，采用模糊控制与常规 PID 方法相结合的模糊自适应 PID 控制算法来控制经纱张力。根据经验制定出 PID 参数的调整规则，在线进行模糊推理，分别调整 PID 的三个参数，解决了控制系统中 PID 参数实时整定的问题。

（二）模糊自适应 PID 经纱张力反馈控制原理

模糊自适应 PID 经纱张力反馈控制原理如图 12-12 所示。

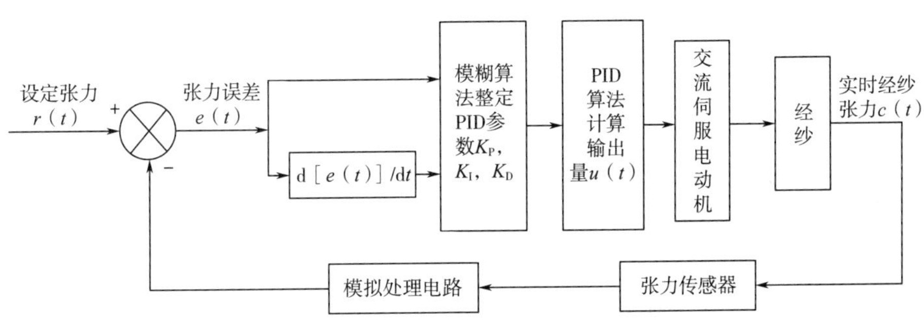

图 12-12 模糊自适应 PID 经纱张力反馈控制原理

由图 12-12 可知，经纱张力控制原理为：控制器通过张力传感器实时地检测经纱的张力，与设定值进行比较，再由主控制器根据偏差及偏差的变化率采用模糊算法整定 PID 参数，由整定好的 PID 参数计算出控制量，实时控制驱动经轴的交流伺服电动机，送出相应长度的经纱，使经纱张力稳定。其中送经量的大小以保持经纱张力稳定为原则，其控制过程为：经纱张力增加→后梁下降（后梁位置传感器发出加快送经速度的控制信号）→送经电动机加速（送经量增加）→经纱张力减小后梁上升→后梁恢复正常位置。反之亦然，使送经量与卷取量一致，保持经纱张力稳定。

（三）PID 参数调整法则

动态连续可调控系统研制中，K_P、K_I、K_D 三个系数值越大，对系统的控制作用越强。传统的 PID 算法控制曲线如图 12-13 所示，其中纵坐标 T 表示经纱张力，横坐标 t 表示时间。

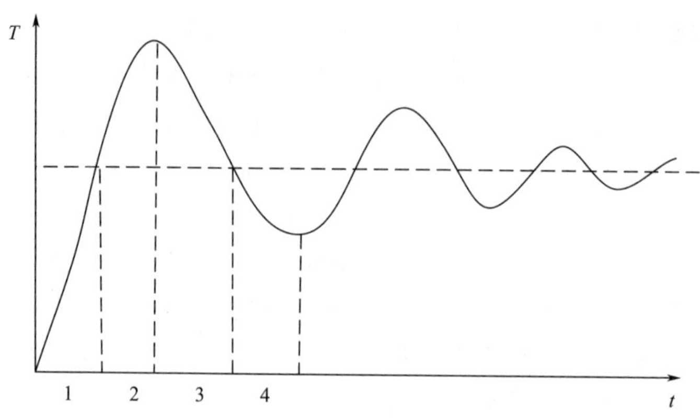

图 12-13 传统的 PID 算法控制曲线

对图 12-13 分析可知：在 1 段和 3 段时，经纱张力变化是逼近设定值的，这时通过逻辑判断减小 PID 参数值，减小控制强度，以减小超调和震荡。在时间段 2 和 4，经纱张力的变化是远离设定点的，可以增大 PID 参数值，增强其控制作用以便更快地将经纱张力拉回到所需的设定点，尽快达到平衡。

1. 控制器模糊推理需要考虑的因素

K_P 作用在于加快系统的响应速度，提高系统调节精度。K_P 越大，系统的响应速度越快，系统的调节精度越高，对偏差的分辨率（重视程度）越高，但将产生超调，甚至导致系统不稳定。K_P 过小，则会降低调节精度，尤其是使响应速度缓慢，从而延长调节时间，使系统静态和动态性能变坏。

K_I 主要用于消除经纱张力静差，但对经纱张力超调及响应速度也有影响，过大的 K_I 还会导致经纱张力积分饱和，从而引起响应过程的较大超调，若 K_I 过小，将使系统静差难以消除，影响系统的调节精度。

K_D 微分作用主要在于改善系统的动态特性，因为 PID 控制器的微分作用环节是响应系统偏差变化率，其作用主要是在响应过程中抑制偏差向任何方向的变化，对偏差变化进行预报，克服经纱张力超调问题，但 K_D 过大，会使响应过程过分提前制动，延长调节时间，使系统的抗干扰性变差。

2. 控制器模糊推理确立的原则

（1）在经纱张力调节过程初期，为防止经纱张力超调和经纱张力的输出积分饱和，ΔK_P 设置小些，ΔK_I 设置小些，ΔK_D 设置大些。

（2）在经纱张力调节过程中期，为提高经纱张力响应速度，保持调节的稳定性，应逐渐增大 ΔK_P 和 ΔK_I，同时 ΔK_D 保持中等偏下水平。

（3）在调节过程后期，为提高经纱张力控制精度、减小静差，降低调节时间，ΔK_P 应逐渐减小，ΔK_I 加大，ΔK_D 应进一步减小。

思维导图

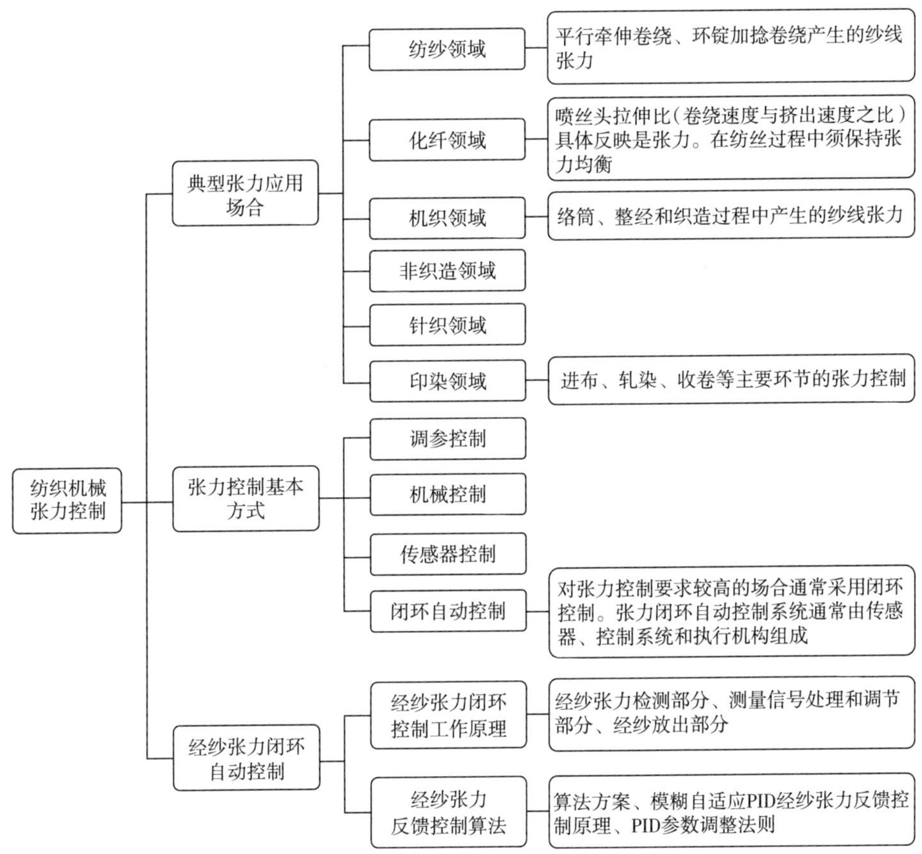

参考文献

[1] 郁崇文．纺纱学 [M]．北京：中国纺织出版社，2009.

[2] 陈革．织造机械 [M]．2 版．北京：中国纺织出版社，2009.

[3] 柯勤飞，靳向煜．非织造学 [M]．2 版．上海：东华大学出版社，2010.

[4] 蒋高明．针织学 [M]．北京：中国纺织出版社，2012.

[5] 王强，刘红，陈丹．基于重力传感器的印染机械张力控制系统设计 [J]．纺织导报，2012 (9)：84-86.

[6] 石钢，吕明．论纺织工程张力控制技术发展路线图 [J]．纺织导报，2011 (5)：105-108.

[7] 王韫凌．化纤切断机张力控制的实例浅析 [J]．国际纺织导报，2017，45 (7)：52-55.

第十三章　多电动机同步控制

引导语： 随着电气和控制技术的发展，复杂机械系统越来越多采用电动机直接驱动各执行机构，从而大大简化了机械传动系统，然而各台电动机的控制过程需要相互配合，在变量发生偏差时做出相应补偿，维持原有的协调关系。在纺织生产中，印染设备、浆纱设备常常根据工艺要求组合成联合机进行工作，为改善张力均匀性，多个加工单元的主动辊分别由独立电动机驱动，形成多电动机传动系统。在对织物进行连续加工的过程中，织物从各单元进出的速度应满足一定关系，所以要求多电动机传动系统能“同步”地协调运行。

学习目标：

1. 了解多电动机同步控制的形式和控制算法。
2. 了解染整机械的多电动机同步控制系统。
3. 了解浆纱机多单元同步控制系统。

视频：两个伺服电动机的同步控制

视频：总线型伺服同步

第一节　多电动机同步控制理论简介

在生产实践中，多电动机的同步主要有以下三种形式。

（1）系统中的多台电动机保持同样的速度，这是最简单的同步形式。

（2）系统中的多台电动机速度之间保持某种恒定的比例关系。在系统实际运行时，并不要求各台电动机的速度完全相等，而是要求各台电动机之间协调运行，即要求系统中第 1 台电动机的速度和第 $1+i$ 台电动机的速度之间保持比例关系以满足系统的工艺要求，虽然电动机速度会发生变化，但是电动机之间的速度比值是保持不变的，因此也属于一种同步形式。

（3）系统中的多台电动机转速之间保持某种特定的关系，这种关系不是简单的比值关系，而是根据工艺要求在不同情况下计算得出的关系，这是一种比较复杂的同步形式。无论是哪种同步形式，各台电动机之间的协同效果都直接影响整个系统的精度和可靠性。

传统的纺织机械大多采用主电动机驱动，通过机械传动系统，将动力传递到各执行单元，由于机械传动是接触式传动，其同步性可以得到较好的保障，然而机械传动系统存在结构复杂、磨损大，传递范围和距离有限等不足。当采用多台电动机分别独立驱动各执行装置，可以克服机械传动系统的诸多不足，但必须从时间和空间两个维度兼顾好多电动机驱动的同步控制。

一、多电动机同步控制结构

多电动机同步控制的形式较多，主要有并行控制、主从控制、交叉耦合控制、偏差耦合控制、电子虚拟总轴控制等。

（一）并行控制

并行控制是一种最原始的同步控制方式，系统所有电动机单元共享一个输入信号，各个单元由各自独立的电动机驱动。这种控制办法侧重于控制实际速度和理论速度的误差，不太注重于不同电动机间的误差情况。由于各个单元之间没有耦合关系，当其中某一个单元受到扰动时，其他单元不会做出相同变化，各轴的同步性也就得不到保证。图 13-1 为双电动机主令控制系统结构框图，两台电动机并联在一起，接收系统发送的同一控制信号。

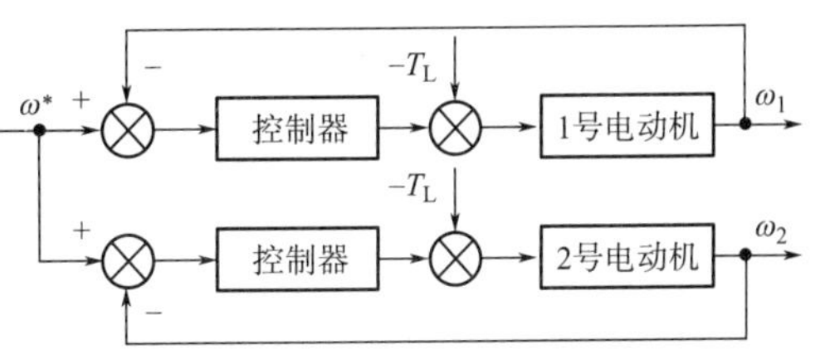

图 13-1　并行控制结构图

并行控制方式的优点是系统结构简单，多电动机在停止、起动阶段具有良好的同步性，这是并行控制策略的优势。缺点是整个系统处于开环控制中，如果系统一旦受到外界因外界因素干扰，容易降低其同步性能，不能有效保证电动机的同步控制性能，影响电动机的运行质量和效率。

（二）主从控制

主从控制的结构框图如图 13-2 所示，各从属轴以主轴的输出信号作为其输入参考信号，再按照一定的传动关系跟随主轴同步运行，稳态时能够获得良好的同步性能。在动态过程中，主电动机接收到速度或位置命令，或受到负载扰动或者速度发生突变时，从轴可以实时跟随主轴变化，从而满足多轴同步运动的要求。然而，当从轴出现负载扰动或速度突变时，由于主轴不能接收到从轴的反馈信息，造成两台电动机不同步的现象，无法达到系统的精度要求。一般情况下，应该选择系统中控制性能最差的那根轴作为主轴，其他各电动机的精度能够得到保证的前提下，就可保证整个系统的同步性。主从同步控制方式通常多适用于同步系统中各独立系统的控制目标基本一致的情况。

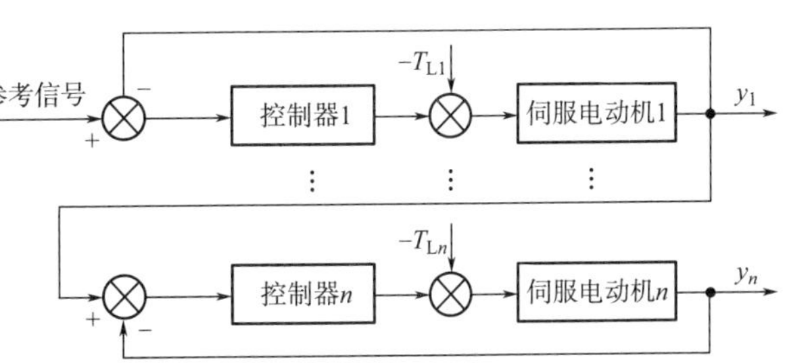

图 13-2　主从控制结构图

（三）交叉耦合控制

交叉耦合控制是将两台电动机的速度或位置进行比较，并将得到的差值作为附加的反馈信号，然后用这个反馈信号作为跟踪信号，从而满足同步控制的精度要求。交叉耦合控制系统如图 13-3 所示，在主令同步结构上增加了转速反馈和转速差补偿，从而形成闭环系统。运行

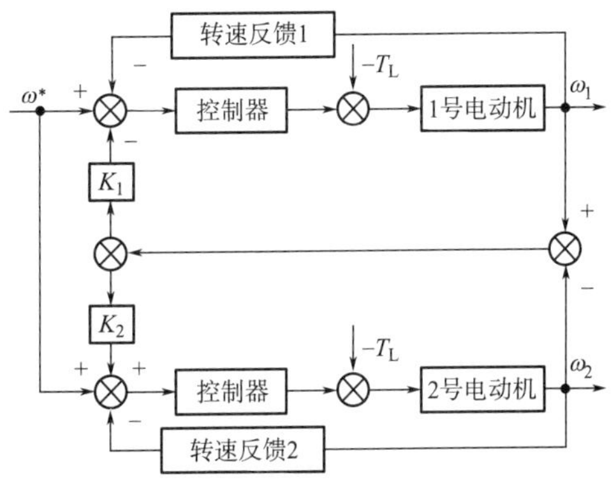

图 13-3　交叉耦合同步控制结构图

时转速补偿模块通过检测两台电动机之间存在的转速差，实现对每台电动机转速的调整，因此系统有着较高的同步性能。

系统根据相邻两台电动机的转速反馈差值对两台电动机转速进行相应的补偿，以减小同步误差。当电动机转速因负载扰动或环境因素干扰而产生波动时，系统能较快地消除转速差，因此交叉耦合控制方式的抗干扰能力较强。缺点是当控制的电动机数量超过两台时，转速补偿计算量变大且效果较差，因此交叉耦合控制方式不适合两台以上电动机同步控制的场合。

（四）偏差耦合控制

对交叉耦合控制方式进行一些改进，便可以得到偏差耦合控制方式，图 13-4 是以 3 台电动机为例的偏差耦合控制结构。改进后，根据各电动机的工作状态，系统可以动态地进行速度补偿，补偿信号由各电动机速度反馈的差值乘一个反馈增益（由系统中各电动机转动惯量的差异确定）所得。

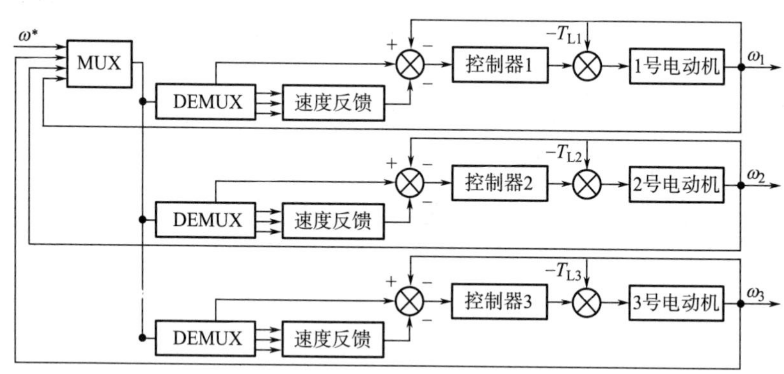

图 13-4 偏差耦合控制结构图

由图 13-4 可以看出，系统中每台电动机的速度补偿信号是由偏差耦合控制的核心——速度反馈模块提供的，该模块可以消除过渡阶段或负载扰动引起的电动机间的速度差，其结构如图 13-5 所示。

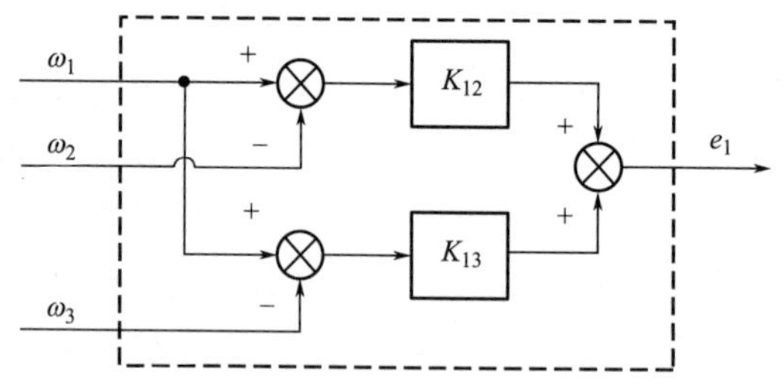

图 13-5 第 1 台电动机速度补偿器结构图

第 1 台电动机速度补偿器的输出为：

$$e_1 = K_{12}(\omega_1 - \omega_2) + K_{13}(\omega_1 - \omega_3)$$

式中：K_{12}，K_{13} 为速度反馈增益，可以补偿各电动机转动惯量的差异。其值分别为：

$$K_{12} = \frac{J_1}{J_2}, K_{13} = \frac{J_1}{J_3}$$

式中：J_1、J_2、J_3 分别为第 1、第 2、第 3 台电动机的转动惯量。

采用偏差耦合控制的系统，当负载扰动等因素引起其中任意一台电动机速度波动时，系统中其他电动机也会收到该波动信息，从而做出调整，因此，整个系统的同步性能良好。同理，系统在起停阶段也具有良好的同步性能。偏差耦合控制方式的缺点是，其他电动机的跟随误差以及互相之间的速度不同步信息，都没有反馈给所控制的电动机。当其他电动机出现较大的跟随误差时，所控制的电动机消除该误差的速度会比较慢，造成整个系统同步性能的下降。

（五）电子虚拟总轴控制

电子虚拟总轴 ELS（electronic line shafting）控制模拟了传统机械总轴的物理特性。机械总轴传动系统以一台功率较大的电动机拖动一根长轴，其他各分电动机则通过齿轮箱连接在这根总轴上，机械长轴为各个独立的伺服驱动单元提供动力源，带动各个分区单元的传动元件运行。在机械总轴同步控制系统中，各个分区单元都是紧密耦合在一起的，当任意一个分区单元运动状态的变化都会通过机械扭转力矩的作用反馈给机械总轴，从而影响其他分区单元的运行，这种方式机械结构稳定，同步性能较好，受控制和其他因素影响较小。然而在机械总轴传动系统中，各联结装置的阻尼系数、弹性系数、衰减系数等参数完全取决于机械轴本身，不容易更改，其传动范围和距离也不可能很大。而 ELS 控制策略则是以虚拟的电子总轴取代机械长轴起主导作用，各个轴跟随该虚拟主导轴运动，并通过转矩的综合和反馈实现各个轴与电子总轴的耦合，因而具有机械总轴控制方式所固有的同步性能。

ELS 控制系统中，调节衰减参数可改变系统阻尼系数，还可以使系统具有较好的动态性能。每个分区单元采用独立的伺服电动机驱动，通过简单的线路连接即可改变系统的拓扑结构，使系统具有“即插即用”的特性，不像机械总轴那样需要添加或拆除机械部分，所以具有较大的灵活性。ELS 控制系统的信号经过虚拟总轴的作用之后，才得到各单元的参考信号，即各单元控制器同步的是参考输入信号而非系统的输入信号，由于该信号是经过总轴作用、过滤之后的信号，因此更容易为单元控制器所跟踪，从而提高了同步性能。ELS 控制结构如图 13-6 所示。

由图 13-6 可知，虚拟的电子总轴是单一的速度调节或位置调节，它为从属轴提供速度或位置的参考值。稳态时，各个轴跟随电子总轴，能够达到很好的同步效果。当某一轴或多轴受到干扰而偏离参考值时，通过转矩的综合和反馈，使电子轴感受这种变动，从而迫使其他轴跟随这种变动，实现了在瞬态时各个轴之间的同步。力矩平衡关系式为：

$$T - \sum T_i = J_m \ddot{\theta}_m$$

式中：T 为虚拟总轴的驱动力矩；J_m 为虚拟总轴的转动惯量；θ_m 为虚拟总轴的输出角位移；T_i（$i=1$，2，…，n）为各个运动轴反馈的耦合力矩即虚拟负载力矩，其力矩耦合的模型为：

$$T_i = b_r \Delta\omega + k_r \Delta\theta + k_{ir} \int \Delta\theta \mathrm{d}t$$

式中：b_r 为阻尼增益；k_r 为刚度增益；k_{ir} 为刚度积分增益；$\Delta\omega$ 为速度差；$\Delta\theta$ 为位置误差。

电子虚拟总轴控制系统在起、停阶段或单电动机出现负载扰动时，各轴和参考值之间有偏差，各轴间会出现失调的情况，虚拟主轴的转动惯量也不易确定。

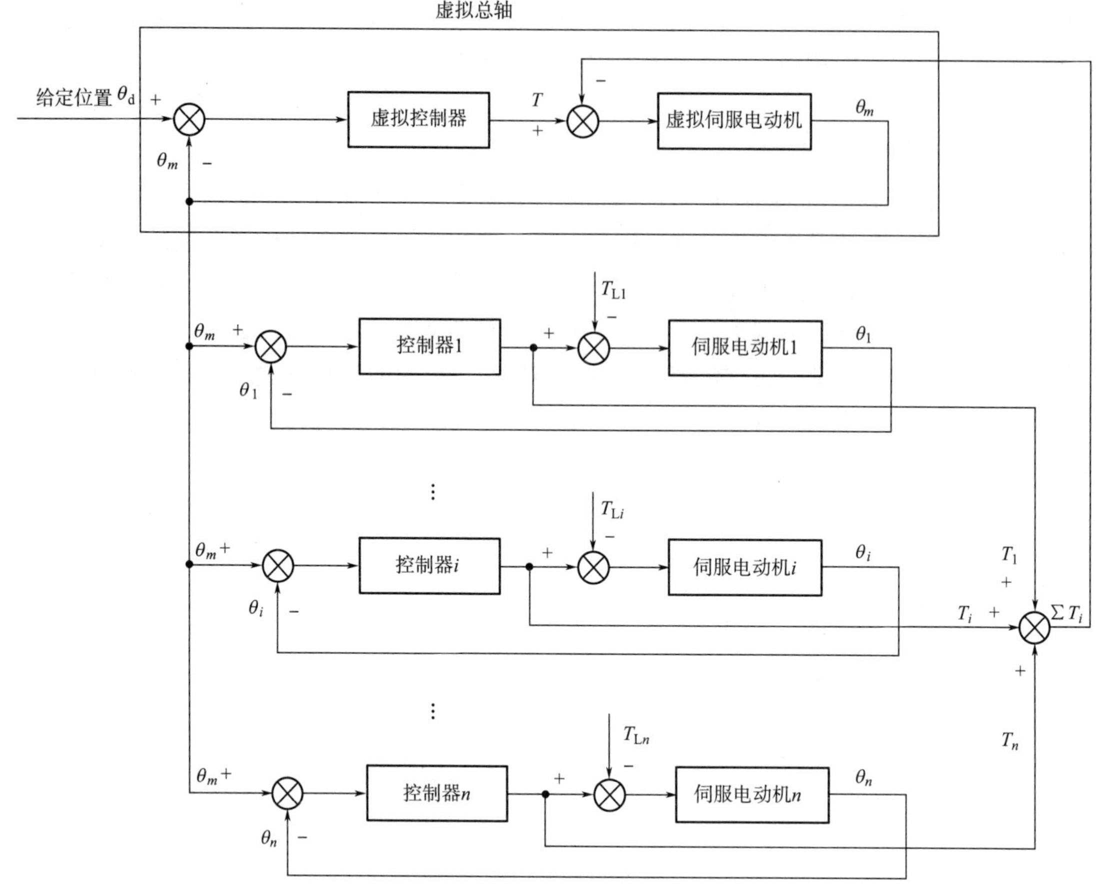

图 13-6　ELS 控制结构图

二、多电动机同步控制算法

多电动机同步控制算法种类较多，主要有 PID 控制算法、模糊控制算法、模型参考自适应算法、滑模变结构控制算法、环形耦合控制算法等。

（一）PID 控制算法

PID 控制是一种经典控制理论，根据给定值和实际输出值构成控制偏差，将偏差按比例、积分和微分通过线性组合构成控制量，对被控对象进行控制。常规 PID 控制器作为一种线性控制器。PID 控制仍然是在工业控制中应用得最为广泛的一种控制方法，其特点是：结构简单、易实现，鲁棒性和适应性较强；调节整定很少依赖于系统的具体模型；大多数控制对象使用常规 PID 控制即可以满足实际的需要。但由于实际对象通常具有非线性、时变不确定性、强干扰等特性，应用常规 PID 控制器难以达到理想的控制效果；在生产现场，由于参数整定方法繁杂，常规 PID 控制器参数往往整定不良、性能欠佳。这些因素使得 PID 控制在复杂系统和高性能要求系统中的应用受到了限制。

（二）模糊控制算法

模糊控制算法建立在模糊推理基础上，它不需要非常精确地建立数学模型，通过模糊语言表达常用的操作经验和尝试推理规则，因此适用于复杂系统或模糊对象，对受控对象的干扰有较强的抑制能力。模糊算法核心是模糊控制器，采用这种控制策略的控制器即模糊控制器。模糊控制器是以模糊及理论为基础发展起来的，并已成为把人的控制经验及推理纳入自动控制策略之中的一条简洁的途径。典型的模糊控制器包括规则库、推理机、模糊化和模糊判决等部分，其结构如图 13-7 所示。

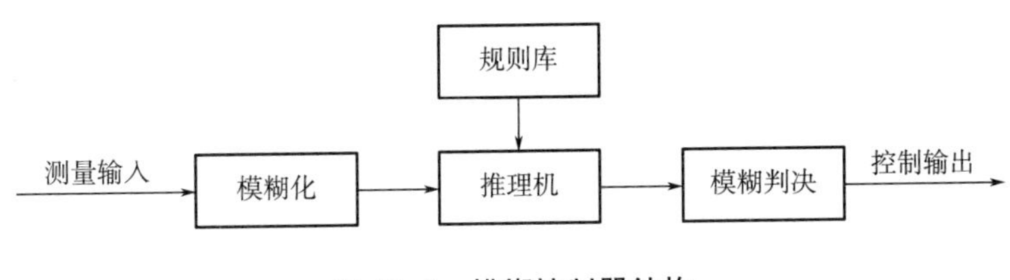

图 13-7　模糊控制器结构

（三）模型参考自适应算法

模型参考自适应（MARS）是一种自适应系统，也可以应用在多电动机同步中。它是利用可调系统在运行中不断提取各种信息，使模型更加完善。但是系统调整和辨识都需要一个过程，所以对于一些参数变化较快的系统会因为来不及校正而得不到良好的效果。

（四）滑模变结构控制算法

滑模变结构控制方法本质上是一种较为特殊的非线性控制，其控制策略的特点在于系统的结构并不固定，它可以在动态过程中依据系统不同的状态实时做出相应变化。由于滑动模态可以进行设计且与对象参数及扰动无关，这就使得变结构控制具有快速响应、对参数变化及扰动不灵敏、无须系统在线辨识、物理实现简单等优点，但是这种控制策略不能避免出现抖震现象。

（五）环形耦合控制算法

环形耦合控制法既考虑到电动机在运行过程中产生的跟踪误差，也照顾到相邻电动机所产生的同步误差，基于耦合补偿原理与同一给定控制相结合，可以实现电动机的转速差在两两电动机间实现补偿，对提高电动机的同步性能具有明显的效果。在多电动机的运行过程中，电动机之间的转速差的补偿，可以通过环形耦合控制控制法来实现。因此，该控制法能有效地促进电动机的同步性能的发展。确保多电动机同步控制的质量和效率。

综上所述，各种控制策略都有各自的优势和劣势。经典 PID 控制算法简单，操作容易，控制参数相对固定，但是对非线性控制对象的控制效果不理想，抗干扰能力差；模糊控制不依赖于控制对象的模型，模糊控制系统的鲁棒性强，动态响应、调节效果都明显优于经典 PID 控制，适合于非线性、时变、纯滞后系统控制；耦合控制控制法是通过两台电动机之间的补偿来实现同步控制的目的。耦合控制法具有良好的外部扰动收敛性、同步控制性、动态性、鲁棒性和抗干扰性；环形耦合控制通过耦合相邻的电动机形成一个耦合环，电动机的数量多少不影响到系统的同步运行。

第二节 染整机械的多电动机同步控制系统

纺织印染设备常常根据工艺要求组合成联合机进行工作，为改善张力均匀性，多个加工单元的主动辊分别由独立电动机驱动，形成多电动机传动系统。在对织物进行连续加工的过程中，织物从各单元进出的速度应满足一定关系，所以要求多电动机传动系统能“同步”地协调运行。

图 13-8 所示的卷绕系统是一种典型的纺织印染机械多电动机同步控制系统，为了实现加工工艺要求，传动辊驱动电动机的转速必须与退卷辊驱动电动机的转速相协调，可选定主从同步控制方法，以退卷辊的转速或线速度作为主令信号（也可以卷绕辊的转速或线速度作为主令信号），卷绕辊和传动辊根据退卷辊的转速或线速度按一定的比例运行，达到同步跟踪效果。第一台电动机为主令电动机，它决定系统的车速，其他电动机称为从动电动机，各电动机的线速度始终向主令电动机看齐，使整个生产过程中各个单元保持协调一致。在织物的连续加工过程中，根据工艺上的不同要求，各单元以一定的速度关系保持协调运行。

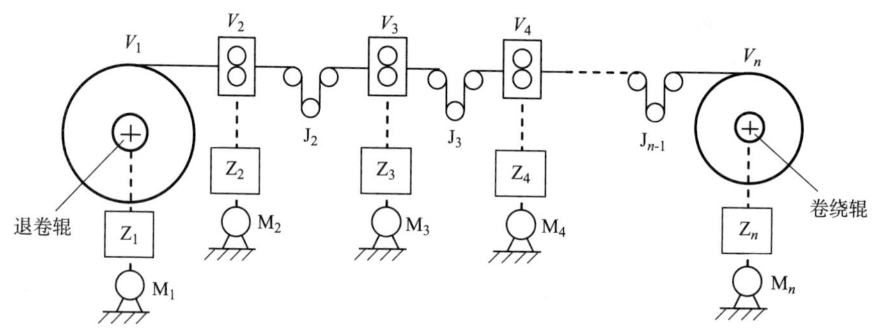

图 13-8 卷绕系统结构简图

其关系为：

$$k_i V_i = k_{i+1} V_{i+1} \tag{13-1}$$

式中：k_i 为协调系数，当 $k_i>k_{i+1}$ 时，$V_i<V_{i+1}$，为牵伸加工，适用于合成纤维的后处理工艺和帘子线的浸胶工艺；当 $k_i=k_{i+1}$ 时，$V_i=V_{i+1}$，为紧式加工，也称同步运行，适用于一般的棉布和涤棉织物的染整，是一种极其普遍的印染加工控制要求；当 $k_i<k_{i+1}$ 时，$V_i>V_{i+1}$，为松式加工，适用于中长纤维织物和针织物的染整工艺。前两类加工最为普遍，工艺要求保持各单元之间加工物料的张力恒定或者线速度成适当关系。

图 13-8 中，V_1，V_2，…，V_n 为各单元线速度；M_1，M_2，…，M_n 为驱动电动机；J_2，J_3，…，J_n 为单元之间的松紧架同步装置；Z_1，Z_2，…，Z_n 为减速器。

如果工艺要求 $V_1=V_2=\cdots=V_n$，但是，在系统实际运行过程中，由于种种原因，如静态时负载的波动，减速比和轧辊直径的差异，动态（起动、调速、制动）时各单元机负载转矩和转动惯量的不同，会造成速差，织物可能垂下来或拉得过紧，这就要求把异常情况检测出来，通过控制从动电动机的转速，使系统协调运行，从而实现多台电动机之间的协调同步。在单元之间安装松紧架同步控制装置、自整角系统等虽可实现同步控制，但精度较低，可靠性较差。

一、基于 PLC 和变频调速的多电动机同步控制

印染设备（包括坯布练漂、染色、印花和整理设备）常采用多台交流电动机或直流电动机作为驱动源，而系统中多台电动机的同步传动控制技术是染整成套装备的关键共性技术。可编程逻辑控制器（PLC）具有的高频率脉冲输出，定时和高速计数、算术运算、数据处理、网络通信等功能已很强大，并且抗干扰能力强，已在印染机械多单元同步控制系统中得到应用。

以 3 台电动机为研究对象，控制方案如图 13-9 所示。

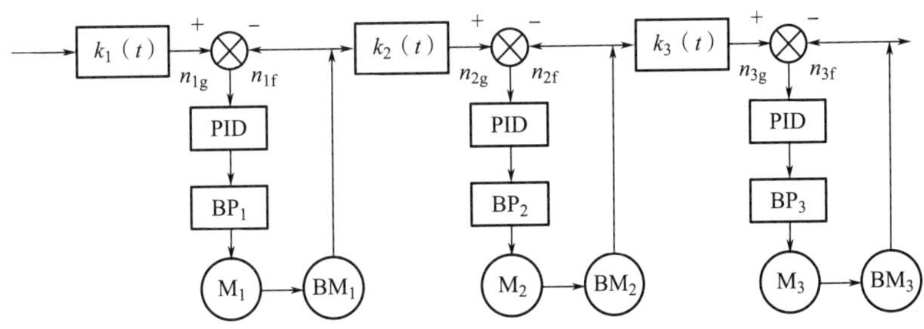

图 13-9　多电动机同步传动系统的控制方案

M_1、M_2、M_3 为 3 台电动机，且 M_1 为主令电动机，驱动退卷辊，M_2、M_3 为从动电动机，分别驱动中间传动辊和卷绕辊；BP_1、BP_2、BP_3 为 3 台电动机的调速装置；BM_1、BM_2、BM_3 为各辊轴端安装的光电编码器，反馈信号一方面做转速反馈，另一方面经转换做下一台电动机的给定，BM_1、BM_3 的 Z 相脉冲（即零位脉冲，编码器每旋转一周发一个脉冲）用于计算退卷辊和卷绕辊的卷径；采用比例—积分—微分（PID）控制对同步误差进行调节。

卷径计算时，BM_1 的 Z 相每出现 1 个脉冲（即编码器旋转一周），退卷辊卷径减少 $2h$（h 为织物厚度），而 BM_3 的 Z 相每出现 1 个脉冲，卷绕辊卷径增加 $2h$，系统中：

$$\left.\begin{aligned} n_{1g} &= V_g k_1(t) = \frac{V_g}{\pi D_1(t)} \\ n_{2g} &= V_{1f} k_2(t) = \frac{\pi n_{1f} D_1(t)}{\pi D_2(t)} = \frac{n_{1f} D_1(t)}{C} \\ n_{3g} &= V_{2f} k_3(t) = \frac{\pi n_{2f} D_2(t)}{\pi D_3(t)} = \frac{n_{2f} C}{D_3(t)} \end{aligned}\right\} \tag{13-2}$$

式中：V_g 为系统给定线速度；$D_1(t)$、$D_2(t)$、$D_3(t)$ 分别为退卷辊卷径、中间辊直径和卷绕辊卷径，且中间辊直径 $D_2(t)$ = 常数 = C；n_{1g}、n_{2g}、n_{3g} 分别为各辊轴的给定转速；n_{1f}、n_{2f} 分别为各辊轴的反馈速度。

二、控制系统的硬件组成

为实现主令电动机和从动电动机之间的同步控制，M_1、M_2、M_3 均用变频器进行调速，由 PLC（可编程序控制器）对 3 台变频器直接进行控制。PLC 经适配器和变频器相连，利用光电编码器的反馈，构成速度闭环控制，系统硬件构成如图 13-10 所示。

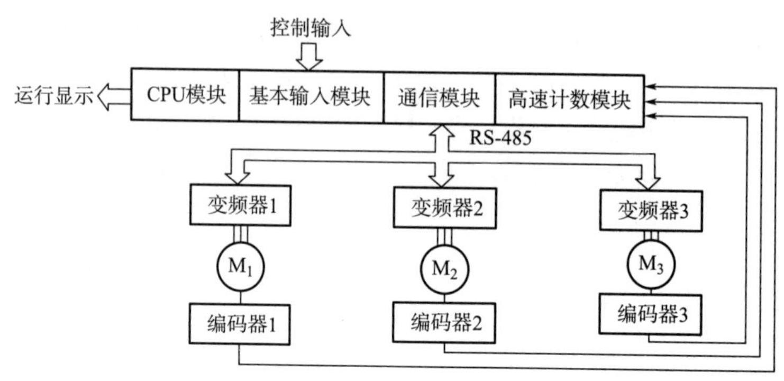

图 13-10　系统硬件构成

图 13-10 中变频器接收来自主站（PLC）的命令，变频器反馈信息给 PLC。光电编码器 Z_1、Z_2、Z_3 安装在驱动辊轴端，用于测量各辊轴的转速，反馈给 PLC 高速计数模块，PLC 内部定时计数，计算转速。此外，PLC 的 CPU 模块与图形操作终端连接，直接显示运行速度。

三、控制系统的软件设计

（一）控制算法

对于某一时刻 t，PLC 通过光电编码器脉冲定时计数得到 3 个辊轴的反馈转速 n_{1f}、n_{2f}、n_{3f}，同时计算得出退卷辊和卷绕辊的卷径 $D_1(t)$ 和 $D_3(t)$，根据式（13-2），经 PLC 计算得到各电动机的给定转速 n_{1g}、n_{2g}、n_{3g}，定义同步偏差为：

$$e_i = n_{ig} - n_{if} \quad (i = 1,2,3)$$

当 $e_i=0$（$i=2$，3）时，表明在给定线速度下主从电动机同步；$e_i \neq 0$ 时，表明给定线速度下主从电动机不同步。

同步控制系统的各台电动机采用 PID 控制规律进行调节，其连续表达式为：

$$u(t) = K_p\left[e(t) + \frac{1}{T_i}\int_0^t e(t)\mathrm{d}t + T_d\frac{\mathrm{d}e(t)}{\mathrm{d}t}\right] \tag{13-3}$$

式中：K_p 为比例系数；T_i 为积分时间常数；T_d 为微分时间常数。

将式（13-3）按采样周期离散化以后，位置型控制算式的递推算法为：

$$\Delta u(k) = u(k) - u(k-1) = q_0 e(k) + q_1 e(k-1) + q_2 e(k-2) \tag{13-4}$$

其中：

$$q_0 = K_p\left[1 + \frac{T}{T_i} + \frac{T_d}{T}\right],\ q_1 = -K_p\left[1 + \frac{2T_d}{T}\right],\ q_2 = K_p\left[\frac{T_d}{T}\right]$$

参数整定过程：确定采样周期 T（应大于 PLC 运行周期），运行比例控制器，形成闭环，逐渐增大比例系数，使系统对阶跃输入的响应达到临界状态，记下此时的临界比例系数 K_r 和临界振荡周期 T_r。然后利用表 13-1 中的公式求取 PID 控制器的参数，按求得的参数运行，观察系统控制效果，微调有关参数，以获得最佳效果。

表 13-1　比例法参数整定经验计算公式

控制	q_0	q_1	q_2
P	$0.5K_r$	$-0.5K_r$	
PI	$0.45K_r\left[1+\frac{1.18T}{T_r}\right]$	$-0.45K_r$	
PID	$0.6K_r\left[1+\frac{2T}{T_r}+\frac{0.12T_r}{T}\right]$	$-0.6K_r\left[1+\frac{0.24T_r}{T}\right]$	$\frac{0.072K_rT_r}{T}$

（二）控制算法流程

高速计数模块对编码器脉冲进行计数，在给定的采样时间，PLC 把速度反馈值给 $y(k)$，按式（13-4）计算 $\Delta u_i(k)$，可得 $u_i(k)=u_i(k-1)+\Delta u_i(k)$，$u_i(k)$ 即为电动机转速控制量，通过接口把控制量传递给变频器，由此控制电动机，同时将计算得出的 3 台电动机的实际转速传给图形操作终端，进行运行状态显示，图 13-11 为控制算法的流程。

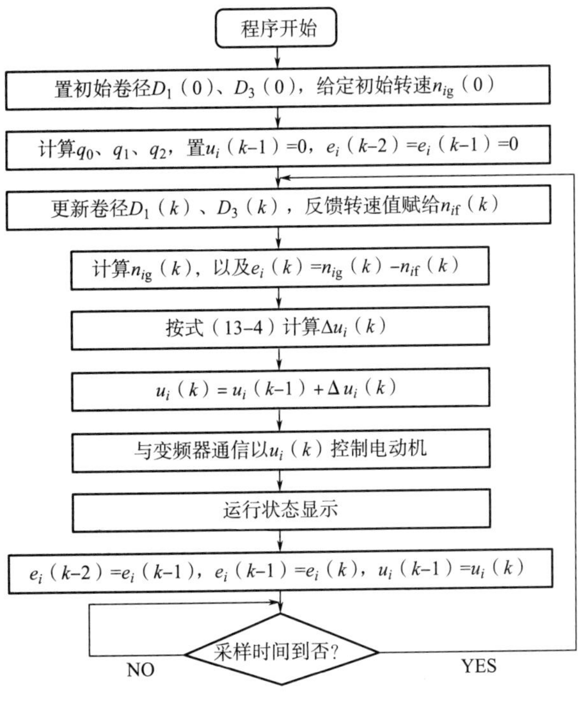

图 13-11　控制算法流程

第三节 浆纱机多单元同步控制系统

浆纱机由轴架退绕、上浆装置、烘燥装置和车头卷绕装置四大部分组成。在如图 13-12 所示的烘筒式浆纱机中，经轴 1 支撑在经轴架 2 上，在引纱辊 3 的牵引下，经纱从经轴 1 引出，进入双浆槽 8 中上浆，经纱在拖引辊 12 的拖引下引出浆槽后，经过湿分绞棒 7，进入预烘房 9 和烘房 10 以达到所需的回潮率，最后被卷绕到织轴 14 上。由图 13-12 可见，浆纱机由四大部分、若干个单元组成，还有诸多传动辊和辊筒，这是浆纱机的显著特点。

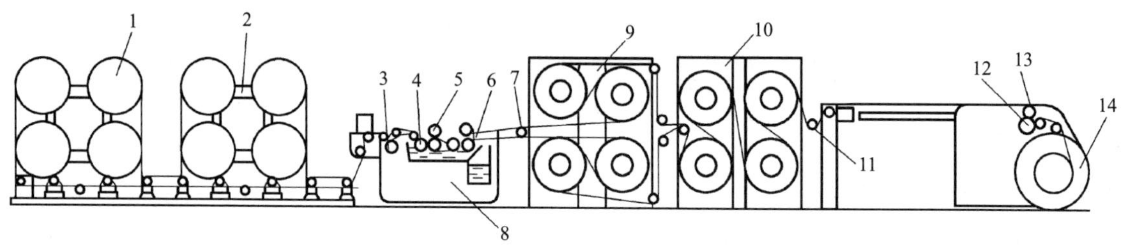

图 13-12 烘筒式浆纱机工艺流程

1—经轴 2—经轴架 3—引纱辊 4—浸没辊 5—压浆辊 6—上浆辊 7—湿分绞棒 8—浆槽 9—预烘房 10—烘房 11—张力辊 12—拖引辊 13—测长辊 14—织轴

一、新型浆纱机的多单元传动

新型浆纱机传动系统中取消了传统的边轴传动及调节各区张力的无级变速器，改为由多台电动机分别传动，分别在织轴卷绕辊、拖引辊、烘筒、上浆辊、引纱辊等处分别采用变频电动机单独传动。每个单元有速度反馈系统，它们在计算机控制下，运用同步控制技术，实现浆纱机的多电动机精确同步传动，保证浆纱机各区域中纱线的张力和伸长在设定范围内，使传动系统平稳运行。

HS40 型浆纱机的传动如图 13-13 所示，经轴退绕由纱片拖动（图中未画出的经轴和经轴架应该位于左下角），属消极传动。两个浆槽完全一样，引纱辊 15 由电动机 13 通过链轮、链条传动，第一上浆辊 5 和第二上浆辊 6 共同由电动机 11 经链轮 A、B、C 传动，两上浆辊直径虽然不同，但链轮齿数配合使其辊面线速度完全一致，引纱辊与上浆辊之间通过电动机变频调速，改变传动速比，调整纱片喂入浆槽的张力。

两个预烘区完全一样，由电动机 10 通过有齿链轮、链条传动预烘烘筒，并由气动式圆盘制动器制动；前预烘区的传动电动机 10 又通过链轮、链条传动后烘区（即主烘区）无齿轮；拖引辊 2 由电动机 9 通过减速器防逆转的单向离合器以及链轮、链条传动；织轴 1 由卷绕电动机 8 通过链轮及齿轮传动；变速电动机 12 传动上蜡装置 4。

以上各区共有 9 台电动机分单元传动。

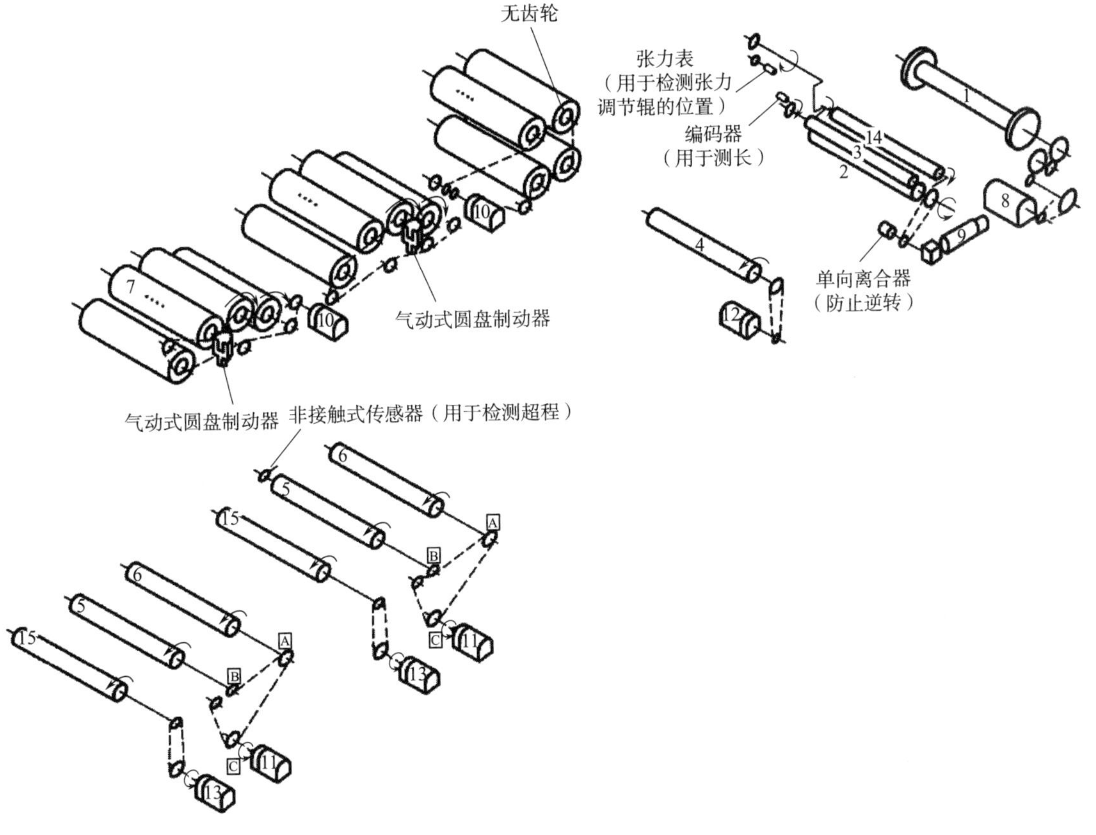

图 13-13　HS40 型浆纱机传动图

1—织轴　2—拖引辊　3—压纱辊　4—上蜡装置　5—第一上浆辊　6—第二上浆辊　7—烘筒　8~13—电动机　14—张力调节辊　15—引纱辊

二、新型浆纱机控制系统

新型浆纱机控制系统大多采用 PLC 在线监控整机的运行状况与工艺参数，配合高性能变频器，实现对浆纱机的车速、回潮、烘房温度等重要工艺参数的控制。触摸屏可以在线显示和设定工艺参数。数据总线联结 PLC、计算机及伺服系统，组成高精度的控制系统，抗干扰能力强，各种工艺参数均可预先设定。计算机可存储上百种经过实践验证和优选的上浆工艺方案，当生产同类品种时，只需调出相应的工艺方案即可获得同等的质量标准，从而防止人为因素对上浆工艺控制的随意性。

GA308 型浆纱机采用多个变频电动机传动，其主要特点是：车头卷绕、拖引辊、烘房、上浆辊、双浆槽的引纱辊等采用 7 台变频电动机单独传动，各单元之间由计算机和 PLC 控制同步，在计算机上可以对各工艺参数进行设定、显示、修改和存储，具有故障自我诊断和远程监控功能。全机实现烘燥温度、浆液温度、伸长率、回潮率、退卷张力以及织轴卷绕张力的自动控制。

GA308型浆纱机改变了传统浆纱机各工艺参数分散控制的方式，采用计算机→控制器→驱动器三级控制形式，如图13-14所示，它采用Profibus通信协议实现数据交换、实施监测与控制。GA308型浆纱机控制系统的第一级为驱动控制级，采用伺服型变频器，速度闭环控制，使各单元的变频电动机驱动响应快、精度高、稳定性好，实现各段张力和伸长的工艺要求；第二级为系统控制级，采用PLC完成对浆纱机的开环和闭环控制，并自动控制各类开关、接触器、比例阀、电磁阀、行程开关、接近开关、温度传感器、变频器等元件，确保系统数据通信速率高、控制性好、抗干扰能力强；第三级由工业计算机作为管理级，以监控浆纱机的生产过程，对整机工艺参数、标准值和故障信息进行显示或调整。GA308型浆纱机控制系统的人机界面友好，图形丰富，参数设定及修改容易，操作简单，便于数据的管理及生产过程的管理。

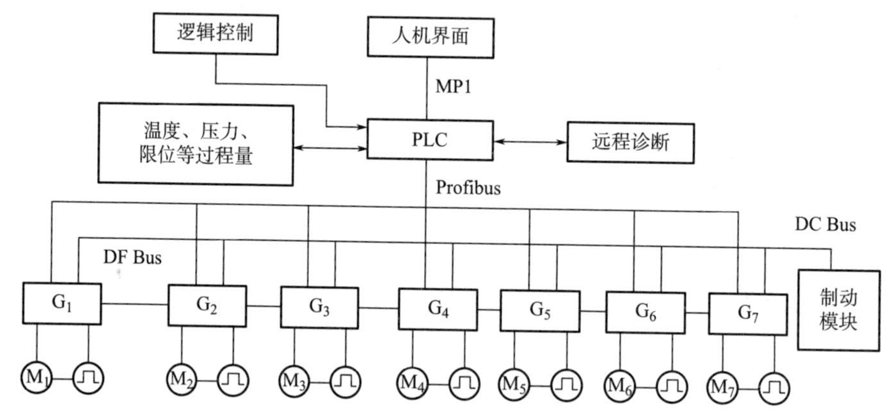

图13-14　GA308型浆纱机控制系统示意图

M_1—卷绕电动机　M_2—拖引电动机　M_3—烘筒电动机　M_4—前上浆电动机

M_5—前引纱电动机　M_6—后上浆电动机　M_7—后引纱电动机　G_1～C_7—变频器

三、浆纱张力与伸长率的自动控制

在上浆过程中，各工艺区段的张力和伸长率是不同的。根据浆纱机的工艺特点，经纱张力一般分五个区：退绕区（经轴至引纱辊）、上浆区（引纱辊至上浆辊）、湿纱区（上浆辊至烘房）、烘干、分纱区（烘房至拖引辊）、卷绕区（拖引辊到织轴）。

它们的控制方式各有不同：经轴退绕张力控制采用恒张力退绕控制装置；喂入张力控制、湿区张力控制、干区张力控制全部由计算机根据各区段的伸长率自动完成；卷绕张力是根据张力辊的摆动角度由电位器向计算机输入信号，控制卷绕变频系统的速度，使卷绕张力满足设定的张力值，实现从空轴至满轴过程中卷绕张力的恒定。各区段张力控制均有一台驱动电动机，即引纱辊电动机、上浆辊电动机、烘筒电动机、拖引辊电动机、织轴电动机，控制各电动机的输出即可控制各段张力和伸长率。各区的张力和牵伸率的控制特点如下。

（1）退绕区。从经轴架到引纱辊的区域为退绕区。该区经纱由引纱辊牵引，经轴消极转动，制动装置对经轴施加制动产生退绕张力。此段经纱张力与其他各区（上浆区除外）相比是较低的，其伸长率也较小。调节经轴制动装置的制动力，即可改变该区的张力和伸长率。

（2）上浆区。从引纱辊到上浆辊的区域为上浆区。引纱辊主动拖动经纱送入浆槽，通过调节经纱伸长调节装置，使引纱辊的表面线速度略大于上浆辊的表面线速度，因此在该区域经纱的伸长率为负值，经纱略有收缩。

（3）湿纱区。从上浆辊到烘筒之间的区域为湿纱区。在该区设有经纱伸长调节装置，用以调节上浆辊和预烘烘筒的表面线速度比，从而控制张力和伸长率。此区张力在保证纱线整齐排列的前提下，以小为宜。该区的纱线为潮湿状态，物理性能有较大的变化，对伸长率影响大，如果控制不当，会直接影响浆纱质量和浆纱机的生产效率。

（4）烘干、分纱区。从烘筒到拖引辊之间的区域为烘干、分纱区。浆纱在该区由湿变干，张力对纱线的伸长率有很大影响。由于烘燥和分纱的需要，浆纱应有适当的张力和伸长率，但张力不宜过大，以免使浆纱弹性损失过多，影响浆纱质量。该区为浆纱机上伸长率较大的区域。

（5）卷绕区。从拖引辊到织轴为卷绕区。为使织轴具有一定的卷绕密度，要求该区有较大的张力，因为此时浆纱已烘干，张力稍大一些，对浆纱质量的影响不大。该区张力在各区中是最高的，也有一定的伸长率，但伸长率不是最大。卷绕区的张力由织轴卷绕装置控制。全部经纱张力都在计算机控制下进行分段控制，所以张力控制十分精确，使经纱伸长和卷绕都能严格符合工艺要求。

（一）退绕区经纱张力的自动控制

经纱从整经轴上退绕下来，退绕过程中要求退绕张力尽量小，维护经纱的弹性。经轴退绕张力自动控制系统能对经轴退绕过程中的经纱张力进行精确控制，使经纱以恒定张力进行退绕，从而达到经轴架上每只经轴的片纱退绕张力或经轴架整片经纱的退绕张力都保持恒定。退绕张力自动控制系统由张力检测装置、张力调节装置与经轴制动装置组成，其原理如图 13-15 所示。

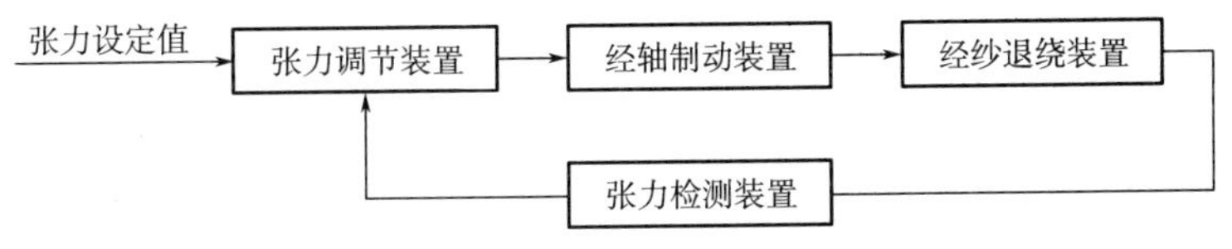

图 13-15　退绕张力自动控制系统原理

图 13-16 所示为一种气动式经轴退绕张力控制装置。装有张力辊 1 的 T 形杆 3、缓冲油缸 2、缓冲弹簧及固装在 T 形杆上的退绕张力实际值指针 6 组成退绕张力检测系统，T 形杆可围绕轴心 A 点转动，退绕张力设定值指针 5 的一端活套在 A 点，手动调整另一端达工艺设定值后固定其位置。设定值指针 5 上固装一回转阀的阀体 4，其中可以相对

转动的阀芯 8 上固结带有长槽孔的板，该长槽孔中由固装在实际值指针 6 上的凸出小轴配合插入。当纱片退绕张力发生变化时，T 形杆 3 便围绕轴心 A 点出现摆动，通过实际值指针 6 在刻度板 7 上的位置反映出张力的实际值。另外，实际值指针 6 上的凸出小轴带动阀芯 8 做相应转动。

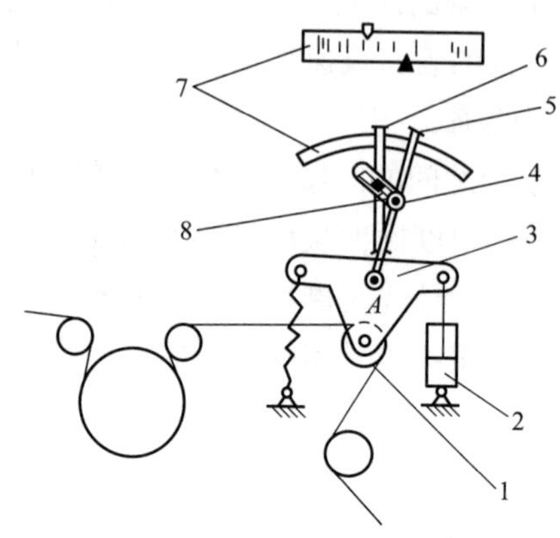

图 13-16 经轴退绕张力控制装置

1—张力辊 2—缓冲气缸 3—T 形杆 4—回转阀体 5—设定值指针
6—实际值指针 7—刻度板 8—阀芯

当实际值指针 6 与设定值指针 5 的数值相同时，说明纱片退绕张力符合工艺，此时回转阀的阀体 4 与阀芯 5 的相对位置如图 13-17（a）所示，阀体 4 上的压缩空气进气口 1、出气口 2、排气口 3 相互都不通，制动气缸的力不变；当实际值小于设定值时，阀芯 5 逆时针转动，回转阀的阀体 4 与阀芯 5 的相对位置如图 13-17（b）所示，使阀体 4 的进气口 1 与出气口 2 相通，补充制动气压，使制动力增加而使退绕张力增大；当实际值大于设定值时，阀芯 5 顺时针转动，回转阀的阀体 4 与阀芯 5 的相对位置如图 13-17（c）所示，使出气口 2 与排气口 3 相通排，出一部分压力气流，从而使制动力减小，经轴退绕张力相应减小。

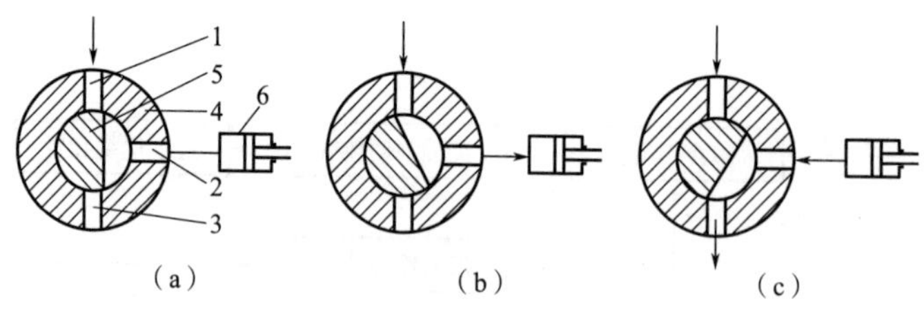

图 13-17 回转阀的三种状态

1—进气口 2—出气口 3—排气口 4—阀体 5—阀芯 6—气缸

（二）湿分绞区、烘干区和分纱区的纱线伸长控制

引纱辊至上浆辊一段张力和上浆辊至烘房段的张力主要采用分单元变频调速装置进行控制，同时由于各压浆辊、引纱辊高质量运行，使分段张力达到精确控制。尤其在双浆槽系统中，各经纱张力应得到均匀控制，使进入烘房的各片纱张力一致。纱线在烘干区内由湿态转变为干态，湿态和干态条件下纱线的拉伸特性有所不同。干态条件下纱线可以承受一定的拉伸作用，并且拉伸后的变形也容易恢复，而纱线在湿态下拉伸会引起不可恢复的永久变形，使纱线弹性损失，断裂伸长下降，因此烘干过程中要尽量减小对湿浆纱的拉伸作用。

湿纱区的纱线伸长自动控制原理如图 13-18 所示（烘干区、分纱区的控制原理类似），摆动辊 1 作为纱线张力感应元件，随浆纱张力变化绕 O_1 点摆动，从而改变下方电位计 3 的电位值。电位值变化信号输入控制器 5 并与电位计 4 的设定电位（设定电位对应设定的纱线张力）相比较，然后由控制器 5 发出控制信号，通过伺服电动机 6 正转或反转，调节无级变速器 7 的速比，从而控制烘筒 9 和第二上浆辊 2 的表面线速度差异，达到控制湿纱区纱线伸长的目的。在该控制系统中，无级变速器起着差微调速器的作用。

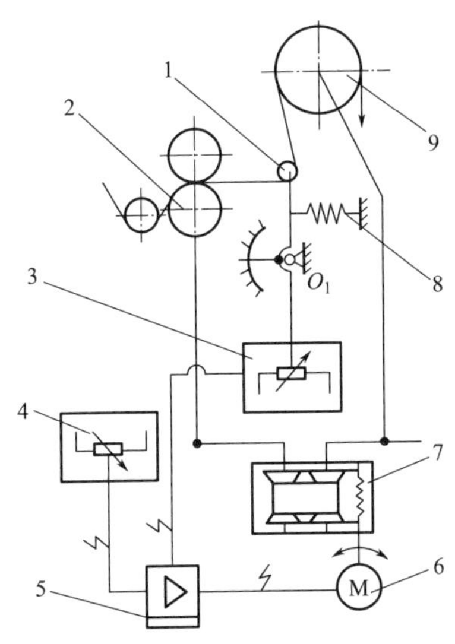

图 13-18　纱线伸长自动控制原理图

1—摆动辊　2—第二上浆辊　3，4—电位计　5—控制器　6—伺服电动机　7—无级变速器　8—弹簧　9—烘筒

（三）卷绕区经纱张力的自动控制

织轴由变频电动机独立驱动。PLC 根据浆纱速度与织轴直径的变化，依据数学模型计算变频器应输出的频率值并发送给变频器。变频器依据电位计反馈的经纱张力信号，对 PLC 计算的理论输出频率进行调整并输出给电动机，形成卷绕张力控制的闭环系统，以确保恒张力卷绕，其原理如图 13-19 所示。

图 13-20 所示为一种气动式卷绕张力自动控制机构。首先设定气缸的压力，气压值与经纱卷绕张力相对应。浆纱经过测长辊 1、拖引辊 2 和张力辊 8 后卷入织轴 6。当经纱张力波动时，张力辊 8 绕连杆支点轴 10 转动，同时连杆机构带动位置信号输出，摆杆 3 摆动，摆杆 3 上的导杆臂驱动电阻式张力电位器 4 转动，该转动反映的电阻变动量用于控制变频器的输出频率。该频率驱动变频电动机带动织轴变速，如张力辊位置偏前则减速，位置偏后则加速。

由于电信号的反应敏捷，使得变频电动机在短时间内，小幅变速转动后即可达到使张力辊的位置恢复为设定值的要求。

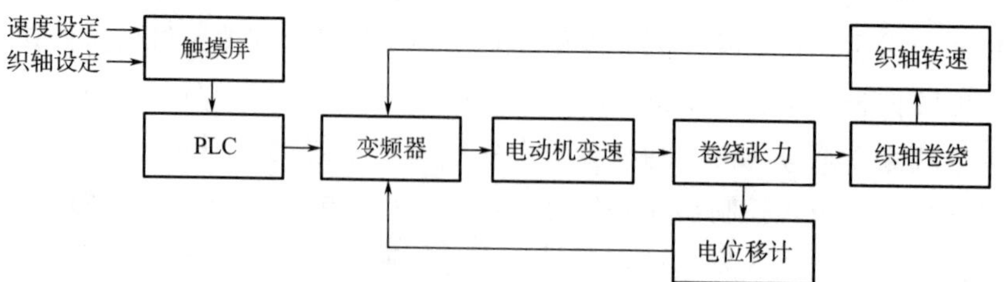

图 13-19　浆纱机卷绕张力自动控制原理

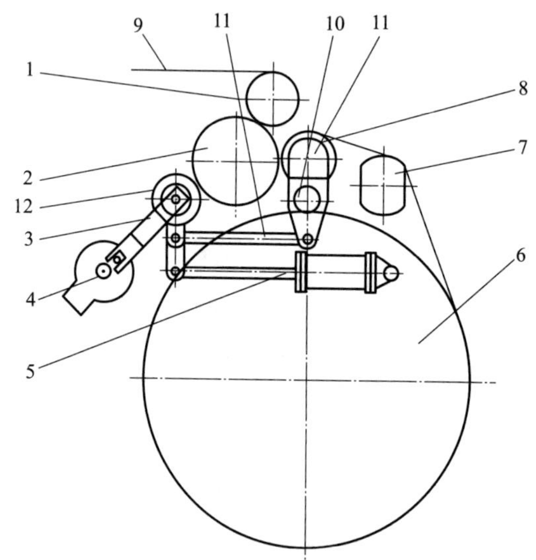

图 13-20　气动式卷绕张力自动控制结构示意图

1—测长辊　2—拖引辊　3—摆杆　4—张力电位器　5—气缸　6—织轴　7—导纱辊
8—张力辊　9—经纱　10—连杆支点轴　11—连杆　12—同步轴

思维导图

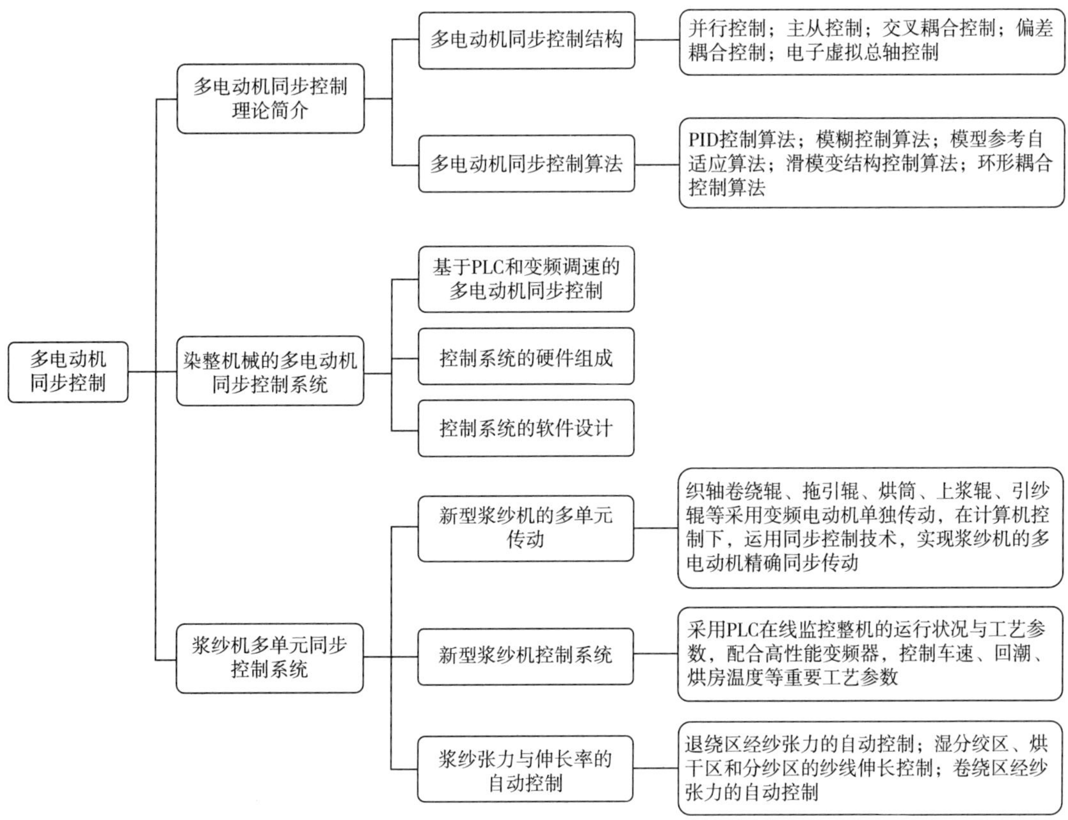

参考文献

[1] 成玲，何勇．印染机械多电机同步控制系统［J］．纺织学报，2005，26（1）：97-99.

[2] 王毅波，曹宽．多电机同步控制技术发展简介［J］．微特电机，2019，47（8）：69-73.

[3] 刘晓萌．定长送料系统多轴同步控制［D］．杭州：浙江大学，2012.

第十四章　纺织机械中的气流

引导语：气流在日常生活中有广泛的应用，例如，吸尘器利用电动机带动叶片高速旋转，在密封的壳体内产生空气负压，吸取尘屑。在自然界中人们可以看到，强烈的旋风能夹带大量的尘土旋转移动。在纺织机械中，常应用气流使纤维介质在管道内流动实现气力输送；利用涡流对纤维须条进行加捻，可获得高达每分钟几十万转的纱条转速，为高速纺纱开创了新的前景；利用喷射气流完成织机的引纬等。

学习目标：

1. 掌握垂直与水平管道中的气力输送原理。
2. 理解纺纱加捻管内涡流速度和压强的分布特性。
3. 了解纱线在涡流场中的阻力和转动力矩的计算方法。

气流在纺织加工过程及纺织机械中有着广泛的作用。借助气流的作用，可实现对纺织材料的输送、抽吸、拉伸、分离、加捻等工艺过程。例如，在纺纱的开清棉机械中，利用气流对棉块进行管道输送与除杂；在熔喷非织造机械中，借助高温、高速气流的作用对聚合物熔体进行拉伸而获得超细纤维；在喷气纺纱机和喷气涡流纺纱机中，利用喷嘴中产生的高速旋转气流对纤维须条进行加捻成纱等。气流技术的应用，可大大提高纺织加工的效率，缩短工艺流程，降低能耗，并缓和加工过程中对纺织材料的作用以避免其损伤。随着新型纺织加工技术的不断发展，气流技术在纺织领域中将发挥更为重要的作用。

第一节　管道内的气力输送设计

气力输送是由封闭管道内的气流来承载和输送物料的一种技术。在纺纱机械中，它可以用来输送纤维、棉丛、落棉、尘杂等，使它们从机器的某个部位转移到另一部位，或从一台机器转送到另一台机器，以实现生产过程中的连续化和自动化，并可改善劳动环境，减轻劳动强度，提高生产效率。

气力输送的设备通常包括离心风机、封闭管道、聚料器和空气滤尘器等。以开清棉联合机上的气力输棉设备为例，如图 14-1 所示，离心风机是产生管道内空气流动的动力源，对于吸送式气力输送系统，风机的进风口与凝棉器相衔接，其外壳与输棉管道连接。当风机高速回转时，输棉管道另一端便从后方机台一定部位吸进空气和棉丛，形成管道内棉丛流，输送到前方机台上方凝棉器的尘笼表面上。尘笼和其下方皮翼打手做异向接触回转，附在尘笼表面的棉丛不断地被打手刮落下来，落入下方的棉箱内待加工。空气则从尘笼的网孔进入笼内而流向风机，穿过风机后再由风机出口被送到滤尘器，经净化后回归大气。滤尘器所附着的短绒尘杂也需连续除去。气力输棉设备便将棉丛从后方机器输送到前方机器。

视频：开清棉机械中气流对管道中棉块的输送与除杂

彩图：开清棉机械间的气力输送管道

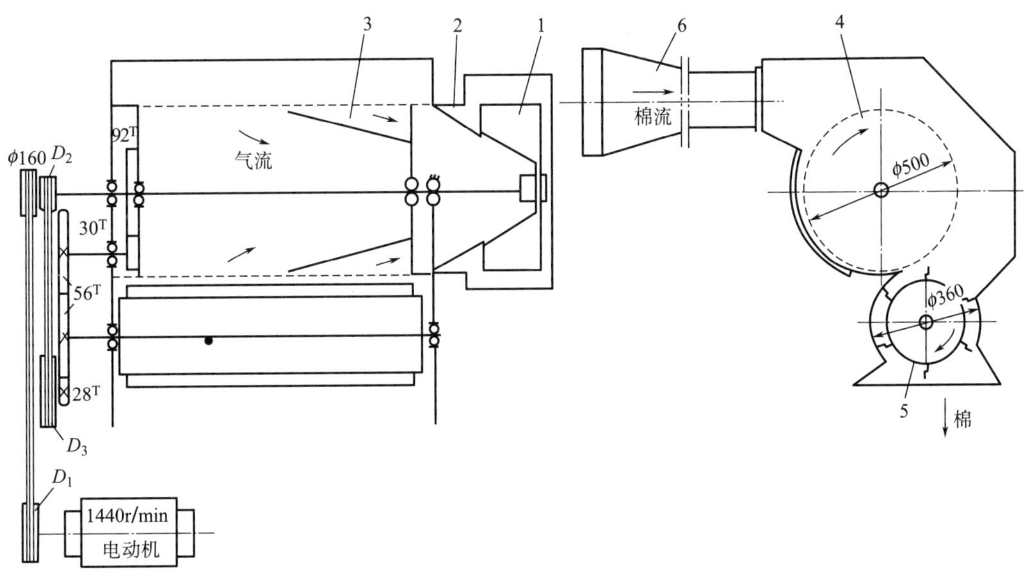

图 14-1　吸送式气力输送系统

1—叶轮　2—进风口　3—喇叭口　4—尘笼　5—皮翼打手　6—进棉管

此外，细纱机上断头吸棉装置、精梳机上落棉排除装置、梳棉机和并条机上吸尘装置，以及转杯纺纱机上气流输棉喂给装置都属于吸送式气力输送设备，其设备组成和物料输送原理基本相同。

以开清梳联合机上气力输棉设备为例说明吸吹式气力输送系统组成。如图 14-2 所示，离心风机的进风和出风口都与管道衔接，当风机高速回转时，左方的吸棉管道就从后方机台出棉部位将空气和棉丛吸进，从风机出口再被吹送到各台喂棉箱的上箱内，上箱的壁上开有一孔，常以滤网遮蔽，其作用是将空气和棉丛分离，棉丛掉落箱内而空气从网孔逸出，进入另一回风管经净化排入大气。这里，为便于棉丛和空气穿越风机叶轮，叶轮采用径向式（或称直叶式）。

气力输送技术具有下列特点。

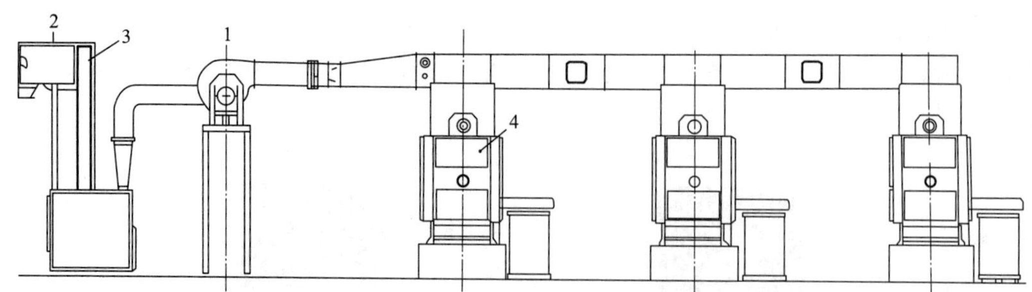

图 14-2 吸吹式气力输送系统

1—风机 2—凝棉器 3—开棉机 4—喂棉箱

（1）设备简单，安装和看管方便，占地小，适于长距离输送。

（2）物料在封闭管道内输送无损耗，不污染环境。

（3）在输送棉丝的同时可吸除短绒尘杂，有利于清棉。

（4）因物料的运行速度不均一，凝集后的物料将失去原有的均匀连续分布状态。

一、气力输送基本原理

在输送管道内，物料和空气混合在一起流动，它们的混合状态可以分为两大类。一类是均匀的悬浮状态，即物料与空气均匀地混合在一起，但只有轻、微粉末状的物料才可能是这种状态；另一类是非均匀的悬浮状态，即物料与空气混合是不均匀的，而且在输送过程中会发生沉降现象。棉丛、纤维束的气力输送基本上属于第二类。

在输送管道内，物料的悬浮情况取决于管道内空气流速的大小。空气流速大则有利于物料悬浮，但需用较大容量的风机，能量消耗大。所以，需了解为实现各有关物料输送的最低空气速度。气力输送管道系统通常由垂直管道和水平管道组成，为了使物料悬浮，两者所需的最低气流速度各不相同。

（一）垂直管道中气力输送原理

物料密度 ρ_m 大于空气密度 ρ，故物料相对空气向下运动，如图 14-3 所示，作用在物料上的下沉力为：

$$F_1 = W - V\rho g = W(1 - \rho/\rho_m) \quad (14-1)$$

式中：W 为物料质量（kg）；V 为物料体积（m^3）。

如果空气以速度 v 在管道内自下而上流动，而物料以速度 v_m 下沉（$v_m<0$）或上升（但 $0 < v_m < v$），那么物料受到空气阻力（或推力）为：

$$F_2 = \frac{CA\rho}{2}(v - v_m)^2 \quad (14-2)$$

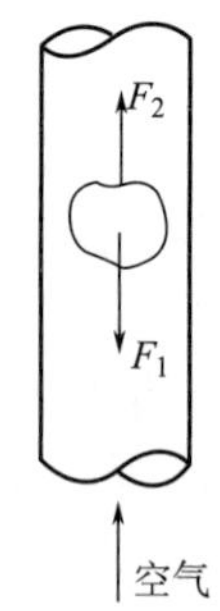

图 14-3 垂直管道气力输送

式中：C 为空气阻力系数；A 为物料在垂直于气流运动方向上的投影面积（m^2）；v_m 为物料运动速度（m/s）。

当 $F_1 = F_2$ 时，物料做等速运动，则有：

$$v - v_m = \sqrt{\frac{2W}{CA\rho}\left(1 - \frac{\rho}{\rho_m}\right)} = \sqrt{\frac{2W}{CA}\left(\frac{1}{\rho} - \frac{1}{\rho_m}\right)} \tag{14-3}$$

令：

$$v_s = \sqrt{\frac{2W}{CA}\left(\frac{1}{\rho} - \frac{1}{\rho_m}\right)} \tag{14-4}$$

则得：

$$v_m = v - v_s \tag{14-5}$$

由此可见，当 $v = v_s$ 时，$v_m = 0$，即此时物料在管道内静止不动，处于悬浮静止状态，故称 v_s 为物料的悬浮速度，它决定于物料的性状，见式（14-4）；当 $v > v_s$ 时，$v_m > 0$，即物料在管道内上升；当 $v < v_s$ 时，$v_m < 0$，即物料在管道内下沉。因此，气流速度必须大于物料的悬浮速度，才能使物料在管道内上升。

物料在静止空气中自由沉降的沉降力为重力与浮力之差，它将使物料加速下沉；该力虽保持不变，但物料所受到的空气阻力随着速度增大而增加。当该阻力增加到与物料所受的沉降力（即重力与浮力之差）相等时，则物料的沉降速度不再增加，而以等速运动下降，这时的物料沉降速度称为沉降终末速度，或简称终末速度 v_T。终末速度与悬浮速度在理论计算式上是等同的，而前者易借助实验测得。

从上述关系式可看出，ρ_m 比较小，且比较蓬松（W/A 较小）的物料，其悬浮速度或终末速度较小。例如，清棉机棉从的平均终末速度为 800～1100mm/s，纤维的平均终末速度为 30～60mm/s。

（二）水平管道中气力输送原理

在水平管道中，气流流动方向与物料重力方向相垂直，物料因重力作用有下沉趋势。如管道中气流速度很低，则物体沉于管底不动。因此，气流速度必须增加到一定的数值，物料才能脱离管壁而腾空飞行，这时气流的速度称为腾空速度 v_D。

当气流吹向沉于管底的物料时，产生水平推力 P，如图 14-4 所示。物料上面的气流速度比下面大，驱使物料向前翻转，同时物料下面的气压也大于上面，所以气流对物料产生一个升力 L，物料即发生翻腾浮起现象，并随气流向前输送。该升力大致与气流速度的平方成比例，如果物料的重力大则气流速度也应增大。一般物料的腾空速度均大于自由沉降的终末速度，据测定，腾空速度大约是自由沉降终末速度的三倍。

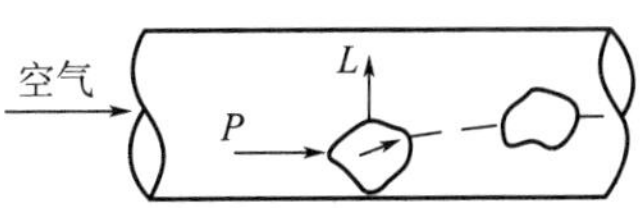

图 14-4 水平管道气力输送

二、气流速度和流量的选用

（一）气流速度的选用

如上所述，管道内的气流必须具有一定的速度，才能输送给定的物料。因整个管道系统往往由垂直管道和水平管道组成，而后者要求物料的腾空速度大于前者所要求的悬浮速度，所以腾空速度就是气流速度选用的依据。该速度大小同样与物料的性状有密切关系，如开清棉机送出的棉丛在大小、性状和开松程度上不一致，则每一棉丛的悬浮速度和要求的腾空速度也不相同，所以选用的气流速度总比棉丛的平均终末速度大得多。气流速度高，物料可完全悬浮于空气中，以接近于气流速度输送，管道流通顺畅。但是，如果气流速度过大时，气流在管道内能量损失也较大，即功率消耗增加，造成不必要的浪费，所以气流速度不是越大越好。经测定，比较经济合理的气流速度见表 14-1。

表 14-1　输棉物料比较合理的气流速度

输棉物料	气流速度/（m/s）	输棉物料	气流速度/（m/s）
棉丛	8~14	羊毛	14~20
籽棉	20~26	棉籽	30~35
落棉	13~15	尘杂	8~16

（二）物气比的选用

管道内气流速度至少要满足物料能悬浮于空气中，此外，输送一定量的物料还必须配备一定量的空气。被输送物料的质量流量与输送空气的质量流量之间应有一个适当的比例，该比例称为物气比，以 μ 表示：

$$\mu = \frac{q_m}{\rho q_V} \tag{14-6}$$

式中：q_m 为被输送物料的质量流量；q_V 为输送气流的体积流量；ρ 为空气的密度。

物气比的物理意义是指单位质量的流动空气所承运物料的质量。该比值太大，意味着物料相对于空气量来讲太多，物料间相互碰撞以及与管壁碰撞的机会增加，并且在管道内阻塞的可能性也大；该比值太小，意味着风机的风量过大，即风机的功率太大，造成不必要的浪费。实际经验数据是：原棉 $\mu = 0.1 \sim 0.3$，羊毛 $\mu = 0.2 \sim 0.5$。

根据机器的生产量 q_m 和选用的物气比 μ 值，可计算出所需要的空气体积流量（或称风量）q_V：

$$q_V = \frac{q_m}{\mu\rho} \tag{14-7}$$

（三）管道尺寸的计算

确定了管道中气流的流速和流量之后，可计算管道的截面尺寸 A：

$$A = \frac{q_V}{3600v} \tag{14-8}$$

式中：q_V 为空气的体积流量（m^3/h）；v 为空气平均流速（m/s）；A 为管道的截面面积（m^2）。

对同样大小的截面而言，一般尽可能采用圆形管道，因为圆形截面的周长最短，所耗用的材料最少，阻力损失也较小。圆管截面面积为 $A = \pi d^2/4$，则其直径 d（mm）为：

$$d = \sqrt{\frac{4A}{\pi}} = \sqrt{\frac{q_V}{900\pi v}} = 18.8\sqrt{\frac{q_V}{v}} \tag{14-9}$$

在采用气流配棉时，为了与喂棉箱进口衔接，输棉管道常采用矩形，应根据式（14-8）所示的截面面积 A 来确定其宽度 b 和高度 h（即 $A=bh$）。

三、管道内气流的能量损失

空气在管道内流动时会遇到阻力，每输送单位体积气体的能量损失称管道阻力损失，用 ΔP_s 表示，单位为 Pa。它分为沿程阻力损失 ΔP_y 和局部阻力损失 ΔP_j。

（一）沿程阻力损失

空气在管道内流动时，由于黏性等原因而产生的摩擦阻力将阻碍其运动，因这种阻力存在于全流程，故将克服这种阻力造成的损失称为沿程阻力损失 ΔP_y。

$$\Delta p_y = \lambda \cdot \frac{l}{d_s} \cdot \rho \frac{v^2}{g} \tag{14-10}$$

式中：λ 为沿程阻力系数（由实验确定）；l 为风管长度（m）；v 为空气流速（m/s）；g 为重力加速度（9.81m/s²）；ρ 为空气密度（kg/m³）；d_s 为水力直径（m），即过流断面面积（A）的 4 倍与湿周 x 之比，又称当量直径。对于圆形截面管道，$d_s=d$（过流圆截面直径）；对于矩形截面管道，$d_s=2bh/(b+h)$，b 和 h 分别是矩形的宽和高；对于正方形截面管道，$d_s=h=b$。

沿程阻力系数 λ 并不是常数，它与雷诺数 Re、管壁相对粗糙度 Δ/d_s 及过流断面形状有关。雷诺数 $Re=d_s/\nu$，ν 为空气运动黏度，它与温度、压力均有关。表 14-2 表示空气在 98.1kPa（1 工程大气压）下的运动黏度 ν。

表 14-2 空气运动黏度 ν

温度/℃	0	10	20	30	40	60
ν/（10^{-6}m²/s）	13.7	14.7	15.7	16.6	17.6	19.6

图 14-5 表示 λ—Re 关系曲线，由实验测得。当空气做层流流动时（$Re<2300$），在对数坐标下，λ 与 Re 呈线性关系，且与管壁的粗糙状态无关。当空气做湍流流动时（$Re>2300$），则 λ 与管壁状态有关。曲线 A 表示光滑管（包括铜管、铝管、玻璃管等）的 λ—Re 曲线，曲线 B 表示粗糙管（包括铸铁管、钢管等）的 λ—Re 曲线。

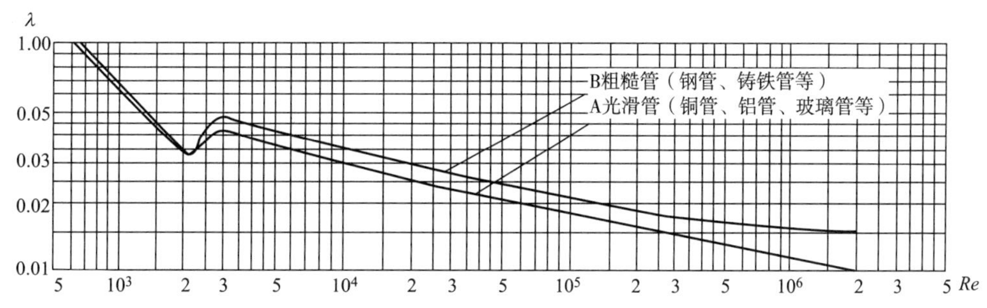

图 14-5 λ—Re 曲线

(二) 局部阻力损失

管道内气流急剧地改变流动状态，例如流经弯头、收缩管、扩放管、三通管、阀门等处，因发生涡流和脱流等现象而损失的流动能量，称为局部阻力损失，在数值上比沿程阻力损失大得多。局部阻力损失为：

$$\Delta p_{\mathrm{j}} = \xi \cdot \rho \cdot v^2/2 \tag{14-11}$$

式中：ξ 为局部阻力系数；ρ 为空气密度（$\mathrm{kg/m^3}$）；v 为空气流速（m/s）。

表 14-3 为几种常见管件的局部阻力系数值。

表 14-3 局部阻力系数举例

(计算公式中的 v 应以图上所示的方向为依据)

四节组成的 90°弯管

h/b	1.0	2.0	3.0	4.0	5.0	6.0
矩形	0.39	0.32	0.25	0.24	0.24	0.24
圆管	0.39					

矩形 90°弯头（不等截面，$R/b=1$，$h/b=2.4$）

R_1/b	b_1/b						
	0.4	0.6	0.8	1.0	1.2	1.4	1.6
0.5	0.38	0.29	0.22	0.18	0.20	0.30	0.50
1.0	0.38	0.29	0.26	0.25	0.28	0.35	0.44
2.0	0.49	0.33	0.20	0.13	0.14	0.22	0.34

矩形 90°弯头（等截面）

b/h	R/b			
	0.75	1.0	1.25	1.50
0.5	0.40	0.26	0.19	0.13
1.0	0.47	0.29	0.21	0.14
1.5	0.52	0.31	0.22	0.15
2.0	0.55	0.34	0.24	0.16

骤缩管与骤扩管（任意截面）

f/F	0.1	0.2	0.3	0.4	0.5	0.6	0.7	0.8	0.9	1.0
骤缩管	0.47	0.42	0.38	0.34	0.30	0.25	0.20	0.15	0.09	0
骤扩管	0.81	0.64	0.49	0.36	0.25	0.16	0.09	0.04	0.01	0

续表

锥形扩散管

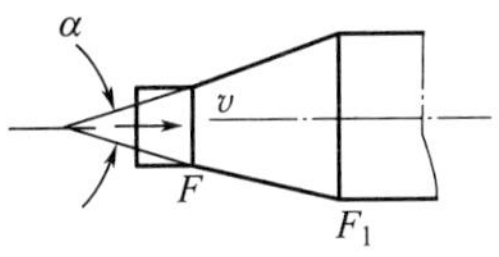

F_1/F	α					
	10°	15°	20°	25°	30°	35°
1.25	0.01	0.02	0.03	0.04	0.05	0.06
1.5	0.02	0.03	0.05	0.08	0.11	0.13
2.0	0.04	0.06	0.10	0.15	0.21	0.27
2.5	0.06	0.10	0.15	0.23	0.32	0.40

锥形渐缩管

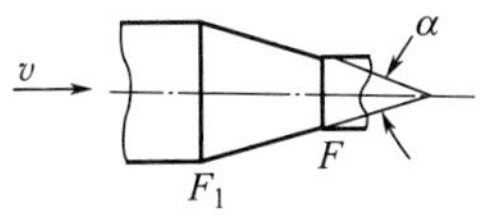

F_1/F	α					
	10°	15°	20°	25°	30°	45°
1.25	0.18	0.20	0.25	0.29	0.33	0.35
1.5	0.31	0.39	0.45	0.51	0.59	0.62
2.0	0.56	0.69	0.80	0.91	1.04	1.11
2.5	0.87	1.07	1.25	1.41	1.63	1.73

调节闸门

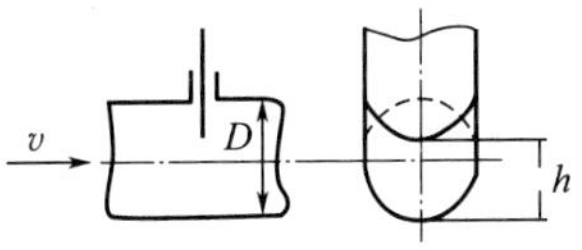

h/D	0.1	0.2	0.3	0.4	0.5	0.6	0.7	0.8	0.9	1.0
圆管	98	35	10	4.6	2.1	1.0	0.44	0.17	0.06	0
矩形管	193	45	18	8.1	4.0	2.1	0.95	0.39	0.09	0

调节阀门

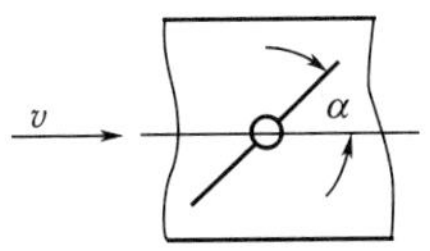

α	10°	20°	30°	40°	50°	60°	70°	80°	90°
阻力系数	0.3	1.0	2.5	7.0	20	60	100	1500	8000

正方形截面 90°弯管（有导风板）

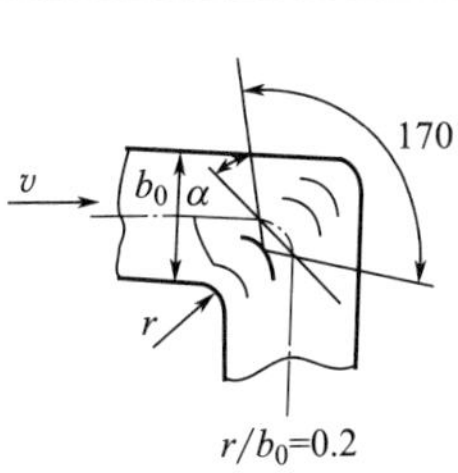

$r/b_0=0.2$

α	35°	37°	39°	41°	43°	45°	47°	51°	55°
阻力系数	0.45	0.36	0.29	0.22	0.17	0.13	0.11	0.12	0.14

续表

金属网过滤板										
F_0　F　v F_0—网净面积	F_0/F	0.1	0.2	0.3	0.4	0.5	0.6	0.7	0.8	0.9
	进气时	80	16	6.6	3.4	2.0	1.3	1.0	0.93	0.91
	排气时	100	25	12.5	7.6	5.2	3.9	3.1	2.5	1.9

上述的沿程阻力损失和局部阻力损失都属于纯空气流动时的能量损失。在气力输送中，空气内都混合有物料，应视为气物混合流，其密度并不等于纯空气的密度，在计算 Δp 时结果也不相同，应乘上修正系数 φ。从实验可知，此种混合流在流动中的能量损失比纯空气时有所增加，而且与物气比 μ 值大小有关。

$$\varphi = 1 - \alpha\mu \tag{14-12}$$

式中：α 为实验系数，它与物料性状有关，对于原棉 α 可取 1.5 左右。

例如，对于物气比 $\mu = 0.25$ 的气棉混合流，$\varphi = 1 + 1.5 \times 0.25 = 1.375$，即混合流在流动时沿程阻力损失和局部阻力损失均较纯空气流增大 37.5%。

（三）管道系统的特性曲线

在一个气力输送系统中，各段管道尺寸可能不同，应分段计算。总的沿程阻力损失应是各组成段沿程阻力损失之和，以 $\sum\Delta p_y$ 表示。由于各段速不同，故应以 q_V/A 表示 v，则得：

$$\sum\Delta p_y = \sum\lambda\frac{l}{d}\rho\frac{v^2}{2} = \sum\lambda\frac{l}{d_s}\frac{\rho q_V^2}{2A^2} \tag{14-13}$$

同样，总的局部阻力损失也是各个局部阻力损失之和，以 $\sum\Delta p_j$ 表示：

$$\sum\Delta p_j = \sum\xi\frac{\rho v^2}{2} = \sum\xi\frac{\rho q_V^2}{2A^2} \tag{14-14}$$

因此，该管道总的阻力损失 ΔP_s 为：

$$\begin{aligned}\Delta P_s &= \sum\Delta p_y + \sum\Delta p_j = \sum\lambda\frac{l}{d}\frac{\rho q_V^2}{2A^2} + \sum\xi\frac{\rho q_V^2}{2A^2}\\ &= \left(\sum\lambda\frac{l}{d_sA^2} + \sum\xi/A^2\right)\frac{\rho q_V^2}{2} = Bq_V^2\end{aligned} \tag{14-15}$$

式中：
$$B = \frac{\rho}{2}\left(\sum\lambda\frac{l}{d_sA^2} + \sum\frac{\xi}{A^2}\right) \tag{14-16}$$

如果不考虑风量或风速对 λ 和 ξ 的影响，则对给定管道系统来说 B 为常数，称为管道系统的阻力系数。式（14-15）表明，在确定的管道系统中，流动空气的阻力与其流量的平方成正比。根据这一关系绘出的曲线称为管道特性曲线，如图 14-6 所示。图中两条曲线代表两种阻力特性不同的管道系统，曲线 1 代表的系统的 B 值小于曲线 2 代表的系统。

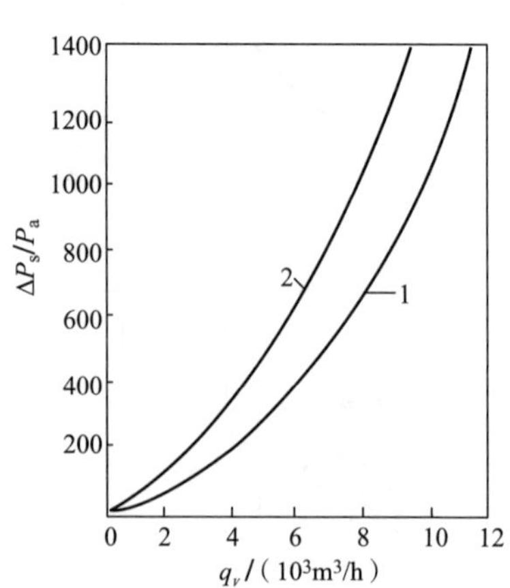

图 14-6　管道系统的特性曲线

第二节　涡流在纺纱机械中的应用

传统的环锭纺纱技术是利用机械部件（锭子、钢丝圈）的回转对纤维集合体进行加捻制成短纤纱，并且纱条的加捻与卷绕是同时进行的，纱条在加捻过程中的回转速度和卷装的容量均受到一定限制。

在自然界的现象中经常看到，强烈的龙卷风能够夹带大量物体进行剧烈的旋转运动；盛有液体的容器绕其中心轴旋转时，液体如同一个整体随容器旋转，同时液体表面（自由液面）由先前的平面下凹成抛物面；水槽泄水时排水口会形成旋涡。

在纺织工业中，从 20 世纪 60 年代起就开始研究采用高速旋转的流体（主要是气流）直接对纤维须条进行加捻成纱。借助高速旋转气流进行加捻，可获得高达 30×10^4r/min 的纱条转速，是环锭纺纱速度的 10 倍以上，为高速纺纱开创了新的前景。

图片：喷气涡流纺纱机

本章主要讲解涡流的基本流动特性及其在纺纱机械中的应用。

一、涡流的基本特性

（一）纺纱机械中形成涡流的常用方法

在纺纱机械中，形成旋转气流来对纱条进行加捻的部件称为加捻管或喷嘴。最基本的加捻管为一圆柱形管，如图 14-7 所示，沿管的轴线方向设有一个截面为圆形的、贯通的纱条通道。在纱条通道的壁面上沿周向设有若干（通常为 4~6 个）与纱条通道相切、并且朝向加捻管出口方向倾斜的气流喷射孔。气流喷射孔与气室相连。气室中的压缩空气经由气流喷射孔沿切线方向以极高的速度进入圆柱形的纱条通道，因其速度方向与管轴线不相交，因此入射气流对轴线存在一个动量矩，使气流在圆柱形通道中绕轴线做旋转运动，边旋转边向出口推进。如此形成的旋流的流动轨迹近似一条螺旋线，称为强制螺纹涡，而以沿切向喷射孔射入圆管的方式形成的旋流被称为切向引射旋流。

目前应用较为成熟的涡流加捻技术，均利用上述方式在加捻管中形成高速涡流并实施加捻，主要有喷气纺纱技术和喷气涡流纺纱技术两种。

（二）涡流的速度分布

如图 14-7 所示，沿切向喷射孔射入加捻管的高速气流及其形成的旋流速度通常分为三个速度分量：切向速度 v_θ 、径向速度 v_r 及轴向速度 v_z 。这三个速度分量的性质如下。

图片：喷气涡流纺纱喷嘴结构

1. 切向速度 v_θ

管内旋流的切向速度分量为位于管任一横截面内与截面半径相垂直的方向上的气流速度分量，其在主速度矢量的三个分速度中，是对加捻成纱起核心作用的一个分量，其值的大小表征气流承载固体质点运动的能力，以及对所承载的质点形成离心效应的能力，其作用是对进入加捻管的纤维须条产生旋转并对其加捻，其值取决于进口气流的初速度 v_1、进口气流与管轴线的夹角及其与旋转轴心之间距离 R 的大小。

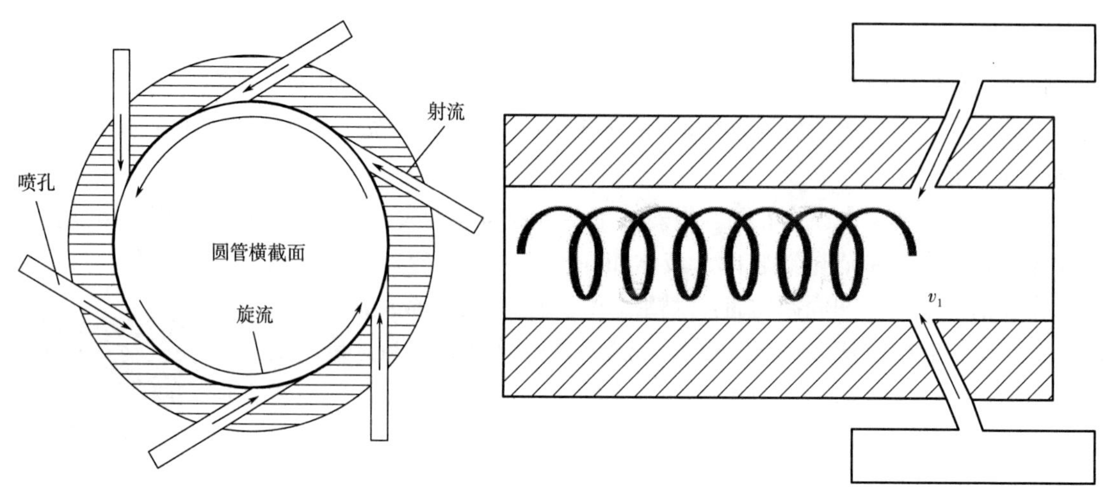

图 14-7　纺纱加捻管内形成的旋转气流

根据实际观察、试验以及数值模拟分析发现，管内切向旋流呈典型的兰金涡（rankine vortex）分布特征，即气流的切向速度分布可划分为管轴线附近的强制涡（forced vortex）区和壁面附近的自由涡（free vortex）区，但在可压缩流动的场合下，自由涡占据的区域非常小。

在壁面附近的自由涡区域内，切向速度 v_θ 与半径 r 成反比，越靠近旋转轴心，切向速度越大，即：

$$v_\theta r = C \tag{14-17}$$

这一区域也被称为势流旋转区，旋转气流在这一区域的流动为无旋流动，即势流，气流微团仅绕旋转中心做曲线移动，而不会绕自身的轴线旋转。强制涡区靠近旋转中心，其中的流体微团不仅围绕旋转中心转动，同时还绕自身的轴线旋转。在该区域中，整个流体如同一块固体一样整体地旋转，其切向速度 v_θ 随着旋转半径 r 的增大而逐渐增大：

$$\frac{v_\theta}{r} = \omega = C \tag{14-18}$$

式中：ω 为旋转角速度。

上述两式可合并为：

$$v_\theta r^n = C \tag{14-19}$$

对于指数 n，对于自由涡区，$n=1$；对于强制涡区，$n=-1$。在不考虑各种流动损失的理想情况下，常数 C 应等于进口单位流体质量的动量矩 $v_1 R$。图 14-8 中的实线表示切向速度沿半径的理论变化规律。由图中可以看出，切向速度在半径为 r_0 的圆柱面上为最大，该圆柱面即为强制涡区与自由涡区的界面。但实际上，流体的流动存在黏性摩擦，流体与管

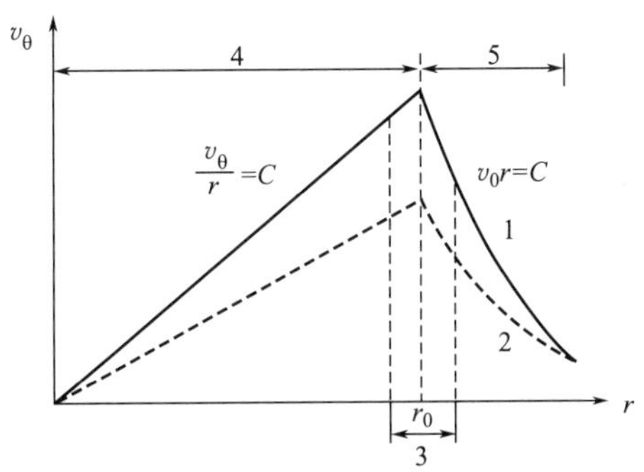

图 14-8　涡流切向速度沿旋转半径的分布规律

1—理想分布　2—实际分布　3—过渡区

4—强制涡区　5—自由涡区

壁间也有摩擦，因而实际切向速度变化规律并不完全符合式（14-18）和式（14-19），也不满足动量矩守恒原则，且两个区的分界处也不是一个圆柱面，而是图中点划线所示的一个区段。两个区分界处的实际位置及大小需通过实验进行测定。根据研究结果，在自由涡区中，指数 n 通常取值为 0.5～0.7，对于强制涡区，指数 n 通常取值为-2～-1.5。

尽管自然界中存在的许多涡流如龙卷风、旋涡等的结构十分复杂，但其基本结构均可视为由中心的强制涡和外围的自由涡复合而成。

2. 径向速度 v_r

径向速度 v_r 沿管的半径方向，对于沿切向射入管内形成的旋流，其径向速度值通常较小，其实际分布规律为：

$$v_r r^n = C$$

其中，指数 n 可通过实验得到，且对于自由涡区与强制涡区的指数 n 有不同的值。

3. 轴向速度 v_z

轴向速度 v_z 的作用是使纤维须条或纱在加捻管中沿轴向输送，保证纺纱过程的连续性，其沿径向和轴向的分布规律要比 v_θ 及 v_r 复杂得多，不能进行简单的理论分析，要根据实际所采用的加捻管的结构与纺纱工艺参数进行具体分析。实际的轴向速度分布规律须借助实验或数值计算得出。图 14-9 为切向旋流的轴向速度分布示意图，图中所示旋流的中心区域存在一股逆向流动，称为回流，由气流从管出口向内部流入。这是由于旋转气流中心压力降低，将外部气流由出口抽吸进入内部而产生。

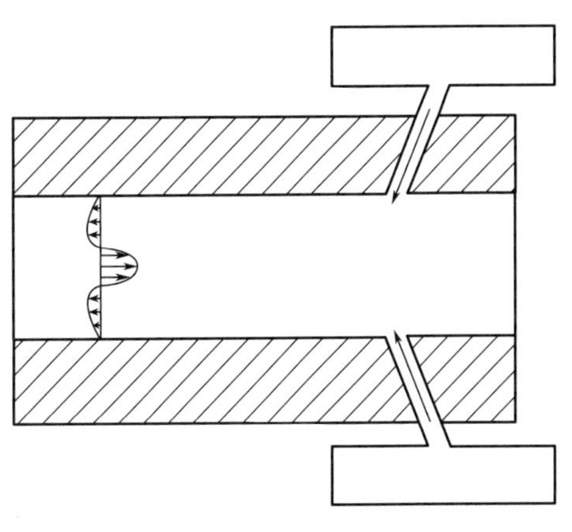

图 14-9　旋流中心区域的回流

（三）涡流的压强分布

下面假定涡流场中径向速度 v_r 和轴向速度 v_z 比切向速度小得多，只考虑切向速度沿半径的分布规律来近似讨论压强沿半径的分布规律。

1. 自由涡区的压强分布

因自由涡区是无旋流动，在理想状况下，根据伯努利方程，设在圆柱形加捻管的壁面处有 $r=R$，$p=p_1$，$v_\theta=0$，涡核（即强制涡区）半径处有 $r=r_0$，$p=p_0$，$v_\theta=v_{\theta0}$，任意半径处的压强为 p，则：

$$p_1 = p + \frac{\rho}{2}v_\theta^2$$

由于：
$$v_\theta = \frac{v_{\theta 0}r_0}{r}$$

则：
$$p = p_1 - \frac{\rho}{2}v_{\theta 0}^2\left(\frac{r_0}{r}\right)^2$$

上式表明在管壁面处（r 最大）压强最大，越向气流旋转中心（r 减小）压强越低。在涡核半径处，压强比管壁面处低一个相当于当地切向速度值的动压头。

2. 强制涡区的压强分布

采用欧拉方程计算强制涡区，设流动是轴对称的，且各分速度沿 z 轴变化不大，考虑切向速度 v_θ，得圆柱坐标的欧拉方程如下：

$$\frac{\mathrm{d}p}{\mathrm{d}r} = \rho\frac{v_\theta^2}{r}$$

其中，$v_\theta = r\omega$，对上式积分，得：

$$p = \frac{\rho}{2}\omega^2 r^2 + C = \frac{\rho}{2}v_\theta^2 + C$$

边界条件为 $r = r_0$，$p = p_1 - \frac{\rho}{2}v_{\theta 0}^2$，有 $C = p_1 - \rho v_{\theta 0}^2$，得：

$$p = p_1 + \frac{\rho}{2}v_\theta^2 - \rho v_{\theta 0}^2 \tag{14-20}$$

此即为强制涡区内压力沿半径的分布规律。在旋转轴心处有 $r = 0$，$v_\theta = 0$，则其压强值为：

$$p_0 = p_1 - \rho v_{\theta 0}^2$$

由此可见，涡流中心处压强比涡流边界上的压强低两个动压头值$\left(2 \cdot \frac{\rho}{2}v_{\theta 0}^2\right)$。该动压头数值是按强制涡区与自由涡区交界处的切向速度 $v_{\theta 0}$ 来计算的。由此可见，旋转中心压强要比自由涡区压强低，比边界上的压强更低。这说明自然界中的旋风有抽吸能力，可以把尘土等物吸入旋风中心。纺纱过程中也能利用这一规律抽引纤维进入加捻管。图 14-10 为旋转气流的切向速度与压强随半径的分布规律曲线。

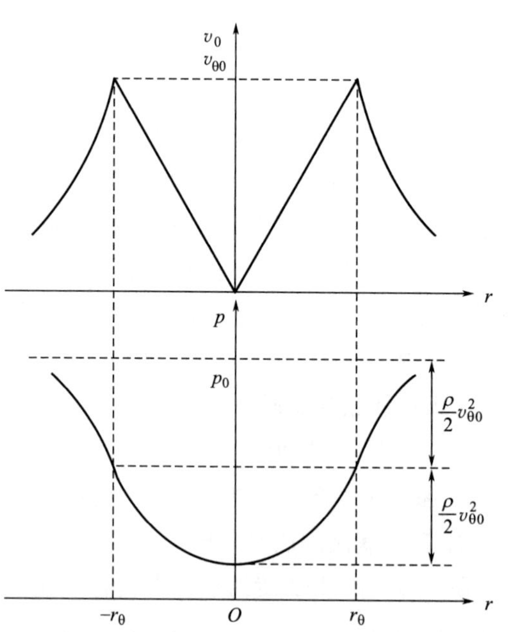

图 14-10 纺纱加捻管内旋转气流的切向速度与压强随半径的分布规律

二、涡流加捻

利用空气涡流对纤维须条进行加捻的技术，已成功应用于一些新型纺纱方法中，在传统环锭纺纱中也有一些应用。利用空气涡流对纱条进行加捻具有独特的优越性。纱条在空气涡流中可获得高达每分钟数十万转的旋转速度，且气流对纤维的作用相对比较缓和，可以降低对纤维的损伤，这是积极的机械传动所不及的。目前，涡流加捻在纺织加工中在以下方面有较多应用。

视频：喷气涡流纺纱

（1）喷气涡流纺纱。利用涡流加捻管中产生的涡流使纤维须条形成半自由端，并使之倒伏在位于涡流加捻管内部的纺锭的锥部上接受加捻而成纱，如图 14-11 所示。

（2）喷气纺纱。采用两个串联的涡流加捻管，利用其中旋向相反、强度大小不同的旋转气流产生不同的加捻效应，形成具有包缠结构的纱线，如图 14-12 所示。

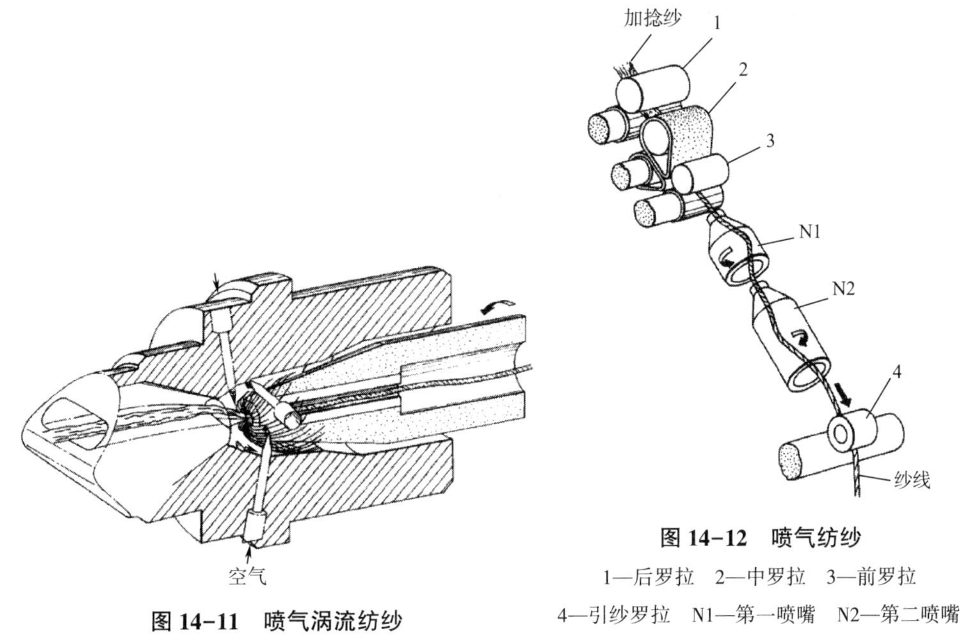

图 14-11　喷气涡流纺纱

图 14-12　喷气纺纱

1—后罗拉　2—中罗拉　3—前罗拉

4—引纱罗拉　N1—第一喷嘴　N2—第二喷嘴

（3）长丝空气变形加工。利用涡流对长丝进行假捻，使其产生卷曲缠绕的效果。

根据纱条两端的握持情况与纤维在涡流场中的运动特征，涡流加捻可分成非自由端、半自由端和自由端加捻；按照涡流产生的方式可分为喷气式和吸气式涡流加捻。由于吸气式涡流加捻目前已较少使用，本节仅介绍目前应用较为广泛的喷气式涡流加捻。

（一）喷气式涡流加捻管

图 14-13 为最简单的喷气式涡流加捻管的结构示意图，它包括涡流管 1、气室 2、切向气流喷射孔 3、纤维吸入口 4 和出口 5。气流喷射孔 3 通常与涡流管内壁相切，与涡流管轴线成一锐角 α。压缩空气由气流喷射孔 3 射入涡流管 1 内形成涡流，并向涡流管出口的方向流动，由于涡流中心压强低于边界处压强，因此在涡流管入口处产生吸引能力，形成一个沿加捻管轴向运动的次流流动，这有助于将纤维吸入涡流管内。纤维进入涡流管后，受涡流的作用沿涡管壁绕管中心旋转，从而获得捻回，同时随气流做轴向运动。

(二) 气流流动特性

1. 喷射速度

气流由气室经喷射孔射出，可看作不等径管道的流动。由于气体是可压缩的，根据理想流体绝热等熵流动时的气体方程 $p = C\rho^k$、状态方程 $p = \rho RT$ 和能量方程：

$$\frac{k}{k-1} \cdot \frac{p}{\rho} + \frac{v^2}{2} = C$$

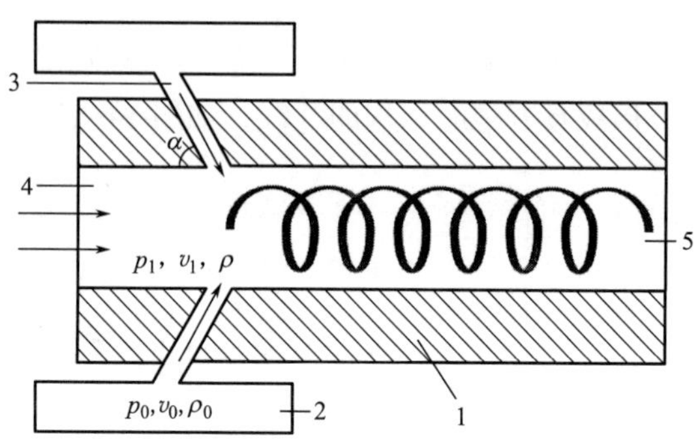

图 14-13　喷气式涡流加捻管

1—涡流管　2—气室　3—切向气流喷射孔　4—纤维吸入口　5—出口

可推导出气流从喷孔中喷射出时的速度。式中，k 为气体绝热指数，对于空气，$k = 1.4$。

由于气室容积相对喷孔尺寸较大，可近似认为 $v_0 = 0$，则喷射速度 v_1 为：

$$v_1 = \sqrt{\frac{2k}{k-1}\left(\frac{p_0}{\rho_0} - \frac{p_1}{\rho}\right)} \text{ 或 } v_1 = \sqrt{\frac{2k}{k-1} \cdot \frac{p_0}{\rho}\left[1 - \left(\frac{p_1}{\rho_0}\right)^{\frac{k-1}{k}}\right]} \text{ 或 } v_1 = \sqrt{\frac{2k}{k-1}RT_0\left[1 - \left(\frac{p_1}{\rho_0}\right)^{\frac{k-1}{k}}\right]} \tag{14-21}$$

当高压气体经由喷射孔流动时，其压力、密度和温度逐渐降低，流速则逐渐增大。当流速增大到与当地音速相等时即不再增加，气体处于临界状态。根据流体力学原理，对于等截面喷管，其临界截面位于出口截面，此时出口背压 p_1 即为临界压强。经计算，$T_0 = 293\text{K}$，背压 p_1 为大气压时，p_0 约等于 $1.96 \times 10^5\text{Pa}$，流速即达音速，因此气室压力过大，是没有必要的。由于气室容积较大，可认为气体处于滞止状态，设各项滞止参数为 p_0、T_0、ρ_0，因此当在马赫数 $M = 1$ 的临界状态时，有：

$$\frac{p_1}{p_0} = 0.528$$

因此，只有在 $p_1 \geqslant 0.528p_0$ 时，式（14-21）才适用。

当 p_0 较高时，$p_1 < 0.528p_0$，流速保持不变，体积流量亦为常数，出现等熵阻塞，达到临界状态。所以喷孔出口流速应为：

$$v_1 = v_c = a_c$$

式中：v_c 为临界速度；a_c 为临界截面上当地声速（m/s）。

根据滞止截面和临界截面上的各参数的关系，可得：

$$a_c = \sqrt{\frac{2}{k+1}} \cdot a_0$$

式中：a_0 为滞止声速。

$$T_c = \frac{2}{k+1} T_0$$

$$a_c = \sqrt{kRT_0} = 18.3\sqrt{T_0}$$

2. 涡流管内速度分布

由于涡流管的直径很小，通常在几个毫米范围，喷射气流是沿管的螺纹切线方向射入，其速度的切向分量为 $v_\theta = v_1 \sin\alpha$，轴向分量为 $v_z = v_1 \cos\alpha$，α 为喷射孔与涡流管轴线的夹角。在主速度矢量的三个分速度中，切向分速度最大，轴向次之，径向速度则很小。涡流的旋转角速度主要取决于切向速度，因此为使分析方便起见，这里主要讨论实际涡流管中切向速度和轴向速度分布规律。

根据实验与数值模拟可得，在涡流管各截面上的切向速度 v_θ 沿半径的变化规律在相当大的范围内类似于涡核中速度分布，如图 14-14 所示，这是由于流体与管壁间的摩擦，附面层沿轴向逐渐增厚，涡流管中强制涡区的范围沿轴向有逐渐衰弱的趋势，形成一个截头圆锥体，如图 14-15 所示。强制涡区的范围可用收缩系数 K 来表述，K 定义为最大速度半径与涡流管半径之比。根据实验测得，K 值为 0.8 ~ 0.93，其沿轴向逐渐减小，而靠近喷口则越大。

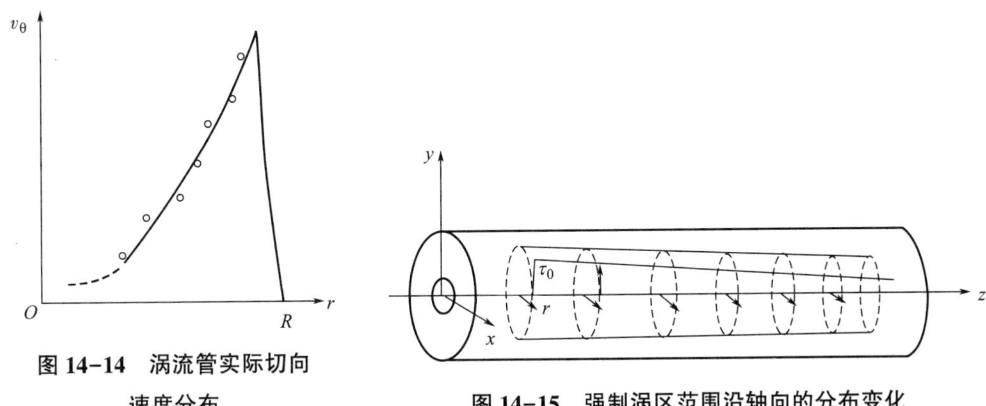

图 14-14　涡流管实际切向速度分布

图 14-15　强制涡区范围沿轴向的分布变化

涡流管截面上最大切向速度 $v_{\theta\max}$ 沿轴向也是逐渐衰减的，如图 14-16 所示，涡流强度也有所衰减。涡流的旋转角速度可按照下式计算：

$$\omega = \frac{v_{\theta\max}}{KR}$$

或

$$n = \frac{v_{\theta\max}}{\pi DK}$$

式中：R 为涡流管内壁半径；D 为涡流管内壁直径。

由于喷气式涡流管在靠近喷射孔一端开有纤维吸入口，且为确保纤维的吸入，喷射孔与管轴线的夹角 α 常小于 90°，但其轴中心仍有可能产生回流，或者其轴中心气流可向外流动，在不同截面上流速的分布也会有所变化，如图 14-17 所示。

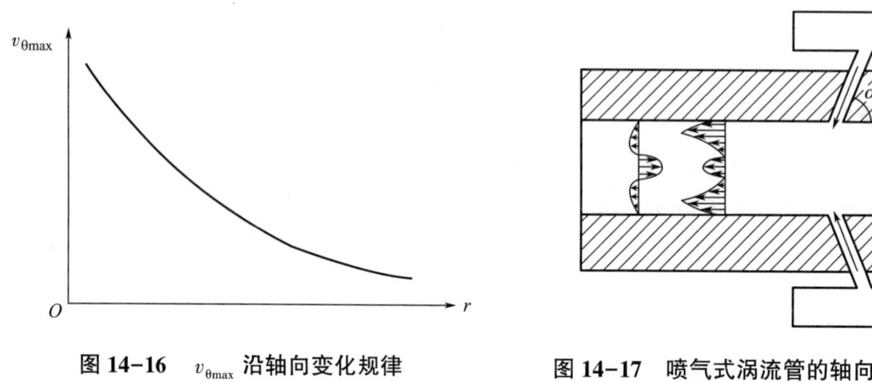

图 14-16　$v_{\theta max}$ 沿轴向变化规律

图 14-17　喷气式涡流管的轴向速度分布

3. 涡流管内压强分布

设 $v_{1\theta}$ 为喷射孔出口切向速度，p_1 为背压，则根据强制涡区的压强分布规律，可把式（14-20）改写成：

$$p = p_1 - \frac{\rho}{2}v_{1\theta}^2\left[2 - \left(\frac{r}{R}\right)^2\right] \text{ 或 } p = p_1 - \frac{\rho k}{k-1}\left(\frac{p_0}{\rho_0} - \frac{p_1}{\rho}\right)\sin^2\alpha\left[2 - \left(\frac{r}{R}\right)^2\right]$$

式中：p_0 为气室空气压力；α 为喷射孔与涡流管轴线间夹角；ρ 为涡流室内空气密度；ρ_0 为气室内空气密度。

从上式可知，影响旋涡中心压力的因素有供气压强 p_0、涡室半径 R 和喷射孔与涡流室轴线的夹角 α 等。涡流中的压强随着 r 的减小而减小，随气源压力、流量、涡室半径 R 的增加以及喷射孔倾斜角 α 的减小而减小。

（三）纱线在涡流场中的阻力和转动力矩

纱线进入涡流管后，在涡流的作用下，将绕涡流管中心高速旋转，且常呈气圈状态运动。实验表明，纺纱喷嘴内空气的切向速度远大于纱条的圆周速度，两者的比值通常为 9~14。因此，可将涡流场中的纱线视为相对静止，作为一般的流体绕过圆柱体的绕流来进行处理。由于气流对纱线的推力和纱线对气流的阻力是一对大小相等而方向相反的力，因此单位长度纱线上所受的推力 F_D 为：

$$F_D = \frac{1}{2}C_D\rho(v_\theta - v_y)^2 d_y$$

式中：v_θ 为涡流的切向速度；v_y 为纱线做圆周运动的周向速度；d_y 为纱线直径；ρ 为气流密度；C_D 为阻力系数。

对细长的圆柱体来说，阻力系数 C_D 与雷诺数有关，当其长径比 → ∞ 时（如纱线），雷

诺数的范围在 $500 < Re < 2 \times 10^5$，此时 $C_D = 1.2$。喷气纺纱的雷诺数正好在这一范围内。

为使纱线能够绕涡流管的轴线旋转，纱线必须相对涡流管轴线有一偏距。涡流场中单位长度纱线的转矩 M_y 为：

$$M_y = F_D r = \frac{1}{2} C_D \rho (v_\theta - v_y)^2 d_y r \tag{14-22}$$

式中：r 为纱线绕涡流管中心的转动半径。

设 ω_a 和 ω_y 分别为涡流和纱线的角速度，由式（14-22）可得：

$$\omega_y = \omega_a - \sqrt{\frac{2M_y}{C_D \rho d_y r^3}}$$

由式（14-22）可知，涡流场中作用在纱线上的转动力矩主要取决于涡流的切向速度 v_θ、纱线直径 d_y 和气流密度 ρ 等参数。随着 v_θ 和 d_y 的增大，则纱线的转动力矩越大。若涡流管的工作条件一定，M_y 与 d_y 成正比，而纱线转动的惯性矩（$I = mr^2$）则与 d_y 的四次方成正比，因此当纱线直径发生变化时，纱线的回转速度将会自动调节。纱线变细（d_y 减小），则转速增加，这是涡流加捻的一大特点，当纱线粗细变化范围不大时，则无须对涡流管的工作条件进行调节。

思维导图

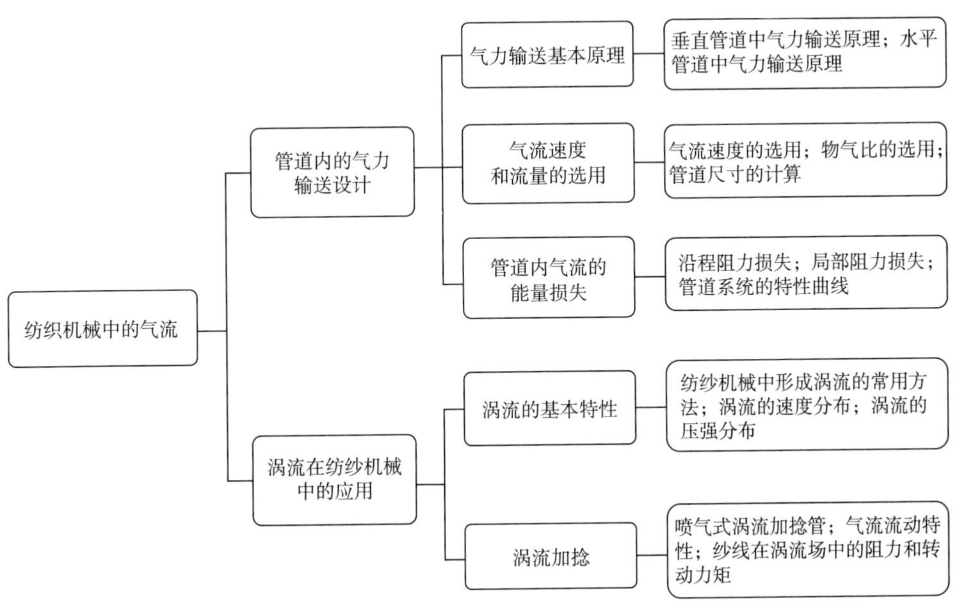

参考文献

［1］陈人哲．纺织机械设计原理：上册［M］.2 版．北京：中国纺织出版社，1996.

［2］陈革，杨建成．纺织机械概论［M］. 北京：中国纺织出版社，2011.

［3］周光炯．流体力学：下册［M］.2 版．北京：高等教育出版社，2000.

［4］张文赓．纺织气流问题［M］. 北京：纺织工业出版社，1989.

［5］DENO K. Spinning apparatus with twisting guide surfaces：US，5528895［P］. 1996-06-25.

［6］NAKAHARA T，MORIHASHI T. Method for producing spun yarns：US，4497167［P］. 1985-02-05.

第十五章　纺织机械的节能设计

引导语： 纺织行业经过多年高速发展，在节能环保方面的约束不断增加，随着纺织机械持续向自动化、连续化、高速化发展，节能设计已成为至关重要的任务。纺织行业的节能设计主要从纺织工艺革新、纺织设备优化两个方向展开。本章将围绕化纤纺丝机械、纺纱机械、织造机械三大类，探讨常见的节能设计方案。

学习目标：

1. 了解不同类型纺织机械中耗能较高的关键单机。
2. 理解不同类型单机的节能设计方法。
3. 通过学习节能设计方法，理解高效益、低能耗的可持续发展需求。

第一节　化纤纺丝机械的节能设计

化纤长丝的生产流程涉及高温高压工艺，需完成固相和液相转变，工艺过程中对冷却环境要求高，因此电力需求巨大，被称为“用电大户”，其节能设计尤为重要。目前，化纤纺丝装置的节能设计主要围绕纺丝工艺、纺丝设备两大方面展开。

一、纺丝工艺

采用纺丝新工艺，以提高单机产量和减少纺丝过程中的公用工程消耗，可实现节能。为缩短工艺流程，化纤领域推出了直纺技术，熔体被直接聚合、增压、过滤进行纺丝，减少了切粒、输送、干燥等工序。与切片纺相比，可节约能耗 15%～30%。同时，原料没有二次加工，熔体也更加均匀，纺丝质量大幅提升。因此，直接纺的提出是化纤领域的一次革命。

为提升小旦数、差别化纤维的纺丝效率，通常采用多头纺技术。可通过在原有喷丝组件后用人工分丝完成多头纺，使产量成倍增加；也可通过设备的改造，实现由 8 头增加到 24 头的高产出纺丝。

二、纺丝设备

纺丝设备中的节能设计主要围绕纺丝箱体、冷却成型装置、导丝装置、长丝卷绕装置四个模块展开。

（一）纺丝箱体

纺丝箱体主要由组件座、熔体管、纺丝箱壳体组成，如图 15-1 所示。纺丝箱体的主要作用是使每个部位的计量泵和纺丝头都能保持工艺温度均匀一致，并且将从总管输入的熔体均匀地分配到各个纺丝头。纺丝箱体在使用过程中需要大量电能，其节能设计可围绕减小箱体外表面积、增加保温效果和减少温度差三个方面展开。

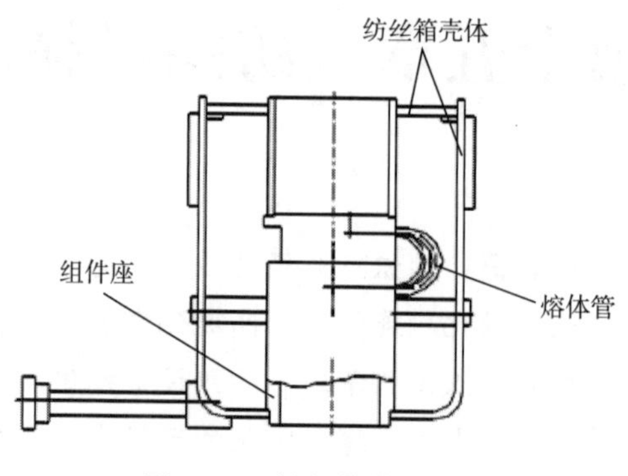

图 15-1 纺丝箱体示意图

通过优化内部结构布置，改变外部箱壳形状，可减少箱体外表面积，进而达到节能要求。例如，纺丝箱由传统的“卧式大箱体”发展成“立式节能小箱体”，减小了散热面积，实现了节能。此外，改变外部箱壳形状也有利减小外表面积，在组件、计量泵规格相同，纺丝头数也相同的情况下，节能矩形箱体和节能圆形箱体（图 15-2）与普通矩形箱体相比，分别能够实现大约 15%和 25%的节能效果。

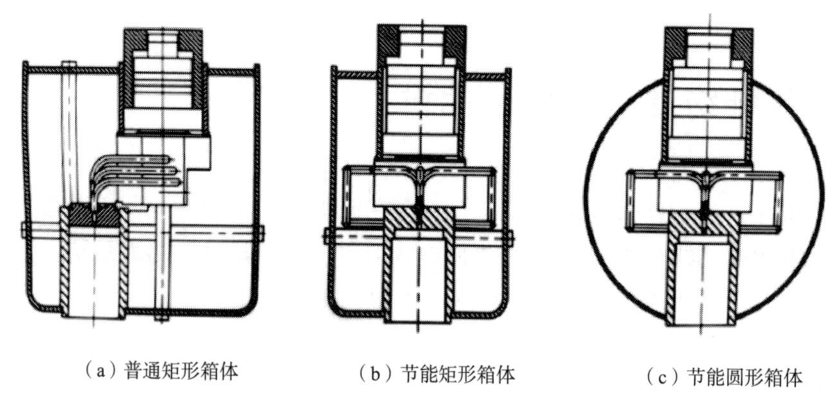

图 15-2 节能箱体的设计

（二）冷却成型装置

丝束冷却成型是熔体固化结晶的过程，通常需要在一定风速、风温、相对湿度的空调风下进行冷却，这个过程需要耗费大量电能。常用的冷却装置为侧吹风，冷却风经过滤整流后从丝束的一端向另一端运动，如图 15-3（a）所示。为达到节能效果，将风冷方式改善设计为外环吹、中心环吹，如图 15-3（b）（c）所示。外环吹、中心环吹只是风筒的表面有冷却风，表面积较小，同时提高风冷过程中纤维的热交换效率，所以能耗小；而侧吹则是整个丝室的垂直网板都有冷却风，表面积大，能耗大。两种环吹冷却方式的耗风量分别可降低至侧吹风的 25%和 20%。

以一条 36 个锭位的纺丝线为例，采用侧吹风的冷却方式，一般需要配置风量为 $2.5\times10^5 m^3/h$、功率为 262kW/h 的风机；而使用环吹冷却方式，一般只需配置风量为 $1.5\times10^5 m^3/h$、功率为 148.5kW/h 的风机。使用环吹冷却方式比使用侧吹冷却方式节省能耗：$(262-148.5)/262\times100\%=43.3\%$，节能效果相当显著。

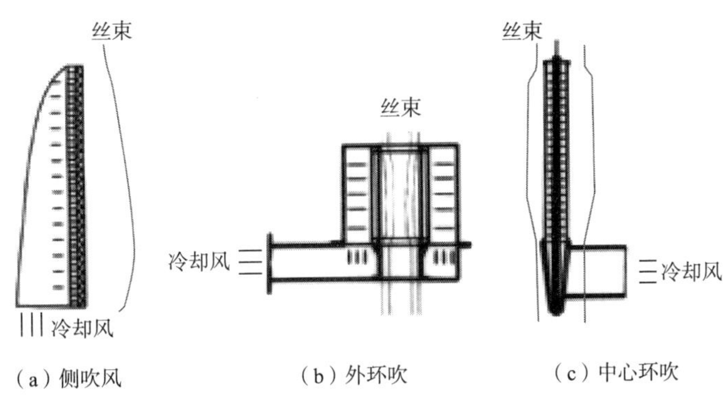

（a）侧吹风　（b）外环吹　（c）中心环吹

图 15-3　三种不同的冷却装置

（三）导丝装置

热辊、导丝盘等由于在工作过程中需大量加热，也是耗能大户。其节能设计的方法是将热辊和导丝盘加长，增加可以绕在同一根热辊或导丝盘上的丝束根数，以减少热辊和导热盘数量；另外，还可采用热辊分段加热的技术，合理分布热辊在长度方向上的温度段，也可使能耗明显降低。

（四）长丝卷绕装置

长丝卷绕装置的节能设计可以利用“双胞胎”全自动卷绕头将两个锭轴装在共同的卷绕机架上（图 15-4），功能相当于两台常规的全自动换筒高速卷绕单元。在满足纺丝机多头、高产的需求下，也具有双锭轴结构紧凑，节省安装空间与设备总投资的特点，并降低了公用工程的消耗量。

图 15-4　“双胞胎”全自动卷绕头

视频：化纤生产节能典型案例

第二节　纺纱机械的节能设计

通过改进纺纱工艺，可实现纺纱生产的节能。如粗细联合智能纺纱生产线的应用，已有效降低能耗。与传统纺纱相比，吨纱能耗减少15%。纺纱设备的节能设计，大多围绕梳棉机、细纱机、喷气纺纱机等展开。

一、梳棉机

梳棉机锡林惯性大，启动扭矩要求高，传统多选择异步电动机，采用“星形+三角形”配合离合器启动方式。锡林启动时离合器磨损严重，需要经常更换离心块等配件，启动过程中传动胶带要经历多次速度变化，胶带打滑严重，不仅容易造成“噎车”，能耗高，而且影响胶带的使用寿命；采用“变频器+永磁电动机”，调整工艺速度方便快捷，锡林电动机启动无须通过接触器，可减少电器故障和停台率。永磁电动机转子自带磁性，低速扭矩大，温升低，使用寿命长，电动机电能损耗低（图15-5）。

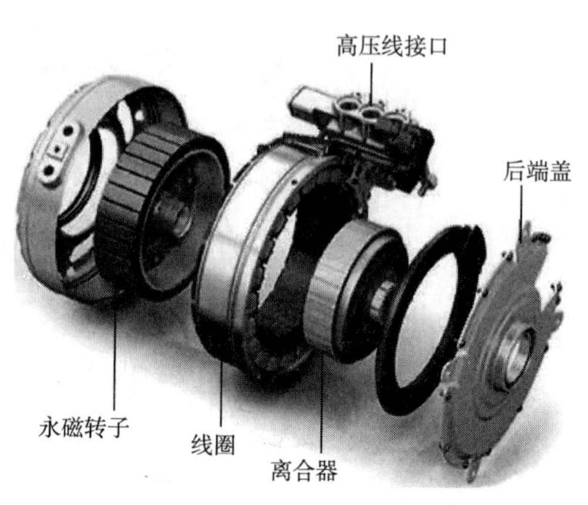

图15-5 永磁电动机结构图

梳棉机还可以通过零部件的材料轻量化与动态设计达到节能目的。采用钛合金钳板、轻型铝合金锡林壳体等强度高、质量轻的配件，降低机械运行负荷，实现节能降耗；通过对零部件的优化设计，降低运动惯量，使机构运动更加平稳，降低运动能耗。

二、细纱机

细纱是纺纱生产流程的后道工序，由于设备数量多，能耗比例占整个纺纱流程的60%以上，其中细纱加捻卷绕系统的耗能约占细纱机总能耗的40%。因此锭子及加捻卷绕部件的节能设计最关键。

视频：节能纺纱锭子

通过改变锭子的结构设计，可降低锭子的能耗。如将锭盘规格小型化，从而降低主电动机速度，降低耗能，或对锭子结构进行轻量化设计，以实现高速节能；通过提升回转部件的“硬刚性”和回转稳定性，以减小高速纺纱的不平衡力，减少能量损耗。

通过改进电动机达到节能目的。将主轴电动机由原来的三相异步电动机改为永磁同步电动机。永磁同步电动机的定子为三相对称绕组，转子上粘有磁钢，如图15-6所示，在稳定运行时转子上没有电阻损耗。另外，由于永磁电动机的磁场由永磁体产生，不需定子中的无功励磁电流，通过合理设计可以使电动机的定子绕圈中电流显著降低，绕组铜耗明显减小，可以减少总能耗，提高效率。目前，永磁同步电动机在细纱机中的应用已经逐步成熟。例如，马佐里细纱机和MT5263E型细纱机就是采用了永磁同步电动机替代了原电动机应用于生产中。

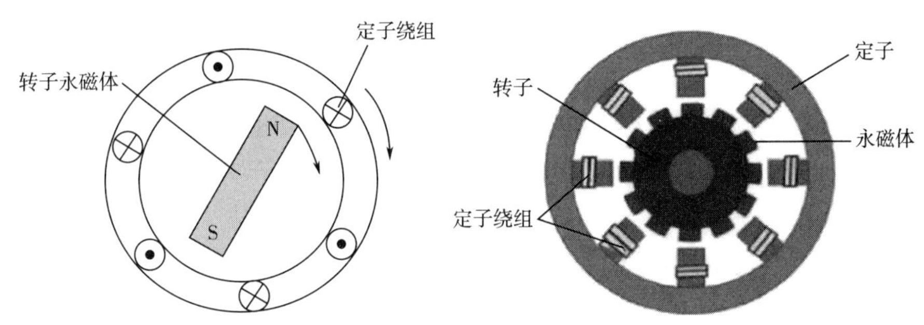

图 15-6　永磁同步电动机拆解图

三、喷气纺纱机

喷气纺纱机的纺纱和卷绕装置可配备单独的节能驱动装置，不工作时，纺纱单元既不耗电，也不会消耗压缩空气，大大降低了能耗。此外，可对产生负压所需的电能持续监控。一旦超过设定的限值，如滤网需要清洁时，就会发出警告通知，挡车工可迅速做出反应。

喷气纺纱机还可通过分区吸风系统降低能耗，如图 15-7 所示。根据到空压机的距离来控制负压。这种设计尤其适用于 200 个及以上纺纱单元的长距离机器，可实现高达 5%的节能效果。

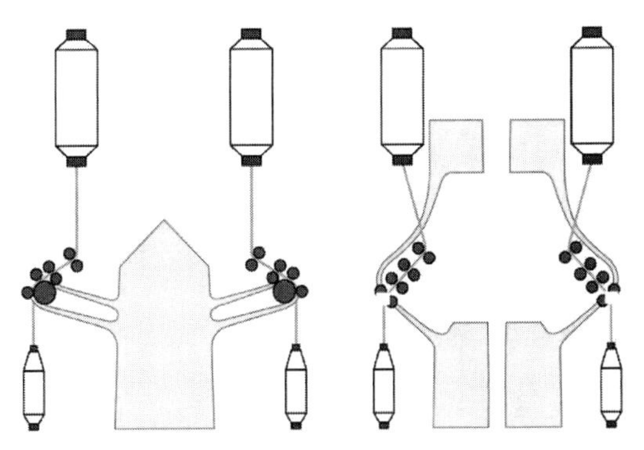

图 15-7　一根吸风管与四根吸风管吸风系统对比图

图文：纺纱生产节能典型案例

第三节　织机的节能设计

织机的节能设计是在保证织物质量、运行速度和效率的前提下，降低电力能源消耗，主要包括提高转化效率和机械效率、减少摩擦、降低零部件的质量等方面。下面从织机的主传动系统、开口、引纬、打纬、送经和卷取（卷布）及其辅助机构分别介绍织机节能设计的理念和方法。

一、织机主传动系统

传统的织机传动系统大多是电动机通过三角带经电磁、摩擦或气动离合器将动力传递给织主轴，通过各种制动器将织机定位停车。三角带传动的传动效率一般为 90%～95%，且在启动、停止的过程中会有打滑现象。在使用过程中，三角带会伸长变形，如果不能及时调整三角带的张力，会因三角带松弛而增加磨损，效率持续下降。

织机传动系统中摩擦离合器和制动器的接合过程如图 15-8 所示。如图 15-8（a）所示，在 $\omega_1=\omega_2$ 之前的这段时间，摩擦表面间产生相对滑动，会消耗一部分能量，并转化成热能，称为连接功。这种情况在织机运行过程中的启、停阶段是不可避免的，有时还很频繁。

随着电动机拖动技术的不断进步，国内外知名的织机公司对织机的传动系统进行了不断改进，主要是采用超起矩直驱电动机（SUMO）或其他形式的直驱电动机，无须皮带、离合（制动）器，也无须专门配置慢速（寻纬）电动机，通过齿轮与织机主轴和开口轴连接，缩短了传动链，传动效率达到 94%～99%。直驱方式比采用三角带+离合、制动器方式节能 10%左右。

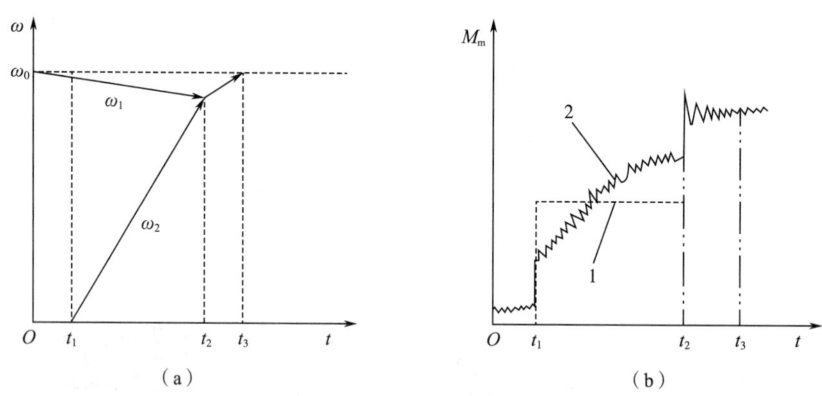

图 15-8 摩擦离合器接合过程示意图

二、织机开口系统

（一）综框的轻量化

综框由钢质综框逐渐向铝合金、铝合金+碳纤条复合、纯碳纤材质进化，从而实现轻量化，如图 15-9 所示。

从表 15-1 中材料的密度和弹性模量的对比来看，应是碳纤维束复材综框最适合高速织机。但截至目前的实际结果是，碳纤维（条）加固铝型材综框更适合高速织机。

原因是，对于碳纤维（条）加固铝型材综框，将空心截面的铝型材和平行丝束的碳纤维复合在一起，将碳纤维条置于综框承受交变拉力最大的上、下边处，使两种材料的特性得以充分发挥。

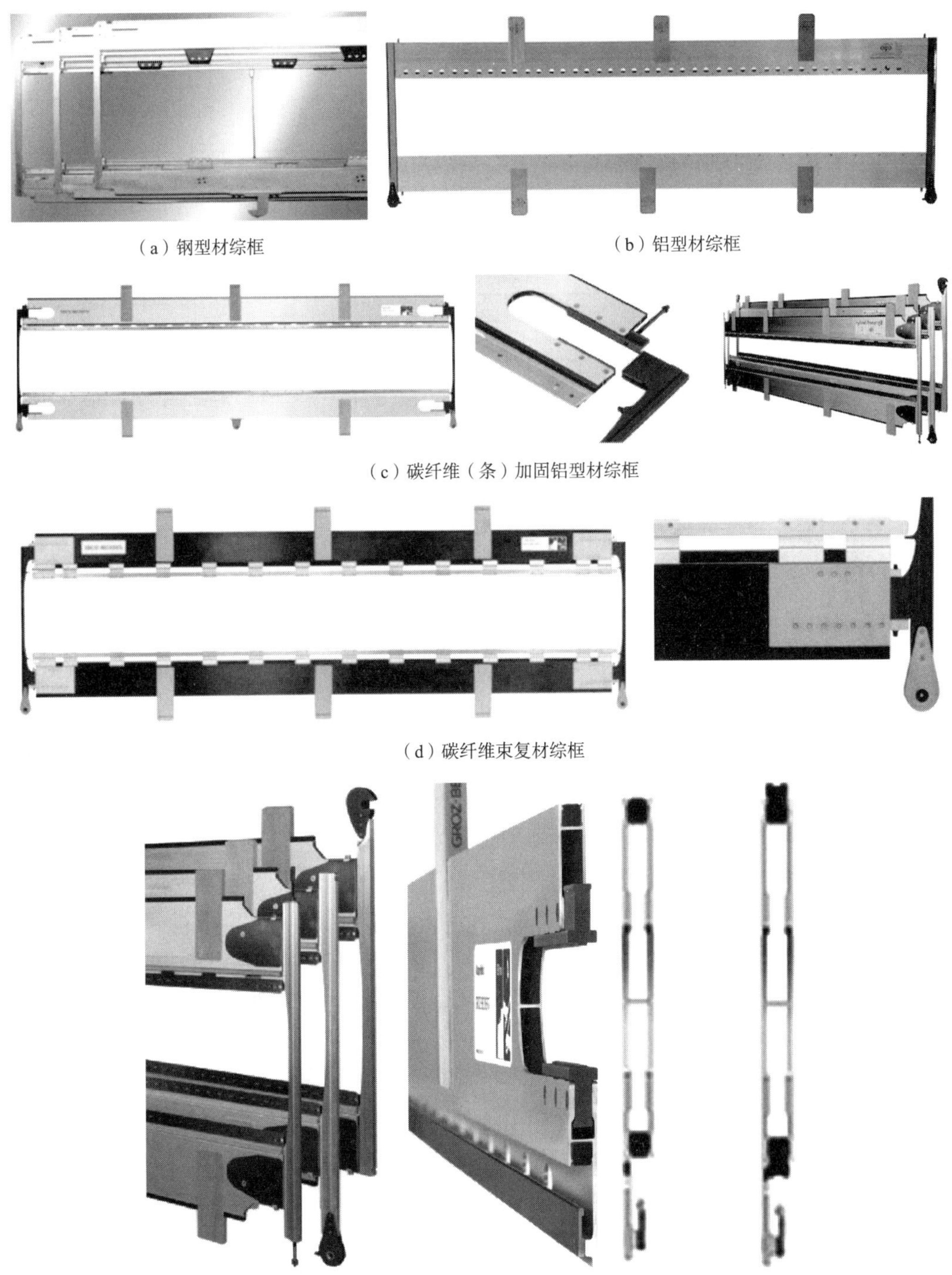

（a）钢型材综框

（b）铝型材综框

（c）碳纤维（条）加固铝型材综框

（d）碳纤维束复材综框

（e）碳纤维（条）加固铝型材综框截面形状图

图 15-9　综框的轻量化演变

目前纯碳纤维束复材综框大多采用实心截面结构，综框的重量势必有所增加；碳纤维分布相对紊乱，丝束并非完全平行排列，通过模压成型，碳纤维的性能未能得到充分地发挥。

由此可见，综框的设计应充分发挥材料的特性，如碳纤维优异的抗拉性能，并不断探索、优化、提升复合工艺技术。

表 15-1　不同材料的力学性能参数对比

材料	ρ/(g/cm^3)	E/GPa	E/ρ
钢材	7.85	215	27.4
铝合金	2.7	72	26.7
碳纤维	1.7	285	167.6

（二）综丝的轻量化

早期的综丝大多是钢丝扭结而成，后来逐渐演化为碳钢或不锈钢的钢片综，钢片的厚度从 0.5mm、0.45mm 直至 0.2mm、0.15mm 逐渐减小，综丝质量也不断减轻，为高速织造经纱密度大的织物创造了条件。近年来，质量更轻的塑料综丝已广泛用于喷水织机，既实现了轻量化，又便于清洗，大幅度降低了综丝清洗的费用。

（三）减小开口位移量

剑头、剑带等载纬器外形尺寸的减小，特别是喷射引纬方式，可以在较小的开口位移内完成引纬，打纬动程也可以相应减小。较小的开口位移和打纬动程，意味着速度变化小，即加速度小，从而降低动力消耗。

（四）采用伺服电动机直接驱动综框的电子开口

如图 15-10 所示，主控制器控制伺服电动机直接驱动齿轮或曲柄转动，偏心齿轮通过连杆、开口摆杆驱动综框运动，可以实现对各个综框的单独控制，实现织物组织的几近“无限”循环，对不平衡组织也无限制；每片综框可自由地设定上下不同的静止角和闭口时间；可单独进行自动找断纬；开口曲线可根据工艺需要调整优化；运行速度不受综框数限制。

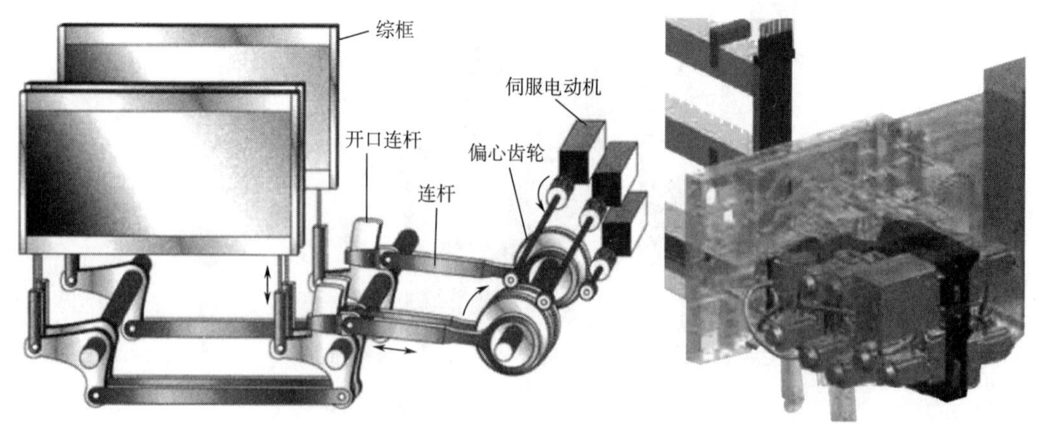

图 15-10　伺服电动机直接驱动综框的电子开口

由于电子开口摒弃了开口箱（多臂和凸轮箱）内复杂的高副传动，避免了摩擦引起的发热，耗电量可降低 10%左右。

三、织机引纬系统

织机引纬系统的节能优化主要有剑杆织机的无钩导剑杆技术、剑带润滑技术和气垫导轨技术，还有喷水织机的喷嘴优化、喷气织机异形筘的优化（主、辅喷嘴时间配合的优化）等。

（一）无导剑钩的剑带

将剑带改为轻质、高强、有自润滑性能的碳纤等复合材料，配以石蜡等固体润滑材料对剑带进行自动润滑，在降低摩擦力的同时，还可以有效克服因剑带磨损、毛刺导致的挂纱现象，提高织机的运行效率。

（二）刚性剑杆织机的气垫导轨技术

剑杆在平稳的气垫状态下无接触滑动，摩擦系数接近于 0，如图 15-11 所示。集成的温度监控系统对温度自动监控，提供可靠的引纬。该系统最大限度地降低了维护成本，减少了人员工作量，并显著提高了操作效率。

（三）喷水织机

通过将喷嘴内部稳定器的整流片更加细分化，提高了喷射水的集束性，大幅增强了纬纱的投递能力。津田驹公司发明的 UH 型喷嘴实现了稳定的引纬，与原有喷嘴相比，大幅减少了飞散至空气中的喷射水，将前端部的水牢牢地保持在纬纱的前端，并进一步进行节水调节，减少了水的消耗量。

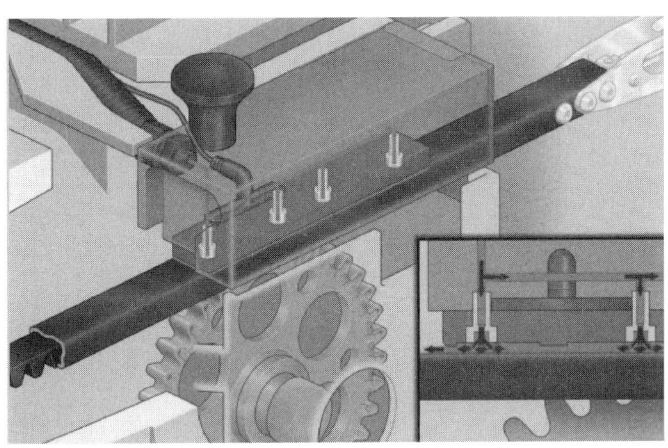

图 15-11 刚性剑杆织机的气垫导轨示意图

（四）喷气织机

将电磁阀与辅助主喷嘴进行一体化（无配管）设计，开发出直连辅助主喷嘴，使残压降低，提高了引纬能力，同时为减少拘束断纬、纬纱松弛和引纬压力提供了帮助，尤其适用于易断的纬纱。通过优化气包位置和接力喷嘴接管方式，改进异形筘筘齿截面流道，优化主喷嘴、辅助主喷嘴、接力喷嘴喷射时序配合，可降低引纬压力约 15%，减少耗气量约 30%。

四、织机打纬系统

在保证打纬力的前提下，为开口提供更多的时间，如将四连杆打纬机构改为六连杆打纬机构，或改为共轭凸轮打纬机构。还可将织口后移，为降低开口高度创造条件。

五、其他节能措施

织机的机架是各个机构的基础，需具备坚固、抗震的特点。高速织机的送经和卷取一般采用独立的伺服电动机驱动，纬剪、废边剪、布边、废边、折入边、混纬、选纬装置也大多采用独立电动机驱动，避免了长传动链造成的机构繁杂和由此造成的能量损耗。各个运转部位的良好润滑，可降低摩擦发热造成的损耗。

延伸阅读：悬浮圆织机典型案例

从整个织造过程看，降低经、纬纱的损耗，降低喷水织机对水的污染程度，从而减少污水处理的费用，同样属于节能的范畴。

织机作为一个有机的整体，应统筹考虑高效高速、操作方便，品种变更、翻新快捷等因素，任何一方面的优化改进，一般都会涉及其他部分。在借鉴吸收新技术、新工艺、新装备的同时，要立足现有设备的基础，不断尝试、试验、总结，才能取得成效。

思维导图

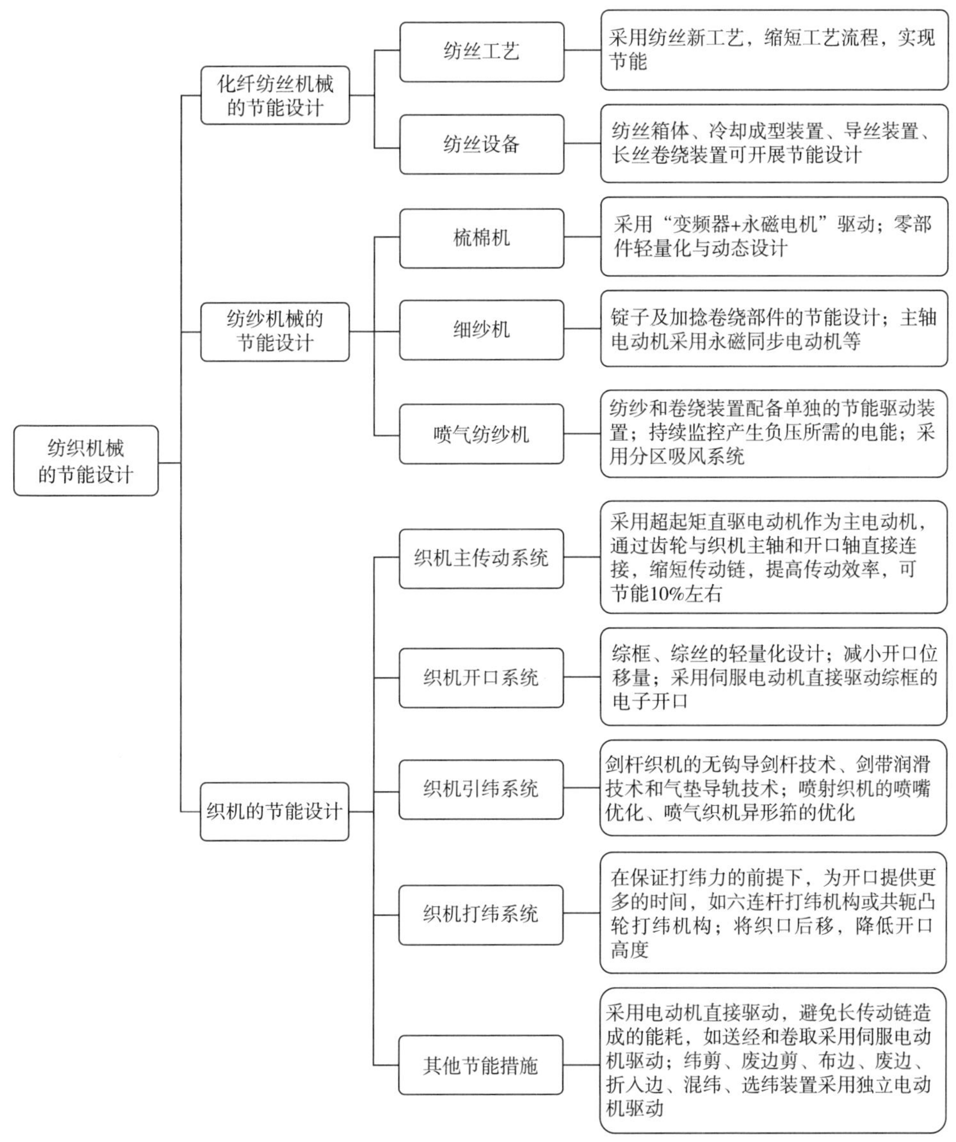

参考文献

[1] 申花玉. 纺丝箱体的焊后热处理工艺设计［J］. 热处理技术与装备，2016，37（4）：20-22.

[2] 李东坡．回料纺涤纶短纤纺丝箱体的设计［J］．合成纤维工业，2022，45（2）：75-77.
[3] 毛育博．化纤长丝设备中节能环保技术的应用［J］．价值工程，2019，38（24）：191-193.
[4] 王海英，戚黎洲，徐奇鹏，等．涤纶长丝纺丝环吹冷却方式的讨论［J］．合成纤维，2019，48（3）：5-7.
[5] 王辉．节能新技术在化纤纺丝中的应用［J］．纺织科学研究，2008，19（1）：11-16.
[6] 严绪东，丁峰，滕彬，等．粗细联智能纺纱生产线应用浅析［J］．纺织器材，2020，47（1）：17-19，45.
[7] 沈桥庆，郭思明，高宝安．A186 型梳棉机采用永磁电机驱动的节能改造［J］．棉纺织技术，2022，50（8）：17.
[8] 张立彬，冯斌．JSFA588 型精梳机的设计理念与应用效果［J］．棉纺织技术，2013，41（5）：65-68.